安全教育系列丛书

建筑安全管理手册

中国社会福利基金会
中国建筑安全基金管理委员会 组编

中国建材工业出版社

图书在版编目(CIP)数据

建筑安全管理手册/王世富,李雪峰主编.—北京:中国建材工业出版社,2014.8
ISBN 978-7-5160-0868-3

Ⅰ.①建… Ⅱ.①王… ②李… Ⅲ.①建筑工程—安全管理—技术手册 Ⅳ.①TU714-62

中国版本图书馆CIP数据核字(2014)第150695号

内容简介

本书以最新的标准、规范为依据,紧紧围绕建筑安全管理而展开,通俗易懂,具有很强的针对性和实用性。全书系统地阐述了建筑工程安全管理的主要内容,包括建筑工程安全管理基本知识、施工现场安全管理、施工安全技术措施、特种设备的基本安全操作、常用施工机具的基本安全操作、施工现场用电安全管理、施工现场消防安全管理、施工现场的安全隐患及响应预案和安全文明施工等。本书适合施工企业安全管理者及技术人员阅读参考。

建筑安全管理手册
王世富 李雪峰 主编

出版发行:中国建材工业出版社
地 址:北京市西城区车公庄大街6号
邮 编:100044
经 销:全国各地新华书店
印 刷:北京中科印刷有限公司
开 本:787mm×1092mm 1/16
印 张:23.75
字 数:593千字
版 次:2014年8月第1版
印 次:2014年8月第1次
定 价:98.00元

本社网址:www.jccbs.com.cn 微信公众号:zgjcgycbs
本书如出现印装质量问题,由我社发行部负责调换。联系电话:(010)88386906

《建筑安全管理手册》编委会

编委会主任:缪　力

主　　　编:王世富　李雪峰

参　　　编:赵秸才　吕福兴

前 言

目前的中国，无论是城市还是乡镇，都正处于全面快速的发展建设时期，建筑安装工程遍布华夏大地，而从事建筑安装工程的建筑工人就更是数千万之众。建筑安全已经成为一个事关千万个家庭生活是否幸福的重要话题。中国社会福利基金会建筑安全基金管理委员会关注民生，在“安全”问题日益受到关注的今天，以图书的形式，对建筑安全管理进行了全面阐述，目的是广泛宣传国家有关安全生产的政策、法规、标准和规范，促进安全生产先进技术和经验的交流，探索建筑业安全生产的规律和措施，提高施工企业建设安全管理水平。

本书以最新的标准、规范为依据，内容紧紧围绕建筑安全管理而展开，具有很强的针对性和实用性。结构体系上重点突出、详略得当，注重知识的融贯性。全书系统地阐述了建筑工程安全管理的主要内容，包括建筑工程安全管理基本知识、施工现场安全管理、施工安全技术措施、特种设备的基本安全操作、常用施工机具的基本安全操作、施工现场用电安全管理、施工现场消防安全管理、施工现场的安全隐患及响应预案及安全文明施工等。

本书涉及内容广泛，尽管编者尽心尽力，但内容难免有疏漏或不妥之处，欢迎广大读者不吝赐教，予以指正，以便作进一步的修改和完善，在此谨表谢意。

编　者

目　录

中国建材工业出版社
China Building Materials Press

第1章　建筑工程安全管理基本知识

1.1　安全与安全生产的含义

1.1.1　安全

安全可分为人身安全和财产安全两种情形。安全即没有危险，不出事故，是指人的身体健康不受伤害、财产不受损伤并保持完整无损的状态。

1.1.2　安全生产

安全生产体现了“以人为本，关爱生命”的思想。关心和维护从业人员的人身安全权利，是实现安全生产的重要条件。做好安全生产工作，对于保证劳动者在生产中的安全健康，搞好企业的经营管理，促进经济发展和稳定具有十分重要的意义。

“安全生产”是指在生产经营活动中，为避免造成人员伤害和财产损失的事故而采取相应的事故预防和控制措施，从而保证从业人员的人身安全，并保证生产经营活动得以顺利进行的相关活动。

《辞海》中将“安全生产”解释为：为预防生产过程中发生人身、设备事故，形成良好劳动环境和工作秩序而采取的一系列措施和活动。

《中国大百科全书》中将“安全生产”解释为：旨在保护劳动者在生产过程中安全的一项方针，也是企业管理必须遵循的一项原则，要求最大限度地减少劳动者的工伤和职业病，保障劳动者在生产过程中的生命安全和身体健康。后者将安全生产解释为企业生产的一项方针、原则和要求，前者则解释为企业生产的一系列措施和活动。根据现代系统安全工程的观点，上述解释只表述了一个方面，都不够全面。

概括地说，安全生产是指为了使生产过程在符合物质条件和工作秩序下进行的，防止发生人身伤亡和财产损失等生产事故，消除或控制危险、有害因素，保障人身安全与健康、设备和设施免受损坏，环境免遭破坏的总称。

世界上没有绝对的安全，任何事物都具有一定的危险性，都存在不安全的因素。当危险降低到人们普遍能够接受的程度时，就可以认为是安全的。

1.2　安全生产管理

1.2.1　安全生产管理的含义

安全生产管理是管理科学的一个重要分支。安全生产管理是针对人们在安全生产过程中遇到的安全问题，发挥人们的智慧，运用有效的资源，通过人们的努力，进行有关决策、计划、组织和控制等活动，达到安全生产的目标，从而实现生产过程中人与机器设备、物料环境的和谐。所以，安全管理被定义为"以安全为目的而进行的有关决策、计划、组织和控制方面的活动"。

安全生产管理工作的核心是控制事故，而控制事故最好的方式就是实施事故预防，即使管理和技术手段相结合，消除事故隐患，控制不安全行为，保障劳动者的安全，这也是"预防为主"的本质所在。但根据事故的特性可知，由于受技术水平、经济条件等各方面的限制，有些事故是难以完全避免的。因此，控制事故的第二种手段就是应急措施，即通过抢救、疏散、抑制等手段，在事故发生后控制事故的蔓延，把事故的损失减至最小。

事故总是带来损失。对于一家企业来说，重大事故在经济上对其的打击是相当沉重的，有时甚至是致命的，因此在实施事故预防和应急措施的基础上，通过购买财产保险、工伤保险、责任保险等，以保险补偿的方式，保证企业的经济平衡和在发生事故后恢复生产的基本能力，这也是控制事故的手段之一。

因此，安全管理也可以说是利用管理的活动，将事故预防、应急措施与保险补偿 3 种手段有机地结合在一起，以达到保障安全的目的。

在企业安全管理系统中，专业安全工作者起着非常重要的作用。他们既是企业内部上下沟通的纽带，更是企业领导者在安全方面的得力助手。在掌握充分资料的基础上，他们为企业安全生产实施日常监管工作，并向有关部门或领导提出安全改造、管理方面的建议。可见，专业安全工作者的工作归纳起来可分为以下 4 个部分。

(1)分析　这是事故预防的基础，即对事故与损失产生的条件进行判断和估计，并对事故的可能性和严重性进行评价，也是进行危险分析与安全评价。

(2)决策　确定事故预防和损失控制的方法、程序和规划，在分析的基础上制订出合理可行的事故预防、应急措施及保险补偿的总体方案，并向有关部门或领导提出建议。

(3)信息管理　收集、管理并交流与事故和损失控制有关的资料、情报信息，并及时反馈给有关部门和领导，保证信息的及时交流和更新，为分析与决策提供依据。

(4)测定　对事故和损失控制系统的效能进行测定和评价，并为取得最佳效果作出必要的改进。

1.2.2　建筑工程安全生产管理的含义

建筑工程安全生产管理是指建设行政主管部门、建筑安全监督管理机构、建筑施工企业及相关单位对建筑安全生产过程中的安全工作，进行计划、组织、指挥、控制、监督、调节和改进等一系列致力于满足生产安全的管理活动。目的在于保护劳动者在生产过程中的安全与健康，保证国家和人民的财产不受到损失，保证建筑工程生产任务的顺利完成。

建筑工程安全生产管理内容包括以下几个方面：

(1)建设行政主管部门对于建筑工程活动中安全生产的行业管理。

(2)安全生产行政主管部门对建筑工程活动过程中安全生产的综合性监督管理。

(3)从事建筑工程活动的主体(包括建筑施工企业、建筑勘察单位、设计单位和工程监理单位)为保证建筑工程活动的安全生产所进行的自我管理等。

1.2.3 安全生产管理的基本方针

“安全第一、预防为主、综合治理”是我国安全生产管理的基本方针。

《中华人民共和国建筑法》规定：“建筑工程安全生产管理必须坚持安全第一、预防为主的方针。”《中华人民共和国安全生产法》在总结我国安全生产管理经验的基础上，再一次将“安全第一、预防为主”规定成了我国安全生产管理的基本方针。

我国安全生产管理的基本方针经历了一个从“安全生产”到“安全生产、预防为主”，又到“安全生产、预防为主、综合治理”的发展过程，并且强调在生产中要做好预防工作，尽可能地将事故消灭在萌芽状态之中。所以，对于我国安全生产管理的基本方针的含义，应该从这一方针的产生和发展来理解，归纳起来主要有以下几个方面的内容。

1. 安全生产的重要性

生产过程中的安全是生产发展的客观需要。特别是现代化生产更不允许有所忽视，必须强化安全生产，应该在生活、生产中把安全工作放在第一位，尤其是在生产与安全发生矛盾时，生产必须服从安全，这是“安全第一”的含义。在社会主义国家中，安全生产又有其重要意义，它是国家的一项重要政策，是社会主义企业管理的一项重要原则，这是由社会主义制度所决定的。

2. 安全与生产的辩证关系

在生产建设中，必须用辩证统一的观点来处理安全与生产的关系。也就是说，企业领导者必须善于安排好安全工作与生产工作的关系，特别是在生产任务繁重的情况下，安全工作与生产工作发生矛盾时，更需要处理好两者的关系，不要把安全工作挤掉。生产任务越是繁重，越要重视安全工作，把安全工作处理好。否则，就会导致工程事故，既妨碍生产，又影响企业信誉，这是多年来生产实践证明了的一条重要经验。

3. 安全生产工作必须强调预防为主

安全生产工作中，预防为主是现代生产发展的需要。现代科学技术日新月异，往往多学科综合运用，安全问题十分复杂，稍有疏忽即会酿成事故。预防为主，就是要在事故前做好安全工作，“防患于未然”。因此，我们要依靠科技进步，加强安全科学管理，搞好科学预测与分析工作，把工伤事故和职业危害消灭在萌芽状态中。“安全第一、预防为主”是相互促进并相辅相成的。“预防为主”是实现“安全第一”的基础。要做到安全第一，首先要做好预防工作。预防措施做好了，就可以保证安全生产、实现“安全第一”，否则“安全第一”也只是一句空话。这也是在实践中被证明了的一条重要经验。

4. 安全生产工作必须强调综合治理

现阶段我国的安全生产工作出现的形势严峻，其原因是多方面的，既有安全监管体制和制度方面的原因，也有法律制度不健全的原因，又有科技发展落后的原因，还与整个民族安全文化素质有密切的关系，因此搞好安全生产工作就要在完善安全生产管理的体制机制、加强安全生产法制建设、推动安全科学技术创新、弘扬安全文化等方面进行综合治理。

1.2.4 建筑施工安全管理中不安全因素的识别

施工现场可能发生的各种伤害事故都与人和物这两个因素有紧密的联系。人的不安全行为和物的不安全状态，是造成绝大多数事故的不安全因素，即造成事故的直接原因，通常称为事故隐患。

1. 人的不安全因素

人的不安全因素是指影响安全的人的因素，也就是能够使系统发生故障或发生性能不良事件的人员。人的不安全因素可分为个人的不安全因素和人的不安全行为两个大类。

(1)个人的不安全因素　个人的不安全因素指的是人员的心理、生理、能力中所具有不能适应工作、作业岗位要求而影响安全的因素。包括：①心理上存在影响安全的性格、气质、情绪；②生理上具有包括视觉、听觉等感观器官，体能等缺陷，不适合工作和作业岗位的要求；③能力上包括知识技能、应变能力、资格等不能适应工作和作业岗位的要求。

(2)人的不安全行为　人的不安全行为是指能引起事故的人为错误，是人为地使系统发生故障或发生性能不良的事件，是违背设计和操作规程的错误行为。根据《企业职工伤亡事故分类》(GB 6441—1986)的规定，不安全行为在施工现场的类型可分为 13 个大类。包括：①操作失误、忽视安全、忽视警告；②造成安全装置失效；③使用不安全设备；④手代替工具操作；⑤物体存放不当；⑥冒险进入危险场所；⑦攀坐不安全位置；⑧在起吊物下作业、停留；⑨在机器运转时检查、维修、保养等；⑩有分散注意力行为；⑪没有正确使用个人防护用品、用具；⑫不安全装束；⑬对易燃、易爆等危险物品处理错误。

2. 物的不安全状态

物的不安全状态指的是能导致事故发生的物质条件，包括机械设备等物质或环境所存在的不安全因素，又称为物的不安全条件或直接称其为不安全状态。物的不安全状态包括：①物(包括机器、设备、工具、其他物质等)本身存在的缺陷；②防护保险方面的缺陷；③物的放置方法的缺陷；④作业环境场所的缺陷；⑤外部的和自然界的不安全状态；⑥作业方法导致的物的不安全状态；⑦保护器具信号、标志和个体防护用品的缺陷。

3. 管理上的不安全因素

管理上的不安全因素，通常也被称为管理上的缺陷，它也是事故潜在的不安全因素，间接原因包括：①技术上的缺陷；②教育上的缺陷；③生理上的缺陷；④心理上的缺陷；⑤管理工作上的缺陷；⑥学校教育和社会、历史上的原因造成的缺陷。

1.2.5 建筑施工现场安全管理的范围与原则

1. 施工现场安全管理的范围

安全管理的中心问题，是保护生产活动中人的健康与安全及财产不受损伤，保证生产顺利进行。宏观的安全管理包括劳动保护、施工安全技术和职业健康安全。三者既相互联系又相互独立，具体表现如下。

(1)劳动保护偏重于以法律、法规、规程、条例、制度等形式规范管理或操作行为，从而使劳动者的劳动安全与身体健康得到应有的法律保障。

(2)施工安全技术侧重于对“劳动手段与劳动对象”的管理，包括预防伤亡事故的工程技术和安全技术规范、规程、技术规定、标准条例等，以规范物的状态来减轻对人或物的威胁。

(3)职业健康安全着重于施工生产中粉尘、振动、噪声、有毒物的管理。通过防护、医疗、保健等措施，防止劳动者的安全与健康受到有害因素的危害。

2. 施工现场安全管理的基本原则

（1）管生产的同时管安全　安全寓于生产之中，并对生产发挥促进与保证作用。安全管理是生产管理重要组成部分，安全与生产在实施过程中，存在着密切联系，没有安全就绝不会有高效益的生产。无数事实证明，只抓生产忽视安全管理的观念和做法是极其危险和有害的。因此，各级管理人员必须重视管理安全工作，在管理生产的同时管安全。

（2）明确安全生产管理的目标　安全管理的内容是对生产中人、物、环境因素状态的管理，有效地控制人的不安全行为和物的不安全状态，消除或避免事故，达到保护劳动者安全与健康和财物不受损害的目标。有了明确的安全生产目标，安全管理就有了清晰的方向。安全管理的一系列工作才可能朝着这一目标有序展开。没有明确的安全生产目标，安全管理就成为一种盲目的行为。在盲目的安全管理之下，人的不安全行为和物的不安全状态就不会得到有效的控制，危险因素就会依然存在，事故最终不可避免。

（3）必须贯彻预防为主的方针　安全生产管理的基本方针是“安全第一、预防为主、综合治理”。“安全第一”是把人身和财产安全放在首位，安全为了生产，生产必须保证人身和财产安全，充分体现“以人为本”的理念。“预防为主”是实现“安全第一”的重要手段，采取正确的措施和方法进行安全控制，使安全生产形势向安全生产目标的方向发展。进行安全管理不是处理事故，而是在生产活动中，针对生产的特点，对各生产因素进行管理，有效控制不安全因素的发生、发展与扩大，把事故隐患消灭在萌芽状态。“综合治理”就是要在完善安全生产管理的体制机制、加强安全生产法制建设、推动安全科学技术创新、弘扬安全文化等方面进行综合治理。

（4）坚持“四全”动态管理　安全管理涉及生产活动的方方面面，涉及参与安全生产活动的各个部门和每一个人，涉及从开工到竣工交付的全部生产过程，涉及全部的生产时间，涉及一切变化着的生产因素，因此，生产活动中必须坚持全员、全过程、全方位、全天候的动态安全管理。

（5）安全管理重在控制　进行安全管理的目的是预防、消灭事故，防止或消除事故伤害，保护劳动者的安全健康与财产安全。在安全管理的前4项内容中，虽然都是为了达到安全管理的目标，但是对安全生产因素状态的控制，与安全管理的关系更直接，显得更为突出，因此对生产过程中的人的不安全行为和物的不安全状态的控制，必须看作是动态的安全管理的重点，事故的发生，是由于人的不安全行为运行轨迹与物的不安全状态运行轨迹的交叉。事故发生的原理，也说明了对生产因素状态的控制，应该当作安全管理重点。把约束当作安全管理重点是不正确的，是因为约束缺乏带有强制性的手段。

（6）在管理中发展、提高　既然安全管理是在变化着的生产活动中的管理，是一种动态的过程，其管理就意味着是不断发展的、不断变化的，以适应变化的生产活动。然而，更为重要的是，要不间断地摸索新的规律，总结管理、控制的办法与经验，掌握新的变化后的管理方法，从而使安全管理不断地上升到新的高度。

1.2.6　危险源和重大风险的识别与判断

1. 危险源的含义

危险源是各种事故发生的根源，是指可能导致死亡、伤害或疾病、财产损失、工作环境破坏或这些情况组合的根源或状态。它包括人的不安全行为、物的不安全状态、管理上的缺陷和环境上的缺陷等。该定义包括以下方面的含义：

(1)决定性　事故的发生以危险源的存在为前提，危险源的存在是事故发生的基础，离开了危险源就不会有事故；

(2)可能性　危险源并不必然导致事故，只有失去控制或控制不足的危险源才可能导致事故；

(3)危害性　危险源一旦转化为事故，会给生产和生活带来不良影响，还会对人的生命健康、财产安全及生存环境等造成危害；

(4)隐蔽性　危险源是潜在的，一般只有当事故发生时才会明确地显现出来，人们对危险源及其危险性的认识往往是一个不断总结教训并逐步完善的过程。

2. 危险源的分类

危险源的分类是为了便于进行危险源的识别与分析。危险源的分类方法有多种，可按危险源在事故发生过程中的作用、引起的事故类型、导致事故和职业危害的直接原因、职业病类别等分类。

(1)按危险源在事故发生过程中的作用分类　在实际生活和生产过程中，危险源是以多种多样的形式存在的，危险源导致事故可归结为能量的意外释放或有害物质的泄漏。根据危险源在事故发生发展中的作用可把危险源分为第一类危险源和第二类危险源。

① 第一类危险源。是指可能发生意外释放能量的载体或危险物质。通常把产生能量的能量源或拥有能量的能量载体作为第一类危险源来处理。

② 第二类危险源。是指造成约束、限制能量措施失效或破坏的各种不安全因素。生产过程中的能量或危险物质受到约束或限制，在正常情况下，不会发生意外释放，即不会发生事故。但是，一旦约束或限制能量或危险物质的措施受到破坏或失效(故障)，则将发生事故。建筑工地绝大部分危险和有害因素属于第二类危险源。第二类危险源包括人的不安全行为、物的不安全状态和不利环境条件 3 个方面。人的不安全行为是指使事故有可能或有机会发生的人的行为，根据《企业职工伤亡事故分类》(GB 6441—1986)，人的不安全行为包括操作失误、忽视安全、使用不安全设备、物体存放不当等，主要表现为违章指挥、违章作业、违反劳动纪律等；物的不安全状态是指使事故有可能或有机会发生的物体、物质的状态，如设备故障或缺陷。

事故的发生是两类危险源共同作用的结果，第一类危险源是事故的前提，是事故的主体，决定事故的严重程度；第二类危险源的出现是第一类危险源导致事故的必要条件，决定事故发生的可能性大小。

(2)按引起的事故类型分类　根据《企业伤亡事故分类》(GB 6441—1986)，综合考虑事故的起因物、致害物、伤害方式等特点，可将危险源及危险源造成的事故分为 20 类。施工现场识别危险源时，对危险源或其造成的伤害的分类多采用此法。其具体分为物体打击、车辆伤害、机械伤害、起重伤害、触电、淹溺、灼烫、火灾、高处坠落、坍塌、冒顶片帮、透水、放炮、火药爆炸、瓦斯爆炸、锅炉爆炸、容器爆炸、其他爆炸(化学爆炸，炉膛、钢水爆炸等)、中毒和窒息、其他伤害(扭伤、跌伤、野兽咬伤等)。在建筑工程施工过程中，最主要的事故类型是高处坠落、物体打击、触电事故、机械伤害、坍塌事故、火灾和爆炸等。

3. 危险源、重大风险的识别与判断

危险源辨识是识别危险源的存在并确定其特性的过程。施工现场危险源识别的方法主要有专家调查法、安全检查表法、现场调查法、工作任务分析法、危险与可操作性研究、事件树分析、故障树分析等,其中现场调查法是最主要的方法。

(1)危险源辨识的方法

① 专家调查法。通过向有经验的专家咨询、调查,辨识分析和评价危险源的一类方法。该方法优点是简便易行,缺点是受专家的知识、经验和占有资料的限制,可能出现遗漏。常用的方法有头脑风暴法和德尔菲法。头脑风暴法是通过专家创造性的思考,从而产生大量的观点、问题和议题的方法。其特点是多人讨论,集思广益,可以弥补个人判断的不足,常采取专家会议的方式来相互启发、交换意见,使对危险源的辨识更加细致、具体。该方法常用于目标比较单纯的议题,如果涉及面较广、包含因素多,可以分解目标,再对单一目标或简单目标使用该方法。德尔菲法是采用背对背的方式对专家进行调查,主要特点是避免了集体讨论中的从众性倾向,更代表专家的真实意见。该方法要求对调查的各种意见进行汇总统计处理,再反馈给专家反复征求意见。

② 安全检查表法。实际就是实施安全检查和诊断项目的明细表。运用已编制好的安全检查表,进行系统的安全检查,辨识工程项目存在的危险源。安全检查表的内容一般包括分类项目、检查内容及要求、检查以后处理意见等。安全检查表法的优点是:简单易懂,容易掌握,可以事先组织专家编制检查项目使安全检查做到系统化、完整化,缺点是一般只能做出定性评价。

③ 现场调查法。通过询问交谈、现场观察、查阅有关记录、获取外部信息及检查表,加以分析研究,可识别有关的危险源。具体包括:a. 询问交谈,对于施工现场的某项作业技术活动有经验的人,往往能指出其作业技术活动中的危险源,从中可初步分析出该项作业技术活动中存在的各类危险源;b. 现场观察,通过对施工现场作业环境的现场观察,可发现存在的危险源,但要求从事现场观察的人员具有安全生产、劳动保护、环境保护、消防安全等法律法规知识,掌握建筑工程安全生产、职业健康安全等方面的法律法规、标准规范;c. 查阅有关记录,查阅企业的事故、职业病记录,可从中发现存在的危险源;d. 获取外部信息,从有关类似企业、类似项目、文献资料、专家咨询等方面获取有关危险源信息,加以分析研究,有助于识别本工程项目施工现场有关的危险源;e. 检查表,运用已编制好的检查表,对施工现场进行系统的安全检查,可以识别出存在的危险源。

(2)危险源辨识的注意事项

① 充分了解危险源的分布。从范围上讲,应包括施工现场内受到影响的全部人员、活动与场所,以及受到影响的毗邻社区等,也包括相关方(分包单位、供应单位、建设单位、工程监理单位等)的人员、活动与场所可能施加的影响。从内容上,应涉及所有可能的伤害与影响,包括人为失误,物料与设备过期、老化、性能下降造成的问题。从状态上讲,应考虑3种状态,即正常状态、异常状态和紧急状态。从时态上讲,应考虑3种时态,即过去、现在和将来。

② 弄清危险源伤害的方式或途径。

③ 确认危险源伤害的范围。

④ 要特别关注重大危险源,防止遗漏。

⑤ 对危险源保持高度警觉,持续进行动态识别。

⑥ 充分发挥全体员工对危险源识别的作用,广泛听取每一个员工(包括供应商、分包商的员工)的意见和建议,必要时还可征求设计单位、工程监理单位、专家和政府主管部门等的意见。

(3)风险评价方法

风险是某一特定危险情况发生的可能性和后果的结合。风险评价是评估危险源所带来的风险大小及确定风险是否可容许的全过程。根据评价结果对风险进行分级,弄清楚哪些是高度风险,哪些是一般风险,哪些是可忽略,按不同级别的风险有针对性地进行风险控制。评价应围绕可能性和后果两个方面综合进行。安全风险评价的方法很多,如专家评估法、作业条件危险性评价法、安全检查表法和预先危险分析法等,一般通过定量和定性相结合的方法进行危险源的评价。主要采取专家评估法直接判断,必要时可采用定量风险评价法、作业条件危险性评价法和安全检查表法判断。

① 专家评估法。组织有丰富知识,特别是具有系统安全工程知识的专家、熟悉本工程项目施工生产工艺的技术和管理人员组成评价组,通过专家的经验和判断能力,对管理、人员、工艺、设备、设施、环境等方面已识别的危险源,评价出对本工程施工安全有重大影响的重大危险源。

② 定量风险评价法。将安全风险的大小用事故发生的可能性(p)与发生事故后果的严重程度(f)的乘积来衡量。其计算公式为:

$$R=p\cdot f$$

式中 R——风险的大小;

p——事故发生的概率;

f——事故后果的严重程度。

根据估算结果,可对风险的大小进行分级,见表1-2-1。

表1-2-1 风险分级

后果 / 风险级别(大小) / 可能性 p	轻度损失(轻微伤害)	中度损失(伤害)	重大损失(严重伤害)
很大	Ⅲ	Ⅳ	Ⅴ
中等	Ⅱ	Ⅲ	Ⅳ
极小	Ⅰ	Ⅱ	Ⅲ

③ 作业条件危险性评价法。用与系统危险性有关的3个因素指标之积来评价作业条件的危险性。其计算公式为

$$D=L\cdot E\cdot C$$

式中 L——发生事故的可能性大小,见表1-2-2;

E——人体暴露在危险环境中的频繁程度,见表1-2-3;

C——发生事故会造成的后果,见表1-2-4;

D——风险值。

表1-2-2　发生事故的可能性大小(L)

分数值	事故发生的可能性
10	必然发生
6	相当可能
3	可能,但不经常
1	可能性小,完全意外
0.5	很不可能,可以设想
0.2	极不可能
0.1	实际不可能

表1-2-3　人体暴露在危险环境中的频繁程度(E)

分数值	暴露于危险环境的频繁程度
10	连续暴露
6	每天工作时间内暴露
3	每周一次或偶然暴露
2	每月一次暴露
1	每年几次暴露
0.5	非常罕见暴露

表1-2-4　发生事故产生的后果(C)

分数值	发生事故产生的后果
100	大灾难,许多人死亡(10人以上死亡/直接经济损失100万~300万元)
40	灾难,多人死亡(3~9人死亡/直接经济损失30万~100万元)
15	非常严重(1~2人死亡/直接经济损失10万~30万元)
7	严重(伤残/经济损失1万~10万元)
3	较严重(重伤/经济损失1万元以下)
1	引人关注,轻伤(损失1~105个工作日的失能伤害)

根据上述公式就可以计算作业的危险性程度,一般来说,D值等于或大于70分值以上的显著危险、高度危险和极其危险统称为重大风险;D值小于70分值的一般危险和稍有危险统称为一般风险,见表1-2-5。

表1-2-5　危险性分值

D值	危险程度	风险等级
>320	极其危险,不能继续作业	5
160~320	高度危险,要立即整改	4
70~160	显著危险,需整改	3
20~70	一般危险,需注意	2
<20	稍有危险,可以接受	1

危险等级的划分主要凭经验判断,难免带有局限性,应用时需根据实际情况予以修正。

④ 安全检查表法。将过程加以展开,列出各层次的不安全因素,然后确定检查项目,以提问的方式把检查项目按过程的组成顺序编制成表,按检查项目进行检查或评审。

(4)重大危险源的判断依据

凡符合以下条件之一的危险源,均可判定为重大危险源:

① 严重不符合法律法规、标准规范和其他要求;

② 相关方有合理抱怨和要求;

③ 曾经发生过事故,且未采取有效防范控制措施;

④ 直接观察到可能导致危险且无适当控制措施;

⑤ 通过作业条件危险性评价方法,总分 >160 分是高度危险的。

具体评价重大危险源时,应结合工程和服务的主要内容进行,并考虑日常工作中的重点。

安全风险评价结果应形成评价记录,一般可与危险源识别结果合并记录,通常列表记录。对确定的重大危险源还应另列清单,并按优先考虑的顺序排列。

在识别了危险源并弄清了风险的大小后,便可按不同级别的风险有针对性进行安全控制。

1.3 安全生产管理制度

安全工作的基础之一是制度建设,即建立和不断完善安全管理制度体系,切实将各项安全管理制度落实到建筑生产当中,这也是实现安全生产管理目标的重要手段。

1.3.1 建筑施工企业安全许可制度

为了严格规范建筑施工企业安全生产条件,进一步加强安全生产监督管理,防止和减少生产安全事故,中华人民共和国住房和城乡建设部根据《安全生产许可证条例》、《建设工程安全生产管理条例》等有关行政法规,于2004 年7 月制定建设部令第128 号《建筑施工企业安全生产许可证管理规定》(以下简称《安全许可证管理规定》)。

国家对建筑施工企业实行安全生产许可制度,建筑施工企业未取得安全生产许可证的,不得从事建筑施工活动。

1. 安全生产许可证的申请条件

建筑施工企业取得安全生产许可证,应当具备下列安全生产条件。

(1)建立、健全安全生产责任制,制定完备的安全生产规章制度和操作规程。

(2)保证本单位安全生产条件所需资金的投入。

(3)设置安全生产管理机构,按照国家有关规定配备专职安全生产管理人员。

(4)主要负责人、项目负责人、专职安全生产管理人员经建设主管部门或者其他有关部门考核合格。

(5)特种作业人员经有关业务主管部门考核合格,取得特种操作资格证书。

(6)管理人员和作业人员每年至少进行一次安全生产教育培训并考核合格。

(7)依法参加工伤保险,依法为施工现场从事危险作业的人员办理意外伤害保险,为从业人员交纳保险费。

(8)施工现场的办公区、生活区作业场所和安全防护用具、机械设备、施工机具及配件符合有关安全生产法律、法规、标准和规程的要求。

(9)有职业危害防治措施,并为作业人员配备符合国家标准或者行业标准的安全防护用具和安全防护服装。

(10)依法进行安全评价。

(11)有对危险性较大的分部分项工程及施工现场易发生重大事故的部位、环节的预防、监控措施和应急预案。

(12)有安全事故应急救援预案、应急救援组织或者应急救援人员,配备必要的应急救援器材、设备。

(13)法律、法规规定的其他条件。

2. 安全生产许可证的申请与颁发

建筑施工企业从事建筑施工活动前,应当依照《安全许可证管理规定》向省级以上建设主管部门申请领取安全生产许可证。中央管理的建筑施工企业(集团公司、总公司)应当向国务院建设主管部门申请领取安全生产许可证,其他的建筑施工企业,包括中央管理的建筑施工企业(集团公司、总公司)下属的建筑施工企业,应当向企业注册所在地省、自治区、直辖市人民政府建设主管部门申请领取安全生产许可证。

1.3.2　建筑施工企业安全教育培训管理制度

1. 安全生产教育的基本要求

安全生产教育要体现全面、全员、全过程。施工现场所有人均应接受过安全生产教育,确保他们先接受安全生产教育懂得相应的安全生产知识后才能上岗。原建设部建质[2004]59号《建筑施工企业主要责任人、项目负责人、专职安全生产管理人员安全生产考核管理暂行规定》规定,企业的主要责任人、项目负责人和专职安全生产管理人员必须通过建设行政主管部门或其他有关部门安全生产考核,考核合格取得安全生产合格证书后方可担任相应职务。安全生产教育要做到经常性,根据工程项目的不同、工程进展和环境的不同,对所有人,尤其是施工现场的一线管理人员和工人实行动态的教育,做到经常化和制度化。为达到经常性安全生产教育的目的,可采用出板报、上安全课、观看安全教育影视资料片等形式,但更重要的是必须认真落实班前安全教育活动和安全技术交底,因为通过日常的班前教育活动和安全技术交底,告知工人在施工中应注意的问题和措施,就可以让工人了解和掌握相关的安全知识,起到反复性和经常性的教育和学习的作用。

《建筑施工安全检查标准》(JGJ 59—2011)对安全教育提出以下要求。

(1)工程项目部应建立安全教育培训制度;

(2)当施工人员入场时,工程项目部应组织进行以国家安全法律法规、企业安全制度、施工现场安全管理规定及各工种安全技术操作规程为主要内容的三级安全教育培训和考核;

(3)当施工人员变换工种或采用新技术、新工艺、新设备、新材料施工时,应进行安全教育培训;

(4)施工管理人员、专职安全员每年度应进行安全教育培训和考核。

2. 安全生产教育的时间

根据原建设部建教[1997]83号文件印发的《建筑企业职工安全培训教育暂行规定》的要求如下。

(1)企业法人代表、项目经理每年不少于30学时。

(2)专职管理和技术人员每年不少于40学时。

(3)其他管理和技术人员每年不少于20学时。

(4)特殊工种每年不少于20学时。

(5)其他职工每年不少于15学时。

(6)待、转、换岗位重新上岗前,接受一次不少于20学时的培训。

(7)新工人的公司、项目和班组三级培训教育时间分别不少于15学时、15学时和20学时。

3. 安全生产教育的内容

安全生产教育按等级、层次和工作性质分别进行,三级安全教育是每个刚进企业的新工人必须接受的首次安全生产方面的基本教育,是指公司(即企业)、项目部(或工程处、施工处、工区)和班组,对新工人或调换工种的工人,按规定进行的安全教育和技术培训,经考核合格,方准上岗。各级安全生产教育的主要内容如下。

(1)公司级教育

① 国家和地方有关安全生产、劳动保护的方针、政策、法律、法规、规范、标准及规章。

② 企业及其上级部门(主管局、集团、总公司、办事处等)印发的安全管理规章制度。

③ 安全生产与劳动保护工作的目的、意义等。

(2)项目部(或工程处、施工处、工区)级教育　项目部级教育是新工人被分配到项目部以后进行的安全教育。项目部级安全生产教育的主要内容如下。

① 建设工程施工生产的特点,施工现场的一般安全管理规定、要求。

② 施工现场的主要事故类型,常见多发性事故的特点、规律及预防措施,事故教训等。

③ 本工程项目部施工的基本情况(工程类型、施工阶段、作业特点等),施工中应当注意的安全事项。

(3)班组教育　又称岗位教育,其主要内容如下。

① 本工种作业的安全技术操作要求。

② 本班组施工生产概况,包括工作性质、职责、范围等。

③ 本人及本班组在施工过程中,所使用、所遇到的各种生产设备、设施、电气设备、机械、工具的性能、作用、操作要求、安全防护要求。

④ 个人使用和保管的各类劳动防护用品的正确穿戴、使用方法及劳防用品的基本原理与主要功能。

⑤ 发生伤亡事故或其他事故,如火灾、爆炸、设备及管理事故等,应采取的措施(救助抢险、保护现场、报告事故等)要求。

(4)三级教育的要求

① 三级教育一般由企业的安全、教育、劳动、技术等部门配合进行。

② 受教育者考试合格后才准许进入生产岗位。

③ 给每一名职工建立职工劳动保护教育卡，记录三级教育、变换工种教育等教育考核情况，并由教育者与受教育者双方签字后登记入册。

4. 特种作业人员的培训

建筑企业特种作业人员一般包括建筑电工、焊工、建筑架子工、司炉工、爆破工、机械操作工、起重工、塔吊司机及指挥人员、人货两用电梯司机等。

建筑企业特种作业人员除进行一般安全教育外，还要执行《特种作业人员安全技术培训考核管理规定》及《建筑施工安全检查标准》(JGJ 59—2011)的有关规定，按国家、行业、地方和企业规定进行本工种专业培训、资格考核，取得《特种作业操作证》后上岗。

特种作业人员取得岗位操作证后每年仍应接受有针对性的安全培训。

5. 三类人员考核任职制度

三类人员考核任职制度是从源头上加强安全生产监管的有效措施，是强化建筑施工安全生产管理的重要手段。

依据原建设部《建筑施工企业主要负责人、项目负责人、专职安全生产管理人员安全生产考核管理暂行规定》(建质[2004]59号)的规定，为贯彻落实《安全生产法》、《建设工程安全生产管理条例》和《安全生产许可证条例》，提高建筑施工企业主要负责人、项目负责人和专职安全生产管理人员安全生产知识水平和管理能力，保证建筑施工安全生产，对建筑施工企业三类人员进行考核认定。三类人员应当经建设行政主管部门或者其他有关部门考核合格后方可任职。

(1)三类人员考核任职制度的对象

① 建筑施工企业的主要负责人、项目负责人、专职安全生产管理人员。

② 建筑施工企业主要负责人包括企业法定代表人、经理、企业分管安全生产工作的副经理等。

③ 建筑施工企业项目负责人，是指经企业法人授权的项目管理的负责人等。

④ 建筑施工企业专职安全生产管理人员，是指在企业专职从事安全生产管理工作的人员，包括企业安全生产管理机构的负责人及其他工作人员和施工现场专职安全生产管理人员。

(2)三类人员考核任职的主要内容

① 考核的目的和依据。根据《安全生产法》、《建设工程安全生产管理条例》和《安全生产许可证条例》等法律法规，旨在提高建筑施工企业主要负责人、项目责任人和专职安全生产管理人员的安全生产知识水平和管理能力，保证建筑施工安全生产。

② 考核范围。在中华人民共和国境内从事建设工程施工活动的建筑施工企业管理人员及实施和参与安全生产考核管理的人员。建筑施工企业管理人员必须经建设行政主管部门或者其他有关部门安全生产考核，考核合格取得安全生产考核合格证书后，方可担任相应职务。建筑施工企业管理人员安全生产考核内容包括安全生产知识和管理能力。

6. 班前教育

《建筑施工安全检查标准》(JGJ 59—2011)对班前活动提出以下要求。

(1)要建立班前安全活动制度。班前安全活动是安全管理的一个重要环节，是提高工人的安全素质、落实安全技术措施、减少事故发生的有效途径。班前安全活动是班组长或管理人员，在每天上班前，检查了解班组的施工环境、设备和工人的防护用品的佩戴情况，总结前一天的施工情况，根据当天施工任务特点和分工情况，讲解有关的安全技术措施，同时预知操作中可能出现的不安全因素，提醒大家注意和采取相应的防范措施。

(2)班前安全活动要有记录。每次班前安全活动均应简单并有重点地记录活动内容，活动记录应收录为安全管理档案资料。

7. 安全生产的经常性教育

企业在做好新工人入场教育、特种作业人员安全生产教育和各级领导干部、安全管理干部的安全生产教育的同时，还必须把经常性的安全生产教育贯穿于管理工作的全过程，并根据接受教育对象的不同特点，采取多层次、多渠道和各种方法进行。安全生产教育多种多样，应贯彻及时性、严肃性、真实性的要求，做到简明、醒目，具体形式如下。

(1)施工现场(车间)入口处的安全纪律牌。

(2)举办安全生产训练班、讲座、报告会、事故分析会。

(3)建立安全保护教育室，举办安全保护展览。

(4)举办安全保护广播，印发安全保护简报、通报等，办安全保护黑板报、宣传栏。

(5)张挂安全教育标志和标语。

(6)举办安全保护文艺演出和放映安全保护音像制品。

(7)组织家属做好职工的安全生产思想工作。

1.3.3 安全生产责任制

安全生产责任制是各项安全管理制度的核心，是企业岗位责任制的一个重要组成部分，是企业安全管理中最基本的制度，是保障安全生产的重要组织措施。

安全生产责任制根据“管生产必须管安全”、“安全生产，人人有责”等原则，明确规定各级领导、各职能部门、各岗位、各工种人员在生产活动中应负的安全职责。

制定和实施安全生产责任制应该贯彻“安全第一，预防为主，综合治理”的安全生产方针，遵循“各级领导人员在管理生产的同时必须负责管理安全”的原则。

1. 有关人员的安全职责

(1)企业法人　企业是安全生产的责任主体，实行法人代表负责制。企业法人代表要严格落实安全生产责任制，使安全生产真正成为企业的一项自觉行动。企业法人的职责包括以下几个方面。

① 认真贯彻执行国家、行业和地方有关安全生产的方针政策和法规、规范，掌握本企业安全生产动态，定期研究安全工作，对本企业安全生产负全面领导责任。

② 领导编制和实施本企业中、长期整体规划及年度、特殊时期安全工作实施计划，建立、健全和完善本企业的各项安全生产管理制度及奖惩办法。

③ 建立、健全安全生产的保证体系，保证安全技术措施经费的落实。

④ 领导并支持安全管理人员或部门的监督检查工作。

⑤ 在事故调查组的指导下，领导、组织本企业有关部门或人员，做好特大、重大伤亡事故调查处理的具体工作，监督防范措施的制订和落实，预防事故重复发生。

(2)企业主要负责人　企业主要负责人对本企业的劳动保护和安全生产负全面领导责任。其职责包括以下几个方面。

① 认真贯彻执行劳动保护和安全生产政策、法令和规章制度。

② 定期分析研究、解决安全生产中的问题，定期向企业职工代表会议报告企业安全生产情况和措施。

③ 制定安全生产工作规划和企业的安全责任制等制度，建立、健全安全生产保证体系。

④ 保证安全生产的投入及有效实施。

⑤ 组织审批安全技术措施计划并贯彻实施。

⑥ 定期组织安全检查和开展安全竞赛等活动，及时消除安全隐患。

⑦ 对职工进行安全和遵章守纪及劳动保护法制教育。

⑧ 督促各级领导干部和各职能单位的职工做好本职范围内的安全工作。

⑨ 总结与推广安全生产先进经验。

⑩ 及时、如实地报告生产安全事故，主持伤亡事故的调查分析，提出处理意见和改进措施，并督促实施。

⑪组织制订企业的安全事故救援预案，组织演习及实施。

(3)企业总工程师(技术负责人)　企业总工程师(技术负责人)对本企业劳动保护和安全生产的技术工作负领导责任。其职责包括以下几个方面。

① 在组织编制和审批施工组织设计(施工方案)和采用新技术、新工艺、新设备时，必须制订相应的安全技术措施。

② 负责提出改善劳动条件的项目和实施措施，并付诸实施。

③ 对职工进行安全技术教育。

④ 编制审查企业的安全操作技术规程，及时解决施工中的安全技术问题。

⑤ 参加伤亡事故的调查分析，提出技术鉴定意见和改进措施。

(4)项目经理　项目经理是本项目安全生产的第一责任者，负责整个项目的安全生产工作，对所管辖工程项目的安全生产负直接领导责任。其职责包括以下几个方面。

① 对合同工程项目生产经营过程中的安全生产负全面领导责任。

② 在项目施工生产全过程中，认真贯彻落实安全生产方针政策、法律法规和各项规章制度，结合项目工程特点及施工全过程的情况，制定本项目工程各项安全生产管理办法，或有针对性地提出安全管理要求，并监督其实施。严格履行安全考核指标和安全生产奖惩办法。

③ 在组织项目工程业务承包、聘用业务人员时，必须本着安全工作只能加强的原则，根据工程特点确定安全工作的管理制度、配备人员，并明确各业务承包人的安全责任和考核指标，支持、指导安全管理人员的工作。

④ 健全和完善用工管理手续，录用外包队必须及时向有关部门申报，严格用工制度与管理，适时组织上岗安全教育，要对外包队的健康与安全负责，加强劳动保护工作。

⑤ 认真落实施工组织设计中的安全技术措施及安全技术管理的各项措施，严格执行安全技术审批制度，组织并监督项目工程施工中的安全技术交底制度和设备、设施验收制度的实施。

⑥ 领导、组织施工现场定期的安全生产检查，发现施工生产中不安全问题，组织采取措施，及时解决。对上级提出的安全生产与管理方面的问题，要定时、定人、定措施予以

解决。

⑦ 发生事故,及时上报,保护好现场,做好抢救工作,积极配合事故的调查,认真落实纠正和防范措施,吸取事故教训。

(5)施工员　施工员对所管工程的安全生产负直接责任。其职责包括以下几个方面。

① 严格执行各项安全生产规章制度,对所管辖单位工程的安全生产负直接责任。

② 认证落实施工组织设计中安全技术措施,针对生产任务特点,向作业班组进行详细的书面安全技术交底,履行签字确认手续并对规程、措施、交底要求执行情况随时检查,随时纠正违章作业。

③ 随时检查作业内的各项防护设施、设备的安全状况,随时消除不安全因素,不违章指挥。

④ 配合项目安全员定期和不定期地组织班组学习安全操作规程,开展安全生产活动,督促、检查工人正确使用个人防护用品。

⑤ 对分管工程项目应用的新材料、新工艺、新技术严格执行申报和审批制度,发现问题,及时停止使用,并报有关部门或领导。

⑥ 发生工伤事故或未遂事故要立即上报,保护好现场;参与工伤及其他事故的调查处理。

(6)安全员　其职责包括以下几个方面。

① 认真贯彻执行劳动保护、安全生产的方针、政策、法令、法规、规范标准,做好安全生产的宣传教育和管理工作,推广先进经验。对本项目的安全生产负检查、监督的责任。

② 深入施工现场,负责施工现场生产巡视督查,并做好记录,指导下级安全技术人员工作,掌握安全生产情况,调查研究生产中的不安全问题,提出改进意见和措施,并对执行情况进行监督检查。

③ 协助项目经理组织安全活动和安全检查。

④ 参加审查施工组织设计和安全技术措施计划,并对执行情况进行监督检查。

⑤ 组织本项目新工人的安全技术培训、考核工作。

⑥ 制止违章指挥、违章作业,发现现场存在安全隐患时,应及时向企业安全生产管理机构和工程项目经理报告,遇有险情有权暂停生产,并报告领导处理。

⑦ 进行工伤事故统计分析和报告,参加工伤事故调查、处理。

⑧ 负责本项目部的安全生产、文明施工、劳务手续的办理及治安保卫的管理工作。

(7)班组长　其职责包括以下几个方面。

① 认真执行安全生产规章制度及安全操作规程,合理安排班组人员工作,对本班组人员在生产中的安全和健康负责。

② 经常组织班组人员学习安全操作规程,监督班组人员正确使用个人劳保用品,不断提高自我保护能力。

③ 认真落实安全技术交底,做好班前教育工作,不违章指挥、冒险蛮干。

④ 随时检查班组作业现场安全生产状况,发现问题及时解决并上报有关领导。

⑤ 认真做好新工人的岗位教育。

⑥ 发生因工伤及未遂事故,保护好现场,立即上报有关领导。

(8)工人　其职责包括以下几个方面。

① 认真学习并严格执行安全技术操作规程,自觉遵守安全生产规章制度。

② 积极参加安全活动,认真执行安全交底,不违章作业,服从安全人员的指导。

③ 发扬团结友爱精神,在安全生产方面做到互相帮助、互相监督。对新工人要积极传授安全生产知识。维护一切安全设施和防护用具,做到正确使用,不准拆改。

④ 对不安全作业要敢于提出意见,并有权拒绝违章指令。

⑤ 发生伤亡和未遂事故,要保护现场并立即上报。

2. 职能部门安全生产责任制

(1)生产计划部门

① 在编制下达生产计划时,要考虑工程特点和季节、气候条件,合理安排,并会同有关部门提出相应的安全要求和注意事项。安排月、旬作业计划时,要将支、拆安全网,拆、搭脚手架等列为正式工作,给予时间保证。

② 在检查月、旬生产计划的同时,要检查安全措施的执行情况。

③ 在排除生产障碍时,要贯彻“安全第一”的思想,同时消除安全隐患。遇到生产与安全发生矛盾时,生产必须服从安全,不得冒险违章作业。

④ 对改善劳动条件的工程项目必须纳入生产计划,视同生产任务并优先安排,在检查生产计划完成情况时,一并检查。

⑤ 加强对现场的场容、场貌管理,做到安全生产、文明施工。

(2)技术部门

① 对施工生产中的有关技术问题负安全责任。

② 对改善劳动条件、减轻笨重体力劳动、消除噪声、治理尘毒危害等情况,负责制订技术措施。

③ 严格按照国家有关安全技术规程、标准,编制、审批施工组织设计、施工方案、工艺等技术文件,使安全措施贯穿在施工组织设计、施工方案、工艺卡的内容里。负责解决施工中的疑难问题,从技术措施上保证安全生产。

④ 对新工艺、新技术、新设备、新施工方法要制订相应的安全措施和安全操作规程。

⑤ 会同劳动、教育部门编制安全技术教育计划,对职工进行安全技术教育。

⑥ 参加安全检查,对查出的隐患因素提出技术改进措施,并检查执行情况。

⑦ 参加伤亡事故和重大未遂事故的调查,针对事故原因提出技术措施。

(3)机械设备部门

① 制订安全措施,保证机电、起重设备、锅炉、压力容器安全运行。对所有现用的安全防护装置及一切附件,经常检查其是否齐全、灵敏、有效,并督促操作人员进行日常维护。

② 对严重危及职工安全的机械设备,应会同技术部门提出技术改进措施,并付诸实施。

③ 新购进的机械、锅炉、压力容器等设备的安全防护装置必须齐全、有效。出厂合格证及技术资料必须完整,使用前要制定安全操作规程。

④ 负责实施对机、电、起重设备、锅炉、压力容器的安全操作规程和安全运行制度。对违章作业人员要严肃处理,对发生机、电设备事故的应认真调查分析。

(4)材料供应部门

① 供施工生产使用的一切机具和附件等,在购入时必须有出厂合格证明,发放时必须符合安全要求,回收后必须检修。

② 采购的劳动保护用品,必须符合规格标准。

③ 负责采购、保管、发放和回收劳动保护用品,并向本单位劳动部门提供使用情况。

④ 对批准的安全设施所用材料应纳入计划,及时供应。

⑤ 对所属职工经常进行安全意识和纪律教育。

(5)安全管理部门

① 贯彻执行安全生产和劳动保护方针、政策、法规、条例及企业的规章制度。

② 做好安全生产的宣传教育和管理工作,总结、交流、推广先进经验。

③ 经常深入基层,指导下级安全技术人员的工作,掌握安全生产情况,调查研究生产中的不安全问题,提出改进意见和措施。

④ 组织安全活动和定期安全检查,及时向上级领导汇报安全情况。

⑤ 参加审查施工组织设计(施工方案)和编制安全技术措施计划,并对贯彻执行情况进行督促、检查。

⑥ 与有关部门共同做好新工人转岗工作,特种作业人员的安全技术训练、考核、发证工作。

⑦ 进行工伤事故统计、分析和报告,参加工伤事故的调查和处理。

⑧ 制止违章指挥和违章作业,遇有严重险情,有权暂停生产,并报告领导处理。

(6)劳动部门

① 负责对劳动保护用品发放标准的执行情况进行监督检查,并根据上级有关规定,修改和制订劳保用品发放标准实施细则。

② 严格审查、控制和上报职工加班、加点和营养补助,以保证职工劳逸结合和身体健康。

③ 会同有关部门对新工人做好入场安全教育,对职工进行定期安全教育和培训考核。

④ 对违反劳动纪律、影响安全生产的职工应加强教育,经说服无效或屡教不改者应提出处理意见。

⑤ 参加作废事故调查处理,认真执行对责任者的处理决定,并将处理材料归档。

(7)工会

① 向员工宣传国家的安全生产方针、政策、法律、法规、标准以及企业的安全生产规章制度,对员工进行遵章守纪的安全意识和安全卫生知识的教育。

② 监督、检查企业安全生产经费的投入,督促改善安全生产条件项目的落实情况。

③ 发现违章指挥,强令工人冒险作业,或发现明显重大事故隐患和职业危害,提出建议,如无效,应支持和组织职工停止作业,撤离危险现场。

④ 把本单位安全生产和职业卫生议题,纳入职工代表大会的重要议程,并作出相应决议。

⑤ 督促和协助企业负责人严格执行国家有关保护女职工的规定,切实做好女职工的“四期”保护工作。

⑥ 组织职工开展安全生产竞赛活动,发动职工为安全生产提供合理化建议和举报事故隐

患。评选先进时，严把安全关，凡违章指挥、强令工人冒险作业而造成死亡事故的单位不能评为先进集体，责任者不能评为先进个人。

⑦ 参加职工伤亡事故和职业病的调查工作，协助查清事故原因，总结经验教训，采取防范措施。有权代表职工和家属对事故主要责任者提出控告，追究其行政、法律的责任。

3. 总、分包单位安全生产责任制

(1)总包单位安全生产责任制在几个施工单位联合施工实行总分包制度时，总包单位要统一领导和管理分包单位的安全生产，其责任包括：

① 审查分包单位的安全生产保证体系与条件，对不具备安全生产条件的，不发包工程。

② 对分包的工程，承包合同要明确安全责任。

③ 对外包工承担的工程要做详细的安全交底，提出明确的安全要求，并认真监督检查。

④ 对违反安全规定、冒险蛮干的分包单位，要勒令停产。

⑤ 总包单位产值包括外包工完成的产值，总包单位要统计上报外包工单位的伤亡事故，并按承包合同的规定，处理外包工单位的伤亡事故。

(2)分包单位安全生产责任制

① 分包单位行政领导对本单位的安全生产工作负责，应认真履行承包合同规定的安全生产责任。

② 认真贯彻执行国家和当地政府有关安全生产的方针、政策、法规、规定。

③ 服从总包单位关于安全生产的指挥，执行总包单位有关安全生产的规章制度。

④ 及时向总包单位报告伤亡事故，并按承包合同的规定调查处理伤亡事故。

1.3.4　安全技术交底制度

安全技术交底制度是安全制度的重要组成部分。为贯彻落实国家安全生产方针、政策、规程规范、行业标准及企业各种规章制度，及时对安全生产、工人职业健康进行有效预控，提高施工管理、操作人员的安全生产管理、操作技能，努力创造安全生产环境，根据《安全生产法》、《建设工程安全生产管理条例》、《施工企业安全检查标准》等有关规定，在进行工程技术交底的同时要进行安全技术交底。

1. 安全技术交底的基本要求

(1)安全技术交底须分级进行。项目经理部必须实行逐级安全技术交底制度，纵向延伸到班组全体作业人员。根据安全措施要求和现场实际情况，各级管理人员需亲自逐级进行书面交底，职责明确，落实到人。

(2)安全技术交底必须贯穿于施工全过程，全方位。分部(分项)工程的安全交底一定要细、要具体化，必要时画大样图。对专业性较强的分项工程，要先编制施工方案，然后根据施工方案做针对性的安全技术交底，不能以交底代替方案或以方案代替交底。对特殊工种的作业、机械设备的安拆与使用、安全防护设施的搭拆等，必须由技术负责人、安全员等验收安全技术交底内容，验收合格后由工长对操作班组做书面安全技术交底。安全技术交底使用应按工程结构层次的变化反复进行。要针对每层结构的实际状况，逐层进行有针对性的安全技术交底。分部(分项)工程安全技术交底与验收，必须与工程同步进行。

(3)安全技术交底应实施签字制度。安全技术交底必须履行交底认签手续,由交底人签字,由被交底班组的集体签字认可,不准代签和漏签,必须准确填写交底作业部位和交底日期,并存档以备查用。安全技术交底的认签记录,施工员必须及时提交给安全台账资料管理员。安全台账资料管理员要及时收集、整理和归档。施工现场安全员必须认真履行检查、监督职责。切实保证安全技术交底工作不流于形式,提高全体作业人员安全生产的自我保护意识。

2. 安全技术交底主要内容

安全交底要全面、具体、明确、有针对性,符合有关安全技术规程的规定;应优先采用新的安全技术措施;安全技术交底使用范本时,应在补充交底栏内填写有针对性的内容,按分项工程的特点进行交底,不准留有空白。

(1)工程开工前,由公司环境安全监督部门负责向项目部进行安全生产管理首次交底交底内容如下。

① 国家和地方有关安全生产的方针、政策、法律法规、标准、规范、规程和企业的安全规章制度。

② 项目安全管理目标、伤亡控制指标、安全达标和文明施工目标。

③ 危险性较大的分部分项工程及危险源的控制、专项施工方案清单和方案编制的指导、要求。

④ 施工现场安全质量标准化管理的一般要求。

⑤ 公司部门对项目部安全生产管理的具体措施要求。

(2)项目部负责向施工队长或班组长进行书面安全技术交底交底内容如下。

① 工程概况、施工方法、施工程序、项目各项安全管理制度与办法、注意事项、安全技术操作规程。

② 每一分部、分项工程施工安全技术措施、施工生产中可能存在的不安全因素及防范措施等,确保施工活动安全。

③ 特殊工种的作业、机电设备的安拆与使用、安全防护设施的搭设等,项目技术负责人均要对操作班组做安全技术交底。

④ 两个以上工种配合施工时,项目技术负责人要按工程进度定期或不定期地向有关班组长进行交叉作业的安全交底。

(3)施工队长或班组长要根据交底要求,对操作工人进行针对性的班前作业安全交底,操作人员必须严格执行安全交底的要求交底内容如下。

① 施工要求、作业环境、作业特点、相应的安全操作规程和标准。

② 现场作业环境要求本工种操作的注意事项,即危险点,针对危险点的具体预防措施及应注意的安全事项。

③ 个人防护措施。

④ 发生事故后应及时采取的避难和急救措施。

3. 安全技术交底范例

安全技术交底的范例如表 1-3-1 所示。

表1-3-1　××项目部安全技术交底

<table>
<tr><td colspan="6">安全技术交底记录</td><td colspan="3"></td><td colspan="3">编号</td></tr>
<tr><td colspan="3">工程名称</td><td colspan="3"></td><td colspan="3">交底日期</td><td colspan="3">年　月　日</td></tr>
<tr><td colspan="3">施工单位</td><td colspan="3"></td><td colspan="3">分项工程名称</td><td colspan="3"></td></tr>
<tr><td colspan="3">交底提要</td><td colspan="9">人工挖孔施工安全技术交底</td></tr>
<tr><td colspan="12">交底内容：
(1)多孔同时开挖施工时，应采用间隔挖孔方法，相邻的桩不能同时挖、成孔。必须待相邻桩孔浇灌完混凝土之后，才能挖孔，以保证土壁稳定。
(2)挖孔垂直和直径尺寸应每挖一节检查一次，发现偏差及时纠正。以免误积累不可收拾。
(3)挖底扩孔夜间隔削土，留一部分土作支撑，待浇灌混凝土前再挖，此时宜加钢支架支护，浇灌混凝土后再拆除。
(4)挖孔桩孔口，应设水平移动活动安全盖板，当土吊桶提升到离地面1.8m左右（超过人高）推活动盖板，关闭孔口。手推车推至盖板上，卸土后再开盖板，下吊桶吊土，以防土块、操作人员和工具掉入孔内伤人。
(5)桩孔挖土，必须挖一节土，做一节护壁。孔内严禁放炮破石，若遇到特殊情况，非在孔内放炮不可，需报请上级主管部门特殊审批，并制定专项安全技术措施报上级审批后实施。
(6)挖孔、扩孔完成后一律应在当天验收并接着浇灌砼，特别是孔壁是砂土、松散填土、饱和软土等更不得过夜再浇灌砼、以免塌孔，护壁砼拆模，要经现场技术负责人批准。
(7)正在开挖的井孔，每天上班前应对井壁，砼护壁及井中的空气等进行检查，发现异常情况，应采取安全措施方可施工。
(8)上班前以及施工过程中，应随时注意检查辘轳轴、支腿、吊绳、挂钩（保险钩）、提桶等设备，发现问题应立即修理或更换。
(9)非机电人员不允许操作机电设备，一律由机电人员专人负责操作。
(10)挖孔人员上下孔井，必须用安全爬梯，井下需要工具，应该用提升设备递送，禁止向下抛掷。
(11)挖孔作业人员下班休息时，必须盖好孔口，或设高于80cm的护身栏封闭围住。
(12)孔底如需抽水时，必须在全部井下作业人员上地面后进行。
(13)夜间一般禁止挖孔作业，如遇特殊情况需夜间挖孔作业时，须经现场负责人同意，而且必须要有领导和安全人员现场指挥，并进行安全监督检查。
(14)井下操作人员连续工作时间，不宜超过4小时，应轮班工作。
(15)现场施工人员必须戴安全帽，井下有人操作时，井上配合人员必须坚守岗位，不能擅离职守，要紧密配合。
(16)孔井口边1m范围内不得有任何杂物，堆土应在孔井口边1.5m以外。</td></tr>
<tr><td colspan="2">审核人</td><td colspan="2"></td><td colspan="2">交底人</td><td colspan="2"></td><td colspan="2">接受交底人</td><td colspan="2"></td></tr>
</table>

注：1. 表头由交底人填写，交底人与接受交底人各保存一份，安全员一份。
2. 当作分部分项施工作业安全交底时，应填写“分部分项工程名称”栏。
3. “交底提要”栏应根据交底内容把交底重要内容写上。

1.3.5　安全事故处理制度

1. 安全事故等级划分

《生产安全事故报告和调查处理条例》规定，根据生产安全事故造成的人员伤亡或者直接经济损失，事故一般分为以下等级。

(1)特别重大事故　是指造成30人以上死亡，或者100人以上重伤（包括急性工业中毒，下同），或者1亿元以上直接经济损失的事故。

(2)重大事故　是指造成10人以上30人以下死亡，或者50人以上100人以下重伤，或者5000万元以上1亿元以下直接经济损失的事故。

(3)较大事故　是指造成3人以上10人以下死亡，或者10人以上50人以下重伤，或者1000万元以上5000万元以下直接经济损失的事故。

(4)一般事故　是指造成3人以下死亡，或者10人以下重伤，或者1000万元以下直接经济损失的事故。

2. 安全事故报告

《生产安全事故报告和调查处理条例》对安全事故报告作出以下规定。

(1)事故报告应当及时、准确、完整,任何单位和个人对事故不得迟报、漏报、谎报或者瞒报。事故调查处理应当坚持实事求是、尊重科学的原则,及时、准确地查清事故经过、事故原因和事故损失,查明事故性质,认定事故责任,总结事故教训,提出整改措施,并对事故责任者依法追究责任。

(2)县级以上人民政府应当依照该条例的规定,严格履行职责,及时、准确地完成事故调查处理工作。事故发生地有关地方人民政府应当支持、配合上级人民政府或者有关部门的事故调查处理工作,并提供必要的便利条件。参加事故调查处理的部门和单位应当互相配合,提高事故调查处理工作的效率。

(3)工会依法参加事故调查处理,有权向有关部门提出处理意见。

(4)任何单位和个人不得阻挠和干涉对事故的报告和依法调查处理。

(5)对事故报告和调查处理中的违法行为,任何单位和个人有权向安全生产监督管理部门、监察机关或者其他有关部门举报,接到举报的部门应当依法及时处理。

(6)事故发生后,事故现场有关人员应当立即向本单位负责人报告;单位负责人接到报告后,应当于1小时内向事故发生地县级以上人民政府安全生产监督管理部门和负有安全生产监督管理职责的有关部门报告。情况紧急时,事故现场有关人员可以直接向事故发生地县级以上人民政府安全生产监督管理部门和负有安全生产监督管理职责的有关部门报告。

(7)安全生产监督管理部门和负有安全生产监督管理职责的有关部门接到事故报告后,应当依照下列规定上报事故情况,并通知公安机关、劳动保障行政部门、工会和人民检察院:①特别重大事故、重大事故逐级上报至国务院安全生产监督管理部门和负有安全生产监督管理职责的有关部门;②较大事故逐级上报至省、自治区、直辖市人民政府安全生产监督管理部门和负有安全生产监督管理职责的有关部门;③一般事故上报至设区的市级人民政府安全生产监督管理部门和负有安全生产监督管理职责的有关部门。安全生产监督管理部门和负有安全生产监督管理职责的有关部门依照上述规定上报事故情况,应当同时报告本级人民政府。国务院安全生产监督管理部门和负有安全生产监督管理职责的有关部门及省级人民政府接到发生特别重大事故、重大事故的报告后,应当立即报告国务院。必要时,安全生产监督管理部门和负有安全生产监督管理职责的有关部门可以越级上报事故情况。

(8)安全生产监督管理部门和负有安全生产监督管理职责的有关部门逐级上报事故情况,每级上报的时间不得超过2小时。

(9)事故报告后出现新情况的,应当及时补报。自事故发生之日起30日内,事故造成的伤亡人数发生变化的,应当及时补报。道路交通事故、火灾事故自发生之日起7日内,事故造成的伤亡人数发生变化的,应当及时补报。

(10)事故发生单位负责人接到事故报告后,应当立即启动事故相应应急预案,或者采取有效措施,组织抢救,防止事故扩大,减少人员伤亡和财产损失。

(11)事故发生地有关地方人民政府、安全生产监督管理部门和负有安全生产监督管理职责的有关部门接到事故报告后,其负责人应当立即赶赴事故现场,组织事故救援。

(12)事故发生后,有关单位和人员应当妥善保护事故现场及相关证据,任何单位和个人不得破坏事故现场、毁灭相关证据。因抢救人员、防止事故扩大及疏通交通等原因,需要移动事故现场物件的,应当作出标志,绘制现场简图并作出书面记录,妥善保存现场重要痕迹、物证。

(13)事故发生地公安机关根据事故的情况,对涉嫌犯罪的,应当依法立案侦查,采取强制措施和侦查措施。犯罪嫌疑人逃匿的,公安机关应当迅速追捕归案。

(14)安全生产监督管理部门和负有安全生产监督管理职责的有关部门应当建立值班制度,并向社会公布值班电话,受理事故报告和举报。

(15)报告事故应当包括下列内容:事故发生单位概况;事故发生的时间、地点及事故现场情况;事故的简要经过;事故已经造成或者可能造成的伤亡人数(包括下落不明的人数)和初步估计的直接经济损失;已经采取的措施;其他应当报告的情况。

3. 安全事故调查

《生产安全事故报告和调查处理条例》对安全事故调查作出了以下规定。

(1)特别重大事故由国务院或者国务院授权有关部门组织事故调查组进行调查。重大事故、较大事故、一般事故分别由事故发生地省级人民政府、设区的市级人民政府、县级人民政府负责调查。省级人民政府、设区的市级人民政府、县级人民政府可以直接组织事故调查组进行调查,也可以授权或者委托有关部门组织事故调查组进行调查。未造成人员伤亡的一般事故,县级人民政府也可以委托事故发生单位组织事故调查组进行调查。

(2)上级人民政府认为必要时,可以调查由下级人民政府负责调查的事故。自事故发生之日起30日内(道路交通事故、火灾事故自发生之日起7日内),因事故伤亡人数变化导致事故等级发生变化,依照该条例规定应当由上级人民政府负责调查的,上级人民政府可以另行组织事故调查组进行调查。

(3)特别重大事故以下等级事故,事故发生地与事故发生单位不在同一个县级以上行政区域的,由事故发生地人民政府负责调查,事故发生单位所在地人民政府应当派人参加。

(4)事故调查组的组成应当遵循精简、效能的原则。根据事故的具体情况,事故调查组由有关人民政府、安全生产监督管理部门、负有安全生产监督管理职责的有关部门、监察机关、公安机关及工会派人组成,并应当邀请人民检察院派人参加。事故调查组可以聘请有关专家参与调查。

(5)事故调查组成员应当具有事故调查所需要的知识和专长,并与所调查的事故没有直接利害关系。

(6)事故调查组组长由负责事故调查的人民政府指定。事故调查组组长主持事故调查组的工作。

(7)事故调查组履行下列职责:查明事故发生的经过、原因、人员伤亡情况及直接经济损失;认定事故的性质和事故责任;提出对事故责任者的处理建议;总结事故教训,提出防范和整改措施;提交事故调查报告。

(8)事故调查组有权向有关单位和个人了解与事故有关的情况,并要求其提供相关文件、资料,有关单位和个人不得拒绝。事故发生单位的负责人和有关人员在事故调查期间不得擅离职守,并应当随时接受事故调查组的询问,如实提供有关情况。事故调查中发现涉嫌犯罪的,事故调查组应当及时将有关材料或者其复印件移交司法机关处理。

(9)事故调查中需要进行技术鉴定的,事故调查组应当委托具有国家规定资质的单位进行技术鉴定。必要时,事故调查组可以直接组织专家进行技术鉴定。技术鉴定所需时间不计入事故调查期限。

(10)事故调查组成员在事故调查工作中应当诚信公正、恪尽职守,遵守事故调查组的纪律,保守事故调查的秘密。未经事故调查组组长允许,事故调查组成员不得擅自发布有关事故的信息。

(11)事故调查组应当自事故发生之日起60日内提交事故调查报告;特殊情况下,经负责事故调查的人民政府批准,提交事故调查报告的期限可以适当延长,但延长的期限最长不超过60日。

(12)事故调查报告应当包括下列内容:事故发生单位概况;事故发生经过和事故救援情况;事故造成的人员伤亡和直接经济损失;事故发生的原因和事故性质;事故责任的认定及对事故责任者的处理建议;事故防范和整改措施。事故调查报告应当附具有关证据材料。事故调查组成员应当在事故调查报告上签名。

(13)事故调查报告报送负责事故调查的人民政府后,事故调查工作即告结束。事故调查的有关资料应当归档保存。

4. 安全事故处理

《生产安全事故报告和调查处理条例》对安全事故处理作出以下规定。

(1)重大事故、较大事故、一般事故,负责事故调查的人民政府应当自收到事故调查报告之日起15日内作出批复;特别重大事故,30日内作出批复,特殊情况下,批复时间可以适当延长,但延长的时间最长不超过30日。有关机关应当按照人民政府的批复,依照法律、行政法规规定的权限和程序,对事故发生单位和有关人员进行行政处罚,对负有事故责任的国家工作人员进行处分。事故发生单位应当按照负责事故调查的人民政府的批复,对本单位负有事故责任的人员进行处理。负有事故责任的人员涉嫌犯罪的,依法追究刑事责任。

(2)事故发生单位应当认真吸取事故教训,落实防范和整改措施,防止事故再次发生。防范和整改措施的落实情况应当接受工会和职工的监督。安全生产监督管理部门和负有安全生产监督管理职责的有关部门应当对事故发生单位落实防范和整改措施的情况进行监督检查。

(3)事故处理的情况由负责事故调查的人民政府或者其授权的有关部门、机构向社会公布,依法应当保密的除外。

5. 法律责任

《生产安全事故报告和调查处理条例》对安全事故相关的法律责任作出以下规定。

(1)事故发生单位主要负责人有下列行为之一的,处上一年年收入40% ~80%的罚款;属于国家工作人员的,并依法给予处分;构成犯罪的,依法追究刑事责任:不立即组织事故抢救的;迟报或者漏报事故的;在事故调查处理期间擅离职守的。

(2)事故发生单位及其有关人员有下列行为之一的,对事故发生单位处100万元以上500万元以下的罚款;对主要负责人、直接负责的主管人员和其他直接责任人员处上一年年收入60% ~100%的罚款;属于国家工作人员的,并依法给予处分;构成违反治安管理行为的,由公安机关依法给予治安管理处罚;构成犯罪的,依法追究刑事责任:谎报或者瞒报事故的;伪造或者故意破坏事故现场的;转移、隐匿资金、财产,或者销毁有关证据、资料的;拒绝接受调查或者拒绝提供有关情况和资料的;在事故调查中作伪证或者指使他人作伪证的;事故发生后逃匿的。

(3)事故发生单位对事故发生负有责任的,依照下列规定处以罚款:发生一般事故的,处10万元以上20万元以下的罚款;发生较大事故的,处20万元以上50万元以下的罚款;发生重大事故的,处50万元以上200万元以下的罚款;发生特别重大事故的,处200万元以上500万元以下的罚款。

(4)事故发生单位主要负责人未依法履行安全生产管理职责,导致事故发生的,依照下列规定处以罚款;属于国家工作人员的,并依法给予处分;构成犯罪的,依法追究刑事责任:发生一般事故的,处上一年年收入30%的罚款;发生较大事故的,处上一年年收入40%的罚款;发生重大事故的,处上一年年收入60%的罚款;发生特别重大事故的,处上一年年收入80%的罚款。

(5)有关地方人民政府、安全生产监督管理部门和负有安全生产监督管理职责的有关部门有下列行为之一的,对直接负责的主管人员和其他直接责任人员依法给予处分;构成犯罪的,依法追究刑事责任:不立即组织事故抢救的;迟报、漏报、谎报或者瞒报事故的;阻碍、干涉事故调查工作的;在事故调查中作伪证或者指使他人作伪证的。

(6)事故发生单位对事故发生负有责任的,由有关部门依法暂扣或者吊销其有关证照;对事故发生单位负有事故责任的有关人员,依法暂停或者撤销其与安全生产有关的执业资格、岗位证书;事故发生单位主要负责人受到刑事处罚或者撤职处分的,自刑罚执行完毕或者受处分之日起,5年内不得担任任何生产经营单位的主要负责人。为发生事故的单位提供虚假证明的中介机构,由有关部门依法暂扣或者吊销其有关证照及其相关人员的执业资格;构成犯罪的,依法追究刑事责任。

(7)参与事故调查的人员在事故调查中有下列行为之一的,依法给予处分;构成犯罪的,依法追究刑事责任:对事故调查工作不负责任,致使事故调查工作有重大疏漏的;包庇、袒护负有事故责任的人员或者借机打击报复的。

(8)违反该条例规定,有关地方人民政府或者有关部门故意拖延或者拒绝落实经批复的对事故责任人的处理意见的,由监察机关对有关责任人员依法给予处分。

(9)该条例规定的罚款的行政处罚,由安全生产监督管理部门决定。法律、行政法规对行政处罚的种类、幅度和决定机关另有规定的,依照其规定。

1.3.6　安全标志规范悬挂制度

安全标志由安全色、几何图形和图形符号构成,以此表达特定的安全信息。安全标志分为禁止标志、警告标志、指令标志和提示标志4类,见图1-3-1。

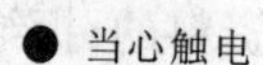
● 当心触电

● 当心电缆

● 当心机械伤人

● 当心坠落

● 当心伤手

● 当心扎脚

● 当心吊物

● 当心落物

● 当心坑洞

● 当心弧光

● 注意安全

● 当心火灾

● 当心车辆

● 当心拌倒

● 当心日晒

● 当心机械绞伤

● 必须系安全带

● 必须戴安全帽

● 必须穿防护鞋

● 必须穿工作服

● 禁止抛物

● 禁止乘人

● 禁止通行

● 禁止停留

● 禁止吸烟

● 禁止烟火

● 禁止带火种

● 禁止入内

图 1-3-1　安全标志示例

《建筑施工安全检查标准》对施工现场安全标志设置提出以下要求。

(1)由于建筑生产活动大多为露天、高处作业,不安全因素较多,有些工作危险性较大,是事故多发行业,为引起人们对不安全因素的注意,预防发生事故,建筑施工企业在施工组织设计或施工组织的安全方案中或其他相关的规划、方案中必须绘制安全标志平面图。

(2)项目部必须按批准的安全标志平面图,设置安全标志,坚决杜绝不按规定规范设置或不设置安全标志的行为。

第2章　施工现场安全管理

2.1　施工现场专项施工方案的编制

编写建筑安全专项施工方案是全面提高施工现场的安全生产管理水平，有效预防伤亡事故的发生，确保职工的安全和健康，实行检查评价工作标准化、规范化管理的需要，也是衡量企业现代化管理水平优劣的一项重要标志。

《建设工程安全生产管理条例》第二十六条规定：对达到一定规模的危险性较大的分项工程应当编制安全专项施工方案，并附有安全验算结果，经施工单位技术负责人、总监理工程师签字后实施，由专职安全生产管理人员进行现场监督。其中特别重要的专项施工方案还必须组织专家进行论证、审查。原建设部发布的《危险性较大工程安全专项施工方案编制及专家论证审查办法》（建质[2004]213号）对需进行论证审查的范围作了进一步的明确。

2.1.1　专项施工方案的编制范围

根据《中华人民共和国建筑法》、《中华人民共和国安全生产法》、《建设工程安全生产管理条例》，以及即将实施的强制性行业标准《建筑施工安全检查标准》（JGJ 59—2011）的要求，必须编写安全专项方案的分部分项工程内容包括：①基坑支护与降水工程；②土方开挖工程；③模板工程；④脚手架工程；⑤起重吊装工程；⑥现场临时用电；⑦垂直运输安装、拆卸方案；⑧塔式起重机安装、拆卸方案；⑨“三宝”、“四口”临边防护措施方案；⑩拆除、爆破工程。

需要进行专家论证、审查的分部分项工程的安全专项施工方案内容见表2-1-1。

表2-1-1　安全专项施工方案内容

序号	应当编制安全专项施工方案的分部分项工程	应当组织专家进行论证、审查的安全专项施工方案
1	基坑支护与降水工程	开挖深度超过5m（含5m）的基坑（槽）并采用支护结构施工的工程或基坑虽未超过5m，但地质条件和周围环境复杂，地下水位在坑底以上的工程
2	土方开挖工程	开挖深度超过5m（含5m）的工程
3	模板工程： 各类工具式模板工程，包括滑模、爬模、大模板等 水平混凝土构件模板支撑系统及特殊结构模板工程	高大模板工程：水平混凝土构件模板支撑系统高度超过8m，或跨度超过18m，施工总荷载大于10kN/m²，或集中线荷载大于15kN/m² 的模板支撑系统
4	起重吊装工程	

续表

序号	应当编制安全专项施工方案的分部分项工程	应当组织专家进行论证、审查的安全专项施工方案
5	脚手架工程： 高度超过24m的落地式钢管脚手架 附着式升降脚手架，包括整体提升与分片式提升 悬挑式脚手架 门型脚手架 挂脚手架 吊篮脚手架 卸料平台	30m及以上高空作业的工程
6	拆除、爆破工程： 采用人工、机械拆除或爆破拆除的工程	城市房屋拆除爆破和其他土石大爆破工程
7	其他危险性较大的工程： 建筑幕墙的安装施工 预应力结构张拉施工 特种设备施工 网架和索膜结构施工 6m以上的边坡施工 采用新技术、新工艺、新材料，可能影响建设工程质量安全，已经行政许可，尚无技术标准的施工	

2.1.2　专项施工方案的编制原则

安全专项施工方案的编制，必须考虑现场的实际情况、施工特点及周围作业环境，措施要有针对性。凡施工过程中可能发生的危险因素及建筑物周围外部环境的不利因素等，都必须从技术上采取具体且有效的措施予以预防。

安全专项施工方案除应包括相应的安全技术措施外，还应当包括监控措施、应急方案以及紧急救护措施等内容。

2.1.3　审批

1. 编制审核

建筑施工企业专业工程技术人员编制的安全专项施工方案，由施工企业技术部门的专业技术人员及监理单位的专业监理工程师进行审核，审核合格后，由施工企业技术负责人、监理单位的总监理工程师签字。

2. 专家论证审查

属于《危险性较大工程安全专项施工方案编制及专家论证审查办法》所规定范围的分部分项工程，要求：

（1）建筑施工企业应当组织不少于5人的专家组，对已编制的安全专项施工方案进行论证审查。

（2）安全专项施工方案专家组必须提出书面论证审查报告，施工企业应根据论证审查报告进行完善。施工企业技术负责人、总监理工程师签字后，才可实施。

(3)专家组书面论证审查报告应作为安全专项施工方案的附件,在实施过程中,施工企业应严格按照安全专项方案组织施工。

3. 实施

施工过程中,必须严格遵照安全专项施工方案组织施工,做到:

(1)施工前,应严格执行安全技术交底制度,进行分级交底;相应的施工设备设施搭建、安装完成后,要组织验收,合格后才能投入使用。

(2)施工中,对安全施工方案要求的监测项目(如标高、垂直度等),要落实监测措施,及时反馈信息;对危险性较大的作业,还应安排专业人员进行安全监控管理。

(3)施工完成后,应及时对安全专项施工方案进行总结。

2.2 安全教育与培训

2.2.1 安全教育的目的和意义

人的生存依赖于社会的生产和安全。显然,安全条件是重要的方面。安全条件的实现是由人的安全活动去实现的,安全教育又是安全活动的重要形式,这是由于安全教育是实现安全目标,即防范事故发生的主要对策之一。由此看来,安全教育是人类生存活动中的基本而重要的活动。

安全教育的目的、性质是社会体制所规定的。计划经济为主的体制,企业的安全教育的目的较强地表现为“要你安全”,被教育者偏重于被动地接受;在市场经济体制下,需要做到“你要安全”,变被动地接受安全教育为主动要求安全教育。安全教育的功能、效果,以及安全教育的手段都与社会经济水平有关,都受社会经济基础的制约。并且,安全教育为生产力所决定,安全教育的内容、方法、形式都受生产力发展水平的限制。由于生产力的落后,生产操作复杂,人的操作技能要求很高,相应的安全教育主体是人的技能;现代生产的发展,使生产过程对于人的操作要求越来越简单,安全对人的素质要求主体发生了变化,即强调了人的态度、文化和内在的精神素质,安全教育的主体也应发生改变。因此,安全文化的建设确实与现代社会的安全活动要求是合拍的。

企业职工培训是企业劳动管理的重要组成部分。安全教育培训是企业职工培训中的一项重要内容。安全教育是预防事故的主要途径之一,它在各种预防措施中占有极为重要的地位。安全教育之所以非常重要,首先,在于它能提高企业领导和广大职工搞好安全生产的责任感和自觉性;其次,安全技术知识的普及和提高,能使广大干部、职工掌握安全生产的客观规律,提高安全技术水平,掌握检测技术和控制技术的科学知识,学会消除工伤事故和预防职业病的技术本领,搞好安全生产,保障自身的安全和健康,提高劳动生产率以及创造更好的劳动条件。

工业发达国家把对职工的安全教育培训看作是“安全的保证”,认为“在一切隐患中,无知是最大的隐患”。因此,他们的职工都要求具有较高的科学文化知识水平和安全技术水平,并实行着相应的强制培训制度。我国对职工的安全教育一直很重视,新中国成立以来先后制定了一系列相应的法律、法规。

2.2.2 安全教育的分类

1. 安全法制教育

通过对员工进行安全生产、劳动保护方面的法律、法规的宣传教育，使每个人从法制的角度去认识搞好安全生产的重要性，明确遵章、守法、守纪是每个员工应尽职责，而违章违规的本质也是一种违法行为，轻则会受到批评教育，造成严重后果的，还将受到法律的制裁。

2. 安全思想教育

通过对员工进行深入细致的思想工作，提高员工对安全生产重要性的认识。各级管理员，特别是领导干部要加强对员工安全思想教育，要从关心人、爱护人、保护人的生命与健康出发，重视安全生产，做到不违章指挥。工人要增强自我保护意识，施工过程中要做到互相关心、互相帮助、互相督促，共同遵守安全生产规章制度，做到不违章操作。

3. 安全知识教育

安全知识教育是让员工了解施工生产中的安全注意事项、劳动保护要求，掌握一般安全基础知识，是最基本、最普通和经常性的安全教育。

安全知识教育的主要内容有：本企业生产的基本情况，施工流程及施工方法，施工中的主要危险区域及其安全防护的基本常识，施工设施、设备、机械的有关安全常识，电气设备安全常识，车辆运输安全常识，高处作业安全知识，施工过程中有毒有害物质的辨别及防护知识，防火安全的一般要求及常用消防器材的使用方法，特殊类专业（如桥梁、隧道、深基础、异形建筑等）施工的安全防护知识，工伤事故的简易施救方法和报告程序及保护事故现场等规定，个人劳动防护用品的正确穿戴、使用常识等。

4. 安全技能教育

安全技能教育是在安全知识教育基础上，进一步开展的专项安全教育，其侧重点是在安全操作技术方面，是通过结合本工种特点、要求，以培养安全操作能力，而进行的一种专业安全技术教育。主要内容包括安全技术、安全操作规程和劳动卫生规定等。

根据安全技能教育的对象不同，这种教育主要可分为以下两类：

(1)对一般工种进行的安全技能教育。即除国家规定的特种作业人员以外的所有工种的教育。

(2)对特殊工种作业人员的安全技能教育。特种作业人员需要由专门机构进行安全技术培训教育，并进行考试，合格后才可持证上岗，从事该工种的作业。同时，还必须按期进行审证复训。

5. 事故案例教育

事故案例教育是通过对一些典型事故进行原因分析、事故教训及预防事故发生所采取的措施，来教育职工引以为戒、不重蹈覆辙，是一种运用反面事例进行正面宣传的独特的安全教育方法。教育中要注意：

(1)事故应具有典型性 即施工现场常见的、有代表性的、又具有教育意义的、因违章引起的典型事故，阐明违章作业不出事故是偶然的，出事故是必然的。

(2)事故应具有教育性 事故案例应当以教育职工遵章守纪为主要目的，不应过分渲染事故的恐怖性、不可避免性，减少事故的负面影响。

以上安全教育的内容往往不是单独进行的，而是根据对象、要求、时间等不同情况，有机地结合开展的。

2.2.3 安全教育及培训的形式

1. 班前安全活动

施工班组应该在每天施工前进行班组的安全教育和施工交底。班前安全交底由班长负责进行，班前安全交底须作好记录。

2. 施工安全技术交底

在施工前，项目部安全技术人员必须对施工人员进行安全技术总交底，安全技术总交底必须采用书面形式进行。在分部分项的施工前，项目部安全技术人员必须对施工作业班组进行安全技术的交底，安全技术交底必须采用书面形式，并由施工人员签字确认。

3. 新工艺、新技术、新设备、新材料的科技讲座

在项目施工中推行新工艺、新技术、新设备、新材料的，必须由技术人员对施工人员进行安全、工艺的讲座。科技讲座必须有培训计划和培训考核。

4. 项目安全专项治理及安全案例讲座

公司每季组织安全专项治理，对项目的安全检查通过安全例会的形式进行通报，项目部要充分利用各种安全案例对施工人员进行安全教育，安全教育必须记录在案。

5. 新员工进单位、上岗位的安全教育和继续教育

新职工进单位、上岗位必须按有关规定进行“安全三级教育”，“安全三级教育”的时间必须满足规定要求。特殊工种、特殊岗位人员的安全培训按有关规定进行，并建立教育档案。安全培训工作由人力资源部负责牵头，安全部门配合。

6. 年度的安全系列培训

在岗员工的安全继续教育每年至少进行一次，并建立员工的安全教育档案。对分包单位的进入现场的施工人员每年必须进行一次安全教育培训，安全教育培训的情况必须记录在案。在岗员工的安全继续教育由人力资源部负责牵头，分包单位的安全继续教育由施工生产部负责牵头，安全部门配合。

7. 其他安全培训

根据企业的发展需要和有关方面的要求，企业要建立长效的安全教育培训机制，使安全教育落到实处。

2.2.4 安全教育的对象

1. 三类人员（建筑施工企业的主要负责人、项目负责人、专职安全生产管理人员）

依据原建设部《建筑施工企业主要负责人、项目负责人、专职安全生产管理人员安全生产考核管理暂行规定》（建质[2004]59号）的规定，为贯彻落实《安全生产法》、《建设工程安全生产管理条例》和《安全生产许可证条例》，提高建筑施工企业主要负责人、项目负责人、专职安全生产管理人员安全生产知识水平和管理能力，保证建筑施工安全生产，对建筑施工企业三类人员进行考核认定。三类人员应当经建设行政主管部门或者其他有关部门考核合格后才可任职，考核内容主要是安全生产知识和安全管理能力。

(1)建筑施工企业主要负责人　指对本企业日常生产经营活动和对安全生产全面负责、有生产经营决策权的人员,包括企业法定代表人、经理、企业分管安全生产工作的副经理等。其安全教育的重点内容是:

① 国家有关安全生产的方针政策、法律法规、部门规章、标准及有关规范性文件,本地区有关安全生产的法规、规章、标准及规范性文件。

② 建筑施工企业安全生产管理的基本知识和相关专业知识。

③ 重、特大事故的防范、应急救援措施,报告制度及调查处理方法。

④ 企业安全生产责任制和安全生产规章制度的内容、制定方法。

⑤ 国内外安全生产管理经验。

(2)建筑施工企业项目负责人　指由企业法定代表人授权,负责建设工程项目管理的项目经理或负责人等。其安全教育的重点内容是:

① 国家有关安全生产的方针政策、法律法规、部门规章、标准及有关规范性文件,本地区有关安全生产的法规、规章、标准及规范性文件。

② 工程项目安全生产管理的基本知识和相关专业知识。

③ 重大事故的防范、应急救援措施,报告制度及调查处理方法。

④ 企业和项目安全生产责任制和安全生产规章制度内容、制定方法。

⑤ 施工现场安全生产监督检查的内容和方法。

⑥ 国内外安全生产管理经验。

⑦ 典型事故案例分析。

(3)建筑施工企业专职安全生产管理人员　指在企业专职从事安全生产管理工作的人员,包括企业安全生产管理机构的负责人及其工作人员和施工现场专职安全生产管理人员。其安全教育的重点内容是:

① 国家有关安全生产的方针政策、法律法规、部门规章、标准及有关规范性文件,本地区有关安全生产的法规、规章、标准及规范性文件。

② 重大事故的防范、应急救援措施,报告制度,调查处理方法以及防护、救护方法。

③ 企业和项目安全生产责任制和安全生产规章制度。

④ 施工现场安全监督检查的内容和方法。

⑤ 典型事故案例分析。

2. 特种作业人员

特种作业是指容易发生人员伤亡事故,对操作者本人、他人及周围设施的安全有重大危害的作业。包括:电工作业,金属焊接切割作业,起重机械(含电梯)作业,企业内机动车辆驾驶,登高架设作业,锅炉作业(含水质化验),压力容器操作,制冷作业,爆破作业,矿山通风作业(含瓦斯检验),矿山排水作业(含尾矿坝作业),以及由省、自治区、直辖市安全生产综合管理部门或国务院行业主管部门提出,并经前国家经济贸易委员会批准的其他作业,如垂直运输机械作业人员、安装拆卸工、起重信号工等,都应当列为特种作业人员。

特种作业人员必须按照国家有关规定,经过专门的安全作业培训,并取得特种作业操作资格证书后,才可上岗作业。专门的安全作业培训,是指由有关主管部门组织的专门针对特种作业人员的培训,也就是特种作业人员在独立上岗作业前,必须进行与本工种相适应的、专门的安全技术理论学习和实际操作训练。经培训考核合格，取得特种作业操作资格证书后，才能上岗作业。特种作业操作资格证书在全国范围内有效，离开特种作业岗位一定时间后，应当按照规定重新进行实际操作考核，经确认合格后才可上岗作业。对于未经培训考核，即从事特种作业的，《建设工程安全生产管理条例》第六十二条规定了行政处罚；造成重大安全事故，构成犯罪的，对直接责任人员，依照刑法的有关规定追究刑事责任。

3. 入场新工人

每个刚进企业的新工人必须接受首次安全生产方面的基本教育，即三级安全教育。三级一般是指公司（即企业）、项目（或工程处、施工队、工区）、班组这三级。

三级安全教育一般是由企业的安全、教育、劳动、技术等部门配合进行的。受教育者必须经过考试，合格后才准予进入生产岗位；考试不合格者不得上岗工作，必须重新补课并进行补考，合格后才可工作。

为加深新工人对三级安全教育的感性认识和理性认识。一般规定，在新工人上岗工作六个月后，还要进行安全知识复训，即安全再教育。复训内容可以从原先的三级安全教育的内容中有重点的选择，复训后再进行考核。考核成绩要登记到本人劳动保护教育卡上，不合格者不得上岗工作。

施工企业必须给每一名职工建立职工劳动保护（安全）教育卡。教育卡应记录包括三级安全教育、变换工种安全教育等的教育及考核情况，并由教育者与受教育者双方签字后入册，作为企业及施工现场安全管理资料备查。

4. 变换工种的工人

施工现场变化大，动态管理要求高，随着工程进度的进展，部分工人的工作岗位会发生变化，转岗现象较普遍。这种工种之间的互相转换，有利于施工生产的需要。但是，如果安全管理工作没有跟上，安全教育不到位，就可能给转岗工人带来伤害事故。因此，必须对他们进行转岗安全教育。根据原建设部的规定，企业待岗、转岗、换岗的职工，在重新上岗前，必须接受一次安全培训，时间不得少于20学时，其安全教育的主要内容是：①本工种作业的安全技术操作规程。②本班组施工生产的概况介绍。③施工区域内各种生产设施、设备、工具的性能、作用、安全防护要求等。

2.2.5 安全教育的内容

安全教育的内容可概括为安全法规教育、安全知识教育与安全技能教育。安全法规教育特别是劳动卫生法规教育是安全教育的一项重要内容。应使职工对包括安全法规在内的国家的各种法律、法令、条例和规程等有所了解和掌握，以树立法制观念，增强安全生产的责任感，正确处理安全与生产的辩证统一关系，这对安全生产是一个重要保证。

安全技术知识教育，包括一般生产技术知识、一般安全技术知识和检测控制技术知识以及专业安全生产技术知识。安全技术知识是生产技术知识的组成部分，是人类在生产斗争中通过惨痛教训积累起来的。安全技术知识寓于生产技术知识之中，对职工进行教育时，必须把两者结合起来。

此外，应宣传安全生产的典型经验，从工伤事故中吸取教训。坚持事故处理“四不放过”：事故原因和责任查不清不放过，事故责任者和群众受不到教育不放过，事故责任者未受到处罚不放过，防止同类事故重演的措施不落实不放过。

施工现场常见的教育形式有三级安全教育,三级安全教育内容是:

1. 一级教育

进行安全基本知识、法规、法制教育,主要内容是:

(1)国家的安全生产方针、政策;

(2)安全生产法规、标准和法制观念;

(3)本单位施工过程及安全规章制度,安全纪律;

(4)本单位安全生产形势及历史上发生的重大事故及应吸取的教训;

(5)发生事故后如何抢救伤员,排险,保护现场和及时进行报告。

2. 二级教育

进行现场规章制度和遵章守纪教育,主要内容是:

(1)工程项目施工特点及现场的主要危险源分布;

(2)本项目(包括施工、生产现场)安全生产制度、规定及安全常规知识、注意事项;

(3)本工种的安全操作技术规程;

(4)高处作业、防毒、防尘、防爆知识及紧急情况安全处置和安全疏散知识;

(5)防护用品发放标准及防护用品、用具使用的基本知识。

3. 三级教育

进行本工种岗位安全操作及班组安全制度、纪律的教育,主要内容是:

(1)本班组作业特点及安全操作规程;

(2)班组安全活动制度及纪律;

(3)爱护和正确使用安全防护装置(设施)及个人劳动防护用品;

(4)本岗位易发生事故的不安全因素及防范对策;

(5)本岗位的作业环境及使用机械设备、工具的安全要求。

2.2.6　安全教育的基本要求

为了按计划、有步骤地进行全员安全教育,为了保证教育质量,取得好的教育效果,真正有助于提高职工安全意识和安全技术素质,安全教育必须做到:

(1)建立健全职工全员安全教育制度,严格按制度进行教育对象的登记、培训、考核、发证、资料存档等工作,环环相扣,层层把关,考核时将口头与书面考试相结合。坚决做到不经培训者、考试(核)不合格者、没有安全教育部门签发的合格证者,不准上岗工作。

(2)结合企业实际情况,结合事故案例,编制企业年度安全教育计划,每个季度应当有教育的重点,每个月要有教育的内容。计划要有明确的针对性,并随企业安全生产的特点,适时修改计划,变更或补充内容。

(3)要有相对稳定的教育培训大纲、培训教材和培训师资,确保教育时间和教学质量。相应补充新内容、新专业。

(4)在教育方法上,力求生动活泼,形式多样,多媒体、动画片与口头教育相结合,寓教于乐,提高教育效果。

(5)经常监督检查,认真查处未经培训就顶岗操作和特种作业人员无证操作的责任单位和责任人员。

2.3 安全检查

2.3.1 安全检查的目的及意义

1. 安全检查的目的

建设工程安全检查的目的在于发现不安全因素(危险因素)的存在的状况,如机械、设施、工具等的潜在不安全因素状况、不安全的作业环境场所条件、不安全的作业职工行为和操作潜在危险,以采取防范措施,防止或减少伤亡建设工程事故的发生。

2. 安全检查的意义

建设工程安全检查的意义在于通过检查减少建设工程安全事故的发生,提前发现可能发生事故的各种不安全因素(危险因素),针对这些不安全因素,制定防范措施。最终保证建设工程在安全的状态下施工,保护工作人员的安全。

2.3.2 安全检查的内容

1. 安全管理的检查

内容包括:安保体系是否建立;安全责任分配是否落实;各项安全制度是否完善;安全教育、安全目标是否落实;安全技术方案是否制定和交底;各级管理人员、施工人员、分包人员的证件是否齐全;作业人员和管理人员是否有不安全行为,如作业职工是否按相关工种的安全操作规程操作,操作时的动作是否符合安全要求等。

2. 文明施工的检查

内容包括:现场围挡封闭是否安全;《建筑施工安全检查标准》(JGJ 59—2011)标准各项要求是否落实;各项防护措施是否到位;现场安全标志、标识是否齐全;施工场地、材料堆放是否整洁明了;各种消防配置、各种易燃物品保管是否达到消防要求;各级消防责任是否落实;现场治安、宿舍防范是否达到要求;现场食堂卫生管理是否达标;卫生防疫的责任是否落实;社区共建、不扰民措施是否落实。

3. 脚手架工程的检查

内容包括:落地、悬挑、门型脚手架、吊篮、挂脚手架、附着式提升脚手架的方案是否经过审批;架体搭设及与建筑物拉结是否达到规范;脚手板与防护栏杆是否规范;杠杆锁件,间距,大、小横杆,斜撑,剪刀撑是否达到要求;升降操作是否达到规范要求。

4. 机械设备(提升机、外用电梯、塔吊、起重吊装)的检查

内容包括:各种机械设备的施工、搭拆方案是否经过审批;各种机械的检测报告、验收手续是否齐全;各种机械的安装是否按照施工方案进行;各种机械的保险装置是否安全可靠、灵敏有效;各种机械的机况、机貌是否良好;机械的例保是否正常;各种机械配置是否达到规范要求;机械操作人员是否持证上岗。

5. 施工用电的检查

内容包括:临时用电、生活用电、生产用电是否按施工组织设计实施;各种电器、电箱是否达到《施工现场临时用电安全技术规范》(JGJ 46—2005)的要求;各种电器装置是否达到安全

要求。

6.“三宝”“四口”防护的检查

内容包括:安全帽、安全带、安全网的设置、佩戴是否达到规范要求;楼梯口、电梯井口、预留洞口、通道口、阳台口、楼层口的防护是否达到规范要求;各种防护措施是否落实;各种基础台账及记录是否齐全完整。

7. 基坑支护与模板工程的检查

内容包括:基坑支护方案、模板工程施工方案是否经过审批;基坑临边防护、坑壁支护、排水措施是否达到方案要求;模板支撑部门是否稳定;操作人员是否遵守安全操作规程;模板支、拆的作业环境是否安全。

2.3.3　安全检查的形式

建筑工程安全检查的形式可分为日常性检查、专业性检查、季节性检查、节假日前后的检查和不定期的特种检查。

1. 日常安全检查

日常安全检查是指按建筑工程的检查制度每天都进行的、贯穿生产过程的安全检查。

2. 专业性安全检查

对易发生安全事故的大型机械设备、特殊场所或特殊操作工序,除综合性检查外,还应组织有关专业技术人员、管理人员、操作职工或委托有资格的相关专业技术检查评价单位,进行安全检查。

3. 季节性安全检查

根据季节特点对建筑工程安全的影响,由安全部门组织相关人员进行的检查。如春节前后以防火、防爆为主要内容,夏季以防暑降温为主要内容,雨季以防雷、防静电、防触电、防洪、防建筑物倒塌为主要内容的检查。

4. 节假日前后的安全检查

节假日前,要针对职工思想不集中、精力分散,提示注意的综合安全检查。节后要进行遵章守纪的检查,防止人的不安全行为而造成事故。

5. 不定期的特种检查

由于新、改、扩建工程的新作业环境条件、新工艺、新设备等可能会带来新的不安全因素(危险因素),在这些设备、设施投产前后的时间内进行的竣工验收检查。

2.3.4　安全检查重点

1. 前期准备阶段安全检查的重点

(1)检查施工组织设计及安全技术方案的完整性、针对性和有效性;

(2)检查用电、用水的牢固性、可靠性和安全性;

(3)检查目标、措施策划的前瞻性、合理性和可行性;

(4)检查安全责任制的职责、目标、措施落实的全面性;

(5)检查施工人员的上岗资质、务工手续的周密性。

2. 基础阶段安全检查的重点

(1)检查施工人员的教育培训资料、分包单位的安全协议、人员证件资料;

(2)检查用电用水的安全度、机械设备的状况及检测报告;

(3)检查安全围护、基坑排水、污染处理的落实;

(4)检查安保体系的运转状况和实施效果。

3. 结构阶段安全检查的重点

(1)检查脚手架、登高设施的完整性;

(2)检查员工遵章守纪的自觉性、技术操作的熟练性;

(3)检查用电用水、机械设备状况的安全性;

(4)检查洞口临边的围挡、围护的可靠性;

(5)检查场容场貌、环境卫生、文明创建工作长效管理的有效性;

(6)检查危险源识别、告示及管理的针对性;

(7)检查动火程序、消防器材的管理、配置的严密性。

4. 装饰阶段安全检查的重点

(1)检查场容场貌、环境卫生、文明创建工作常态管理的持久性;

(2)检查危险源识别、告示及管理的针对性;

(3)检查动火程序、消防器材、易燃物品管理的严密性;

(4)检查中、小型机械的安全性能和防坠落防触电措施的落实。

5. 竣工扫尾阶段安全检查的重点

(1)检查装饰扫尾、总体施工的安全措施;

(2)检查易燃易爆物品的使用、存放管理;

(3)检查通水通电、安装调试的安全措施;

(4)检查材料设备清理撤退的安全措施;

(5)检查竣工备案、安全评估的资料汇总。

2.3.5 安全检查标准、记录及反馈

1. 安全检查标准

安全检查标准依据《建筑施工安全检查标准》(JGJ 59—2011)等规范、标准进行检查。结合《建设工程安全生产管理条例》、《施工企业安全生产评价标准》、《施工现场安全生产保证体系》、文明工地的评比标准和有关规范要求进行检查评分,力求达到各项规定要求的一致性。

2. 安全检查的考核

安全检查的考核评分依据《建筑施工安全检查标准》、《施工企业安全生产保证体系》、文明工地的评比标准以及公司的安全检查评分内容进行百分制考核评分。考核评分进行累计计算,作为对分公司、项目部安全工作的评比考核。

3. 安全检查记录与反馈

各级安全检查必须做好检查记录。对发现的隐患必须进行整改,整改必须有复查记录。项目部对上级检查所提出的整改要求,必须在限定时间内进行整改,并向分公司提出复查,待分公司复查后进行封闭或报公司备案。各级安全生产检查工作及资料都要实施封闭管理。

2.3.6　安全检查处理程序

1.“安全检查记录表”程序

分包单位、项目部、分公司、公司在安全检查中，对所发现的安全隐患和违章行为，除立即消除及纠正外，必须填写“安全检查记录表”（以下简称记录表）交由项目部签收，项目部在按照要求进行整改后，于签发日3日内反馈给分公司，待分公司复查后将记录表反馈给检查单开具部门。

2.“安全检查处理通知单”程序

项目部、分公司、公司在安全检查中，对所发现的安全隐患和违章行为，除立即消除及纠正外，认为必须作出罚款的，须填写“安全检查处理通知单”，实施奖罚程序。

3.“安全检查整改单”程序

项目部、分公司、公司在安全检查中，对所发现的安全隐患和违章行为，除立即消除及纠正外，认为可以作出整改通知的，必须填写“安全检查整改单”，交由项目部签收，项目部在按照要求进行整改后，于签发日5日内反馈给分公司，待分公司复查后将记录表反馈给检查单开具部门。

4.“安全检查谈话单”程序

分公司、公司在安全检查中，对所发现的安全隐患和违章行为，除立即消除及纠正外，认为有必要要求分包单位、项目部的安全生产责任人必须重视所存在的问题，可以填写“安全检查谈话单”，交由项目部签收。被谈话人必须按安全检查谈话单的要求在指定时间和地点接受谈话。

5.“安全停工整改单”程序

分公司、公司在安全检查中，对所发现的安全隐患和违章行为，除立即阻止外，认为一定要进行停工整改的，必须填写“安全停工整改单”，交由项目部签收。项目部必须按照安全停工整改单要求进行全面的安全整改。整改完毕后，由项目部向安全停工整改单开具部门提出复查申请，待复查通过后才能组织施工。

2.3.7　《建筑施工安全检查标准》评分方法

1. 建筑施工安全检查评定中，保证项目应全数检查。

2. 建筑施工安全检查评定应符合《建筑施工安全检查标准》（JGJ 59—2011）第3章中各检查评定项目的有关规定，并应按本标准附录A、B（参见本书附录2、附录3）的评分表进行评分。检查评分表应分为安全管理、文明施工、脚手架、基坑工程、模板支架、高处作业、施工用电、物料提升机与施工升降机、塔式起重机与起重吊装、施工机具分项检查评分表和检查评分汇总表。

3. 各评分表的评分应符合下列规定：

（1）分项检查评分表和检查评分汇总表的满分分值均应为100分，评分表的实得分值应为各检查项目所得分值之和；

（2）评分应采用扣减分值的方法，扣减分值总和不得超过该检查项目的应得分值；

（3）当按分项检查评分表评分时，保证项目中有一项未得分或保证项目小计得分不足40

分，此分项检查评分表不应得分；

（4）检查评分汇总表中各分项项目实得分值应按下式计算：

$$A_1 = \frac{B \times C}{100} \tag{2-3-1}$$

式中 A_1——汇总表各分项项目实得分值；

B——汇总表中该项应得满分值；

C——该项检查评分表实得分值。

（5）当评分遇有缺项时，分项检查评分表或检查评分汇总表的总得分值应按下式计算：

$$A_2 = \frac{D}{E} \times 100 \tag{2-3-2}$$

式中 A_2——遇有缺项时总得分值；

D——实查项目在该表的实得分值之和；

E——实查项目在该表的应得满分值之和。

（6）脚手架、物料提升机与施工升降机、塔式起重机与起重吊装项目的实得分值，应为所对应专业的分项检查评分表实得分值的算术平均值。

2.3.8 《建筑施工安全检查标准》评定等级

1. 应按汇总表的总得分和分项检查评分表的得分，对建筑施工安全检查评定划分为优良、合格、不合格三个等级。

2. 建筑施工安全检查评定的等级划分应符合下列规定：

（1）优良 分项检查评分表无零分，汇总表得分值应在80分及以上。

（2）合格 分项检查评分表无零分，汇总表得分值应在80分以下，70分及以上。

（3）不合格 ①当汇总表得分值不足70分时；②当有一分项检查评分表得零分时。

3. 当建筑施工安全检查评定的等级为不合格时，必须限期整改达到合格。

2.4 施工现场安全事故管理

2.4.1 工伤事故的定义及分类

1. 事故的定义

事故是指个人或集体在为实现某一目的而采取的活动过程中，发生了违背人们意愿的不幸事件，使其有目的的行动暂时或永久地停止，称为事故。

工伤事故按国家标准《企业职工伤亡事故分类标准》（GB 6441—1986）定义，是指职工在生产劳动过程中发生的人身伤害、急性中毒。具体来说，就是在企业生产活动中所涉及的区域内，在生产过程中，在生产时间内，在生产岗位上，与生产直接有关的伤亡事故；以及在生产过程中存在的有害物质在短期内大量侵入人体，使职工工作立即中断并须进行急救的中毒事故；或不在生产和工作岗位上，但由于企业设备或劳动条件不良而引起的职工伤亡，都应该算作因工伤亡事故。

建筑施工企业的事故，是指在建筑施工过程中，由于危险因素的影响而造成的工伤、中毒、爆炸、触电等，或由于各种原因造成的各类伤害。

建筑施工现场的职工伤亡事故主要有高处坠落、机械伤害、物体打击、触电、坍塌事故等。

2. 伤亡事故的分类

(1)按伤害程度划分

① 轻伤：损失工作日低于105日的失能伤害。

② 重伤：损失工作日等于或超过105日的失能伤害。

③ 死亡：损失工作日定为6000工日。

(2)按事故严重程度划分

① 轻伤事故：只有轻伤的事故。

② 重伤事故：有重伤而无死亡的事故。

③ 死亡事故：分重大伤亡事故和特大伤亡事故。重大伤亡事故是指一次事故死亡1～2人的事故；特大伤亡事故是指一次事故死亡3人以上的事故。

(3)按伤害方式划分

分为：①物体打击；②车辆伤害；③机械伤害；④起重伤害；⑤触电；⑥淹溺；⑦灼烫；⑧火灾；⑨高处坠落；⑩坍塌；⑪冒顶片帮；⑫透水；⑬放炮；⑭火药爆炸；⑮瓦斯爆炸；⑯锅炉爆炸；⑰容器爆炸；⑱其他爆炸；⑲中毒和窒息；⑳其他伤害。

(4)按伤亡事故的等级划分

原建设部把重大事故分为四个等级。原建设部1989年3号令《工程建设重大事故报告和调查程序规定》第3条规定：

1)具备下列条件之一者为一级重大事故：①死亡30人以上；②直接经济损失300万元以上。

2)具备下列条件之一者为二级重大事故：①死亡10人以上，29人以下；②直接经济损失100万元以上，不满300万元。

3)具备下列条件之一者为三级重大事故：①死亡3人以上，9人以下；②重伤20人以上；③直接经济损失30万元以上，不满100万元。

4)具备下列条件之一者为四级重大事故：①死亡2人以下；②重伤3人以上，19人以下；③直接经济损失10万元以上，不满30万元。

2.4.2　事故的报告及统计

1. 事故报告

(1)事故报告的时限与程度　发生伤亡事故后，负伤者或最先发现事故的人，应立即报告领导。企业领导在接到重伤、死亡、重大死亡事故报告后，应按规定用快速方法，立即向工程所在地建设行政主管部门以及国家安全生产监督部门、公安、工会等相关部门报告。各有关部门接到报告后，应立即转报各自的上级主管部门。一般伤亡事故在24小时以内，重大和特大伤亡事故在2小时以内报到主管部门。事故报告流程如图2-4-1所示。

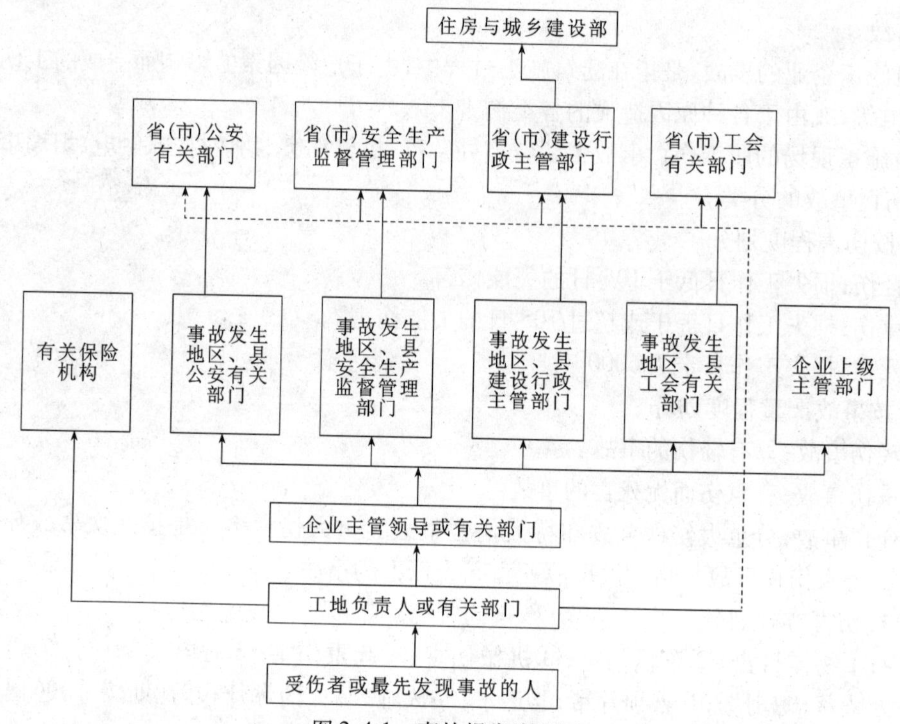

图 2-4-1　事故报告流程图

注:1. 一般伤亡事故在 24 小时内逐级上报。
2. 重、特大伤亡事故在 2 小时内除可逐级上报外,也可越级上报。

(2)事故报告的内容　重大事故发生后,事故发生单位应根据原建设部 3 号令的要求,在 24 小时内写出书面报告,按规定逐级上报。重大事故书面报告(初报表)应当包括的内容有:

① 事故发生的时间、地点、工程项目、企业名称;

② 事故发生的简要经过、伤亡人数和直接经济损失的初步估计;

③ 事故发生原因的初步判断;

④ 事故发生后采取的措施及事故控制情况;

⑤ 事故报告单位。

(3)重大事故的管辖　按照原建设部监理司[1995]14 号文件要求,凡发生一次死亡 5 人以上的事故,由建设部主管处长到现场;10 人以上的事故,由建设部主管司局的司局长到现场;15 人以上的事故,由建设部主管部长亲自到现场。发生三级以上的重大事故,建设部按事故所属类别,分别派安全监督员代表建设部到事故现场了解情况,然后向建设部汇报。

在发生事故后 1 周内,事故发生地区要派人到建设部报告事故情况。其中 7 人以上的死亡事故,厅长、主任要亲自到现场。对于漏报、隐瞒和拖延不报或大事化小、小事化了的单位和个人,一经查出要严肃处理。

(4)重大险肇事故的报告　险肇事故是指没有形成不良后果的事故或事件;或是指可能导致事故的违章行为。

1)重大险肇事故一般指的是:

① 由于化学或物理因素引起的火灾、爆炸,虽未造成伤亡,但对职工及居民的安全、健康

有严重威胁的事故。

② 由于生产工艺不合理、操作不当等因素，发生毒物或易燃品大量外泄，虽未造成人员中毒或火灾、爆炸，但严重污染环境，影响职工及居民安全、健康的事故。

③ 由于设备存在缺陷或操作不当等因素，虽未造成人员伤亡，但严重影响生产，威胁职工及居民安全、健康的事故。

④ 由于机具设备的缺陷、失灵，操作人员疏忽等因素发生翻车、沉船，虽未造成人员伤亡，但对职工、居民安全造成严重影响或存在潜在威胁的事故。

⑤ 由于缺乏安全技术措施，操作人员失误等因素，发生脚手架、井架、塔式起重机等倒塌，虽未造成人员伤亡，但对职工、居民的安全造成严重影响和对社会影响较大的事故。

⑥ 其他虽未造成人员伤亡，但性质特别严重，社会影响较大的事故。

2）重大险肇事故的报告　生产经营单位发生重大险肇事故后，单位负责人应立即以电话或其他快速方法，报告企业上级主管部门及工程所在地建设行政主管部门、安全生产监察局、公安、工会等部门；必要时，发生事故的单位可越级上报。各有关部门接到报告后，应立即转报各自的上级主管部门，并立即派员赴事故现场进行处理。

3）重大险肇事故报告的内容　报告的内容包括事故发生单位、时间、地点、经过和发生原因，已采取的抢救、处理措施，可能造成的进一步危害以及要求帮助解决的问题。此外，还应随时报告处理过程中的重大变化情况。

2. 事故的统计上报

发生事故，应按职工伤亡事故统计、报告。职工发生的伤亡大体分成两类，一类是因工伤亡，即因生产或工作而发生的死亡；另一类是非因工伤亡。在具体工作中，主要区别下述四种情况：

（1）区别好与生产（工作）有关和无关的关系　如职工参加体育比赛或政治活动发生伤亡事故，因与生产无关，不作职工伤亡事故统计、报告。

（2）区别好因工与非因工的关系　一般来说，职工在工作时间、工作岗位，为了工作而遭受外来因素造成的伤亡事故都应按职工伤亡事故统计、报告；职工虽不在本职工作岗位或本职工作时间，但由于企业设备或其他安全、劳动条件等因素在企业区域内致使职工伤亡，也应按企业职工伤亡事故统计、报告。

（3）区别好负伤与疾病的关系　职工在生产（工作）中突发脑溢血、心脏病等急性病引起死亡的，不按职工伤亡事故统计、报告。

（4）区别好统计、报告和善后待遇的关系　一般来说，凡是统计、报告的事故，均属工伤事故，都可享受因工待遇。而不属统计、报告范围的事故，不等于不按因工待遇处理。例如职工受指派到某地完成某工作，途中发生伤亡事故，虽不按伤亡事故统计，但应按因工伤亡待遇处理。

2.4.3　安全事故的调查及处理

1. 安全事故处理的原则（四不放过原则）

（1）事故原因不清楚不放过；

（2）事故责任者和员工没有受到教育不放过；

(3)事故责任者没有处理不放过;

(4)没有制订防范措施不放过。

2. 安全事故调查处理的程序

(1)迅速抢救伤员,保护现场,组织调查组。

1)以人为本,及时抢救伤员是首要任务。

2)做好事故现场的保护工作。事故发生后,事故发生单位应当立即采取有效措施,首先抢救伤员和排除险情,制止事故蔓延、扩大,稳定施工人员情绪。要做到有组织、有指挥。

一次死亡3人以上的事故,要按住房和城乡建设部的有关规定,立即组织摄像和召开现场会,教育全体职工。

严格保护事故现场,即现场各种物件的位置、颜色、形状及其物理、化学性质等尽可能地保持原来状态,采取一切必要和可能的措施严加保护,防止人为或自然因素的破坏。因抢救伤员、疏导交通、排除险情等原因,需要移动现场物件时,应当作出标志,绘制现场简图并作出书面记录,妥善保存现场重要痕迹、物证,有条件的可以拍照或摄像。

清理事故现场,应在调查组确认无可取证,并充分记录及经有关部门同意后,才能进行。任何人不得借口恢复生产,擅自清理现场,掩盖事故真相。

3)组织事故调查组。《安全生产法》明确规定了生产安全事故调查处理的原则是实事求是、尊重科学、及时准确。

① 对于轻伤和重伤事故,由用人单位负责人组织生产技术、安全技术和有关部门会同工会进行调查,确定事故原因和责任,提出处理意见和改进措施,并填写《职工伤亡事故登记表》。

② 发生一般伤亡事故和重大伤亡事故,由有管辖权的安全生产监督管理部门会同同级公安机关、监察机关、工会、行业主管部门组成伤亡事故调查组进行调查。其中重大伤亡事故,省级安全生产监督管理部门认为有必要的,由其组织调查。

③ 发生特大伤亡事故,按下列规定组成伤亡事故调查组进行调查:

a. 市、州及其以下所属单位,由市、州安全生产监督管理部门、公安机关、监察机关、工会、行业主管部门等组成伤亡事故调查组进行调查。

b. 省级及以上所属单位,由省级安全生产监督管理部门、公安机关、监察机关、工会、行业主管部门等组成伤亡事故调查组进行调查。

c. 省人民政府认为需要直接调查的特大伤亡事故,由省人民政府组成政府伤亡事故调查组进行调查,或由省人民政府指定的本级安全生产监督管理部门、公安机关、监察机关、工会、行业主管部门等组成伤亡事故调查组进行调查。急性中毒事故调查组应有卫生行政部门人员参加。

4)事故调查组成员应符合下列条件:

① 具有事故调查所需的某一方面的专长。

② 与所发生的事故没有直接利害关系。

5)伤亡事故调查组的职责

① 查明伤亡事故发生的原因、过程和人员伤亡、经济损失情况。

② 确定伤亡事故的性质和责任者。

③ 提出对伤亡事故有关责任单位或责任者的处理依据和提出防范措施的建议。

④ 向派出调查组人员的政府或安全生产监督管理部门，提交调查组成员签名的伤亡事故调查报告书。

(2)现场勘察。

事故发生后，调查组必须尽早到现场进行勘察。现场勘察是技术性很强的工作，涉及广泛的科技知识和实践经验，对事故现场的勘察应该做到及时、全面、细致、客观。现场勘察的主要内容有：

1)作出笔录：

① 发生事故的时间、地点、气候等。

② 现场勘察人员姓名、单位、职务、联系电话等。

③ 现场勘察起止时间、勘查过程。

④ 设备、设施损坏或异常情况及事故前后的位置。

⑤ 能量逸散所造成的破坏情况、状态、程度等。

⑥ 事故发生前的劳动人员、现场人员的位置和行动。

2)现场拍照或摄像：

① 方位拍摄，要能反映事故现场在周围环境中的位置。

② 全面拍摄，要能反映事故现场各部分之间的联系。

③ 中心拍摄，要能反映事故现场中心情况。

④ 细目拍摄，揭示事故直接原因的痕迹物、致害物等。

3)绘制事故图根据事故类别和规模以及调查工作的需要应绘制出下列示意图：

① 建筑物平面图、剖面图。

② 事故时人员位置及疏散(活动)图。

③ 破坏物立体图或展开图。

④ 涉及范围图。

⑤ 设备或工、器具构造图等。

4)事故事实材料和证人材料搜集：

① 受害人和肇事者姓名、年龄、文化程度、工龄等。

② 出事当天受害人和肇事者的工作情况，过去的事故记录。

③ 个人防护措施、健康状况及与事故致因有关的细节或因素。

④ 对证人的口述材料应经本人签字认可，并应认真考证其真实程度。

(3)分析事故原因，明确责任者。

通过整理和仔细阅读调查材料，按事故分析流程图(图 2-4-2)中所列的七项内容进行分析。然后确定事故的直接原因、间接原因和事故责任者。

分析事故原因时，应根据调查所确认的事实，从直接原

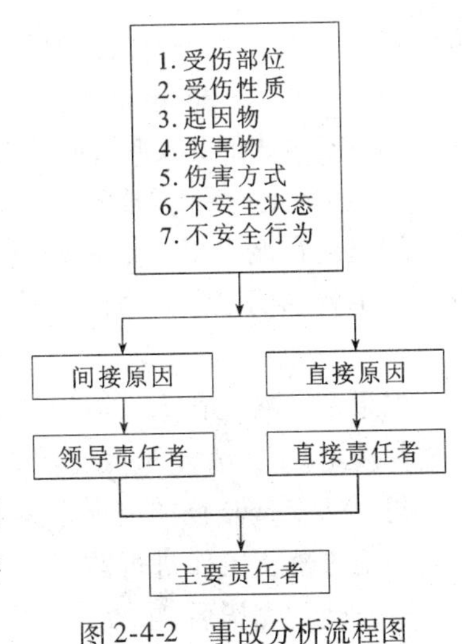

图 2-4-2　事故分析流程图

因入手,逐步深入到间接原因,通过对直接原因和间接原因的分析,确定事故的直接责任者和领导责任者,再根据其在事故发生过程中的作用,确定主要责任者。

1)事故的性质　通常分为以下3类:

① 责任事故。因有关人员的过失造成的事故。

② 非责任事故。由于自然界的因素而造成的不可抗拒的事故,或由于未知领域的技术问题而造成的事故。

③ 破坏事故。为达到一定目的而蓄意制造的事故。由公安机关和企业保卫部门认真追查破案,依法处理。

2)责任事故的责任划分　对责任事故,应根据事故调查所确认的事实,通过对事故原因的分析来确定事故的直接责任者、领导责任者和管理责任者。

① 直接责任者。其行为与事故的发生有直接因果关系的责任人。

② 领导责任者。对事故发生负有领导责任的责任人。

③ 管理责任者。对事故发生只有管理责任的责任人。

领导责任者和管理责任者中,对事故发生起主要作用的,为主要责任者。

(4)提出处理意见,写出调查报告。

根据对事故原因的分析,对已确定的事故直接责任者和领导者,根据事故后果和事故责任人应负的责任提出处理意见。同时,应制订防范措施并加以落实,防止类似事故重复发生,切实做到"四不放过"的原则。

调查组应着重把事故的经过、原因、责任分析和处理意见以及本次事故教训和改进工作的建议等写成文字报告,经调查组全体人员签字后报批。如调查组内部意见有分歧,应在弄清事实的基础上,对照政策法规反复研究,统一认识。对于个别成员仍持有不同意见的,允许保留,并在签字时写明自己的意见。对此可上报上级有关部门处理,直至报请同级人民政府裁决,但不得超过事故处理工作的时限。

伤亡事故调查报告书主要包括以下内容:①发生事故的时间、地点。②发生事故的单位(包括单位名称、所在地址、隶属关系等)和与发生事故有关的单位及有关的人员。③事故的人员伤亡情况和经济损失情况。④事故的经过及事故原因分析。⑤事故责任认定及对责任者(责任单位及责任人)的处理建议。⑥整顿和防范措施。⑦调查组负责人及调查组成员名单(签名),必要时在事故调查报告书中还应附相应的科学鉴定资料。

(5)事故的处理结案。

调查组在调查工作结束后10日内,应当将调查报告送至批准组成调查组的人民政府和建设行政主管部门以及调查组其他成员部门。经组成调查组的部门同意,调查组调查工作即告结束。

如果是一次死亡3人以上的事故,待事故调查结束后,应按原建设部监理司[1995年]14号文件规定,事故发生地区要派人员在规定的时间内到建设部汇报。

建设部安全监督员按规定参与三级以上重大事故的调查处理工作,并负责对事故结案和整改措施等落实工作进行监督。

事故处理完毕后,事故发生单位应当尽快写出详细的处理报告,并按规定逐级上报。

对造成重大伤亡事故的责任者,由其所在单位或上级主管部门给予行政处分;构成犯罪的，由司法机关依法追究刑事责任。

对造成重大伤亡事故承担直接责任的有关单位，由其上级主管部门或当地建设行政主管部门，根据调查组的建议，责令期限改善工程建设技术安全措施，并依据有关法规予以处罚。

对于连续 2 年发生死亡 3 人以上的事故，或发生一次死亡 3 人以上的重大死亡事故，工人死亡率超过平均水平一倍以上的单位，要按照《国务院关于特大安全事故行政责任追究的规定》（国务院令第 302 号），追究有关领导和事故直接责任者的责任，给予必要的行政、经济处罚，并对企业处以通报批评、停产整顿、停止投标、降低资质、吊销营业执照等处罚。

按照国务院第 75 号令规定，事故处理应当在 90 日内结案，特殊情况不得超过 180 日。

事故处理结案后，应将事故资料归档保存，其中包括：①职工伤亡事故登记表。②职工死亡、重伤事故调查报告及批复。③现场调查记录、图样、照片。④技术鉴定和试验报告。⑤物证、人证材料。⑥直接和间接经济损失材料。⑦事故责任者的自述材料。⑧医疗部门对伤亡人员的诊断书。⑨发生事故时的工艺条件、操作情况和设计资料。⑩有关事故的通报、简报及文件（包括处分决定和受处分人员的检查材料）。⑪注明参加调查组的人员姓名、职务、单位。⑫事故处理批复机关的批复意见。

2.4.4　工伤保险

工伤社会保险的目的是保障因工作遭受事故伤害或者患职业病的职工获得医疗救治和经济补偿，促进工伤预防和职业康复，分散用人单位的工伤风险。在施工单位，工伤保险的业务一般由劳动工资部门负责，但作为工伤事故处理的善后环节，专职安全员应当对其相关知识有一定的了解，也可从另一个角度促使“安全第一、预防为主、综合治理”方针的落实。

1. 工伤社会保险的概念

工伤社会保险就是指工伤保险实行社会统筹，设立工伤保险基金，对工伤职工提供经济补偿和实行社会化管理服务。

2. 工伤范围及其认定

（1）《工伤保险条例》中明确规定，职工有下列情形之一的，应当认定为工伤：①在工作时间和工作场所内，因工作原因受到事故伤害的。②工作时间前后在工作场所内，从事与工作有关的预备性或者收尾性工作受到事故伤害的。③在工作时间和工作场所内，因履行工作职责受到暴力等意外伤害的。④患职业病的。⑤因工外出期间，由于工作原因受到伤害或者发生事故下落不明的。⑥在上下班途中，受到机动车事故伤害的。⑦法律、法规规定应当认定为工伤的其他情形。

（2）职工有下列情形之一的，视同工伤：①在工作时间和工作岗位，突发疾病死亡或者在 48 小时之内经抢救无效死亡的。②在抢险救灾等维护国家利益、公共利益活动中受到伤害的。③职工原在军队服役，因战、因公负伤致残，已取得革命伤残军人证，到用人单位后旧伤复发的。

职工有上述①、②两项情形的，按有关规定享受工伤保险待遇；有第③项情形的，按有关规定享受除一次性伤残补助金外的工伤保险待遇。

（3）职工有下列情形之一的，不得认定为工伤或者视同工伤：①因犯罪或者违反治安管理伤亡的。②醉酒导致伤亡的。③自残或者自杀的。

3. 劳动能力鉴定

职工发生工伤,经治疗伤情相对稳定后存在残疾,影响劳动能力的,应当进行劳动能力鉴定。劳动能力鉴定是指劳动功能障碍程度和生活自理障碍程度的等级鉴定。劳动功能障碍分为十个伤残等级,最重为一级,最轻为十级。生活自理障碍分为三个等级:生活完全不能自理、生活大部分不能自理和生活部分不能自理。

劳动能力的鉴定由用人单位、工伤职工或者其直系亲属向劳动能力鉴定委员会提出申请,并提供工伤认定决定和职工工伤医疗的有关资料。劳动能力鉴定委员会由省(自治区、直辖市)和设区的市级劳动保障行政部门、人事行政部门、卫生行政部门、工会组织、经办机构代表以及用人单位代表组成,鉴定结论按《工伤保险条例》的规定,根据专家组提出的鉴定意见,由鉴定委员会作出工伤职工劳动能力鉴定结论;必要时,可以委托具备资格的医疗机构协助进行有关诊断。

4. 工伤保险待遇

(1)工伤医疗　职工因工作遭受事故伤害或者患职业病进行治疗的,享受工伤医疗待遇。职工治疗工伤应当在签订服务协议的医疗机构就医,情况紧急时可以先到就近的医疗机构急救。治疗工伤所需费用符合工伤保险诊部项目目录、工伤保险药品目录、工伤保险住院服务标准的,从工伤保险基金支付。

职工住院治疗工伤的,由所在单位按本单位因公出差补助伙食标准的70%发给住院伙食补助费;经医疗机构出具证明,报经办机构同意,工伤职工到统筹地区以外就医的,所需交通、食宿费用由所在单位按照本单位职工因公出差标准报销。

工伤职工因日常生活或就业需要,经劳动能力鉴定委员会确定,可以安装假肢、矫形器、假眼、假牙和配置轮椅等辅助器具的,所需费用按国家规定的标准从工伤保险基金支付。

职工接受工伤医疗的,在停工留薪期内,原工资福利待遇不变,由所在单位按月支付。停工留薪期,一般不超过12个月。伤情严重或情况特殊,经设区的市级劳动能力鉴定委员会确认,可以适当延长,但延长不得超过12个月。

生活不能自理的工伤职工,在停工留薪期需要护理的,由所在单位负责。

工伤职工已经评定伤残等级并经劳动能力鉴定委员会确认需要生活护理的,从工伤保险基金按月支付生活护理费。生活护理费按照生活完全不能自理、生活大部分不能自理或者生活部分不能自理3个不同等级支付,其标准分别为统筹地区上年度职工月平均工资的50%、40%、30%。

(2)工伤待遇

1)职工因工致残被鉴定为一级至四级伤残的,保留劳动关系,退出工作岗位,享受以下待遇:

① 从工伤保险基金按伤残等级支付一次性伤残补助金,标准为:一级伤残为24个月本人工资,二级伤残为22个月本人工资,三级伤残为20个月本人工资,四级伤残为18个月本人工资。

② 从工伤保险基金按月支付伤残津贴,标准为:一级伤残为本人工资的90%,二级伤残为本人工资的85%,三级伤残为本人工资的80%,四级伤残为本人工资的75%。

③ 工伤职工达到退休年龄并办理退休手续后,停发伤残津贴,享受基本养老保险待遇。

④ 由用人单位和职工个人以伤残津贴为基数,缴纳基本医疗保险费。

2)职工因工致残被鉴定为五级、六级伤残的,享受以下待遇:

① 从工伤保险基金按伤残等级支付一次性伤残补助金,其标准为:五级伤残为16个月本人工资,六级为14个月本人工资。

② 保留与用人单位的劳动关系,由用人单位安排适当工作。难以安排工作的,由用人单位按月发给伤残津贴,其标准为:五级伤残为本人工资的70%,六级伤残为本人工资的60%,并由用人单位按照规定为其缴纳应缴纳的各项社会保险费。

③ 经工伤职工本人提出,该职工可以与用人单位解除或者终止劳动关系,由用人单位支付一次性工伤医疗补助金和伤残就业补助金。

3)职工因工致残被鉴定为七级至十级伤残的,享受以下待遇:

① 从工伤保险基金按伤残等级支付一次性伤残补助金,其标准为:七级伤残为12个月本人工资,八级为10个月本人工资,九级为8个月本人工资,十级为6个月本人工资。

② 劳动合同期满终止,或者职工本人提出解除劳动合同的,由用人单位支付一次性工伤医疗补助金和伤残就业补助金。

(3)因工死亡补助职工因工死亡,其直系亲属按下列规定从工伤保险基金领取丧葬补助金、供养亲属抚恤金和一次性工亡补助金:

① 丧葬补助金为6个月的统筹地区上年度职工月平均工资。

② 供养亲属抚恤金按照职工本人工资的一定比例,发给由因工死亡职工生前提供主要生活来源、无劳动能力的亲属。标准为:配偶每月40%,其他亲属每人每月30%,孤寡老人或者孤儿每人每月在上述标准上增加10%。核定的各供养亲属抚恤金之和不应高于工亡职工生前工资。

③ 一次性工亡补助金标准为48个月至60个月的统筹地区上年度职工月平均工资。

(4)工伤保险待遇的停止　工伤职工有下列情形之一的,停止享受工伤保险待遇:①丧失享受待遇条件的。②拒不接受劳动能力鉴定的。③拒绝治疗的。④被判刑正在收监执行的。

(5)工伤保险基金　工伤保险实行社会统筹,设立工伤保险基金。工伤保险费由企业按照职工工资总额的一定比例缴纳,职工个人不缴纳工伤保险费。目前企业缴纳的平均工伤保险费率一般不超过工资总额的1%。企业缴纳的工伤保险费实行差别费率和浮动费率。凡参加了工伤社会保险的单位的工伤职工医疗费、护理费、伤残抚恤金、一次性伤残补助金、残疾辅助器具费、丧葬补助金、供养亲属抚恤金、一次性工亡补助金,由工伤保险基金支付。目前暂未参加工伤社会保险的单位的工伤职工,均由职工所在单位按照相同标准支付(另有规定者除外)。

(6)工伤保险争议的处理　工伤职工与用人单位发生争议的,按劳动争议处理的有关规定办理。工伤职工或企业,对劳动行政部门作出的工伤认定和工伤保险经办机构的待遇支付决定不服的,按行政复议和行政诉讼的有关法律、法规办理。

2.5 安全事故应急救援与预案

《中华人民共和国安全生产法》第十七条明确规定生产经营单位要制定并实施本单位的

生产安全事故应急救援预案;第六十九条亦要求建筑施工单位应当建立应急救援组织,生产经营规模较小的也应当指定兼职的应急救援人员等。自2004年2月1日起实行的《建设工程安全生产管理条例》也规定,施工单位应当根据建设工程的特点、范围,对施工现场容易发生重大事故的部位、环节进行监控,制定施工现场生产事故应急救援预案,建立应急救援组织或配备应急救援人员。

为贯彻落实国家安全生产的法律法规,促进建筑企业依法加强对建筑工程安全生产的管理,执行安全生产责任制,预防和控制施工现场、生活区、办公区潜在的事故、事件或紧急情况,做好事故、事件应急准备,以便发生紧急情况和突发事故、事件时能及时有效地采取应急控制,最大限度地预防和减少可能造成的疾病、伤害、损失和环境影响,建筑企业应根据自身特点,制定建筑施工安全事故应急救援预案。

重大事故应急救援预案由现场(企业)应急计划和场外应急计划组成。现场应急计划由企业负责,场外应急计划由政府主管部门负责。现场应急计划和场外应急计划应分开,但应协调一致。

2.5.1 事故应急救援的概述

事故应急救援,是指在发生事故时,采取的消除、减少事故危害和防止事故恶化,最大限度地降低事故损失的措施。

事故应急救援预案,又称应急预案、应急计划(方案),是根据预测危险源、危险目标有可能发生事故的类别、危害程度,为使一旦发生事故时应当采取的应急救援行动及时、有效、有序,而事先制订的指导性文件,是事故救援系统的重要组成部分。

1. 建立事故应急救援体系的必要性

《安全生产法》、《国务院关于进一步加强安全生产工作的决定》、《国务院关于特大安全事故行政责任追究的规定》(302号令)、《安全生产许可证条例》等法律、法规,都对建立事故应急预案作出了相应的规定。建立事故应急预案已成为我国构建安全生产的“六个支撑体系”之一(其余五个分别是法律法规、信息、技术保障、宣传教育、培训)。

(1)建立应急预案具有强制性 《安全生产法》第六十九条要求,危险物品的生产、经营、储存单位以及矿山、建筑施工单位应当建立应急救援组织;生产经营规模较小,可以不建立应急救援组织的,应当指定兼职的应急救援人员。

《安全生产法》规定,生产经营单位应当教育和督促从业人员严格执行本单位的安全生产规章制度和安全操作规程,并向从业人员如实告知作业场所和工作岗位存在的危险因素、防范措施以及事故应急措施。生产经营单位的从业人员有权了解其作业场所和工作岗位存在的危险因素、防范措施及事故应急措施。

生产经营单位发生生产安全事故后,事故现场有关人员应当立即报告本单位负责人。单位负责人接到事故报告后,应当迅速采取有效措施,组织抢救,防止事故扩大,减少人员伤亡和财产损失。

《中华人民共和国职业病防治法》规定,用人单位应当建立、健全职业病危害事故应急救援预案。

《中华人民共和国消防法》要求,消防重点单位应当制订灭火和应急疏散预案,定期组织消防演练。

《建设工程安全生产管理条例》对建设施工单位提出:“施工单位应当制订本单位生产安全事故应急救援预案,建立应急救援组织或者配备应急救援人员,配备必要的应急救援器材、设备,并定期组织演练”;“施工单位应当根据建设工程施工的特点、范围,对施工现场易发生重大事故的部位、环节进行监控,制订施工现场生产安全事故应急救援预案。实行施工总承包的,由总承包单位统一组织编制建设工程生产安全事故应急救援预案,工程总承包单位和分包单位按照应急救援预案,各自建立应急救援组织或者配备应急救援人员,配备救援器材、设备,并定期组织演练。”

《安全生产法》、《安全生产违法行为处罚办法》规定,对不建立或者应急预案得不到实施的进行处罚,规定生产经营单位的主要负责人未组织制订并实施本单位生产安全事故应急救援预案的,责令限期改正,逾期未改正的,责令生产经营单位停产停业整顿;未按照规定如实向从业人员告知作业场所和工作岗位存在的危险因素、防范措施以及事故应急措施的,责令限期改正,逾期未改正的,责令停产停业整顿,并处以 2 万元以下的罚款;危险物品的生产、经营、储存单位以及矿山企业、建筑施工单位未建立应急救援组织的,未配备必要的应急救援器材、设备,并未进行经常性维护、保养,不能保证正常运转的,责令改正,可以并处以一万元以下的罚款。

(2)建立事故应急预案是减少因事故造成的人员伤亡和财产损失的重要措施　针对各种不同的紧急情况事先制订有效的应急预案,可以在事故发生时,指导应急行动按计划有序进行,防止因行动组织不力或现场救援工作的混乱而延误事故应急处理。不少事故一开始并不都是重大或特大事故,往往因为没有有效的救援系统和应急预案,事故发生后,惊慌失措,盲目应对,导致事故进一步扩大,甚至使救援人员伤亡。只要建立了事故应急预案,并按事先培训和演练的要求进行控制,绝大部分事故在初期都是能被有效控制的。

(3)建立事故应急预案是由事故(突发事件)的基本特点所决定的

① 事故具有突发性。绝大多数的事故、灾害的发生都具有突发性,其表现为:发生时间的不确定性,发生空间的不确定性,某些关键设备突然失效的不确定性,操作人员重大失误的不确定性以及自然灾害、人为破坏的不确定性。

② 应急救援活动具有复杂性。首先,事故、火灾的影响因素与其演变规律具有不确定性和不可预见的多变性;其次,参与应急救援活动的单位和人员可能来自不同部门,在沟通、协调、授权、职责及其文化等方面都存在巨大差异;再者,应急响应过程中公众的反应能力、心理压力、公众偏向等突发行为同样具有复杂性。因此,如果没有事前的应急预案和相应的培训和演练,要想在事故突然发生后,实现应急行动的快速、有序、高效,几乎是不可能的。

2. 应急预案的分级

《安全生产法》规定县级以上地方各级人民政府应当组织有关部门制订本行政区域内特大生产安全事故应急救援预案,建立应急救援体系。国务院颁布的其他条例也对建立事故应急体系作出了规定。我国事故应急救援体系将事故应急救援预案分成 5 个级别。上级预案的编写应建立在下级预案的基础上,整个预案的结构是金字塔结构。其结构形式如图 2-5-1 所示。

(1) Ⅰ级(企业级)　事故的有害影响局限于某个生产经营单位的厂界内,并且可被现场的操作者遏制和控制在该区域内。这类事故可能需要投入整个单位的力量来控制，但其影响预期不会扩大到社区（公共区）。

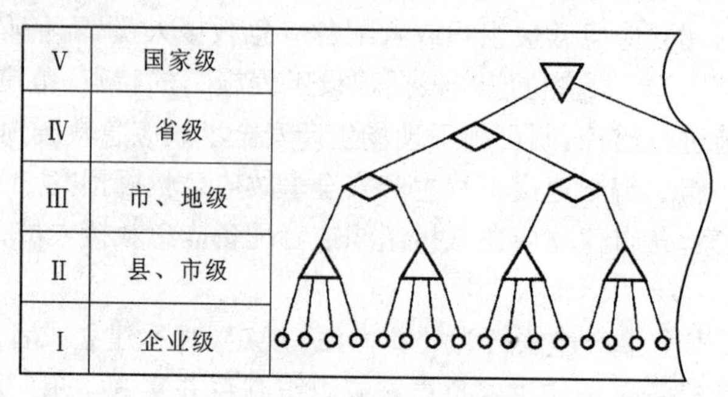

图 2-5-1　事故应急救援预案的分级结构形式

（2）Ⅱ级（县、市级）　所涉及的事故其影响可扩大到公共区，但可被该县（市、区）的力量，加上所涉及的生产经营单位的力量所控制。

（3）Ⅲ级（市、地级）　事故影响范围大，后果严重，或是发生在两个县或县级市管辖区边界上的事故。应急救援须动用地区力量。

（4）Ⅳ级（省级）　对可能发生的特大火灾、爆炸、毒物泄漏事故，特大矿山事故以及属省级特大事故隐患、重大危险源的设施或场所，应建立省级事故应急预案。它可能是一种规模较大的灾难事故，或是一种需要用事故发生的城市或地区所没有的特殊技术和设备进行处理的特殊事故。这类意外事故须用全省范围内的力量来控制。

（5）Ⅴ级（国家级）　对事故后果超过省、直辖市、自治区边界以及列为国家级事故隐患、重大危险源的设施或场所，应制订国家级应急预案。

2.5.2　事故应急救援预案的编制

1. 施工安全事故的应急救援预案的编制步骤

编制施工安全事故的应急救援预案一般分 3 个阶段进行，各阶段主要步骤和内容如下。

（1）准备阶段　明确任务和组建编制组（人员）→调查研究、收集资料→危险源识别与风险评价→应急救援力量的评估→提出应急救援的需求→协调各级应急救援机构。

（2）编制阶段　制定目标管理→划分应急预案的类别、区域和层次→组织编写→分析汇总→修改完善。

（3）演练评估阶段　应急救援演练→全面评估→修改完善→审查批准→定期评审。

2. 应急救援预案的编制原则

（1）目的性原则　为什么制订，解决什么问题，目的要明确。制订的应急救援预案必须要有针对性，不能为制订而制订。

（2）科学性原则　制订应急救援预案应当在全面调查研究的基础上，开展科学分析和论证，制订出严格、统一、完整的应急救援方案，使预案真正具有科学性。

（3）实用性原则　制订的应急救预案必须讲究实效，具有可操作性。应急救援预案应符合企业、施工项目和现场的实际情况，具有实用性，便于操作。

(4)权威性原则　救援工作是一项紧急状态下的应急性工作，所制订的应急救援预案应明确救援工作的管理体系，救援行动的组织指挥权限和各级救援组织的职责和任务等一系列的行政性管理规定，保证救援工作的统一指挥。

(5)从重、从大的原则　制订的事故应急救援预案应按在本单位可能发生的最高级别或最大的事故考虑，不能避重就轻、避大就小。

(6)分级的原则　事故应急救援预案必须分级制订，分级管理和实施。

3. 应急救援预案的编制内容

事故应急救援预案编写应有以下主要内容：

(1)预案编制的原则、目的及所涉及的法律法规的概述。

(2)施工现场的基本情况。

(3)周边环境、社区的基本情况。

(4)危险源的危险特性、数量及分布图。

(5)指挥机构的设置和职责。

(6)可能需要的咨询专家。

(7)应急救援专业队伍和任务。

(8)应急物资、装备器材。

(9)报警、通信和联络方式(包括专家名单和联系方式)。

(10)事故发生时的处理措施。

(11)工程抢险抢修。

(12)现场医疗救护。

(13)人员紧急疏散、撤离。

(14)危险区的隔离、警戒与治安。

(15)外部救援。

(16)事故应急救援终止程度。

(17)应急预案的培训和演练(包括应急救援专业队伍)。

(18)相关附件。

4. 应急救援预案的编制程度

(1)编制的组织

《安全生产法》第十七条规定，生产经营单位的主要负责人具有组织制订并实施本单位的生产事故应急救援预案的职责。具体到施工项目上，项目经理无疑是应急救援预案编制的责任人；作为安全员，应当参与编制工作。

(2)编制的程序

① 成立应急救援预案编制组并进行分工，拟订编制方案，明确职责。

② 根据需要收集相关资料，包括施工区域的地理、气象、水文、环境、人口、危险源分布情况、社会公用设施和应急救援力量现状等。

③ 进行危险辨识与风险评价。

④ 对应急资源进行评估(包括软件、硬件)。

⑤ 确定指挥机构、人员及其职责。

⑥ 编制应急救援计划。

⑦ 对预案进行评估。

⑧ 修订完善,形成应急救援预案的文件体系。

⑨ 按规定将预案上报有关部门和相关单位。

⑩ 对应急救援预案进行修订和维护。

2.5.3 事故应急机构及职责分工

1. 指挥机构、成员及其职责与分工

企业或工程项目部应成立重大事故应急救援“指挥领导小组”,由企业经理或项目经理,有关副经理及生产、安全、设备、保卫等部门负责人组成,下设应急救援办公室或小组,日常工作由保卫部门兼管负责。发生重大事故时,领导小组成员迅速到达指定岗位。以指挥领导小组为基础,成立重大事故应急救援指挥部,由经理为总指挥,有关副经理为副总指挥,负责事故的应急救援工作的组织和指挥。

2. 应急专业组、成员及其职责与分工

应急专业组,如义务消防小组、医疗救护应急小组、专业应急救援小组、治安小组、后勤及运输小组等。要列出各组的组织机构及人员名单。需注意的是:所有成员应由各专业部门的技术骨干、义务消防人员、急救人员和各专业的技术工人等组成。救援队伍必须由经培训合格的人员组成,明确各机构的职责。例如,写明指挥领导小组的职责是负责本单位或项目预案的制订和修订;组建应急救援队伍,组织实施和演练;检查督促做好重大事故的预防措施和应急救援的各项准备工作;组织和实施救援行动;组织事故调查和总结应急救援工作,安全负责人负责事故的具体处置工作,后勤部门负责应急人员、受伤人员的生活必需品的供应工作。

2.5.4 事故救援预案的实施

事故发生时,应迅速辨别事故的类别、危害的程度,适时启动相应的应急救援预案,按照预案进行应急救援。实施时不能轻易变更预案,如有预案未考虑到的情况,应冷静分析、果断处罚。一般应当:

(1)立即组织抢救受害人员。抢救受害人员是应急救援的首要任务,在应急救援行动中,快速、有序、有效地实施现场急救与安全转送伤员,是降低伤亡率、减少事故损失的关键。

(2)指导群众防护,组织群众撤离。由于重大事故发生突然、扩散迅速、涉及范围广、危害大,应及时指导和组织群众采取各种措施进行自身防护,并迅速撤离出危险区或可能受到危害的区域。在撤离过程中,应积极组织群众开展自救和互救工作。

(3)迅速控制危险源,并对事故造成的危害进行检验、监测,测定事故的危害区域、危害性质及危害程度。及时控制造成的危害是应急救援工作的重要任务,只有及时控制住危险源,防止事故的继续扩展,才能及时、有效地进行救援。

(4)做好现场隔离和清理,消除危害后果。针对事故对人体、动植物、土壤、水源、空气造成的现实危害和可能的危害,迅速采取封闭、隔离、清洗等措施。对事故外溢的有毒、有害物质和可能对人和环境继续造成危害的物质,应及时组织人员予以清除,消除危害后果,防止对人的继续危害和对环境的污染。

(5)按规定及时向有关部门汇报情况。

(6)保存有关记录及实物,为后续事故调查工作做准备。

(7)查清事故原因,评估危害程度。事故发生后应及时调查事故的发生原因和事故性质,评估出事故的危害范围和危险程度,查明人员伤亡情况,做好事故调查。

开展事故应急救援具体步骤如图 2-5-2 所示。

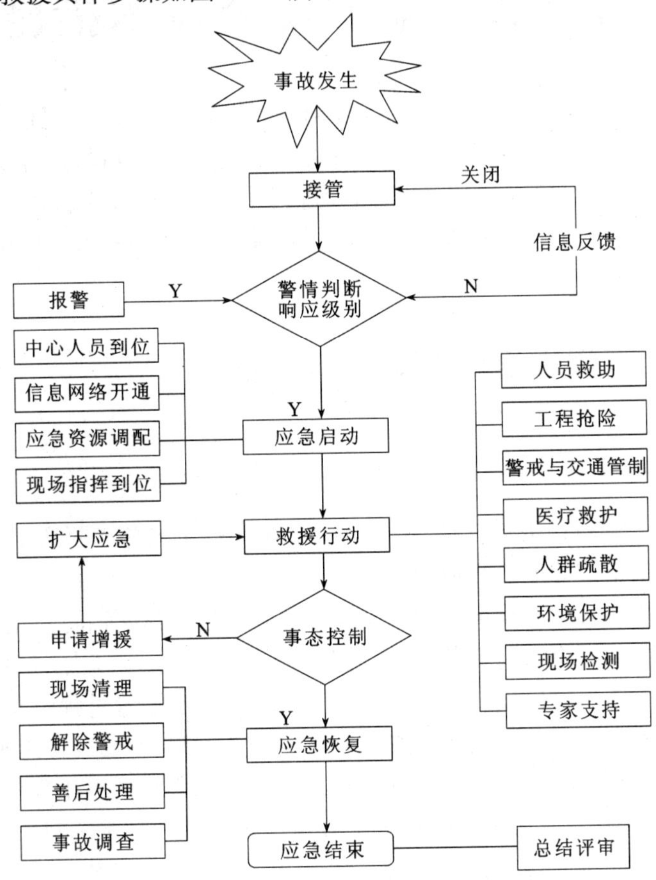

图 2-5-2　事故应急救援具体步骤

第3章 施工安全技术措施

施工安全技术措施是在施工项目生产活动中，根据工程特点、规模、结构复杂程度、工期、施工现场环境、劳动组织、施工方法、施工机械设备、变配电设施、架设工具以及各项安全防护措施等，针对施工中存在的不安全因素进行预测和分析，找出危险点，为消除和控制危险隐患，从技术和管理上采取措施加以防范，消除不安全因素，防止事故发生，确保项目安全施工。

3.1 土石方及基础工程施工安全技术措施

3.1.1 *土石方工程安全技术措施*

土方施工包括土(或石)方的挖掘、运输、回填、压实等主要施工过程，以及场地清理、测量放线、排水降水、土壁支护等准备和辅助工作。

土方工程施工往往具有工程量大、劳动繁重和施工条件复杂等特点；土方工程施工同时又受到气候、水文地质、临近建(构)筑物、地下障碍物等因素的影响较大，不可确定的因素较多，且土方工程涉及的工作内容也较多，包括土的挖掘、填筑和运输等过程以及排水、降水、土壁支护等准备工作和辅助工作。由于上述土方工程施工特点，稍有不慎极易造成安全事故，一旦事故发生其损失是巨大的。因此，在土方工程施工前，应进行充分的施工现场条件调查(如地下管线、电缆、地下障碍物、邻近建筑物等)，详细分析与核对各项技术资料(如地形图、水文与地质勘察资料及土方工程施工图)，正确利用气象预报资料，根据现有的施工条件，制订出安全有效的土方工程施工方案。

1. 土石方开挖施工的一般安全要求与技术

(1)施工前，应对施工区域内影响施工的各种障碍物，如建筑物、道路、各种管线、旧基础、坟墓、树木等，进行拆除、清理或迁移，确保安全施工。

(2)挖土前应根据安全技术交底，了解地下管线、人防工程及其他构筑物的情况和具体位置，地下构筑物外露时，必须加以保护。作业中应避开各种管线和构筑物，在现场电力、通信电缆2m范围内和在现场燃气、热力、给排水等管道1m范围内施工时，必须在其业主单位人员的监护下采取人工开挖。

(3)人工开挖槽、沟、坑深度超过1.5m的，必须根据开挖深度和土质情况，按安全技术措施或安全技术交底的要求放坡或支护，如遇边坡不稳或有坍塌征兆时，应立即撤离现场，并及时报告项目负责人，险情排除后，方可继续施工。

(4)当地质情况良好、土质均匀、地下水位低于基坑(槽)底面标高时，挖方深度在5m以内可不加支撑但边坡最陡坡度应在施工方案中予以确定。

(5)人工开挖时,两个人横向操作间距应保持2~3m,纵向间距不得小于3m,并应自上而下逐层挖掘,严禁采用掏洞的挖掘操作方法。

(6)上下槽、坑、沟应先挖好阶梯或设木梯,不应踩踏土壁及其支撑上下,施工间歇时不得在槽沟坑、坡脚下休息。

(7)挖土过程中遇有古墓、地下管道、电缆或不能辨认的异物和液体、气体时,应立即停止施工,并报告现场负责人,待查明原因并采取措施处理后,方可继续施工。

(8)雨期深基坑施工中,必须注意排除地面雨水,防止倒流入基坑,同时注意雨水的渗入,导致土体强度降低、土压力加大造成基坑边坡坍塌事故。

(9)从槽、坑、沟中吊运送土至地面时,绳索、滑轮、钩子、箩筐等垂直运输设备、工具应完好牢固。起吊、垂直运送时下方不得站人。

(10)配合机械挖土清理槽底作业时严禁进入铲斗回转半径范围,必须待挖掘机停止作业后,方准进入铲斗回转半径范围内清土。

(11)夜间施工时,应合理安排施工项目,防止挖方超挖或铺填超厚。施工现场应根据需要安装照明设施,在危险地段应设置红灯警示。

(12)深基坑内光线不足,不论白天施工还是夜间施工,均应设置足够的电器照明,电器照明应符合《施工现场临时用电安全技术规范》(JGJ 46—2005)的有关规定。

(13)挖土时要随时注意土壁的变异情况,如发现有裂纹或部分塌落现象,要及时进行支撑或改缓放坡,并注意支撑的稳固和边坡的变化。

(14)在坑边堆放弃土、材料和移动施工机械时,应与坑边保持一定距离。当土质良好时,要距坑边1m以外,堆放高度不能超过1.5m。

(15)在靠近建筑物旁挖掘基槽或深坑时,其深度超过原有建筑物基础深度时,应分段进行,每段不得超过2m。

此外,土方开挖后,应尽量减少对地基土的扰动,及时浇筑基础混凝土,尽量缩短基坑暴露时间,以防止出现橡皮土现象。若基础不能及时施工,可预留100~300mm的土层,待基础施工之前挖除。基础结构完成后,应及时做好基坑的回填土工作;深基坑坑顶四周须设安全防护栏杆,以防止施工人员坠落,在基坑的恰当位置,应挖设供作业人员上下用的踏步梯或设置专用爬梯,施工人员不得踩踏土坡边坡或土壁支撑件;在土方开挖过程中,应保证开挖者之间的安全距离,采用人工挖土,则两人操作距离应大于2m,若多台挖土机同时开挖,则挖土机间距应大于10m。

土方开挖应尽可能避免在雨季作业。土方开挖之前以及在开挖过程中,做好地面排水和地下降水,以防止地表水流入基坑使地基土遭水浸泡后使地基承载力下降;防止边坡土因雨水渗入增加其自重后出现塌方现象;防止流沙现象。

2. 合理确定土方边坡坡度

(1)边坡稳定要求

土方开挖应考虑边坡稳定。所谓边坡稳定是指基坑上的部分土体脱离,沿着某一个方向向下滑动所需要的安全度。例如砂性土的边坡稳定,当砂性土的坡度小于土的内摩擦角时,一般就不会产生滑坡,平衡关系的安全系数 $K=\tan\phi/\tan\alpha$(ϕ、α 分别为土的内摩擦角和边坡的坡度)，$K \geq 1.10 \sim 1.15$。对基坑的土方边坡，有时则需通过边坡稳定验算确定。否则处理不当，就会产生安全事故。因此，合理确定边坡坡度，是有效地防止土壁塌方，保证边坡稳定的基本条件。

土方边坡坡度为挖方高度 H 与土方边坡投影宽度 B 之比值，即

$$土方边坡坡度\frac{H}{B} = \frac{1}{B/H} = 1:m$$

式中，$m = B/H$，称为坡度系数。

土方边坡坡度应根据土质条件、开挖深度、施工工期、坡顶荷载、地下水位以及气候情况等因素综合确定。

地质条件良好、土质均匀且地下水位低于基坑(槽)或管沟底面标高时，挖方深度在5m以内，开挖后暴露时间不超过15天，土壁边坡的坡度可参考表3-1-1确定。

表3-1-1　不加支护基坑(槽)边坡坡度

土的类别	坑壁坡度		
	坑缘无荷载	坑缘有静荷载	坑缘有动荷载
中密的砂土	1：1.00	1：1.25	1：1.50
中密的砂石土(充填物为砂土)	1：0.75	1：1.00	1：1.25
稍湿的粉土	1：0.67	1：0.75	1：1.00
中密的碎石土(充填物为黏土)	1：0.50	1：0.67	1：0.75
硬塑的粉质黏土、黏土	1：0.33	1：0.50	1：0.67
软土(经井点降水后)	1：1.00	—	—
泥岩、黏土夹有石块	1：0.25	1：0.33	1：0.67
未风化页岩	1：0	1：0.10	1：0.25
岩石	1：0	1：0	1：1.00

基坑深度大于5m，且无地下水时，如现场条件许可，可将坑壁坡度适当放大，或可采取台阶式的放坡形式，并在坡顶和台阶处宜加设1m以上的平台。

(2)护坡(壁)要求

土方工程施工除合理确定边坡外，还要进行护坡处理，以防边坡发生滑动与塌方。一般对临时边坡可采用钢丝网细石混凝土(或砂浆)护坡面层，对永久性的边坡(如堤坎、河道等)应做永久性加固，可采用石块挡墙、钢筋混凝土护坡等。

土质均匀且地下水位低于基坑(槽)或管沟底面标高及挖土高度满足下列要求时，其挖方边坡可做成直立壁不加支撑。挖土深度应根据土质条件确定，但不宜超过表3-1-2所列的要求。

基坑(槽)或管沟挖好后，应及时进行地下结构和安装工程施工。在施工过程中，应经常检查坑壁的稳定情况。

施工时间较长，挖方深度大于1.5m的基坑(槽)或管沟直立壁，宜用工具式内支撑加固；

而对于放坡开挖工作量过大，无场地放坡，易发生流沙的土质及地下结构外墙，为地下连续墙的基坑(槽)和管沟，应设置土壁支护结构。

表3-1-2　挖土深度

土的类别	挖土深度(m)
密实、中实的砂土和碎石类土(充填物为砂土)	≤1
硬塑、可塑的轻亚黏土和碎亚黏土	≤1.25
硬塑、可塑的黏土和碎石类土(充填物为黏性土)	≤1.5
坚硬的黏土	≤2

(3)坑顶堆载要求

坑顶堆载也是引发安全事故的要素之一。挖出的土方要及时外运，不得堆置在坡顶或坡面上，也不得堆置在桩基周围、墙基和围墙一侧。当弃土必须在坡顶或坡面上进行转运需临时堆放时，应进行边坡稳定性验算，严格控制堆放的土方量。当土质良好时，弃土或材料的堆放应距基坑边缘0.8m以外，高度不宜超过1.5m。深基础施工的垂直运输机械若设置在基坑边缘时，机械布置处的地基必须经过加固处理，且机械的支撑脚距基坑边最近距离不得小于0.8m。

3.1.2　基坑降水

在地下水位较高的地区进行基础施工，降低地下水位是一项非常重要的技术措施。当基坑无支护结构防护时，通过降低地下水位，可以保证基坑边坡稳定，防止地下水涌入坑内，阻止流沙现象发生。但此时的降水会将基坑内外的局部水位同时降低，会对基坑外周围建筑物、道路、管线造成不利影响，编制专项施工方案时应予以充分考虑。当基坑有支护结构围护时，一般仅在坑内降水以降低地下水位。有支护结构围护的基坑，由于围护体的降水效果较好且隔水帷幕伸入透水性差的土层一定深度，在这种情况下的降水类似盆中抽水。封闭式的基坑内降水到一定的时间后，在降水深度范围内的土体中，几乎无水可降。此时，降水的目的已达到，方便了施工。降水过程中应注意以下几点。

(1)土方开挖前保证一定时间的预抽水。

(2)降水深度必须考虑隔水帷幕的深度，防止产生管涌现象。

(3)降水过程中，必须与坑外观测井的监测密切配合，用观测数据来指导降水施工，避免隔水帷幕渗漏在降水过程中影响周围环境。

(4)注意施工用电安全。

3.1.3　基坑支护结构

基坑土方开挖遇有下列情况之一时，应设置坑壁支护结构：①因放坡开挖工程量过大而不符合技术、经济要求；②因附近有建(构)筑物而不能放坡开挖；③边坡处于容易丧失稳定的松散土或饱和软土；④地下水丰富而又不宜采用井点降水的场地；⑤地下结构的外墙为承重的钢筋混凝土地下连续墙。

支护结构虽然为施工期间的临时支挡结构，但其选型、计算和施工是否正确，对项目的安全与否、工期和经济效益的好坏均有较大影响，尤其在软土地基地区施工，是高层建筑施工关键的安全技术之一。施工过程中稍有疏忽或未严格按设计规定的工况进行施工，都极易发生恶性事故，造成巨大的经济损失，这方面已有不少教训。为此，对待支护结构的设计与施工，应采取极其慎重的态度，确保在满足安全施工的前提下，做到既经济合理又方便施工。

1. 基坑支护结构的选型

支护结构一般包括挡墙和支撑(或拉锚)两部分，其中任何一部分的选型不当或产生破坏(包括变形过大)，都会导致整个支护结构的失败。为此，对挡墙和支撑(或拉锚)都应给予足够的重视。

支护结构的选型可根据土层分布及土的物理力学性能、周围环境、地下水情况、施工条件和施工方法、气候等因素，综合选定基坑支护结构形式及支撑方法，并经过支护结构的理论计算，使支护结构的强度、刚度、整体稳定性和其他需要验算的项目都符合结构安全度和有关规范的要求，确保基坑自身的安全和周围建(构)筑物、道路及地下管线的安全。

基坑支护结构形式及支撑方法如下：

(1)连续式垂直支撑，如图3-1-1所示。

【支撑方法】挡土板垂直放置，然后每侧上下各水平放置枋木一根用撑木顶紧，再用木楔顶紧。

【使用范围】挖掘松散的或湿度很高的土(挖土深度不限)，通用于管槽工程中。

(2)混凝土或钢筋混凝土支护，如图3-1-2所示。

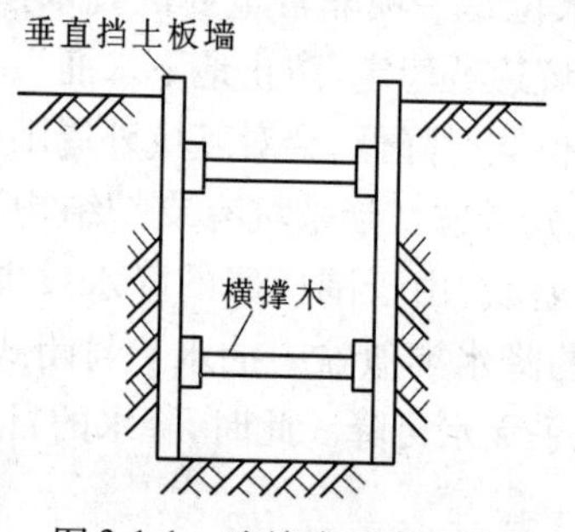

图3-1-1 连续式垂直支撑

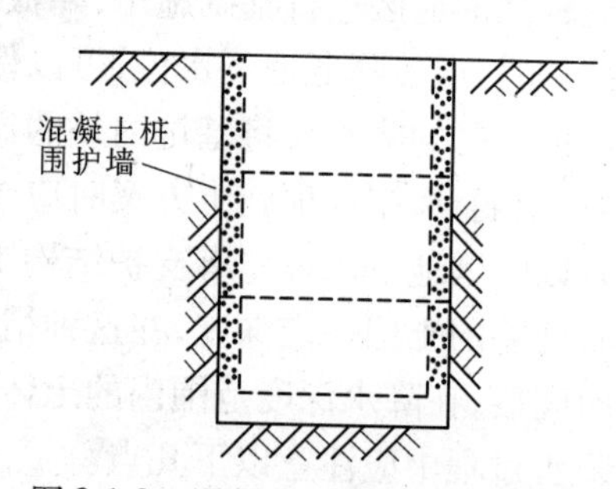

图3-1-2 混凝土或钢筋混凝土支护

【支撑方法】每挖深1m，支模板，绑钢筋，浇一节混凝土护壁；再挖深1m拆上节模板，支下节，再浇下节混凝土，循环作业直至设计深度，钢筋用搭接或焊接，浇灌口用砂浆堵塞。

【使用范围】天然湿度的黏土类土中，地下水较少，地面荷载较大，深度6~30m的圆形结构护壁或人工挖孔桩护壁用。

(3)钢构架支护，如图3-1-3所示。

【支撑方法】在开挖的基坑周围打板桩，在柱位置上打入暂设的钢柱，存基坑中挖土，每下挖3~4m，装上一层幅度很宽的构架式横撑，挖土在钢构架网格中进行。

【使用范围】在软弱土层中开挖较大、较深基坑，而不能用一般支护方法时。

(4)挡土护坡桩支撑，如图3-1-4所示。

【支撑方法】在开挖基坑的周围，用钻机钻孔，现场灌注钢筋混凝土桩，待达到强度，在中间用机械或人工挖土，下挖1m左右，装上横撑，在桩背面已挖沟槽内拉上锚杆，并将它固定在已预先灌注的锚桩上拉紧，然后继续挖土至设计深度。在桩中间上方挖成向外拱形，使其起土拱作用，如邻近有建筑物不能设置锚拉杆，则采取加密桩距或加大桩径处理。

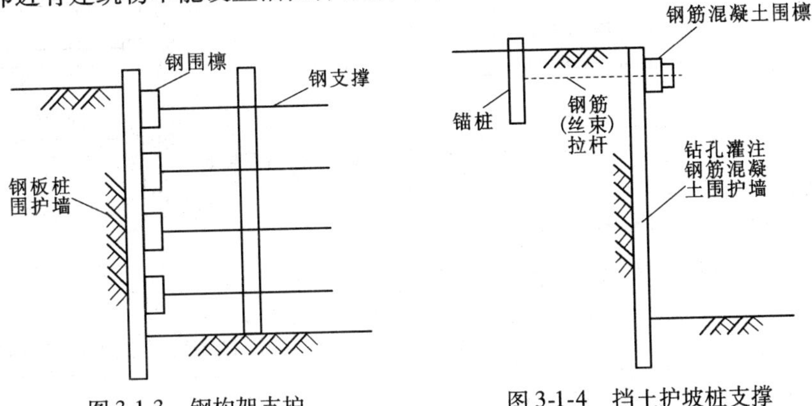

图3-1-3　钢构架支护　　　　图3-1-4　挡土护坡桩支撑

【使用范围】开挖较大、较深（大于6m）基坑，邻近有建筑物，不允许支撑有较大变形时。

（5）挡土护坡桩与锚杆结合支撑，如图3-1-5所示。

【支撑方法】在开挖基坑的周围钻孔，浇钢筋混凝土灌注桩，达到强度后，在桩中间沿桩垂直挖土，挖到一定深度，安上横撑，每隔一定距离向桩背面斜下方用锚杆钻机打孔，在孔内放钢筋锚杆，用水泥压力灌浆，达到强度后，拉紧固定，在桩中间进行挖土直至设计深度。如设两层锚杆，可挖一层土，装设一次锚杆。

【使用范围】大型较深基坑开挖，邻近有高层建筑，不允许支护有较大变形时。

（6）地下连续墙锚杆支护，如图3-1-6所示。

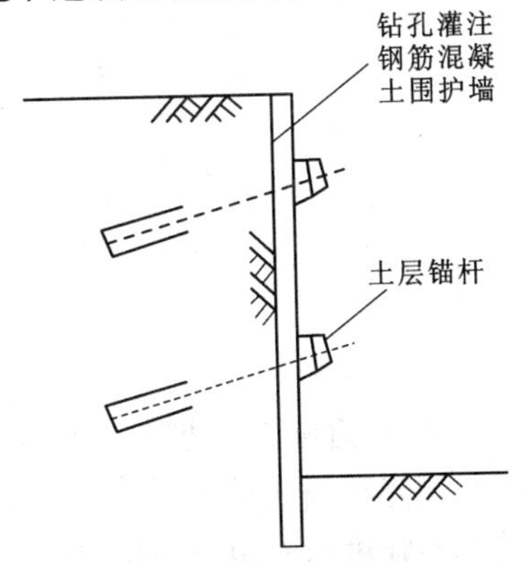

图3-1-5　挡土护坡桩与锚杆结合支撑

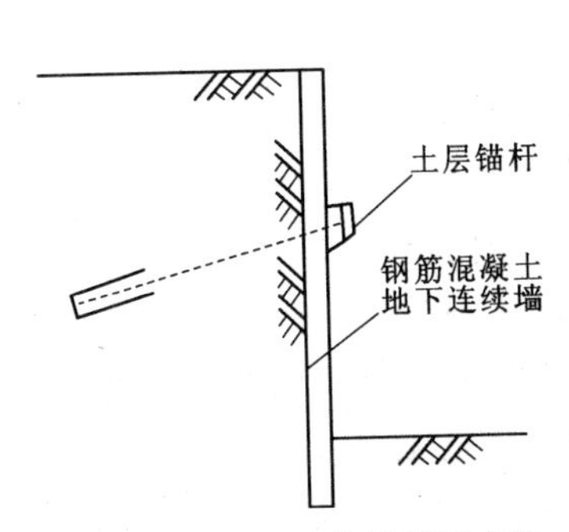

图3-1-6　地下连续墙锚杆支护

【支撑方法】在开挖基坑的周围，先建造地下连续墙，在墙中间用机械开挖土方，至锚杆部位，用锚杆钻机在要求位置锚孔，放入锚杆，进行灌浆，待达到设计强度，装上锚具，然后继续下挖至设计深度，如设有2～3层锚杆，每挖一层装一道锚杆，并用快硬混凝土灌浆。

【使用范围】开挖较大、较深（大于10m）的大型基坑，周围有高层建筑物，不允许支护有较大变形，采用机械挖土，不允许内部有支撑时。

（7）地下连续墙支护，如图3-1-7所示。

【支撑方法】先施工地下连续墙，后挖连续墙包围的土方。挖到支撑标高处，及时进行支撑结构的施工,待支撑结构能承受荷载后继续挖该层支护结构下方的土体;逆作法施工时,每下挖一层土方,把下一层主体结构的梁、板、柱浇筑完成,作为连续墙的水平支撑体系,如此循环作业,直至地下室的最下一层土方挖完,浇筑基础底板。

【使用范围】开挖较大、较深,周围有建筑物、公路的基坑,作为复合结构的一部分,或用于高层建筑的逆作法施工,作为结构的地下室外墙。

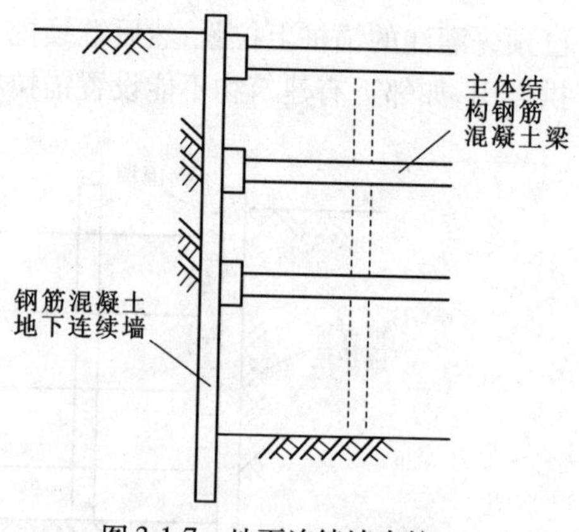

图 3-1-7 地下连续墙支护

基坑支护结构根据其周边环境及挖土深度将基坑分为三级基坑。当重要工程或支护结构作主体结构的一部分,或开挖深度超过 10m,或与邻近建筑物、重要设施的距离在开挖深度以内,基坑开挖影响范围内有历史文物、近代优秀建筑物、重要管线需严加保护的基坑工程,属于一级基坑;当基坑开挖深度小于 7m,且周围环境无特别要求的基坑工程,属于三级基坑;除一级和三级外的基坑,均属于二级基坑。基坑支护结构设计应根据工程情况选择相应的安全等级,确保支护结构安全和周围环境安全。

2. 支护结构设计

支护结构设计时,应对围护墙和支撑(拉锚)体系合理组合成若干个方案,经各方案设计和比较后,从中选择一个安全可靠、经济合理且方便施工的支护结构。一般基坑工程支护结构设计包括内容如下:

(1)支护结构的强度和变形设计。

(2)基坑内外土体稳定性验算。

(3)围护墙的抗渗验算。

(4)降低地下水方案。

(5)确定挖土工况及开挖方案。

(6)确定基坑施工监测项目及监测方案。

3. 支护结构施工

(1)围护墙施工

1)深层水泥搅拌桩围护墙　深层水泥搅拌桩围护结构是近年来发展起来的重力式围护结构,它用搅拌机械将水泥和土强行搅拌,形成以一定方式连续搭接的水泥土搅拌桩围护墙,水泥土搅拌桩中水泥掺合量一般为 12% ~15%,水泥土的强度可达 0.8 ~1.2MPa,其渗透系数很小,不大于 10^{-6}cm/s。它既能挡土,又能隔水,且施工方便,无噪声无振动,对周围环境影响较小,同时能创造较好的土方开挖作业条件。这种支护结构一般用于开挖深度 7m 以内的基坑。对某些基坑工程,若周围环境对围护体变形或位移要求不敏感的,经采取一些特殊措施后,可用于 9m 以内开挖深度的基坑中。

水泥土桩墙支护结构除设计满足整体稳定、抗倾覆、抗滑移外,施工也必须符合质量与安全的要求;桩与桩必须连续搭接,确保每根桩体搭接长度为 20cm,桩身的垂直偏差不超过 1%;水泥浆液水灰比控制在 0.45 ~0.5 范围内,其截面置换率控制在 0.6 ~0.8 范围内;采用二次搅拌工艺成桩的,应控制喷浆搅拌时钻头升降速度不大于 0.5m/min,压浆压力应与钻杆提升速度相配合，确保水泥掺合的均匀度和水泥土搅拌桩的均匀性；为增加墙体的整体性，宜在前后两排桩体中插入毛竹或钢筋，且在墙顶设置厚度不小于150mm的封闭式钢筋混凝土结构，既起桩顶圈梁作用，也可作为现场混凝土路面。

2）板式围护墙　板式围护墙通常与支撑、围檩体系、防渗与止水结构共同组成支护结构。板式围护墙的常用形式有板桩（钢板桩、钢筋混凝土板桩）连续墙、钻孔灌桩围护墙、SMW工法围护墙及地下连续墙等。板式围护墙施工安全技术要点如下：

① 板式支护墙要配有稳定可靠的支撑与围檩结构体系。坑内支撑和围檩结构通常采用钢结构（见图3-1-3）或钢筋混凝土结构（见图3-1-7），若环境允许，也可采用有围檩的坑外拉锚结构；坑外拉锚结构形式有水平拉杆（见图3-1-4）与锚碇结构、土层斜锚杆结构（图3-1-5）等。

② 板式围护墙应有防渗和止水结构。防渗常用水泥土搅拌桩帷幕、高压喷射注浆帷幕等防渗帷幕墙结构。若围护墙采用结构自防渗时，墙体结构的抗渗等级不宜小于P6级。

③ 除钢板桩围墙外，通常在围护上顶端设置钢筋混凝土顶圈梁。顶圈梁、围檩必须与围护墙可靠固定。

④ 钢板桩宜采用振动施打法，施打时，应严格控制板桩的垂直度，以保证板桩的齿口一一吻合。拔桩时宜对称振动拔起，以防带土过多或造成已完成基础工程不均匀沉降。

⑤ 钻孔灌注桩围护墙施工，钻孔时应防止孔壁塌陷和钻孔偏斜；水下浇筑混凝土时应防止出现夹泥桩而形成断柱，钢筋笼应慢慢下放以防止碰撞孔壁。

⑥ 地下连续墙的导沟上开挖段应设置防护设施。防止人员和工具杂物等坠落泥浆中。如挖槽过程中因故停工，应将挖槽机械提升到导墙的位置。地下连续墙采用抗渗等级不小于P6级混凝土，每幅连续墙的垂直结合缝，应密合不漏水，接口宜选用销口圆弧形、槽形或V形等防渗止水接头，接头面必须严格清刷，不得留有夹泥或沉渣。

（2）支撑结构施工主要安全技术及允许偏差值

支撑结构必须采用稳定的结构体系和可靠的连接构造，具有足够的刚度，防止支撑杆系受压失稳。一般情况下，不得在支撑结构上堆放材料或运行施工机械，若必须利用支撑构件兼作施工平台或栈桥时，应合理确定设计荷载，施工中，应严格控制施工荷载。各类支撑构件除满足设计的安全要求外，还应满足构造上的安全要求。

1）钢结构支撑　纵、横向的支撑件的连接宜在同一标高上，若采用上下重叠连接时，其连接构造及连接件的强度应满足支撑在平面内的强度和稳定要求；钢支撑与钢围檩的连接可采用焊接或螺栓连接，节点处支撑和围檩的翼缘和腹板均应加焊加劲板，其厚度不小于10mm，焊缝高度不小于6mm。

2）现浇钢筋混凝土支撑　现浇钢筋混凝土支撑体系应在同一平台内整浇，基坑平面转角处的纵、横向围檩应按刚节点处理；混凝土围檩与围护墙之间不应留水平缝隙；当混凝土围檩与围护墙之间需传递水平剪力时，除布置设计确定的剪力钢筋外，应在围护墙上沿围檩位置预留剪力槽。

3）支撑立柱　基坑开挖面以上的立柱宜采用格构式钢柱、钢管或H型钢；基坑开挖面以下宜采用钻孔灌注桩、钢管桩、H型钢柱，其开挖面以下的埋入深度宜大于基坑开挖深度的两倍，且穿过淤泥或淤泥质土层。立柱布置点尽可能利用工程桩，以节约费用。上部钢立柱宜插入下部钻孔灌注桩内长度应不小于钢立柱边长的4倍;立柱与水平支撑的连接可采用铰接构造,但连接件在竖向和水平方向的连接强度应大于支撑轴力的1/50。

对钢支撑在施加预压力之前应检查各节点的连接状况,经确认符合要求后方能施加预压力。预压力的施加宜在支撑的两端同步对称、分级进行,预压力控制值一般不宜小于支撑设计轴力的50%,但也不宜过高。当预压力加至设计要求的额定值后,应再次检查连接点的情况,必要时对节点进行加固,待额定压力稳定后予以锁定。

支撑结构的安装、拆除顺序,应同支护结构的设计工况相符合。现浇钢筋混凝土支撑的混凝土强度达到设计强度的80%以上,方能开挖支撑体下方的土方。

支撑结构穿越主体结构(地下室)外墙、立柱穿越主体结构底板的部位,都应采取可靠的止水构造措施。

支撑结构的施工应严格按照设计图纸及施工安全技术的有关要求操作,同时做到支撑结构的施工偏差小于允许偏差值。支撑结构允许偏差值可按表3-1-3确定。

表3-1-3　支撑结构允许偏差值

项　　目	允许偏差值(mm)
钢筋混凝土支撑截面尺寸	+8 -5
支撑中心标高	±30
同层支撑顶面标高	±30
支撑两端的标高差	≯20及l/600
支撑挠曲度	≯l/1000
立柱垂直度	≯h/300
支撑与立柱的轴线偏差	≯50
支撑与水平轴线偏差	≯30

注:表中l为支撑长度,h为基坑开挖深度。

3.1.4　基坑支护结构施工监测

基坑开挖及支护结构虽然经过设计计算,但支护结构在使用过程中出现荷载变化及施工条件变化的可能性比较大,如气候、地下水位、施工程序等;此外,由于工程地质土层的复杂性和离散性,地质资料难于正确代表全部土质条件,设计时选用的参数和假设与实际存在差异。因此,在基坑开挖及基础施工过程中须进行系统的监测控制,提前发现问题,及早采取措施,避免因延误而导致事故发生。基坑工程的环境监测是检验支护结构设计正确与否的手段,也是指导正确施工、避免事故发生的必要措施。

1. 基坑工程监测方案设计

基坑土方开挖之前应制订出系统的监测方案,包括监测目的、监测项目、监测报警值、监测方法及精度要求、监测点的布置、监测周期、工序管理和记录制度以及信息反馈系统等。对监测点的布置应按照要求,不但监测基坑及支护结构变形,还应包括从基坑边缘以外1~2倍开挖深度范围内需要保护的建筑物的动态、地面沉降、隆起等均应作为监控对象。各项监测的时间间隙根据施工情况而定,当变形出现异常时,应增加监测次数。

2. 支护结构监测项目及监测方法

基坑及支护结构的监测项目,应根据基坑工程的安全等级、周围环境的复杂程度和施工的要求确定。如表3-1-4列出的监测项目为重要的支护结构所需的监测项目,具体基坑工程监测可参照此表项目适当增加或减少。

表3-1-4 监测项目及方法

编号	项目	监测方法	监测要求
1	同护墙顶水平位移	用经纬仪和前视固定点形成测量基线,测量墙顶各测点和基线距离的变化	精度不低于1mm
2	孔隙水压力	埋设孔隙水压力计	精度不低于1kPa
3	土体侧向变形	用侧斜仪	精度不低于1mm
4	围护墙变形	在墙内预埋测斜管,用测斜仪监测	精度不低于1mm
5	围护墙体土压力	用预埋在墙后和墙前入土段围护墙上的土压力计测试	精度不低于1/100(kPa),分辨率不低于5kPa
6	支撑轴力	用安装在支撑端部的轴力计测试	精度不低于1/100(kPa)
7	坑底隆起	埋设分层沉降管,用沉降仪监测不同深度土体在开挖过程中的隆起变形情况	精度不低于1mm
8	地下水位测试	用设置水位管的方法,测试水位计的标尺,最小读数为1mm	
9	锚杆拉力	在锚钢上安装钢筋计	精度不低于1/100(kPa)
10	基坑周边地面建筑的沉降和倾斜度	用经纬仪和水准仪测量	沉降测量精度不低于1mm
11	基坑周围地下管线水平及垂直位移	在管线接头处安装测点,用水平仪和经纬仪测量	精度不低于1mm
12	围护墙顶沉降	用水准仪监测	精度不低于1mm
13	支撑立柱沉降	用水准仪监测	精度不低于1mm

基坑的变形应确保支护结构安全和周围环境安全。当设计有指标时,以设计要求为依据,如设计无指标时,应按表3-1-5的规定执行。

表3-1-5 基坑变形的监测值

mm

基坑类别	支护结构墙顶位移	支护结构墙体最大位移	地面最大沉降
一级基坑	30	50	30
二级基坑	60	80	60
三级基坑	80	100	100

3. 监测资料整理分析

对通过监测获得的数据进行定量分析,并对其变化及发展趋势作客观的评价,及时进行险情预报,提出建议和措施,进一步加固处理直到问题解决,并跟踪监测加固处理的效果。基坑工程完成后,监测单位要编制完整的监控报告。监测成果不仅能检查设计所采用的各种假设和参数的正确性,还能为支护结构设计更合理、基坑施工更安全经济提供宝贵的技术资料。

3.2 模板工程施工安全技术措施

模板工程在混凝土施工中是一种临时结构,是指新浇混凝土成型的模板以及支撑模板的一整套构造体系。其中,接触混凝土并控制预定尺寸、形状、位置的构造部分称为模板,支持和固定模板的杆件、桁架、联结件、金属附件、工作便桥等构成支撑体系。对于滑动模板、自升模板,则由增设提升动力以及提升架、平台等构成。

近年来,在建筑施工的伤亡事故中,坍塌事故比例增大,现浇混凝土模板支撑没有经过设计计算,支撑系统强度不足、稳定性差,模板上堆物不均匀或超出设计荷载,混凝土浇筑过程中局部荷载过大等造成模板变形或坍塌,轻者造成混凝土构件缺陷,严重者模板坍塌会造成较大的事故。因此,必须保证模板工程施工的安全。主要从两方面入手:一是保证模板搭设质量,满足施工要求;二是严格按照安全操作规程施工。

3.2.1 模板的种类

模板工程具有工程量大、材料和劳动力消耗多的特点。正确选择模板形式、材料及合理组织施工对加速现浇钢筋混凝土结构施工、保证施工安全和降低工程造价具有十分重要的意义。

模板通常由三部分组成:模板面、支撑结构(包括:水平结构,如龙骨、桁架、小梁等;垂直结构,如立柱、格构柱等)和连接配件(包括穿墙螺栓、模板面连接卡扣、模板面与支撑构件之间的连接零配件等)。

现浇混凝土的模板体系,按支模的部位和模板的受力不同一般可分为竖向模板和横向模板两类。竖向模板主要用于剪力墙、框架柱、筒体等结构的施工。其常用的有大模板、液压滑升模板、爬升模板、提升模板、筒子模板以及传统的组合模板散装散拆等。横向模板主要用于钢筋混凝土楼盖结构的施工。其常用的有组合模板散装散拆,各种类型的台模、隧道模等。按制作材料,模板有木模板、钢模板、竹(木)胶合板、塑料模板、铝合金模板。按构造形式,模板有定型组合钢模板、钢框木(竹)胶合板组合模板等。

模板及其支撑应具有足够的承载能力、刚度和稳定性,能可靠地承受模板自重、钢筋和混凝土的重量、运输工具及操作人员等活荷载和新浇筑混凝土对模板的侧压力和机械振动力等。因此,模板工程安全技术非常重要。

3.2.2 模板设计

模板及其支架应根据工程结构形式、荷载大小、地基土类别、施工设备和材料供应等条件进行设计。模板及其支架应具有足够的承载能力、刚度和稳定性,能可靠地承受浇筑混凝土的重量、侧压力以及施工荷载。

1. 模板设计荷载

模板及其支架设计时考虑的荷载包括恒荷载和活荷载两类。恒荷载有模板及支架自重、新浇混凝土自重及侧压力和钢筋自重;活荷载有施工人员及设备自重、浇筑混凝土的振捣荷载和混凝土的倾倒荷载。荷载组合的分项系数恒荷载为1.2,活荷载为1.4。

(1)恒荷载　标准值取值包括模板及支架自重标准值、新浇混凝土自重标准值、钢筋自重标准值及新浇混凝土对模板侧面的压力标准值的取值。

① 模板及支架自重标准值。按图纸或实物计算确定,或参考表3-2-1取定。

表3-2-1　楼板模板自重标准值　　kN/m^2

模板构件的名称	木模板	定型组合钢模板
平扳的模板及小楞	0.3	0.5
楼板模板(包括梁模板)	0.5	0.75
楼板模板及其支架自重(楼层高度4m以下)	0.75	1.1

② 新浇混凝土自重标准值。普通混凝土为$24kN/m^3$,其他混凝土根据实际重力密度确定。

③ 钢筋自重标准值。按设计图纸确定或通常楼板取$1.1kN/m^3$,梁取$1.5kN/m^3$。

④ 新浇混凝土对模板侧面的压力标准值。采用内部振动器时,可按下列公式计算,并取两式计算结果的较小值。

$$F=0.22\gamma_c t_0\beta_1\beta_2 V^{\frac{1}{2}} \tag{3-2-1}$$

$$F=\gamma_c H \tag{3-2-2}$$

式中　F——新浇混凝土对模板的侧压力标准值(kN/m^2);

γ_c——混凝土的重力密度(kN/m^3);

t_0——新浇混凝土的初凝时间(h);可按实测确定。当缺乏试验资料时,可采用$t_0=200(T+15)$计算;T为混凝土入模时的温度(℃);

V——混凝土的浇筑速度(m/h);

H——混凝土侧压力计算位置处至新浇混凝土顶面的总高度(m);

β_1——外加剂影响修正系数,不掺外加剂时取1.0,掺具有缓凝作用的外加剂时取1.2;

β_2——混凝土坍落度影响修正系数,当坍落度小于30mm时,取0.85;当坍落度为50~90mm时,取1.0;当坍落度为110~150mm时,取1.15。

在桥梁模板设计中,当采用内部振捣器,并且混凝土的浇筑速度在6m/h以下时,新浇筑的混凝土作用于模板最大侧压力可按下式计算:

$$P_{max}=K\gamma H \tag{3-2-3}$$

式中　P_{max}——新浇混凝土对模板的最大侧压力(kN/m^2);

H——有效压头高度(m);当$\upsilon/T<0.035$时,$H=0.22+24.9\upsilon/T$;当$\upsilon/T>0.035$时,$H=1.53+3.8\upsilon/T$;

υ——混凝土的浇筑速度(m/h);

T——混凝土入模时的温度(℃);

γ——混凝土的表观密度(kN/m^3);

K——外加剂影响修正系数,不掺外加剂时取1.0,掺具有缓凝作用外加剂时取1.2。

(2)活荷载　标准值取值包括施工人员及设备荷载标准值、倾倒(见表3-2-2)或振捣混凝土时产生的荷载标准值的取值。

① 施工人员及设备荷载标准值。计算模板及直接支撑模板的小楞时，考虑均布活荷载2.5kN/m²，另以集中荷载2.5kN进行验算，取两者中较大的弯矩值；计算支撑小楞构件时，均布活荷载取1.5kN/m²；计算支架立柱及其他支撑结构构件时，均布活荷载取1.0kN/m²；对大型浇筑设备、混凝土泵等置于模板之上时的活荷载应按实际情况计算。

② 倾倒混凝土时产生的荷载标准值。倾倒混凝土时对垂直面模板产生的水平荷载标准值，按表3-2-2采用。

表3-2-2　向模板中倾倒混凝土时产生的水平荷载标准值　kN/m³

项次	向模板中供料方法	定型组合钢模板
1	用溜槽、串筒或由导管输出	2
2	用容量为小于0.2m³的运输器具倾倒	2
3	用容量为0.2～0.8m³的运输器具倾倒	4
4	用容量为大于0.8m³的运输器具倾倒	6

③ 振捣混凝土时产生的荷载标准值。水平面模板的振捣荷载按2.0kN/m²考虑，垂直面模板则取4.0kN/m²。

2. 模板设计的有关计算规定

计算钢模板、木模板及支架时都要遵守相应结构的设计规范。

验算模板及其支架的刚度时，其最大变形值不得超过下列允许值：

(1)对结构表面外露的模板，为模板构件计算跨度的1/400。

(2)对结构表面隐蔽的模板，为模板构件计算跨度的1/250。

(3)对支架的压缩变形值或弹性挠度，为相应的结构计算跨度的1/1000。

支架立柱或桁架应保持稳定，并用撑位杆件固定。验算模板及其支架在自重和风荷载作用下的抗倾倒稳定件时，应符合有关的规定。

3.2.3　模板安装

1. 模板安装的安全要求

(1)搭设人员必须是经过国家标准《特种作业人员安全技术培训考核管理规定》考核合格的专业架子工。上岗人员定期体检，合格者方可持证上岗。

(2)搭设人员必须戴安全帽、系安全带、穿防滑鞋。

(3)2m以上高处支模或拆模要搭设脚手架，满铺架板，使操作人员有可靠的立足点，并应按高处作业、悬空和临边作业的要求采取防护措施。不准站在拉杆、支撑杆上操作，也不准在梁底模上行走操作。

(4)脚手架的构配件质量与搭设质量，应按安全技术规范的规定进行检查验收，合格后方准许使用。

(5)作业层上的施工荷载应符合设计要求，不得超载。不得将模板支架、揽风绳、泵送混凝土和砂浆的输送管等固定在脚手架上，严禁悬挂起重设备。

(6)当有六级及六级以上大风和雾、雨、雪天气，应停止脚手架的搭设与拆除作业。雪后架上作业应有防滑措施,并扫除积雪。

(7)脚手架的安全检查与维护,应按安全技术规范进行。安全网应按规定搭设和拆除。

(8)在脚手架使用期间,严禁拆除主节点处纵横向水平杆、连墙件、交叉支撑、水平架、加固栏杆和栏杆。

(9)不得在脚手架基础及邻近处进行挖掘作业,否则应采取安全措施,并报主管部门批准。

(10)临街搭设脚手架时,外侧应有防止坠物伤人的防护措施。

(11)在脚手架上进行电焊、气焊作业时,必须有防火措施和专人看守。

(12)工地临时用电线路的架设及脚手架接地、避雷措施等,应按行业标准《施工现场临时用电安全技术规范》的有关规定执行。

(13)搭拆脚手架时,地面应设围栏和警戒标志,并派专人看守,严禁非操作人员入内。

(14)楼层高度超过4m或二层及二层以上的建筑物,安装和拆除模板时,周围应设安全网或搭设脚手架和加设防护栏杆。在临街及交通要道地区,尚应设警示牌,并设专人维持安全,防止伤及行人。

(15)现浇多层房屋和构筑物,应采取分层分段支模方法,并应符合下列要求:下层楼板混凝土强度达到1.2MPa以后,才能上料具,料具要分散堆放,不得过分集中;下层楼板的结构强度达到能承受上层模板、支撑系统和新浇筑混凝土的重量时,方可进行上层模板支撑、浇筑混凝土,否则下层楼板结构的支撑系统不能拆除,同时上层支架的立柱应对准下层支架的立柱,并铺设木垫板。

(16)大模板立放易倾倒,应采取支撑、围系、绑箍等防倾倒措施,视具体情况而定。长期存放的大模板,应用拉杆连接绑牢。存放在楼层时,须在大模板横梁上挂钢丝绳或花篮螺栓钩在楼板吊钩或墙体钢筋上。没有支撑或自稳角不足的大模板,要存放在专门的堆放架上或卧倒平放,不应靠在其他模板或构件上。

(17)各工种进行上下立体交叉作业时,不得在同一垂直方向上操作。下层作业的位置,必须处于上层高度确定的可能坠落范围半径外。不符合以上条件时,应设置安全防护隔离层。

(18)支设悬挑形式的模板时,应有稳定的立足点。支设临空构筑物模板时,应搭设支架。模板上有预留洞时,应在安装后将洞盖没。

(19)操作人员上下通行时,不许攀登模板或脚手架,不许在墙顶、独立梁及其他狭窄而无防护栏的模板面上行走。

(20)模板支撑不能固定在脚手架或门窗上,避免发生倒塌或模板位移。

(21)在雷雨季节施工,当钢模板高度超过15m时,要考虑安设避雷设施,避雷设施的接地电阻不得大于4Ω;遇有5级及5级以上大风时,不宜进行预拼大块钢模板、台模架等大件模具的露天吊装作业;遇有大雨、下雪、大雾及6级以上大风等恶劣天气时,应停止露天的高空作业;雨雪停止后,要及时清除模板、支架及地面的冰雪和积水。

(22)模板安装时,应先内后外,单面模板就位后,用工具将其支撑牢固。双面板就位后,用拉杆和螺栓固定,未就位和未固定前不得摘钩。

(23)在架空输电线路下面安装钢模板时,要停电作业,不能停电时,应有隔离防护措施。在夜间施工时,要有足够的照明设施,并制定夜间施工的安全措施。

(24)里外角模和临时悬挂的面板与大模板必须连接牢固,防止脱开和断裂坠落。

(25)在架空输电线路下面安装和拆除组合钢模板时,吊机起重臂、吊物、钢丝绳、外脚手架和操作人员等与架空线路的最小安全距离应符合有关规范的要求。当不能满足最小安全距离要求时,要停电作业;不能停电时,应有隔离防护措施。

2. 模板安装的技术要求

(1)模板安装前必须做好下列安全技术准备工作:①应审查模板的结构设计与施工说明书中的载荷、计算方法、节点构造和安全措施,设计审批手续应齐全;②应进行全面的安全技术交底,操作班应熟悉设计与施工说明书,并应做好模板安装作业的分工准备,采用爬模、飞模、隧道模等特殊模板施工时,所有参加作业人员必须经过专门技术培训,考核合格后方可上岗;③应对模板和配件进行挑选、监测,不合格的应剔除,并应运至工地指定地点堆放;④备齐操作所需的一切安全防护设施和器具。

(2)模板构造与安装应符合下列规定:①模板安装应按设计与施工说明书顺序拼装,木杆、钢管、门架等支架立柱不得混搭;②竖向模板和支架立柱支承部分安装在基土上时,应加设垫板,垫板应有足够强度和支承面积且应中心承载,基土应坚实并应有排水措施,对湿陷性黄土应有防水措施;对特别重要的结构工程可采用混凝土、打桩等措施防止支架柱下沉,对冻胀性土应有防冻融措施;③当满堂或共享空间模板支架立柱高度超过 8m 时,若基土达不到承载要求,无法防止立柱下沉,则应先施工地面下的工程,再分层回填夯实基土,浇筑地面混凝土垫层,达到强度后方可支模;④模板及其支架在安装过程中,必须设置有效防倾覆的临时固定设施;⑤现浇钢筋混凝土梁、板,当跨度大于 4m 时,模板应起拱;当设计无具体要求时,起拱高度宜为全长度的 1/1000 ~ 3/1000。

(3)现浇多层或高层房屋和构筑物,安装上层模板及其支架应符合下列规定:①下层楼板应具有承受上层施工荷载的承载能力,否则应加设支撑支架;②上层支架立柱应对准下层支架立柱,并应在立柱底铺设垫板;③当采用悬臂吊模板、桁架支模方法时,其支撑结构的承载能力和刚度必须符合设计构造要求。

(4)当层间高度大于 5m 时,应选用桁架支模或钢管立柱支模;当层间高度小于或等于 5m 时,可采用木立柱支模。

(5)拼装高度为 2m 以上的竖向模板,不得站在下层模板上拼装上层模板。安装过程应设置临时固定设施。

(6)支撑梁、板的支架立柱构造与安装应符合下列规定:①梁和板的立柱,其纵横向间距应相等或成倍数;②木立柱底部应设垫木,顶部应设支撑头;钢管立杆底部应设垫木和底座,顶部应设可调支托,U 形支托与楞梁两侧间如有间隙,必须顶紧,其螺杆伸出钢管顶部不得大于 200mm,螺杆外径与立柱钢管内径的间隙不得大于 3mm,安装时应保证上下同心;③在立柱底距地面 200mm 高处,沿纵横水平方向按纵下横上的程序设扫地杆,可调支托底部的立柱顶端应沿纵横向设置一道水平拉杆,扫地杆与顶部水平拉杆之间的间距,在满足模板设计所确定的水平拉杆步距要求条件下,进行平均分配确定步距后,在每一步距处纵横向应各设一道水平拉杆,当层高在 8 ~ 20m 时,在最顶步距两水平拉杆中间应加设一道水平拉杆,当层高大于 20m 时,在最顶步距两水平拉杆中间应分别增加一道水平拉杆;所有水平拉杆的端部均应与四周建筑物顶紧顶牢,无处可顶时,应在水平拉杆端部和中部沿竖向设置连续式剪刀撑;④木立柱的扫地杆、水平拉杆、剪刀撑应采用40mm×50mm木条或25mm×80mm的木板条与木立柱钉牢，钢管立柱的扫地杆、水平拉杆、剪刀撑应采用Φ48mm×3.5mm钢管，用扣件与钢管立柱扣牢；钢管扫地杆、水平拉杆应采用对接，剪刀撑应采用搭接，搭接长度不得小于500mm，并应采用2个旋转扣件分别在离杆端不小于100mm处进行固定。

(7)工具式立柱支撑的构造与安装应符合下列规定：①工具式钢管单立柱支撑的间距应符合支撑设计的规定；②立柱不得接长使用；③所有夹具、螺栓、销子和其他配件应处在闭合或拧紧的位置；④立杆及水平拉杆构造应符合有关规定。

(8)木立柱支撑的构造与安装应符合下列规定：①木立柱宜选用整料，当不能满足要求时，立柱的接头不宜超过1个，并应采取对接夹板接头方式；立柱底部可采用垫块垫高，但不得采用单码砖垫高，垫高高度不得超过300mm；②木立柱底部与垫木之间应设置硬木对角楔调整标高，并应铁钉将其固定在垫木上；③木立柱间距、扫地杆、水平拉杆、剪刀撑的设置应符合规范规定，严禁使用板皮替代规定的拉杆；④所有单立柱支撑应在底部垫木和梁底模板的中心，并应与底部垫木和顶部梁底模板紧密接触且不得承受偏心荷载；⑤当仅为单排立柱时，应在单排立柱的两边每隔3m加设斜支撑且每边不得少于2根，斜支撑与地面的夹角应为60°。

(9)当采用扣件式钢管作立柱支撑时，其构造与安装应符合下列规定：①钢管规格、间距、扣件应符合设计要求，每根立柱底部应设置底座及垫板，垫板厚度不得小于50mm；②钢管支架立柱间距、扫地杆、水平拉杆、剪刀撑的设置应符合规范要求，当立柱底部不在同一高度时，高处的纵向扫地杆应向低处延长不少于2跨，高低差不得大于1m，立杆距边坡上方边缘不得小于0.5m；③立柱接长严禁搭接，必须采用对接扣件连接，相邻两立柱的对接接头不得在同步内且对接接头沿竖向错开的距离不宜小于500mm，各接头中心距主节点不宜大于步距的1/3；④严禁将上段的钢管立柱与下段钢管立柱错开固定在水平拉杆上；⑤满堂模板和共享空间模板支架立柱，在外侧周圈应设由下至上的竖向连续式剪刀撑；中间在纵横向应每隔10m左右设由下至上的连续式剪刀撑，剪刀撑杆件的底端应与地面顶紧，夹角宜为45°~60°；当建筑层高8~20m时，除应满足上述规定外，还应在纵横向相邻的两竖向连续式剪刀撑之间增加之字斜撑，在有水平剪刀撑的部位，应在每个剪刀撑中间处增加一道水平剪刀撑；当建筑层高超过20m时，在满足以上规定的基础上，应将所有之字斜撑全部改为连续式剪刀撑；⑥当支架立柱高度超过5m时，应在立柱周围外侧和中间有结构柱的部位，按水平间距6~9m、竖向间距2~3m与建筑结构设置一个固结点。

(10)模板支架立柱、普通模板和其他模板的构造与安装均应符合《建筑施工模板安全技术规范》的规定。

3.2.4　模板在施工中的安全检查

模板安装完工后，在绑扎钢筋、灌筑混凝土及养护等过程中，须有专职人员进行安全检查，若发现问题，应立即整改。遇有险情，应立即停工并采取应急措施，修复或排除险情后，方可恢复施工。一般对模板工程的安全检查内容有以下几点。

(1)模板的整体结构是否稳定。

(2)各部位的结合及支撑着力点是否有脱开和滑动等情况。

(3)连接件及钢管支撑的机件是否有松动、滑丝、崩裂、位移等情况，灌筑混凝土时，钢模板是否有倾斜、弯曲、局部鼓胀及裂缝漏浆等情况。

(4)模板支撑部位是否坚固、地基是否有积水或下沉。

(5)其他工种作业时,是否有违反模板工程的安全规定,是否有损模板工程的安全使用。

(6)施工中突遇大风大雨等恶劣气候时,模板及其支架的安全状况是否存在安全隐患等。

3.2.5 模板拆除

模板拆除所应遵循的安全要求与技术包括以下几个方面。

(1)模板拆除应编制拆除方案或安全技术措施,并应经技术主管部门或负责人批准。

(2)模板拆除前要进行安全技术交底,确保施工过程的安全。

(3)模板的底板及其支架拆除时,混凝土的强度必须符合设计要求,当设计无具体要求时,混凝土强度应符合《混凝土结构工程施工质量验收规范》(GB 50204—2002)的规定,见表3-2-3。对后张法预应力混凝土结构构件,侧模宜在预应力张拉前拆除,而其底模支架的拆除应按施工技术方案执行;当无具体要求时,不应在结构构件建立预应力前拆除。

表3-2-3 底模拆除时的混凝土强度要求

构件类型	构件跨度(m)	达到设计的混凝土立方体抗压强度标准值的百分比(%)
板	≤2	≥50
	>2,≤8	≥75
	>8	≥100
梁、拱、壳	≤8	≥75
	>8	≥100
悬臂构件	—	≥100

(4)拆除模板的周围应设安全网,在临街或交通要道地区,应设警示牌,并设有专人维持安全,防止伤及行人。

(5)当混凝土未达到规定的强度或已达到设计给定的强度,需要提前拆模或承受部分超设计荷载时,必须经过计算和技术主管确认其强度能够承受此载荷后,方可拆除。

(6)在承重焊接钢筋骨架做配筋的结构中,承受混凝土重量的模板,应在混凝土达到设计强度的25%后方可拆除。当在已拆除模板的结构上加置荷载时,应另行计算。

(7)大体积混凝土的拆模时间除应满足强度要求外,还应使混凝土内外温差降低到25℃以下时方可拆除,否则应采取有效措施防止产生温度裂缝。

(8)后张预应力混凝土结构或构件模板的拆除,侧模应在预应力张拉前拆除,其混凝土强度达到侧模拆除条件即可,进行预应力张拉必须待混凝土强度达到设计规定值方可进行,底模必须在预应力张拉完毕时方能拆除。

(9)拆模前应检查所使用的工具有效和可靠,扳手等工具必须装入工人工具袋或系挂在身上,并应检查拆除场所范围内的安全措施。

(10)模板的拆除工作应设专人指挥。作业区应设围栏,其内不得有其他作业,并应设专人负责监护。拆下的模板、零配件严禁抛掷。

（11）多人同时操作时，应明确分工、统一信号或行动，应有足够的工作面，操作人员应站在安全处。

（12）高处拆除模板时，应符合有关高处作业的规定。拆除作业时，严禁使用大锤和撬棍，操作层上临时拆下的模板堆放不能超过3层。

（13）高空作业拆除模板时，作业人员必须系好安全带，拆下的模板、扣件等应及时运至地面，严禁空中抛下，若临时放置在脚手架或平台上，要控制其重量不得超过脚手架或工作平台的设计控制荷载，并放平放稳，防止滑落。拆模时若间歇片刻，应将已松扣的钢模板、支撑件拆下运走后方能休息，以避其坠落伤人或操作人员扶空坠落。

（14）拆除模板应按方案规定的程序进行，先支的后拆，先拆非承重部分。拆除大跨度梁支撑柱时，先从跨中开始向两端对称进行。

（15）现浇梁柱侧模的拆除，要求拆模时要确保梁、柱边角的完整。

（16）在提前拆除互相搭连并涉及其他后拆模板的支撑时，应补设临时支撑。拆模时，应逐块拆卸，不得成片撬落或拉倒。

（17）模板及其支撑系统拆除时，应一次全部拆完，不得留有悬空模板，避免坠落伤人。

（18）大模板拆除前，要用起重机垂直吊牢，然后再进行拆除。

（19）拆除薄壳模板应从结构中心向四周均匀放松，向周边对称进行。

（20）当立柱水平拉杆超过两层时，应先拆两层以上的水平拉杆，最下一道水平杆与立柱模同时拆，以确保柱模稳定。

（21）模板、支撑要随拆随运，严禁随意抛掷，拆除后分类码放。

（22）在混凝土墙体、平板上有预留洞时，应在模板拆除后，随即在墙洞上做好安全护栏，或将平板的洞盖严。

（23）严禁站在悬臂结构上面敲拆底模，严禁在同一垂直平面上操作。

（24）木模板堆放、安装场地附近严禁烟火，必须在附近进行电焊、气焊时，应有可靠的防火措施。

（25）模板及其支架立柱等的拆除顺序与要求应符合《建筑施工模板安全技术规范》的有关规定。

3.2.6　模板工程的安全管理

为保证建筑工程的模板工程的施工安全，施工企业必须做好：施工方案的编制与审批、支撑系统的设计计算、立柱稳定措施、施工荷载限制、模板存放规定、支拆模板规定等安全保证工作。

1. 施工方案

施工方案内容应该包括模板及支撑的设计、制作、安装和拆除的施工程序、作业条件以及运输、堆放的要求等。模板工程施工应针对混凝土的施工工艺（如采用混凝土喷射机、混凝土泵送设备、塔吊浇筑罐、小推车运送等）和季节施工特点（如冬季施工保温措施等）制定出安全、防火措施，一并纳入施工方案之中。

模板工程专项安全施工组织设计（方案）的主要内容有以下四点：

（1）工程概况。要充分了解设计图纸、施工方法和作业特点以及作业的环境、相关的技术资源、施工现场与模板工程相关的高处作业临边防护措施和季节性施工特点等。

(2)模板工程安装和拆除的技术要求。主要是对模板及其支撑系统的安装和拆除的顺序,作业时应遵守的规范、标准和设计要求,有关施工机具设备的要求,作业时对施工荷载的控制措施,模板及其支撑系统安装后的验收要求,浇捣混凝土时应注意的事项,浇捣大型混凝土时对模板支撑系统及模板进行变形和沉降观测的要求,模板拆除前混凝土强度应达到的标准,模板拆除前应履行的手续等作出明确具体的规定。

(3)模板工程安全技术措施编制。模板工程的安全技术措施要和现场的实际情况(如现场已有的安全防护设施)相配合。重点是登高作业的防护和操作平台的设置,立体交叉作业的隔离防护,作业人员上、下作业面通道的设置或登高用具的配置,洞口及临边作业的防护,悬空作业的防护,有关施工机具设备的使用安全,有关施工用电的安全和高层大钢模板的防雷,夜间作业时的照明问题等。

(4)绘制有关支撑系统的施工图纸。主要有支撑系统的平面图、立面图,有关关键、重点部位细部构造的节点详图等施工图纸。如对支撑模板及其支撑系统的楼、地面有加强措施的,也应按要求绘制相应的施工图纸。

2. 支撑系统

模板支撑系统的设计与计算主要包括:对模板及其支撑系统材质选用、材料应达到的等级及规格尺寸、制作的方法、接头的方法、有关杆件设置和间距、剪刀撑的设置等。模板支撑系统的设计应考虑以下几个方面:

(1)模板和支撑系统的自重。

(2)钢筋和需要灌筑混凝土的自重。

(3)施工人员、施工设备和混凝土堆集的自重作用下支撑系统的强度和稳定性,并对支撑模板及其支撑系统的楼、地面的承载能力等进行计算和验算。

(4)制定模板及其支撑系统在风荷作用下,应从构造上采取的有效防倾倒措施。

(5)支撑系统在安装过程中还应考虑必要的临时固定措施,各部位支撑点应牢固平整,以保证模板支撑系统的稳定性。

3. 立柱稳定

(1)立柱材料可用钢管、门型架、木杆,其材质和规格应符合设计要求。

(2)立柱底部支撑结构必须具有支撑上层荷载的能力,上下层立柱应对准。为合理传递荷载,立柱底部应设置木垫板,木楔应钉牢。禁止使用砖及脆性材料铺垫。当支撑在地基上时,应验算地基土的承载力。

(3)为保证立柱的整体稳定,应在安装立柱的同时,加设水平支撑和剪刀撑。立柱高度大于2m时,应设两道水平支撑,高度超过4m时,人行通道处的支撑应设置在1.8m以上,以免人员碰撞造成松动。满堂模板立柱的水平支撑必须纵横双向设置。其支架立柱四边及中间每隔四跨立柱设置一道纵向剪刀撑。立柱每增高1.5~2m时,除再增加一道水平支撑外,尚应每隔两步设置一道水平剪刀撑。

(4)立柱的间距应经计算确定,按照施工方案要求进行。当使用ϕ48mm钢管时,间距不应大于1m。

4. 施工荷载

现浇式整体模板上的施工荷载一般按2.5kN/m^{2}计算,并以2.5kN的集中荷载进行验算,新浇的混凝土按实际厚度计算重量。当模板上荷载有特殊要求时,按施工方案设计要求进行检查。

模板上堆料和施工设备应合理分散堆放,不应造成荷载的过多集中。尤其是滑模、爬模等模板的施工,应使每个提升设备的荷载相差不大,保持模板平稳上升。

5. 模板存放

(1)大模板应存放在经专门设计的存放架上,应采用两块大模板面对面存放。必须保证地面的平整坚实。当存放在施工楼层上时,应满足其自稳角度,并有可靠的防倾倒措施。

(2)各类模板应按规格分类堆放整齐,地面应平整坚实,当无专门措施时,叠放高度一般不应超过1.6m。大模板存放必须有稳固措施,防止倾倒。钢模板部件拆除后,临时堆放处离楼层边沿不应小于1m,堆放高度不得超过1m,楼层边口、通道口、脚手架边缘等处严禁堆放任何拆除物件。

6. 支拆模板

悬空作业处应有牢靠的立足作业面,支拆3m以上高度的模板时,应搭设脚手架工作台,高度不足3m的可用移动式高凳,不准站在拉杆、支撑杆上操作,也不准在梁底模上行走操作。

(1)安装模板应符合方案的程序,安装过程应有保持模板稳定的临时措施(如单片柱模吊装时,应待模板稳定后摘钩);安装墙体模板时,从内、外角开始沿向两个互相垂直的方向安装等。

(2)拆除模板应按方案规定程序进行,先拆非承重部分。拆除大跨度梁支撑柱时,先从跨中开始向两端对称进行。大模板拆除前,要用起重机垂直吊牢,然后再进行拆除。拆除薄壳时从结构巾心向四周均匀放松对称进行。当立柱水平拉杆超过两层时,应先拆两层以上的水平拉杆,最下一道水平杆与立柱模同时拆除,以确保柱模稳定。拆除模板作业比较危险,操作人员要使用长撬杠,省力平稳,模板拆除应按区域逐块进行,定型钢模板拆除不得大面积撬落。模板、支撑要随拆随运,严禁随意抛掷,拆除后分类码放。不得留有未拆净的悬空模板,要及时清除,防止板落或掉物伤人,还应设置警戒线,划出明显标志,有专人监护。

3.3 脚手架工程施工安全技术措施

脚手架是建筑施工中不可缺少的临时设施,它是为解决在建筑物高部位施工而专门搭设的。砖墙砌筑、混凝土浇筑、墙面抹灰、装修粉刷、设备管道安装等,都需要搭设脚手架,以便在其上进行施工作业,堆放建筑材料、用具和进行必要的短距离水平运输。此外,在广告业、市政、交通路桥等部门脚手架也被广泛使用。

脚手架是为保证高处作业人员安全顺利进行施工而搭设的工作平台和作业通道,同时也是建筑施工中安全事故多发的部位,是施工安全控制的重中之重。因此,它的搭设质量直接关系到施工人员的人身安全。如果脚手架选材不当,搭设不牢固、不稳定,就会造成施工中的重大伤亡事故。脚手架可能发生的安全事故有高处坠落、物体打击、触电、雷击等。

脚手架在搭设之前,应根据国务院《危险性较大工程安全专项施工方案编制及专家论证审查办法》的规定和具体工程的特点及施工工艺确定脚手架专项搭设方案(并附设计计算书)。脚手架施工方案内容应包括基础处理、搭设要求、杆件间距、连墙杆位置及连接方法,并绘制施工详图及大样图,还应包括脚手架的搭设时间及拆除的时间和顺序等。

《危险性较大工程安全专项施工方案编制及专家论证审查办法》规定,施工前必须编制专项施工方案的脚手架工程如下:高度超过24m的落地式钢管脚手架、附着式升降脚手架(包括整体提升与分片式提升)、悬挑式脚手架、门型脚手架、挂脚手架、吊篮脚手架、卸料平台。

施工现场的脚手架必须按照施工方案进行搭设,当现场因故改变脚手架类型时,必须重新修改脚手架施工方案并经审批后,方可施工。

3.3.1 脚手架施工安全概述

1. 脚手架的种类

(1)按照与建筑物的位置关系划分:

① 外脚手架。外脚手架沿建筑物外围从地面搭起,既用于外墙砌筑,又可用于外装饰施工。其主要形式有多立杆式、框式、桥式等。多立杆式应用最广,框式次之,桥式应用最少。

② 里脚手架。里脚手架搭设于建筑物内部,每砌完一层墙后,即将其转移到上一层楼面,进行新的一层砌体砌筑,它可用于内外墙的砌筑和室内装饰施工。里脚手架用料少,但装、拆频繁,故要求轻便灵活,装、拆方便。其结构形式有折叠式、支柱式和门架式等多种。

(2)按照支承部位和支承方式划分:

① 落地式脚手架。搭设(支座)在地面、楼面、屋面或其他平台结构之上的脚手架。

② 悬挑式脚手架。采用悬挑方式支固的脚手架,其支挑方式有架设于专用悬挑梁上,架设于专用悬挑三角桁架上,架设于由撑拉杆件组合的支挑结构上。其支挑结构有斜撑式、斜拉式、拉撑式和顶固式等多种。

③ 附墙悬挂脚手架。在上部或中部挂设于墙体挑挂件上的定型脚手架。

④ 悬吊脚手架。悬吊于悬挑梁或工程结构之下的脚手架。

⑤ 附着升降脚手架(简称"爬架")。附着于工程结构依靠自身提升设备实现升降的悬空脚手架。

⑥ 水平移动脚手架。带行走装置的脚手架或操作平台架。

(3)按其所用材料分为:木脚手架、竹脚手架和金属脚手架。

(4)按其结构形式分为:多立杆式、扣件式、门式、方塔式、附着式升降脚手架及悬吊式脚手架等。

2. 脚手架的基本构造及要求(以多立杆式脚手架为例)

多立杆式脚手架主要由立杆、大小横杆、各类支撑、连墙杆和脚手板等构配件搭设而成。根据脚手架的高度、墙体结构的承载能力等有单排架和双排架两种搭设方式。它们的主要区别在于单排脚手架的横向水平杆一端支撑在墙体结构上,另一端支撑在立杆上;双排脚手架的横向水平杆的两端均支撑在立杆上。房屋高度在25m以内的可用单排脚手架,超过25m的则需采用双排脚手架。同时,单排脚手架不能用于轻质墙体、墙厚小于180mm的砖墙和窗间墙宽度小于1m的砖墙。

多立杆式脚手架按各构造所起的作用可分为承载结构、支撑体系、连墙拉结构件、作业面、脚手架基础和安全防护设施6个部分。

(1)承载结构

在脚手架中,由立杆和小横杆组成横向构架,它是脚手架直接承受和传递垂直荷载的部分,是脚手架的受力主体。各榀横向承力结构通过纵向大横杆连成一个整体,故脚手架沿纵向亦是一个构架。因此,脚手架实际上是由立杆、小横杆、大横杆共同组成的一个空间结构。脚手架的每个中心节点是由立杆、小横杆与大横杆三维相交组成。

为保证脚手架沿房屋周围形成一个连续封闭的结构,大横杆在房屋转角处要相互交圈,并确保连续。

脚手架上下两层小横杆的垂直距离称为步高,两榀横向结构间的纵向间距即为立杆的纵向间距。

(2)支撑体系

为使脚手架形成一个几何稳定的空间构架,加强其整体刚度、局部刚度,增大抵抗侧向作用的能力以及避免节点受力后产生过大的位移,脚手架必须设置支撑体系。支撑体系包括纵向支撑、横向支撑和水平支撑。

(3)连墙拉结构件

双排脚手架虽然可通过设置各种、各道支撑提高其整体性,但由于结构本身高跨比相差悬殊,故仅依靠结构本身难以做到保持结构的整体稳定、防止倾覆和抵抗风力。所以高度低于三步的脚手架,采取加设抛撑来防止脚手架的倾覆,而对于高度超过三步的脚手架,防止倾斜和倒塌的主要措施是将脚手架整体依附在主体结构上,依靠房屋结构的整体刚度来加强和保证整片脚手架的稳定性。具体做法是在脚手架上均匀地设置足够的连墙杆,连墙杆的位置应设置在与立杆和大横杆相交的节点处,设置了连墙杆的上述节点称为连墙点。连墙点的合理布置是保证脚手架不出现失稳破坏的一个关键因素。

(4)作业面(脚手板)

作业面的横向尺寸应满足施工人员操作、临时堆料和材料运输的要求,一般单排脚手架外立杆到墙面的距离:结构架为1.45~1.80m,装修架为1.15~1.50m;双排脚手架里外立杆间的距离:结构架为1.00~1.50m,装修架为0.80~1.20m,双排架的里立杆距墙体的距离为350~500mm,以保证工人有一定的操作活动空间。这些距离决定了作业面的宽度。

结构施工时,作业面脚手板沿纵向应满铺,做到严密、牢固、铺平、铺稳,不得有超过50mm的间隙。离开墙面一般取120~150mm;装修施工时操作层的脚手板数不得少于三块。架子上不准留单块脚手板。作业层下面要留一层脚手板作为防护层。施工时,作业层每升高一层,把下面一层脚手板调到上面作为作业层的脚手板,两层交替上升。

离地面2m以上铺设脚手板的作业层都要在脚手架外立杆的内侧绑两道牢固的护身栏杆和挡脚板或挂设立网。

(5)脚手架基础

落地式脚手架直接支撑在地基上,地基处理得好坏将直接影响脚手架是否发生整体或局部沉降。

竹、木脚手架一般将立杆直接埋于土中,钢管脚手架则不直接埋于土中,而是在平整夯实的地表面,垫以厚度不小于50mm的垫木或垫板,然后在垫木或垫板上加设钢管底座再立立杆。脚手架地基应有可靠的排水措施,防止积水浸泡地基。

(6)安全防护措施

为防止人和物从高处坠落,除了在作业面正确铺设脚手板和安装防护栏杆及挡脚板外,还需在脚手架外侧挂设立网。对于高层建筑、高耸构造物、悬挑结构和临街房屋最好采用全封闭的立网。立网可以采用塑料编织布、竹篾、席子、篷布,还可采用小眼安全网。

避免高处坠落物品砸伤地面活动人群的主要措施是设置安全的人行或运输通道。通道的顶盖应满铺脚手板或其他能可靠承接落物的板篷材料,篷顶临街的一侧还应设高于篷顶不小于0.8m的挡墙,以免落物又反弹到街上。

脚手架不能采用全封闭立网时,应设置能用于承接坠落人和物的安全平网,使高处坠落人员能安全软着陆。对高层房屋,为了确保安全,则应设置多道安全平网。

3. 脚手架常易发生的事故

脚手架常易发生的事故有以下七种原因。

(1)基础处理不当　搭设前未能周密考虑脚手架的受载情况和地基特点,即盲目搭设,故在堆料使用后,发生严重的不均匀沉降,使脚手架倾斜而倒塌。

(2)用料选材不严　脚手板和大小横杆存在裂缝、虫蛀等情况,而使用中又不严格选择,拿上就用,造成在堆料、运料或作业过程中突然断裂,因而发生高空坠落的伤亡事故。

(3)拆架不按安全规定操作　拆除时,将已拆除的脚手架杆件或零件直接抛扔,而造成不必要的砸伤事故。

(4)防护栏杆未结合实际情况搭设　在搭设脚手架时,安全防护栏没有结合实际情况来确定绑扎高度和道数,而按一般高度(900mm)绑扎安全栏杆,也易造成伤亡事故。

(5)脚手架与永久性结构不按规定进行拉结　由于脚手架本身结构稳定性差,因而要求与永久性结构加强拉结来保证其整体稳定。有些操作人员在进行外部装修时,嫌拉结点碍事就随意将其去掉,这样很容易使脚手架整片倒塌。

(6)随意加大步高　加大步高会加大立杆的长细比,使脚手架的承载能力下降,从而造成倒塌事故。

(7)扣件螺栓没有拧紧　正常螺栓扭力矩应在40~50N·m之间,当扣件螺栓扭力矩仅为30N·m时,脚手架承载力将下降20%,固承载力不够而造成事故。

4. 脚手架工程安全生产的一般要求

(1)脚手架搭设前必须根据工程的特点按照规范、规定,制定施工方案和搭设的安全技术措施。

(2)脚手架搭设或拆除必须由符合劳动部门颁发的《特种作业人员安全技术培训考核管理规定》,并经考核合格,领取《特种作业人员操作证》的专业架子工进行。

(3)操作人员应持证上岗。操作时必须配戴安全帽、安全带,穿防滑鞋。

(4)确保脚手架具有稳定的结构和足够的承载力。普通脚手架的构造应符合有关规定,特殊工程脚手架、重荷载脚手架、施工荷载显著偏于一侧的脚手架和高度超过30m的脚手架必须进行设计和计算。脚手架应设置足够、牢固的连墙点,依靠建筑结构的整体刚度来加强和确保整片脚手架的稳定性。

(5)认真处理脚手架地基,确保地基具有足够的承载能力。对高层和重荷载脚手架应进行基础设计,避免脚手架发生整体或局部沉降。

(6)确保脚手架的搭设质量。严格按规定的构造尺寸进行搭设,控制好各种杆件的偏差,及时设置连墙杆和各种支撑。搭设完毕后应进行检查验收,合格后才能使用。

(7)脚手架搭设的交底与验收要求,包括:①脚手架搭设前,工地施工员或安全员应根据施工方案要求外脚手架检查评分表检查项目及其扣分标准,并结合《建筑安装工人安全操作规程》相关的要求，写成书面交底资料，向持证上岗的架子工进行交底；②脚手架通常是在主体工程基本完工时才搭设完毕，即分段搭设、分段使用，脚手架分段搭设完毕，必须经施工负责人组织有关人员，按照施工方案及规范的要求进行检查验收；③经验收合格，办理验收手续，填写《脚手架底层搭设验收表》、《脚手架中段验收表》、《脚手架顶层验收表》，有关人员签字后，方准使用；④经验收不合格的应立即进行整改，对检查结果及整改情况，应按实测数据进行记录，并由检测人员签字。

(8)脚手架与高压线路的水平距离和垂直距离必须按照《施工现场对外电线路的安全距离及防护的要求》的有关条文要求执行。

(9)6级以上大风、大雾、大雨和大雪天气应暂停在脚手架上作业。雨雪后上架作业要有防滑措施。

(10)脚手架搭设作业时，应按形成基本构架单元的要求逐排、逐跨和逐步地进行搭设，矩形周边脚手架宜从其中的一个角部开始向两个方向延伸搭设。确保已搭部分稳定。

(11)门式脚手架及其他纵向竖立面刚度较差的脚手架，在连墙点设置层宜加设纵向水平长横杆与连接件连接。

(12)搭设作业，应按要求作好自我保护和保护好作业现场人员的安全。①在架上作业人员应穿防滑鞋和佩挂好安全带。保证作业的安全，脚下应铺设必要数量的脚手板，并应铺设平稳且不得有探头板。当暂时无法铺设落脚板时，用于落脚或抓握、把(夹)持的杆件均应为稳定的构架部分，着力点与构架节点的水平距离应不大于0.8m，垂直距离应不大于1.5m。位于立杆接头之上的自由立杆(尚未与水平杆连接者)不得用作把持杆；②架上作业人员应作好分工和配合，传递杆件应掌握好重心，平稳传递。不要用力过猛，以免引起人身或杆件失衡。对每完成的一道工序，要相互询问并确认后才能进行下一道工序；③作业人员应佩戴工具袋，工具用后装于袋中，不要放在架子上，以免掉落伤人；④架设材料要随上随用，以免放置不当时掉落；⑤每次收工以前，所有上架材料应全部搭设，不要存留在架子上，而且一定要形成稳定的构架，不能形成稳定构架的部分应采取临时撑拉措施予以加固；⑥在搭设作业进行中，地面上的配合人员应避开可能落物的区域。

(13)架上作业时的安全注意事项包括：①作业前应注意检查作业环境是否可靠、安全防护设施是否齐全有效，确认无误后方可作业；②作业时应注意随时清理落在架面上的材料，保持架面上规整清洁，不要乱放材料、工具，以免影响作业的安全和发生掉物伤人；③在进行撬、拉、推等操作时，要注意采取正确的姿势，站稳脚跟，或一手把持在稳固的结构或支持物上，以免用力过猛身体失去平衡或把东西甩出，在脚手架上拆除模板时，应采取必要的支托措施，以防拆下的模板材料掉落架外；④当架面高度不够、需要垫高时，一定要采用稳定可靠的垫高办法且垫高不要超过50cm；超过50cm时，应按搭设规定升高铺板层，在升高作业面时，应相应加高防护设施；⑤在架面上运送材料经过正在作业中的人员时，要及时发出“请注意”、“请让一让”的信号，材料要轻搁稳放，不许采用倾倒、猛磕或其他匆忙卸料方式；⑥严禁在架面上打闹戏要、退着行走和跨坐在外防护横杆上休息，不要在架面上抢行、跑跳，相互避让时应注意身体不要失去平衡；⑦在脚手架上进行电气焊作业时，要铺铁皮接着火星或移去易燃物，以防火星点着易燃物，并应有防火措施，一旦着火时，及时予以扑灭。

(14)其他安全注意事项，包括：①运送杆配件应尽量利用垂直运输设施或悬挂滑轮提升，并绑扎牢固，尽量避免或减少用人工层层传递；②除搭设过程中必要的1～2步架的上下外，作业人员不得攀缘脚手架上下，应走房屋楼梯或另设安全人梯；③在搭设脚手架时，不得使用不合格的架设材料；④作业人员要服从统一指挥，不得自行其是。

(15)钢管脚手架的高度超过周围建筑物或在雷暴较多的地区施工时，应安设防雷装置。其接地电阻应不大于4Ω。

(16)架上作业应按规范或设计规定的荷载使用，严禁超载，并应遵守以下要求：①严格控制使用荷载，确保有较大的安全储备。结构架使用荷载不超过3.0kN/m²，装修架使用荷载不超过2.0kN/m²；②脚手架的铺脚手板层和同时作业层的数量不得超过规定；③垂直运输设施(如物料提升架等)与脚手架之间的转运平台的铺板层数和荷载控制应按施工组织设计的规定执行，不得任意增加铺板层的数量和在转运平台上超载堆放材料；④架面荷载应力求均匀分布，避免荷载集中于一侧；⑤过梁等墙体构件要随运随装，不得存放在脚手架上；⑥较重的施工设备(如电焊机等)不得放置在脚手架上，严禁将模板支撑、缆风绳、泵送混凝土及砂浆的输送管等固定在脚手架上及任意悬挂起重设备。

(17)架上作业时，不要随意拆除基本结构杆件和连墙件，因作业的需要必须拆除某些杆件和连墙点时，必须取得施工主管和技术人员的同意，并采取可靠的加固措施后方可拆除。

(18)架上作业时，不要随意拆除安全防护设施，未有设置或设置不符合要求时，必须补设或改善后，才能上架进行作业。

5. 脚手架的材料与一般要求

(1)脚手架杆件　具体要求如下。

① 木脚手架。木脚手架立杆、纵向水平杆、斜撑、剪刀撑、连墙件应选用剥皮杉、落叶松木杆。横向水平杆应选用杉木、落叶松、柞木、水曲柳。不得使用折裂、扭裂、虫蛀、纵向严重裂缝及腐朽的木杆。立杆有效部分的小头直径不得小于70mm，纵向水平杆有效部分的小头直径不得小于80mm。

② 竹脚手架。竹竿应选用生长期3年以上毛竹或楠竹，不得使用弯曲、青嫩、枯脆、腐烂、裂纹连通两节以上及虫蛀的竹竿。立杆、顶撑、斜杆有效部分的小头直径不得小于75mm，横向水平杆有效部分的小头直径不得小于90mm，搁栅、栏杆的有效部分小头直径不得小于60mm。对于小头直径在60mm以上不足90mm的竹竿可采用双杆。

③ 钢管脚手架。钢管材质应符合Q235-A级标准，不得使用有明显变形、裂纹、严重锈蚀的材料。钢管规格宜采用$\Phi48\times3.5$，亦可采用$\Phi51\times3.0$钢管。钢管脚手架的杆件连接必须使用合格的玛钢扣件，不得使用铅丝和其他材料绑扎。

④ 同一脚手架中，不得混用两种材质，也不得将两种规格钢管用于同一脚手架中。

(2)脚手架绑扎材料　具体要求如下。

① 镀锌钢丝或回火钢丝严禁有锈蚀和损伤，并且严禁重复使用。

② 竹篾严禁发霉、虫蛀、断腰、有大节疤和折痕，使用其他绑扎材料时，应符合其他规定。

③ 扣件应与钢管管径相配合，并符合国家现行标准的规定。

(3)脚手架上脚手板　具体要求如下。

① 木脚手板厚度不得小于50mm，板宽宜为200～300mm，两端应用镀锌钢丝扎紧。材质不得低于国家Ⅱ等材标准的杉木和松木，并且不得使用腐朽、劈裂的木板。

② 竹串片脚手板应使用宽度不小于50mm的竹片，拼接螺栓间距不得大于600mm，螺栓孔径与螺栓应紧密配合。

③各种形式金属脚手板，单块重量不宜超过0.3kN，性能应符合设计使用要求，表面应有防滑构造。

(4)脚手架搭设高度　钢管脚手架中扣件式单排架不宜超过24m，扣件式双排架不宜超过50m，门式架不宜超过60m。木脚手架中单排架不宜超过20m，双排架不宜超过30m。竹脚手架中不得搭设单排架，双排架不宜超过35m。

(5)脚手架的构造要求　具体要求如下。

① 单双排脚手架的立杆纵距及水平杆步距不应大于2.1m，立杆横距不应大于1.6m。应按规定的间隔采用连墙件(或连墙杆)与主体结构连接，并且在脚手架使用期间不得拆除。沿脚手架外侧应设剪刀撑，并与脚手架同步搭设和拆除。当双排扣件式钢管脚手架的搭设高度超过24m时，应设置横向斜撑(图3-3-1～图3-3-3)。

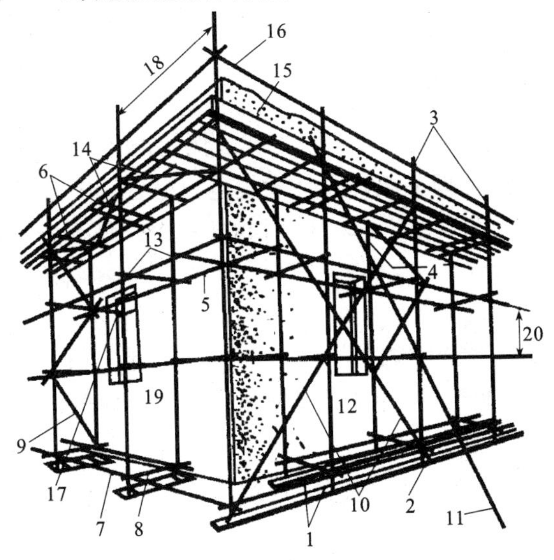

图3-3-1　钢管扣件式服手架构造

1—垫板；2—底座；3—立柱；4—内立柱；5—纵向水平杆；6—横向水平杆；7—纵向扫地杆；8—横向扫地杆；9—横向斜撑；10—剪刀撑；11—抛撑；12—旋转扣件；13—直角扣件；14—水平斜撑

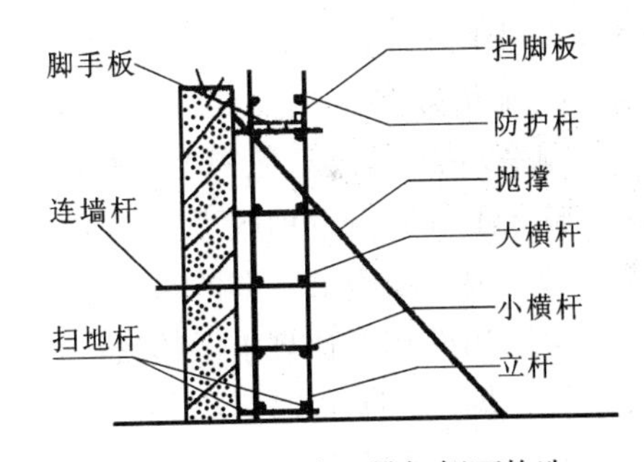

图3-3-2　落地式双排架侧面构造

② 门式钢管脚手架的顶层门架上部、连墙体设置层、防护棚设置处均必须设置水平架。

③ 竹脚手架应设置顶撑杆，并与立杆绑扎在一起，顶紧横向水平杆。

④ 脚手架高度超过40m且有风涡流作用时，应设置抗风涡流上翻作用的连墙措施。

⑤ 脚手架必须按脚手架宽度铺满、铺稳，脚手架与墙面的间隙不应大于200mm，作业层脚手架手板的下方必须设置防护层。作业层外侧，应按规定设置防护栏和挡脚板。

⑥ 脚手架应按规定采用密目式安全网封闭。

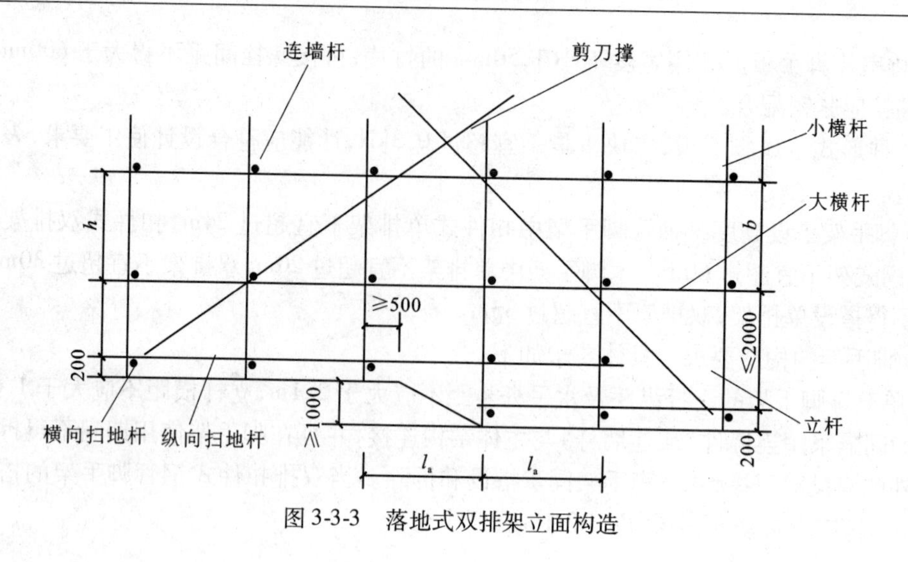

图 3-3-3　落地式双排架立面构造

3.3.2　落地扣件式钢管脚手架施工安全技术措施

脚手架在搭设之前,应根据工程的特点和施工工艺确定搭设方案。例如,扣件式钢管脚手架的设计计算与搭设应满足《建筑施工扣件式钢管脚手架安全技术规范》(JGJ 130—2011)及有关规范标准的要求;《建筑施工安全检查标准》(JGJ 59—2011)对扣件式钢管脚手架的安全检查提出了具体检查要求。

1. 施工方案

脚手架搭设之前,应根据工程特点和施工工艺确定脚手架搭设方案,并应符合国务院《危险性较大工程安全专项施工方案编制及专家论证审查办法》的规定及国家有关规范标准的要求。脚手架专项施工方案的编审应符合该审查办法的规定。

落地扣件式钢管脚手架的搭设尺寸应经计算确定并应符合《建筑施工扣件式钢管脚手架安全技术规范》的有关设计计算的规定。

当采用《建筑施工扣件式钢管脚手架安全技术规范》第 6. 1. 1 条规定的构造尺寸,其相应杆件可不再进行设计计算。但连墙件、立杆地基承载力等仍应根据实际荷载进行设计计算。

施工现场的脚手架必须按施工方案进行搭设,因故需要改变脚手架的类型时,必须重新修改脚手架的施工方案并经审批后,方可施工。

(1)编制脚手架施工方案的基本要点

1)审核图纸、了解建筑的具体情况。

① 通过建筑平面了解建筑物的平面形式,建筑物的总长和进深多宽,共有多少开间,每个开间的平面尺寸多大等。

② 通过建筑物立面图了解建筑物的立面情况,如总高度有多少、共有多少层、每层的层高多少、立面有无高低跨、屋顶是平是坡、有无阳台、边沿形状及外墙的装修要求等。

2)根据施工组织设计要求选用脚手架的形式。

① 了解施工组织设计对脚手架施工提出了什么具体要求,如在施工中采用单排架还是双排架,在某种特定部位是否要求使用特殊架,如挑架、挂架、吊架等。

② 根据施工要求、施工地点和施工条件确定脚手架种类，针对整个工程，计算脚手架的施工工程量和所需的材料、机具数量以及劳动力的用工量，并提出相应的计划、进场时间和完成日期，做到有计划地、科学地施工。

③ 当搭设高度在25～50m时，应对脚手架整体稳定性从构造上进行加强。如纵向剪刀撑必须连续设置，增加横向剪刀撑，连墙杆的强度相应提高，间距缩小，以及在多风地区对搭设高度超过40m的脚手架考虑风涡流的上翻力，应在设置水平连墙杆的同时，还应有抗上升翻流作用的连墙措施等，以确保脚手架的使用安全。

④ 脚手架高度超过规范规定(一般以50m高为限)时，可采用双力杆加强或采用分段卸荷，沿脚手架全高分段将脚手架与梁板结构用钢丝绳吊拉，将脚手架的部分荷载传给建筑物承担；或采用分段搭设，将各段脚手架荷载传给由建筑物伸出的悬挑梁、架承担，并经过设计计算，对脚手架进行的设计计算必须符合脚手架规范的有关规定，所有搭杆脚手架人员必须持有效证件上岗。

⑤ 施工现场实际搭设程序和操作技术必须与脚手架施工方案相吻合。架工搭设架子必须按方案进行，防止搭架子的随意性或按某工程程序生搬硬套，凭经验搭设。

(2)扣件式脚手架配件　扣件式脚手架是由标准的钢管杆件和特制扣件组成的脚手架骨架与脚手板、防护构件、连墙件等组成的，是目前最常用的一种脚手架。

1)钢管杆件钢管杆件包括立杆、大横杆、小横杆、剪刀撑、斜杆和抛撑(在脚手架立面之外设置的斜撑)。钢管杆件一般采用外径48mm、壁厚3.5mm的焊接钢管或无缝钢管，也有采用外径50～51mm，壁厚3～4mm的焊接钢管或其他钢管。用于立杆、大横杆、剪刀撑和斜杆的钢管最大长度为4～6.5m，最大重量不宜超过250N，以便适合人工操作。用于小横杆的钢管长度宜在1.8～2.2m，以适应脚手架的需要。

2)扣件扣件为杆件的连接件，有可锻铸铁铸造扣件和钢板压制扣件两种。

扣件的基本形式有三种，如图3-3-4所示。

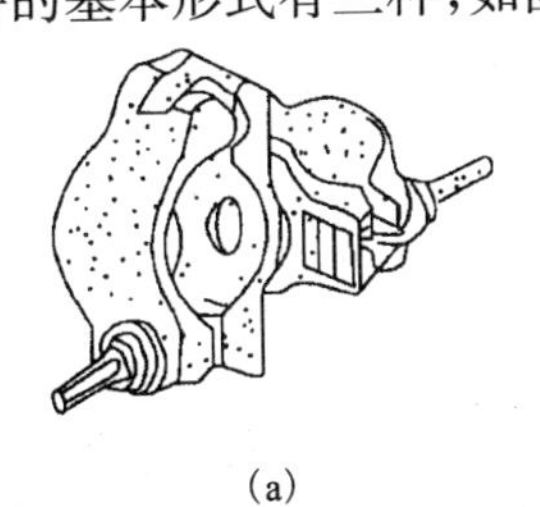

(a)　(b)

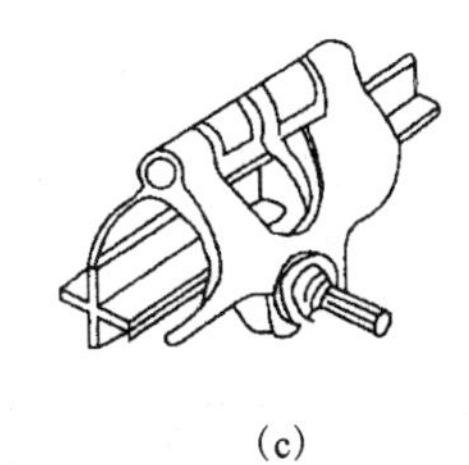

(c)

图3-3-4　扣件形式

(a)直角扣件；(b)旋转扣件；(c)对接扣件

① 直角扣件。用于两根钢管呈垂直交叉的连接。

② 旋转扣件。用于两根钢管呈任意角度交叉的连接。

③ 对接扣件。对接扣件用于两根钢管的对接连接。

3)脚手板　脚手板一般用厚2mm的钢板压制而成，长度为2～4m，宽度250mm，表面应有防滑措施。也可采用厚度不小于50mm的杉木板或松木板，长度3～6m，宽度200～250mm；或者采用竹脚手板，有竹笆板和竹片板两种形式。脚手板的材质应符合规定，且脚手板不得有超过允许的变形和缺陷。

4）连墙件　连墙件将立杆与主体结构连接在一起，可用钢管、型钢或粗钢筋等，其间距见表3-3-1。

表3-3-1　连墙件的布置

脚手架类型	脚手架高度（m）	垂直间距（m）	水平间距（m）
双排	≤60	≤6	≤6
	>50	≤4	≤6
单排	≤24	≤6	≤6

每个连墙件抗风荷载的最大面积应小于$40m^2$。连墙件须从底部第一根纵向水平杆处开始设置，附墙件与结构的连接应牢固，通常采用预埋件连接。

连墙杆每3步5跨设置一根，其作用不仅防止架子外倾，同时增加立杆的纵向刚度。

5）底座　扣件式钢管脚手架的底座用于承受脚手架立柱传递下来的荷载，底座一般采用厚8mm，边长150~200mm的钢板作底板，上焊150mm高的钢管。底座形式有内插式和外套式两种。内插式的外径比立杆内径小2mm，外套式的内径比立杆外径大2mm。

（3）设计计算

1）常用密目式安全网全封闭单、双排脚手架，当采用规范规定的构造尺寸（见表3-3-2、表3-3-3），其相应杆件可不再进行设计计算。但连墙件、立杆地基承载力等仍应根据实际荷载进行设计计算。

2）立杆稳定性计算部位的确定应符合下列规定：

① 当脚手架搭设尺寸采用相同的步距、立杆纵距、立杆横距和连墙件间距时，应计算底层立杆段。

② 当脚手架搭设尺寸中的步距、立杆纵距、立杆横距和连墙件间距有变化时，除计算底层立杆段外，还必须对出现最大步距或最大立杆纵距、立杆横距和连墙件间距等部位的立杆段进行验算。

（4）扣件式脚手架的构造要求

1）常用脚手架设计尺寸　常用密目式安全网全封闭单、双排脚手架结构的设计尺寸，宜按表3-3-2、表3-3-3采用。

表3-3-2　常用密目式安全立网全封闭式双排脚手架的设计尺寸　m

连墙件设置	立杆横距 l_b	步距 h	下列荷载时的立杆纵距 l_a（m）				脚手架允许搭设高度 [H]
			2+0.35（kN/m^2）	2+2+2×0.35（kN/m^2）	3+0.35（kN/m^2）	3+2+2×0.35（kN/m^2）	
二步三跨	1.05	1.5	2.0	1.5	1.5	1.5	50
		1.80	1.8	1.5	1.5	1.5	32
	1.30	1.5	1.8	1.5	1.5	1.5	50
		1.80	1.8	1.2	1.5	1.2	30
	1.55	1.5	1.8	1.5	1.5	1.5	38
		1.80	1.8	1.2	1.5	1.2	22

续表

连墙件设置	立杆横距 l_b	步距 h	下列荷载时的立杆纵距 l_a(m)				脚手架允许搭设高度[H]
			2+0.35(kN/m²)	2+2+2×0.35(kN/m²)	3+0.35(kN/m²)	3+2+2×0.35(kN/m²)	
三步三跨	1.05	1.5	2.0	1.5	1.5	1.5	43
		1.80	1.8	1.2	1.5	1.2	24
	1.30	1.5	1.8	1.5	1.5	1.2	30
		1.80	1.8	1.2	1.5	1.2	17

注:1. 表中所示2+2+2×0.35(kN/m²),包括下列荷载:2+2(kN/m²)为二层装修作业层施工荷载标准值;2×0.35(kN/m²)为二层作业层脚手板自重荷载标准值。
2. 作业层横向水平杆间距,应按不大于 $l_a/2$ 设置。
3. 地面粗糙度为 B 类,基本风压 $W_o=0.4\text{kN/m}^2$。

表3-3-3　常用密目式安全立网全封闭式单排脚手架的设计尺寸　m

连墙件设置	立杆横距 l_b	步距 h	下列荷载时的立杆纵距 l_a(m)		脚手架允许搭设高度[H]
			2+0.35(kN/m²)	3+0.35(kN/m²)	
二步三跨	1.20	1.5	2.0	1.8	24
		1.80	1.5	1.2	24
	1.40	1.5	1.8	1.5	24
		1.80	1.5	1.2	24
三步三跨	1.20	1.5	2.0	1.8	24
		1.80	1.2	1.2	24
	1.40	1.5	1.8	1.5	24
		1.80	1.2	1.2	24

注:同上表。

2)纵向水平杆的构造应符合下列规定:

① 纵向水平杆宜设置在立杆内侧,单根杆长度不宜小于3跨。

② 纵向水平杆接长应采用对接扣件连接或搭接,并应符合下列规定:

a. 两根相邻纵向水平杆的接头不应设置在同步或同跨内;不同步或不同跨两个相邻接头在水平方向错开的距离不应小于500mm;各接头中心至最近主节点的距离不应大于纵距的1/3,如图3-3-5所示。

b. 搭接长度不应小于1m,应等间距设置3个旋转扣件固定;端部扣件盖板边缘至搭接纵向水平杆杆端的距离不应小于100mm。

c. 当使用冲压钢脚手板、木脚手板、竹串片脚手板时,纵向水平杆应作为横向水平杆的支座,用直角扣件固定在立杆上;当使用竹笆脚手架时,纵向水平杆应采用直角扣件固定在横向水平杆上,并应等间距设置,间距不应大于400mm。如图3-3-6所示。

3)横向水平杆的构造应符合下列规定:

① 主节点处必须设置一根横向水平杆,用直角扣件扣接且严禁拆除。

② 作业层上非主节点处的横向水平杆，宜根据支承脚手板的需要等间距设置，最大间距应不大于纵距的1/2。

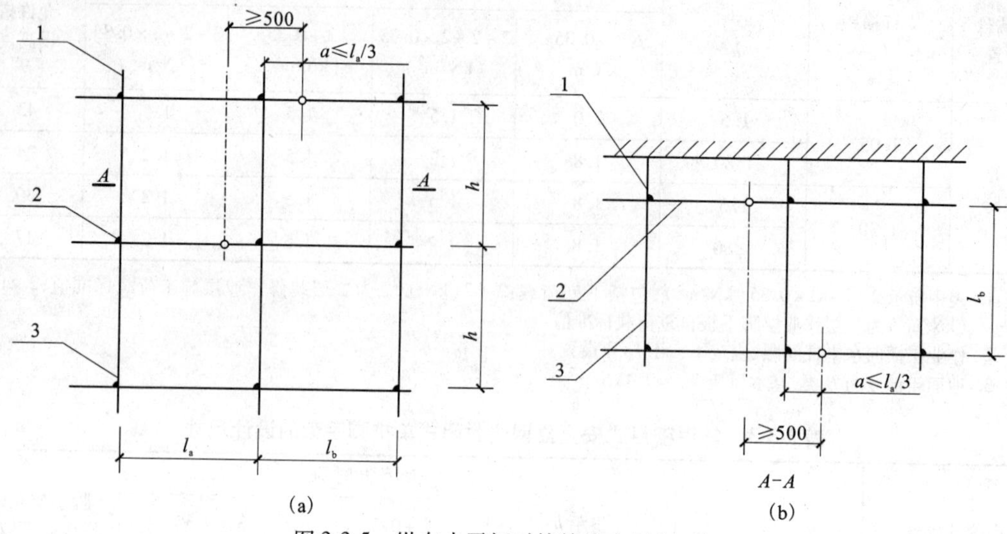

图 3-3-5 纵向水平杆对接接头布置(mm)

(a)接头不在同步内(立面)；(b)接头不在同跨内(平面)

1—立杆；2—纵向水平杆；3—横向水平杆

③ 当使用冲压钢脚手板、木脚手板、竹串片脚手板时，双排脚手架的横向水平杆两端，均应采用直角扣件固定在纵向水平杆上；单排脚手架的横向水平杆的一端，应用直角扣件固定在纵向水平杆上，另一端应插入墙内，插入长度应不小于180mm。

④ 使用竹笆脚手板时，双排脚手架的横向水平杆两端，应用直角扣件固定在立杆上；单排脚手架的横向水平杆的一端，应用直角扣件固定在立杆上，另一端应插入墙内，插入长度不应小于180mm。

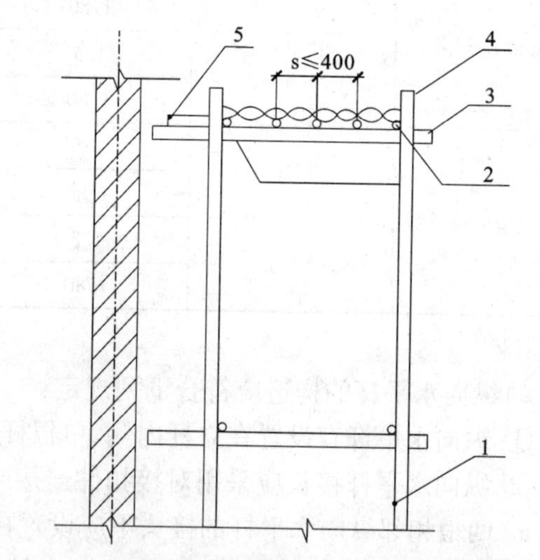

图 3-3-6 铺竹笆脚手板时纵向水平杆的构造(mm)

1—立杆；2—纵向水平杆；3—横向水平杆；

4—竹笆脚手板；5—其他脚手板

4)脚手板的设置应符合下列规定：

① 作业层脚手板应铺满、铺稳、铺实。

② 冲压钢脚手板、木脚手板、竹串片脚手板等，应设置在三根横向水平杆上。当脚手板长度小于2m时，可采用两根横向水平杆支承，但应将脚手板两端与横向水平杆可靠固定，严防倾翻。脚手板的铺设应采用对接平铺或搭接铺设。脚手板对接平铺时，接头处应设两根横向水平杆，脚手板外伸长度应取130～150mm，两块脚手板外伸长度的和不应大于300mm(图3-3-7a)；脚手板搭接铺设时，接头应支在横向水平杆上，搭接长度不应小于200mm，其伸出横向水平杆的长度不应小于100mm(图3-3-7b)。

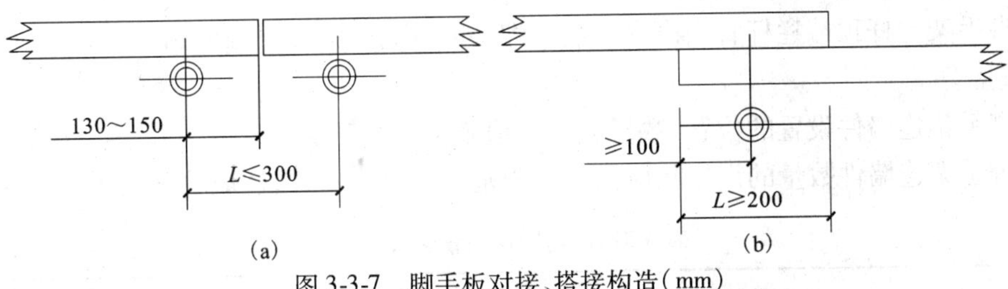

图 3-3-7　脚手板对接、搭接构造(mm)
(a)脚手板对接;(b)脚手板搭接

③ 竹笆脚手板应按其主竹筋垂直于纵向水平杆方向铺设,且应对接平铺,四个角应用直径不小于 1.2mm 的镀锌钢丝固定在纵向水平杆上。

④ 作业层端部脚手板探头长度应取 150mm,其板的两端均应固定于支承杆件上。

5)立杆。

① 每根立杆底部宜设置底座或垫板。

②脚手架必须设置纵、横向扫地杆。纵向扫地杆应采用直角扣件固定在距钢管底端不大于 200mm 处的立杆上。横向扫地杆应采用直角扣件固定在紧靠纵向扫地杆下方的立杆上。

③ 脚手架立杆基础不在同一高度上时,必须将高处的纵向扫地杆向低处延长两跨与立杆固定,高低差不应大于 1m。靠边坡上方的立杆轴线到边坡的距离不应小于 500mm(图 3-3-8)。

图 3-3-8　纵、横向扫地杆构造(mm)
1—横向扫地杆;2—纵向扫地杆

④ 单、双排脚手架底层步距均不应大于 2m。

⑤ 单排、双排与满堂脚手架立杆接长除顶层顶步外,其余各层各步接头必须采用对接扣件连接。

⑥ 立杆按长除顶层顶步外,其余各层各步接头必须采用对按扣件连接。

⑦ 脚手架立杆的对接、搭接应符合下列规定:

a. 当立杆采用对接接长时,立杆的对接扣件应交错布置,两根相邻立杆的接头不应设置在同步内,同步内隔一根立杆的两个相隔接头在高度方向错开的距离不宜小于 500mm;各接头中心至主节点的距离不宜大于步距的 1/3;

b. 当立杆采用搭接接长时,搭接长度不应小于 1m,并应采用不少于 2 个旋转扣件固定。端部扣件盖板的边缘至杆端距离不应小于 100mm。

⑧ 脚手架立杆顶端栏杆宜高出女儿墙上端1m,宜高出檐口上端1.5m。

6)连墙件。

① 脚手架连墙件设置的位置、数量应按专项施工方案确定。

② 脚手架连墙件数量的设置除应满足本规范的计算要求外,还应符合表3-3-4的规定。

表3-3-4 连墙件布置最大间距

搭设方法	高度	竖向间距(h)	水平间距(la)	每根连墙件覆盖面积(m^2)
双排落地	≤50m	$3h$	$3l_a$	≤40
双排悬挑	>50m	$2h$	$3l_a$	≤27
单排	≤24m	$3h$	$3l_a$	≤40

注:h——步距;l_a——纵距。

③ 连墙件的布置应符合下列规定:

a. 应靠近主节点设置,偏离主节点的距离不应大于300mm。

b. 应从底层第一步纵向水平杆处开始设置,当该处设置有困难时,应采用其他可靠措施固定。

c. 应优先采用菱形布置,或采用方形、矩形布置。

d. 开口型脚手架的两端必须设置连墙件,连墙件的垂直间距不应大于建筑物的层高,并且不应大于4m。

④ 连墙件中的连墙杆应呈水平设置,当不能水平设置时,应向脚手架一端下斜连接。

⑤ 连墙件必须采用可承受拉力和压力的构造。对高度24m以上的双排脚手架,应采用刚性连墙件与建筑物连接。

⑥ 当脚手架下部暂不能设连墙件时应采取防倾覆措施。当搭设抛撑时,抛撑应采用通长杆件,并用旋转扣件固定在脚手架上,与地面的倾角应在45°~60°之间;连接点中心至主节点的距离不应大于300mm。抛撑应在连墙件搭设后再拆除。

⑦ 架高超过40m且有风涡流作用时,应采取抗上升翻流作用的连墙措施。

2. 脚手架搭设要求

(1)施工准备

① 脚手架搭设前,应按专项施工方案向施工人员进行交底。

② 应按规范JGJ 130—2011相应规定和脚手架专项施工方案要求对钢管、扣件、脚手板、可调托撑等进行检查验收,不合格产品不得使用。

③ 经检验合格的构配件应按品种、规格分类,堆放整齐、平稳,堆放场地不得有积水。

④ 应清除搭设场地杂物,平整搭设场地,并应使排水畅通。

⑤ 当脚手架基础下方有设备基础、管沟时,在脚手架使用过程中不应开挖,否则必须采取加固措施。

(2)落地式脚手架的基础

落地式脚手架的基础应坚实、平整,有排水措施,确保架体不积水、不沉陷并应定期检查。立杆不埋设时,每根立杆底部宜设置底座或垫板,并应设置纵、横向扫地杆。纵向扫地杆应采用直角扣件固定在距钢管底端不大于200mm处的立杆上。横向扫地杆应采用直角扣件固定在紧靠纵向扫地杆下方的立杆上。脚手架立杆基础不在同一高度上时，必须将高处的纵向扫地杆向低处延长两跨与立杆固定，高低差不应大于1m。靠边坡上方的立杆轴线到边坡的距离不应小于500mm。

（3）架体稳定与连墙件

1）连墙件数量应根据《建筑施工扣件式钢管脚手架安全技术规范》计算确定并符合下列要求：①扣件式钢管脚手架双排落地搭设，高度在50m以下时或单排搭设架高在24m以下时，按不大于40m² 设置一处；双排悬挑搭设，架高在50m以上时，按不大于27m² 设置一处，连墙件布置最大间距见表3-3-4。②门式钢管脚手架架高在45m以下，基本风压小于或等于0.55kN/m²，按不大于48m² 设置一处；架高在45m以下，基本风压大于0.55kN/m²，或架高在45m以上，按不大于24m² 设置一处。

2）开口型脚手架的两端必须设置连墙件，连墙件的垂直间距不应大于建筑物的层高，并且不应大于4m。

3）连墙件必须采用可承受拉力和压力的构造，并与建筑结构连接。

4）对高度24m以上的双排脚手架，应采用刚性连墙件与建筑物连接。

5）连墙件应靠近主节点设置，偏离主节点的距离不应大于300mm。

6）连墙件中的连墙杆应呈水平设置，当不能水平设置时，应向脚手架一端下斜连接。

7）当脚手架下部暂不能设置连墙件时可设置抛撑，抛撑的设置应符合规范要求。

8）连墙件的设置方法、设置位置应在施工方案中确定，并绘制连接详图。

9）连墙件应与脚手架同步搭设，严禁在脚手架使用期间拆除连墙件。

（4）杆件间距与剪刀撑

1）立杆、大横杆等杆件间距应符合《建筑施工扣件式钢管脚手架安全技术规范》的有关规定，并应在施工方案中予以确定，当遇到洞口等处需要加大间距时，应按规范进行加固。

2）立杆是脚手架的主要受力杆件，其材料、规格和间距等应按规范设计计算确定，并应满足《建筑施工扣件式钢管脚手架安全技术规范》的构造要求，立杆应均匀设置，不得随意加大。

3）剪刀撑及横向斜撑的设置应符合下列要求：①扣件式钢管双排脚手架应设置剪刀撑与横向斜撑，单排脚手架应设置剪刀撑；②高度在24m及以上的双排脚手架应在外侧全立面连续设置剪刀撑；高度在24m以下的单、双排脚手架，均必须在外侧两端、转角及中间间隔不超过15m的立面上，各设置一道剪刀撑，并应由底至顶连续设置。高度在24m以下的封闭型双排脚手架可不设横向斜撑，高度在24m以上的封闭型脚手架，除拐角应设置横向斜撑外，中间应每隔6跨距设置一道。双排脚手架横向斜撑应在同一节间，由底至顶层呈之字形连续布置；③开口型双排脚手架的两端均必须设置横向斜撑；④单、双排脚手架每道剪刀撑跨越立杆的根数宜按见表3-3-5规定确定，每道剪刀撑宽度不应小于4跨且不应小于6m，斜杆与地面的倾角应在45°～60°之间。⑤剪刀撑斜杆应用旋转扣件固定在与之相交的横向水平杆的伸出端或立杆上，旋转扣件中心线至主节点的距离不应大于150mm。

表 3-3-5 剪刀撑跨越立杆的最多根数

剪刀撑斜杆与地面的倾角 a	45°	50°	60°
剪刀撑跨越立杆的最多根数 n	7	6	5

(5)扣件式钢管脚手架的主节点处必须设置横向水平杆,在脚手架使用期间严禁拆除单排脚手架横向水平杆插入墙内长度不应小于 180mm。

(6)扣件式钢管脚手架除顶层外立杆杆件接长时,相临杆件的对接接头不应设在同步内,相临纵向水平杆对接接头不宜设置在同步或同跨内。扣件式钢管脚手架立杆接长除顶层外应采用对接。

(7)小横杆设置

① 小横杆的设置位置,应在立杆与大横杆的交接点处。

② 施工层应根据铺设脚手板的需要增设小横杆。增设的位置视脚手板的长度与设置要求和小横杆的间距综合考虑。转入其他层施工时,增设的小横杆可同脚手板一起拆除。

③ 双排脚手架的小横杆必须两端固定,使里外两片脚手架连成整体。

④ 单排脚手架不适用于半砖墙或 180mm 墙。

⑤ 小横杆在墙上的支撑长度不应小于 240mm。

(8)脚手架材质　脚手架材质应满足有关规范、标准,详见 3. 3. 1“5. 脚手架的材料与一般要求”。

(9)脚手板与护栏

① 脚手板必须按照脚手架的宽度铺满,板与板之间要靠紧,不得留有空隙,离墙面不得大于 200mm。

② 脚手板可采用钢、木、竹材料制作,单块脚手板的质量不宜大于 30kg。

③ 冲压钢脚手板的材质应符合现行国家标准《碳素结构钢》(GB/T 700—2006)中 Q235-A 级钢的规定。

④ 木脚手板材质应符合现行国家标准《木结构设计规范》(GB 50005—2003)中Ⅱa 级材质的规定。脚手板厚度不应小于 50mm,两端宜各设置直径不小于 4mm 的镀锌钢丝箍两道。

⑤ 竹脚手板宜采用由毛竹或楠竹制作的竹串片板、竹笆板;竹串片脚手板应符合现行行业标准《建筑施工木脚手架安全技术规范》(JGJ 164—2008)的相关规定。

⑥ 脚手板搭接铺设时,接头应支在横向水平杆上,搭接长度不应小于 200mm,其伸出横向水平杆的长度不应小于 100mm。

⑦ 作业层端部脚手板探头长度应取 150mm,其板的两端均应固定于支承杆件上。

⑧ 竹笆脚手板应按其主竹筋垂直于纵向水平杆方向铺设,且应对接平铺,四个角应用直径不小于 1. 2mm 的镀锌钢丝固定在纵向水平杆上。

⑨ 脚手架外侧随着脚手架的升高,应按规定设置密目式安全网,必须扎牢、密实。形成全封闭的护立网,主要防止砖块等物坠落伤人。

⑩ 作业层脚手架外侧及斜道和平台均要设置 1. 2m 高的防护栏杆和 180mm 高的挡脚板,防止作业人员坠落和脚手板上物料滚落。

(10)杆件搭接

① 单排、双排与满堂脚手架立杆接长除顶层顶步外，其余各层各步接头必须采用对接扣件连接。

② 脚手架立杆可以对接，也可以搭接。当立杆采用搭接接长时，搭接长度不应小于1m，并应采用不少于2个旋转扣件固定。端部扣件盖板的边缘至杆端距离不应小于100mm。

③ 钢管脚手架的纵向水平杆接长应采用对接扣件连接或搭接，搭接长度不应小于1m，应等间距设置3个旋转扣件固定；端部扣件盖板边缘至搭接纵向水平杆杆端的距离不应小于100mm。

④ 剪刀撑斜杆的接长应采用搭接或对接。当采用搭接接长时，搭接长度不应小于1m，并应采用不少于2个旋转扣件固定。端部扣件盖板的边缘至杆端距离不应小于100mm。

⑤ 脚手架的各杆件接头处传力性能差，接头应错开，不得设置在一个平面内。

(11)架体内封闭

① 施工层之下层应铺满脚手板，对施工层的坠落可起到一定的防护作用。

② 当施工层之下层无法铺设脚手板时，应在施工层下挂设安全平网，用于挡住坠落的人或物。平网应与水平面平行或外高里低，一般以15°为宜，网与网之间要拼接严密。

③ 除施工层之下层要挂设安全平网外，施工层以下每4层楼或每隔10m应设一道固定安全平网。

(12)通道

① 架体应设置上下通道，供操作工人和有关人员上下，禁止攀爬脚手架。通道也可作少量轻便材料、构件的运输通道。

② 专供施工人员上下的通道，坡度为1∶3为宜，宽度不得小于1m；作为运输用的通道，坡度以1∶6为宜，宽度不小于1.5m。

③ 休息平台设在通道两端转弯处。

④ 架体上的通道和平台必须设置防护栏杆、挡脚板及防滑条，防滑条间距不大于30cm。

(13)卸料平台

① 卸料平台是高处作业的安全设施，应按有关规范、标准进行单独设计、计算，并绘制搭设施工详图。卸料平台的架杆材料必须满足有关规范、标准的要求。

② 卸料平台必须按照设计施工图搭设，并应制作成定型化、工具化的结构。平台上脚手板要铺满，临边要设置防护栏杆和挡脚板，并用密目式安全网封严。

③ 卸料平台的支撑系统经过承载力、刚度和稳定性验算，并应自成结构体系，禁止与脚手架连接。

④ 卸料平台上应用标牌显著地标志平台允许荷载值，平台上允许的施工人员和物料的总重量，严禁超过设计的允许荷载。

3.3.3　悬挑式脚手架施工安全技术措施

为保证建筑工程的悬挑式脚手架的施工安全，施工企业必须从施工方案的编制与审批、悬挑梁安装及架体稳定措施、脚手板铺设与材质、脚手架荷载值及施工荷载堆放、交底与验收规定等方面做好安全保证工作。

1. 编制施工方案

悬挑式脚手架必须经设计计算确定。其内容包括悬挑梁或悬挑架的选材及搭设方法，悬挑梁的强度、刚度、抗倾覆验算，与建筑结构连接做法及要求，上部脚手架立杆与悬挑梁的连接等。悬挑架的节点应该采用焊接或螺栓连接，不得采用扣件连接做法。其计算书及施工方案应经公司总工审批。

2. 悬挑梁及架体稳定

外挑杆件与建筑结构要连接牢固，悬挑梁要按设计要求进行安装，架体的立杆必须支撑在悬挑梁上，按规范规定与建筑结构进行拉结。

多层悬挑可采用悬挑梁或悬挑架。悬挑梁尾端固定在钢筋混凝土楼板上，另一端悬挑出楼板。悬挑梁按立杆间距(1.5m)布置，梁上焊短管作底座，脚手架立杆插入固定，然后绑扫地杆；也可采用悬挑架结构，将一段高度的脚手架荷载全部传给底部的悬挑架承担，悬挑架本身即形成一刚性框架，可采用型钢制作，但节点必须是螺栓连接或焊接的刚性节点，不得采用扣件连接，悬挑架与建筑结构的固定方法经计算确定。

无论是单层悬挑还是多层悬挑，其立杆的底部必须支托在牢靠的地方，并有固定措施确保底部不发生位移。多层悬挑每段搭设的脚手架，应该按照一般落地脚手架搭设规定，垂直不大于两步，水平不大于三跨与建筑结构拉接，以保证架体的稳定。

3. 脚手板

必须按照脚手架的宽度满铺脚手板，板与板之间紧靠，脚手板平接与搭接应符合要求，板面应平稳，板与小横杆放置牢靠。脚手板的材质及规格应符合规范要求，不允许出现探头板。

4. 杆件间距

立杆间距必须按施工方案规定，需要加大时必须修改方案，立杆的角度也不准随意改变。立杆的纵距和横距、大横杆的间距、小横杆的搭设，都要符合施工方案的设计要求。

5. 架体防护

脚手架外侧要用密目式安全网全封闭，安全网片连接用尼龙绳做承绳；作业层外侧要有1.2m 高的防护栏杆和180mm 高的挡脚板。

6. 层间防护

按照规定作业层下应有一道大眼安全网做防护层，下面每隔 10 米处要设一道大眼安全网，防止作业层人及物的坠落。

(1)单层悬挑架一般只搭设一层脚手板为作业层，故须在紧贴脚手板下部挂一道平网作防护层，当在脚手板下挂平网有困难时，也可沿外挑斜立杆的密目网里侧斜挂一道平网，作为人员坠落的防护层。

(2)多层悬挑搭设的脚手架，仍按落地式脚手架的要求，不但有作业层下部的防护，还应在作业层脚手板与建筑物墙体缝隙过大时增加防护，防止人及物的坠落。

(3)安全网作防护层必须封挂严密牢靠，密目网用于立网防护，水平防护时必须采用平网，不准用立网代替平网。

7. 脚手架材质

脚手架的材质要求同落地式脚手架，杆件、扣件、脚手板等施工用材必须符合规范规定。外挑型钢和钢管都要符合《碳素结构钢》(GB/T 700—2006)中的 Q235—A 级钢的规范规定。

悬挑梁、悬挑架的用材应符合钢结构设计规范的有关规定，并应有实验报告资料。

8. 荷载

悬挑脚手架施工荷载应符合设计要求。承重架荷载为3kN/m^2，装修架荷载为2kN/m^2。材料要堆放整齐，不得集中码放。在悬挑架上不准存放大量材料、过重的设备，施工人员作业时，应尽量分散脚手架的荷载，严禁利用脚手架穿滑轮做垂直运输。

9. 交底及验收

脚手架搭设之前，施工负责人必须组织作业人员进行交底；搭设后组织有关人员按照施工方案要求进行检查验收，确认符合要求方可投入使用。

交底、检查验收工作必须严肃认真进行，要对检查情况、整改结构填写记录内容，并有相关人员签字。搭设前要有书面交底，交底双方要签字。每搭完一步架后要按规定校正立杆的垂直、跨度、步距和架宽，并进行验收，要有验收记录。

3.3.4　门式脚手架施工安全技术措施

门式脚手架又称多功能门式脚手架，是一种工厂生产、现场搭设的脚手架，是目前国际上应用最普遍的脚手架之一。门式脚手架的要求基本上与钢管脚手架相同。区别在于门式架配件、零件较多，容易漏装而影响架体安全，因此，门式脚手架在使用前必须认真检查架体各部位，任何零件都不可缺少和漏装。

门式脚手架的设计计算与搭设应满足《建筑施工门式钢管脚手架安全技术规范》（JGJ 128—2010）及有关规范标准的要求；《建筑施工安全检查标准》（JGJ 59—2011）对门式钢管脚手架的安全检查提出了具体检查要求。

1. 编制施工方案

① 门式脚手架搭设之前，应根据工程特点和施工条件等编制脚手架专项施工方案，绘制搭设详图。

② 门式钢管脚手架采用落地、密目式安全网全封闭搭设方式时，搭设高度一般不超过40m，若降低施工荷载，则门式钢管脚手架的搭设高度可增至55m。

③ 门式钢管脚手架采用悬挑、密目式安全立网全封闭搭设方式时，搭设高度一般不超过18m，若降低施工荷载，则门式钢管脚手架的搭设高度可增至24m。

④ 门式脚手架施工方案必须符合《建筑施工门式钢管脚手架安全技术规范》（JGJ 128—2010）的有关规定。

2. 架体基础

（1）门式脚手架与模板支架的搭设场地必须平整坚实，并应符合下列规定：①回填土应分层回填，逐层夯实；②场地排水应顺畅，不应有积水。

（2）门式脚手架与模板支架的地基承载力应根据《建筑施工门式钢管脚手架安全规范》（JGJ 128—2010）第5.6节的规定经计算确定，在搭设时，根据不同地基土质和搭设高度条件，应符合该规范中表6.8.1的规定。

（3）搭设门式脚手架的地面标高宜高于自然地坪标高50～100mm。

（4）当门式脚手架与模板支架搭设在楼面等建筑结构上时，门架立杆下宜铺设垫板。

3. 架体稳定

(1)门式脚手架应按规定间距与墙体连接,防止架体变形。连墙件的设置位置应按规范计算确定并符合以下要求:①采用落地、密目式安全网全封闭搭设时,当搭设高度在40m以下时,连墙件竖向间距为3倍步距,水平方向间距为3倍跨距,每根连墙件覆盖面积≤$40m^2$搭设高度在40m以上时,连墙件竖向间距为2倍步距,水平方向间距为3倍跨距,每根连墙件覆盖面积≤$27m^2$;②按每根连墙件覆盖面积选择连墙件设置时,连墙件的竖向间距不应大于6m;③在门式脚手架的转角处或开口型脚手架端部,必须增设连墙件,连墙件的垂直间距不应大于建筑物的层高,且不应大于4.0m;④连墙件应靠近门架的横杆设置,即门架横杆不宜大于200mm。连墙件应固定在门架的立杆上;⑤连墙件宜水平设置,当不能水平设置时,与脚手架连接的一端,应低于与建筑结构连接的一端,连墙杆的坡度宜小于1:3。

(2)门式脚手架应设置剪刀撑,以加强整片脚手架的稳定性。①当门式脚手架搭设高度在24m及以下时,在脚手架的转角处、两端及中间间隔不超过15m的外侧方面必须各设置一道剪刀撑,并应由底至顶连续设置;②当脚手架搭设高度超过24m时,在脚手架全外侧立面上必须设置连续剪刀撑;③对于悬挑脚手架,在脚手架全外侧立面上必须设置连续剪刀撑。

(3)剪刀撑斜杆与地面的倾角宜为45°~60°。

(4)剪刀撑应采用旋转扣件与门架立杆扣紧。

(5)剪刀撑斜杆应采用搭接接长,搭接长度不宜小于1000mm,搭接处应采用3个及以上旋转扣件扣紧。

(6)每道剪刀撑的宽度不应大于6个跨距,且不应大于10m;也不应小于4个跨距,且不应小于6m。设置连续剪刀撑的斜杆水平间距宜为6m~8m。

(7)门式脚手架应在门架两侧的立杆上设置纵向水平加固杆,并应采用扣件与门架立杆扣紧。水平加固杆设置应符合下列要求:①在顶层、连墙件设置层必须设置;②当脚手架每步铺设挂扣式脚手板时,至少每4步应设置一道,并宜在有连墙件的水平层设置;③当脚手架搭设高度小于或等于40m时,至少每两步门架应设置一道;当脚手架搭设高度大于40m时,每步门架应设置一道;④在脚手架的转角处、开口型脚手架端部的两个跨距内,每步门架应设置一道;⑤悬挑脚手架每步门架应设置一道;⑥在纵向水平加固杆设置层面上应连续设置。

(8)门式脚手架的底层门架下端应设置纵、横向通长的扫地杆。纵向扫地杆应固定在距门架立杆底端不大于200mm处的门架立杆上,横向扫地杆宜固定在紧靠纵向扫地杆下方的门架立杆上。

4. 杆件与锁件

(1)应按说明书的规定组装脚手架,不得遗漏杆件和锁件。

(2)上下榀门架的组装必须设置连接棒,连接棒与门架立杆配合间隙不应大于2mm。

(3)门式脚手架或模板支架上下榀门架间应设置锁臂,当采用插销式或弹销式连接棒时,可不设锁臂。

(4)门式脚手架组装时,按说明书的要求拧紧各螺栓,不得松动。各部件的锁臂、搭钩必须处于锁住状态。

(5)门架的内外两侧均应设置交叉支撑,并应与门架立杆上的锁销锁牢。

(6)钢梯的设置应符合专项施工方案组装布置图的要求,底层钢梯底部应加设钢管并应采用扣件扣紧在门架直杆上。

(7)在施工作业层外侧周边设置180mm高的挡脚板和两道栏杆，上道栏杆高度应为1.2m，下道栏杆应居中设置。挡脚板和栏杆均应设置在门架立杆的内侧。

(8)加固杆、连墙件等杆件与门架采用扣件连接时，应符合下列规定：①扣件规格应与所连接钢管的外径相匹配；②扣件螺栓拧紧扭力矩值应为40～65N·m；③杆件端头伸出扣件盖板边缘长度不应小于100mm。

5. 脚手板

(1)门式脚手架作业层应连续满铺与门架配套的接扣式脚手板，并应有防止脚手板松动或脱落的措施。当脚手板上有孔洞时，孔洞的内切圆直径不应大于25mm。

(2)脚手板材质必须符合规范和施工方案的要求。

(3)脚手板必须按要求绑牢，不得出现探头板。

6. 架体防护

(1)门式脚手架的内侧立杆离墙面净距不宜大于150mm；当大于150mm时，应采取内设挑架板或其他隔离防护的安全措施。

(2)满堂脚手架中间设置通道口时，通道口底层门架可不设垂直通道方向的水平加固杆和扫地杆，通道口上部两侧应设置斜撑杆，并应按现行行业标准《建筑施工高处作业安全技术规范》(JGJ 80—1991)的规定在通道口上部设置防护层。

(3)脚手架外侧随着脚手架的升高，应按规定设置密目式安全网，必须扎牢、密实，形成全封闭的防护立网。

(4)作业层应在外侧立杆1.2m和0.6m处设置上、中两道防护栏杆。

(5)作业层外侧应设置高度不小于180mm的挡脚板。

(6)架体外侧应使用密目式安全网进行封闭；

(7)架体作业层脚手板下应用安全网双层兜底，以下每隔10m应用安全平网封闭。

7. 材质

(1)门架及其配件的规格、性能和质量应符合行业标准《门式钢管脚手架》(JGJ 13—1999)的规定，并应有出厂合格证明书及产品标志。

(2)门式脚手架是以定型的门式框架为基本构件的脚手架，其杆件严重变形将难以组装，其承载力、刚度和稳定性都将被削弱，隐患严重，因此，严重变形的杆件不得使用。

(3)杆件焊接后不得出现局部开焊现象。

(4)交叉支撑、锁臂、连接棒是门架组装时的主要连接件。交叉支撑、锁臂是挂在门架立杆锁柱上的，锁柱外端应有止退卡销。连接棒与门架立杆组装时一般带有止退的插锚，无插销时应使用锁臂。脚手板、钢梯与门架连接是采用挂扣式连接的，端部有防止脱落的卡紧装置。

(5)底座和托座是门式脚手架中的主要受力构件，其材质性能必须保证。可锻铸铁件、铸造碳钢件的牌号，是参照其他同类国家现行标准确定的。

(6)连接$\Phi42$钢管的扣件性能、质量应符合《钢管脚手架扣件》(GB 15831—2006)的要求。分别连接$\Phi42$与$\Phi48$钢管的扣件，为便于分辨，生产厂家应作出明显标记。

(7)悬挑脚手架的悬挑支撑结构需采用型钢制作。U形钢筋拉环或锚固螺栓材质经检验符合标准要求，是为了防止发生锚固筋脆断。

8. 荷载

(1)用于结构和装修施工的施工均布荷载标准值,是根据对国内施工现场的调查及国外同类标准确定的。门式钢管脚手架主要用于外墙装修和结构施工,装修施工层荷载一般不超过2.0kN/m^2,结构施工层荷载一般不超过3.0kN/m^2。施工时严禁超载使用。

(2)脚手架操作层上,施工荷载要堆放均匀,不应集中,并不得存放大宗材料或过重的设备。

9. 通道

(1)门式脚手架必须设置供施工人员上下的专用通道,禁止在脚手架外侧随意攀登,以免发生伤亡事故;同时,防止支撑杆件变形,影响脚手架的正常使用。

(2)作业人员上下脚手架的斜梯应采用挂扣式钢梯,并宜采用“之”字形设置,一个梯段宜跨越两步或三步门架再行转折。

(3)钢梯规格应与门架规格配套,并应与门架挂扣牢固。

(4)钢梯应设栏杆扶手、挡脚板。

10. 搭设与拆除

(1)搭设

1)门式脚手架与模板支架的搭设程序应符合下列规定:①门式脚手架的搭设应与施工进度同步,一次搭设高度不宜超过最上层连墙件两步,且自由高度不应大于4m;②满堂脚手架和模板支架在采用逐列、逐排和逐层的方法搭设;③门架的组装应自一端向另一端延伸,应自下而上按步架设,并应逐层改变摆设方向;不应自两端相向搭设或自中间向南端搭设;④每搭设完两步门架后,应校验门架的水平度及立杆的垂直度。

2)搭设门架及配件除应符合《建筑施工门式钢管脚手架安全技术规范》(JGJ 128—2010)第6章的规定外,尚应符合下列要求:①交叉支撑、脚手板应与门架同时安装;②连接门架的锁臂、挂钩必须处于锁住状态;③钢梯的设置应符合专项施工方案组装布置图的要求,底层钢梯底部应加设钢管并应采用扣件扣紧在门架直杆上;④在施工作业层外侧周边应设置180mm高的挡脚板和两道栏杆,上道栏杆高度应为1.2m,下道栏杆应居中设置。挡脚板和栏杆均应设置在门架立杆的内侧。

3)加固杆的搭设除应符合《建筑施工门式钢管脚手架安全技术规范》(JGJ 128—2010)第6.3节和第6.9节~6.11节的规定外,尚应符合下列要求:①水平加固杆、剪刀撑等加固杆件必须与门架同步搭设;②水平加固杆应设于门架立杆内侧,剪刀撑应设于门杆外侧。

4)门式脚手架连墙件的安装必须符合下列规定:①连墙件的安装必须随脚手架搭设同步进行,严禁滞后安装;②当脚手架操作层高出相邻连墙件以上两步时,在连墙件安装完毕前必须采用确保脚手架稳定的临时拉结措施。

5)加固杆、连墙件等杆件与门架采用扣件连接时,应符合下列规定:①扣件规格应与所连接钢管的外径相匹配;②扣件螺栓拧紧扭力矩值应为40~65N·m;③杆件端头伸出扣件盖板边缘长度不应小于100mm。

6)悬挑脚手架的搭设应符合《建筑施工门式钢管脚手架安全技术规范》(JGJ 128—2010)第6.1节~6.5节和第6.9节的要求,搭设前应检查预埋件和支承型钢悬挑梁的混凝土强度。

7)门式脚手架通道口的搭设应符合《建筑施工门式钢管脚手架安全技术规范》

(JGJ 128—2010)第 6.6 节的要求,斜撑杆、托架梁及通道口两侧的门架立杆加强杆件应与门架同步搭设,严禁滞后安装。

8)满堂脚手架与模板支架的可调底座、可调托座宜采取防止砂浆、水泥浆等污物填塞螺纹的措施。

(2)拆除

1)架体的拆除应按拆除方案施工,并应在拆除前做好下列准备工作:①应对将拆除的架体进行拆除前的检查;②根据拆除前的检查结果补充完善拆除方案;③清除架体上的材料、杂物及作业面的障碍物。

2)拆除作业必须符合下列规定:①架体的拆除应从上而下逐层进行,严禁上下同时作业;②同一层的构配件和加固杆件必须按先上后下、先外后内的顺序进行拆除;③连墙件必须随脚手架逐层拆除,严禁先将连墙件整层或数层拆除后再拆架体。拆除作业过程中,当架体的自由高度大于两步时,必须加设临时拉结;④连接门架的剪刀撑等加固杆件必须在拆卸该门架时拆除。

3)拆卸连接部件时,应先将止退装置旋转至开启位置,然后拆除,不得硬拉,严禁敲击。拆除作业中,严禁使用手锤等硬物击打、撬别。

4)当门式脚手架需分段拆除时,架体不拆除部分的两端应按《建筑施工门式钢管脚手架安全技术规范》(JGJ 128—2010)第 6.5.3 条的规定采取加固措施后再拆除。

5)门架与配件应采用机械或人工运至地面,严禁抛投。

6)拆卸的门架与配件、加固杆等不得集中堆放在未拆架体上,并应及时检查、整修与保养,并宜按品种、规格分别存放。

3.3.5　挂脚手架施工安全技术措施

挂脚手架是指将脚手架提前组装好,在靠墙的脚手架上焊竖向槽钢,在墙上预留孔,用螺杆将脚手架固定附着在外墙上,提升时用塔吊吊住脚手架,卸下螺杆,提升后再挂到上层外墙上。建筑施工采用的挂脚手架,必须按有关规范、标准进行设计、搭设与验收,并按《建筑施工安全检查标准》(JGJ 59—2011)对挂脚手架的安全检查要求进行检查。

1. 编制施工方案

(1)挂脚手架施工前,应根据工程具体特点和施工条件等编制挂架的施工方案,方案应包括材质、制作、安装、验收、使用及拆除等主要内容,方案应详细、具体、针对性强,并应附有设计计算书,施工方案必须履行有关审批手续。

(2)设置挂点的结构构件,必须进行强度和稳定性验算。

(3)挂架的预埋件的制作、安装,钢架的制作与安装等,应按施工方案及有关规范、标准进行,并绘制制作与安装详图。

(4)挂脚手架的挂点必须有足够的强度,塑性和使用安全系数。

2. 制作与组装

(1)架体材料规格及制作组装应符合施工方案要求和有关规范、标准的规定。

(2)挂脚手架设计的关键是悬挂点。悬挂点不论采用哪种方式,都必须进行设计,挂点设计要合理全面。

(3)挂脚手架的跨度不得大于2m,否则脚手板跨度过大,易发生断裂,因此,挂脚手架的悬挂点间距不得超过2m。

3. 材质

(1)使用的钢材及焊条应有材质证明书。

(2)重复使用的钢架应认真检查,往往因拆除时,钢架从高处往下扔造成局部开焊或变形,必须修复合格后再使用。

(3)架体和预埋悬吊构件的质量都必须符合《碳素结构钢》(GB/T 700—2006)中Q235—A级钢的规定。

(4)各类杆件不得有弯曲、变形、开裂。应用木、竹、钢脚手板时,其材质也应符合相应材料要求。

(5)脚手架要满铺、绑牢,不得有探头板。

4. 脚手板

(1)铺设脚手板时,首先检查挂脚手架切实挂牢后才可进行。

(2)挂架不得使用竹脚手板,应使用50mm厚杉木或松木板,不得使用竹脚手板等脆性木板。木脚手板宽度以200~300mm为宜,凡是腐朽、扭曲、斜纹、破裂和大横透节的不得使用。

(3)应该认真挑选无枯节、无腐朽、韧性好的木板,板必须长出支点200mm以上。不得出现探头板。

(4)脚手板要铺满铺严,沿长度方向搭接后与脚手架绑扎牢固,禁止出现探头板。当遇拐角处应将挂架子用立网封闭,把探头板封在外面,或另采用可靠措施,将脚手板通长交错铺严,避免出现探头板。

5. 荷载

(1)挂脚手架施工荷载为1kN/m^2,严禁超载使用,并避免荷载集中。

(2)挂脚手架的跨度一般不大于2m,不得超过2人同时作业;上下挂架及操作时动作要轻,不得往挂架上跳;脚手架上也不得存放过多材料。

6. 架体防护

(1)施工层脚手架外侧要设置1.2m高的防护栏杆和18mm高的挡脚板,防止作业人员坠落和脚手板上物料滚落。

(2)脚手架外侧应按规定设置密目式安全网,必须扎牢、密实,形成全封闭的防护立网。

(3)脚手架底部应设置安全平网或同时设置密目网与平网,以防落人或落物。

7. 交底与验收

(1)挂脚手架必须按设计图纸进行制作或组装,制作、组装完成应按规定进行验收,验收合格后相关人员在验收单上签字,完备验收手续。

(2)挂脚手架在使用前,要在近地面处按要求进行载荷试验(加载试验至少在4h以上),载荷试验应有记录,试验合格并履行相关手续后,方可使用。

(3)挂脚手架每次移挂完成使用前,应进行检查验收,验收人员要在验收单上签署验收结论,验收合格方可使用。

(4)挂脚手架安装或使用前,施工员应对操作人员进行书面交底,交底要有记录,交底双方应在交底记录上签字,手续齐全。

8. 安装人员

(1)挂架组装、安装人员应接受专业技术培训,并考试合格,取得上岗证,持证上岗。

(2)挂架的安装和脚手板的铺设属高处作业,安装人员应戴好安全帽,系好安全带,不得站立在起重机械上操作。

3.3.6　吊篮脚手架施工安全技术措施

吊篮脚手架是在屋面设置挑杆,伸出外墙不小于 1500mm,在挑出的杆上设置钢丝绳,绳下吊脚手架或吊篮,其升降方式分手动式提升和电动式提升。吊篮脚手架必须按《高处作业吊篮》(GB 19155—2003)及有关规范、标准进行设计、制作、安装、验收与使用,并按对吊篮脚手架的安全检查要求进行检查。

1. 编制施工方案

(1)吊篮脚手架施工前,应根据工程具体特点和施工条件等编制吊篮脚手架的施工方案,方案应包括材质、制作、安装、验收、使用及拆除等主要内容,方案应详细、具体、针对性强,并应附有设计计算书,施工方案必须履行有关审批手续。

(2)方案中必须有吊篮和挑梁的设计,应对吊篮脚手架的挑梁、吊篮、吊绳、手动或电动葫芦等进行设计计算,并绘制施工图。

(3)如果吊篮脚手架为工厂生产的产品,则应有产品出厂合格证,厂家应向用户提供安装和使用说明书。

2. 制作与组装

(1)挑梁一般用工字钢或槽钢制成,用 U 形锚环或预埋螺栓固定在屋顶上。

(2)挑梁必须按设计要求与主体结构固定牢靠。承受挑梁拉力的预埋吊环,应用直径不小于 16mm 的圆钢,埋入混凝土的长度不小于 360mm,并与主筋焊接牢固。挑梁的挑出端应高于固定端,挑梁之间纵向应用钢管或其他材料连接成一个整体。

(3)挑梁挑出长度应使吊篮钢丝绳垂直于地面。

(4)必须保证挑梁抵抗力矩大于倾覆力矩的 3 倍。

(5)当挑梁采用压重时,配重的位置和重量应符合设计要求,并采取固定措施。

(6)吊篮平台可采用焊接或螺栓连接进行组装,禁止使用钢管扣件连接。

(7)电动(手扳)葫芦必须有产品合格证和说明书,非合格产品不得使用。

(8)吊篮组装后应经加载试验,确认合格后,方可使用,有关参加试验人员应在试验报告上签字。脚手架上标明允许载重量。

3. 安全装置

(1)使用手扳葫芦时应设置保险卡,保险卡要能有效限制手扳葫芦的升降,防止吊篮平台发生下滑。

(2)吊篮组装完毕,经检查合格后,接上钢丝绳,同时将提升钢丝绳和保险绳分别插入提升机构及安全锁中,使用中必须有两根直径为 12.5mm 以上的钢丝绳做保险绳,接头卡扣不少于 3 个,不准使用有接头的钢丝绳。

(3)当使用吊钩时,应有防止钢丝绳滑脱的保险装置(卡子),将吊钩和吊索卡死。

(4)吊篮内作业人员,必须系安全带,安全带挂钩应挂在作业人员上方固定的物体上,不准挂在吊篮工作钢丝绳上,以防工作钢丝绳断开。

4. 脚手板

(1)脚手板必须满铺,按要求将脚手扳与脚手架绑扎牢固。

(2)吊篮脚手架可使用木脚手板或钢脚手板。木脚手板应为50cm厚杉木板或松木板,不得使用脆性木材,凡是腐朽、扭曲、斜纹、破裂和大横透节的不得使用;钢脚手板应有防滑措施。

(3)脚手板搭接时搭接长度不得小于200mm,不得出现探头板。

5. 防护措施

(1)吊篮脚手架外侧应设高度1.2m以上的两道防护栏杆及180mm高的挡脚板,内侧应设置高度不小于800mm的防护栏杆。防护栏杆及挡脚板材质要符合要求,安装要牢固。

(2)吊篮脚手架外侧应用密目式安全网整齐封闭。

(3)单片吊篮升降时,两端应加设防护栏杆,并用密目式安全网封闭严密。

6. 防护顶板

(1)当有多层吊篮进行上下立体交叉作业时,不得在同一垂直方向上操作。上下作业的位置,必须处于依上层高度确定的可能坠落范围半径之外。不符合以上条件时,应设置安全防护层,即防护顶板。

(2)防护顶板可用5mm厚木板,也可采用其他具有足够强度的材料。防护顶板应绑扎牢固、铺满,能承受坠落物的冲击,不会砸破贯通,起到防护作用。

7. 架体稳定

(1)为了保证吊篮安全使用,当吊篮脚手架升降到位后,必须将吊篮与建筑物固定牢固;吊篮内侧两端应装有可伸缩的附墙装置,使吊篮在工作时与结构面靠紧,以减少架体的晃动。确认脚手架已固定、不晃动以后方可上人作业。

(2)吊篮钢丝绳应随时与地面保持垂直,不得斜拉。吊篮内侧与建筑物的间距(缝隙)不得过大,一般为100~200mm。

8. 荷载

(1)吊篮脚手架的设计施工荷载为1kN/m^2,不得超载使用。

(2)脚手架上堆放的物料不得过于集中。

9. 升降操作应注意的项目

(1)操作升降作业属于特种作业,作业人员应经过培训,考试合格后颁发上岗资格证,持证上岗且应固定岗位。

(2)升降时不超过2人同时作业,其他非升降操作人员不得在吊篮内停留。

(3)单片吊篮升降时,可使用手扳葫芦;两片或多片吊篮连在一起同步升降时,必须采用电动葫芦,并有控制同步升降的装置。

3.3.7 附着式升降脚手架施工安全技术措施

附着式升降脚手架设备是本世纪初快速发展起来的新型脚手架技术,对我国施工技术进步具有重要影响。它是沿结构外表面满搭的脚手架,它将高处作业变为低处作业,将悬空作业变为架体内部作业,具有显著的低碳性,高科技含量和更经济、更安全、更便捷等特点。在结构和装修工程施工中应用较为方便,但费料耗工,一次性投资大,工期也长。因此,近年来在高层建筑及筒仓、竖井、桥墩等施工中发展了多种形式的外挂脚手架，其中应用较为广泛的是升降式脚手架，包括自升降式、互升降式、整体升降式三种类型。

升降式脚手架主要特点是：①脚手架不须满搭，只搭设到满足施工操作及安全各项要求的高度；②地面不须做支撑脚手架的坚实地基，也不占施工场地；③脚手架及其上承担的荷载传递给与之相连的结构，对这部分结构的强度有一定要求；④随施工进程，脚手架可随之沿外墙升降，结构施工时由下往上逐层提升，装修施工时由上往下逐层下降。

1. 自升降式脚手架

自升降式脚手架的升降运动是通过手动或电动倒链交替对活动架和固定架进行升降来实现的。从升降架的构造来看，活动架和固定架之间能够进行上下相对运动。当脚手架工作时，活动架和固定架均用附墙螺栓与墙体锚固，两架之间无相对运动；当脚手架需要升降时，活动架与固定架中的一个架子仍然锚固在墙体上，使用倒链对另一个架子进行升降，两架之间便产生相对运动。通过活动架和固定架交替附墙，互相升降，脚手架即可沿着墙体上的预留孔逐层升降。

(1)施工前准备　按照脚手架的平面布置图和升降架附墙支座的位置，在混凝土墙体上设置预留孔。预留孔尽可能与固定模板的螺栓孔结合布置，孔径一般为40～50mm。为使升降顺利进行，预留孔中心必须在一直线上。脚手架爬升前，应检查墙上预留孔位置是否正确，如有偏差，应预先修正，墙面突出严重时，也应预先修平。

(2)安装　该脚手架的安装在起重机配合下按脚手架平面图进行。先把上、下固定架用临时螺栓连接起来，组成一片，附墙安装。一般每两片为一组，每步架上用4根φ48×3.5钢管作为大横杆，把两片升降架连接成一跨，组装成一个与邻跨没有牵连的独立升降单元体。附墙支座的附墙螺栓从墙外穿入，待架子校正后，在墙内紧固。对壁厚的筒仓或桥墩等，也可预埋螺母，然后用附墙螺栓将架子固定在螺母上。脚手架工作时，每个单元体共有8个附墙螺栓与墙体锚固。为了满足结构工程施工，脚手架应超过结构一层的安全作业需要。在升降脚手架上墙组装完毕后，用φ48×3.5钢管和对接扣件在固定架上面再接高一步。最后在各升降单元体的顶部扶手栏杆处设临时连接杆，使之成为整体，内侧立杆用钢管扣件与模板支撑系统拉结，以增强脚手架的整体稳定。

(3)爬升　爬升可分段进行，视设备、劳动力和施工进度而定，每个爬升过程提升1.5～2m，每个爬升过程分两步进行(图3-3-9)。

① 爬升活动架。解除脚手架上部的连接杆，在一个升降单元体两端升降架的吊钩处，各配置1只倒链，倒链的上、下吊钩分别挂入固定架和活动架的相应吊钩内。操作人员位于活动架上，倒链受力后卸去活动架附墙支座的螺栓，活动架即被倒链挂在固定架上，然后在两端同步提升，活动架即呈水平状态徐徐上升。爬升到达预定位置后，将活动架用附墙螺栓与墙体锚固，卸下倒链，活动架爬升完毕。

② 爬升固定架。同爬升活动架相似，在吊钩处用倒链的上、下吊钩分别挂入活动架和固定架的相应吊钩内，倒链受力后卸去固定架附墙支座的附墙螺栓，固定架即被倒链挂吊在活动架上。然后在两端同步抽动倒链，固定架即徐徐上升，同样爬升至预定位置后，将固定架用附墙螺栓与墙体锚固，卸下倒链，固定架爬升完毕。

至此，脚手架完成了一个爬升过程。待爬升一个施工高度后，重新设置上部连接杆，脚手架进入工作状态，以后按此循环操作，脚手架即可不断爬升，直至结构到顶。

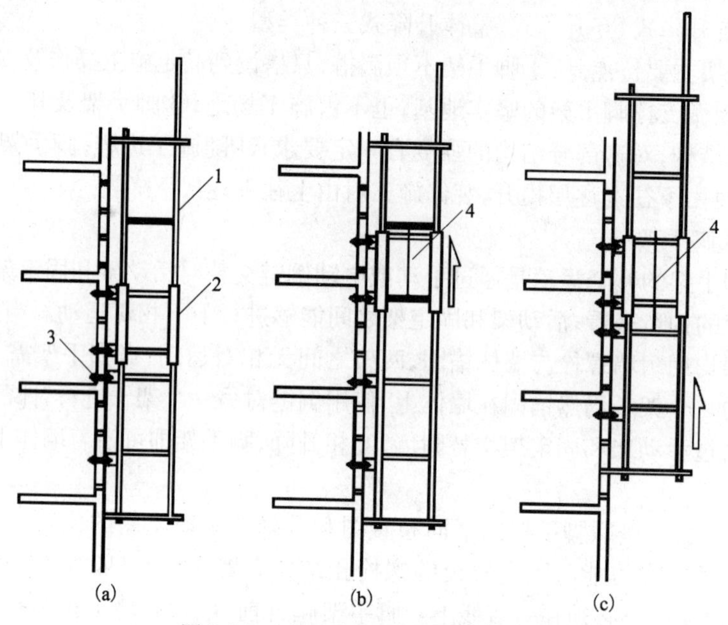

图 3-3-9　自升降式脚手架爬升过程

(a)爬升前的位置；(b)活动架爬升(半个层高)(c)固定架爬升(半个层高)

1—活动架；2—固定架；3—附墙螺栓；4—倒链

(4)下降　与爬升操作顺序相反，顺着爬升时用过的墙体预留孔倒行，脚手架即可逐层下降，同时把留在墙面上的预留孔修补完毕，最后脚手架返回地面。

(5)拆除　拆除时设置警戒区，有专人监护，统一指挥。先清理脚手架上的垃圾杂物，然后自上而下逐步拆除。拆除升降架可用起重机、卷扬机或倒链。升降机拆下后，要及时清理整修和保养，以利于重复使用，运输和堆放均应设置地楞，防止变形。

2. 互升降式脚手架

互升降式脚手架将脚手架分为甲、乙两种单元，通过倒链交替对甲、乙两单元进行升降。当脚手架需要工作时，甲单元与乙单元均用附墙螺栓与墙体锚固，两架之间无相对运动；当脚手架需要升降时，一个单元仍然锚固在墙体上，使用倒链对相邻一个架子进行升降，两架之间便产生相对运动。通过甲、乙两单元交替附墙，相互升降，脚手架即可沿着墙体上的预留孔逐层升降。

互升降式脚手架的性能特点是：①结构简单，易于操作控制；②架子搭设高度低，用料省；③操作人员不在被升降的架体上，增加了操作人员的安全性；④脚手架结构刚度较大，附墙的跨度大。它适用于框架剪力墙结构的高层建筑、水坝、筒体等施工。

具体操作过程如下：

(1)施工前准备　施工前应根据工程设计和施工需要进行布架设计，绘制设计图，编制施工组织设计，编订施工安全操作规定。在施工前还应将互升降式脚手架所需要的辅助材料和施工机具准备好，并按照设计位置预留附墙螺栓孔或设置好预埋件。

(2)安装　互升降式脚手架的组装可有两种方式：一种是在地面组装好单元脚手架，再用塔式起重机吊装就位；另一种是在设计爬升位置搭设操作平台，在平台上逐层安装。爬架组装固定后的允许偏差应满足：沿架子纵向垂直偏差不超过30mm；沿架子横向垂直偏差不超过20mm；沿架子水平偏差不超过30mm。

（3）爬升　脚手架爬升前应进行全面检查，检查的主要内容有：预留附墙连接点的位置是否符合要求，预埋件是否牢靠；架体上的横梁设置是否牢固；提升降单元的导向装置是否可靠；升降单元与周围的约束是否解除，升降有无障碍；架子上是否有杂物；所适用的提升设备是否符合要求等。当确认以上各项都符合要求后方可进行爬升（图3-3-10），提升到位后，应及时将架子同结构固定，然后用同样的方法对与之相邻的单元脚手架进行爬升操作，待相邻的单元脚手架升至预定位置后，将两单元脚手架连接起来，并在两单元操作层之间铺设脚手。

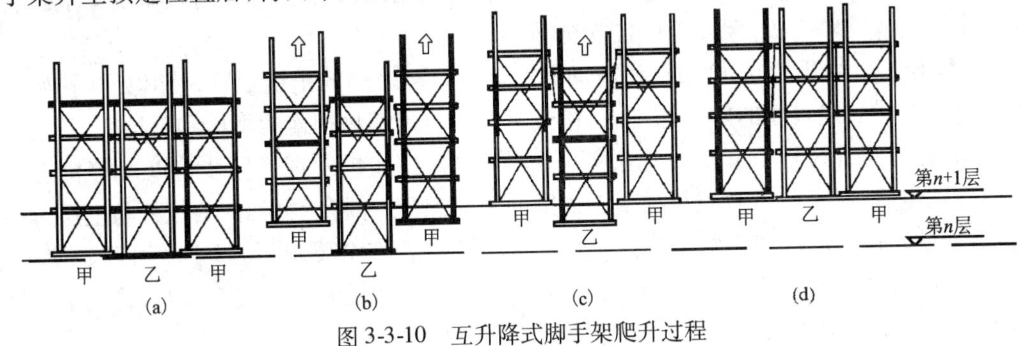

图3-3-10　互升降式脚手架爬升过程

（a）第 n 层作业；（b）提升甲单元；（c）提升乙单元；（d）第 $n+1$ 层作业

（4）下降　与爬升操作顺序相反，利用固定在墙体上的架子对相邻的单元脚手架进行下降操作，同时把留在墙面上的预留孔修补完毕，最后脚手架返回地面。

（5）拆除　爬架拆除前应清理脚手架上的杂物。拆除爬架有两种方式：一种是同常规脚手架拆除方式，采用自上而下的顺序，逐步拆除；另一种用起重设备将脚手架整体吊至地面拆除。

3. 整体升降式脚手架

在超高层建筑的主体施工中，整体升降式脚手架有明显的优越性，它结构整体好、升降快捷方便、机械化程度高、经济效益显著，是一种很有推广使用价值的超高建（构）筑外脚手架，被住房和城乡建设部列入重点推广的10项新技术之一。

整体升降式外脚手架以电动倒链为提升机，使整个外脚手架沿建筑物外墙或柱整体向上爬升。搭设高度依建筑物施工层的层高而定，一般取建筑物标准层4个层高加1步安全栏的高度为架体的总高度。脚手架为双排，宽以0.8～1m为宜，里排杆离建筑物净距0.4～0.6m。脚手架的横杆和立杆间距都不宜超过1.8m，可将1个标准层高分为2步架，以此步距为基数确定架体横、立杆的间距。

架体设计时可将架子沿建筑物外围分成若干单元，每个单元的宽度参考建筑物的开间而定，一般在5～9m之间。

（1）施工前的准备　按平面图先确定承力架及电动倒链挑梁安装的位置和个数，在相应位置上的混凝土墙或梁内预埋螺栓或预留螺栓孔。各层的预留螺栓或预留孔位置要求上下相一致，误差不超过10mm。

加工制作型钢承力架、挑梁、斜拉杆。准备电动倒链、钢丝绳、脚手管、扣件、安全网、木板等材料。

因整体升降式脚手架的高度一般为4个施工层层高，在建筑物施工时，由于建筑物的最下几层层高往往与标准层不一致，且平面形状也往往与标准层不同，所以一般在建筑物主体施工到3~5层时开始安装整体脚手架，下面几层施工时往往要先搭设落地外脚手架。

（2）安装　先安装承力架，承力架内侧用M25~M30的螺栓与混凝土边梁固定，承力架外侧用斜拉杆与上层边梁拉结固定，用斜拉杆中部的花篮螺栓将承力架调平，再在承力架上面搭设架子，安装承力架上的立杆，然后搭设下面的承力桁架。再逐步搭设整个架体，随搭随设置拉结点，并设斜撑。在比承力架高2层的位置安装工字钢挑梁，挑梁与混凝土边梁的连接方法与承力架相同。电动倒链挂在挑梁下，并将电动倒链的吊钩挂在承力架的花篮挑梁上。在架体上每个层高满铺厚木板，架体外面挂安全网。

（3）爬升　短暂开动电动倒链，将电动倒链与承力架之间的吊链拉紧，使其处在初始受力状态。松开架体与建筑物的固定拉结点，松开承力架与建筑物相连的螺栓和斜拉杆，开动电动倒链开始爬升，爬升过程中应随时观察架子的同步情况，如果发现不同步应及时停机进行调整。爬升到位后，先安装承力架与混凝土边梁的紧固螺栓，并将承力架的斜拉杆与上层边梁固定，然后安装架体上部与建筑物的各拉结点。待检查符合安全要求后，脚手架可开始使用，进行上一层的主体施工。在新一层主体施工期间，将电动倒链及其挑梁摘下，用滑轮或手动倒链转至上一层重新安装，为下一层爬升做准备（图3-3-11）。

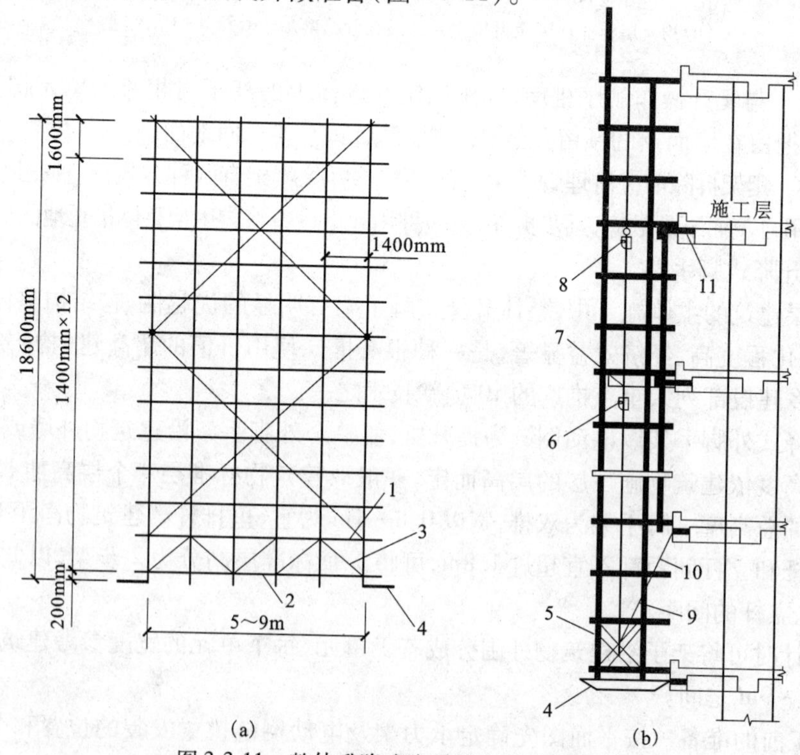

图3-3-11　整体升降式脚手架爬升过程示意

（a）立面图；（b）侧面图

1—上弦杆；2—下弦杆；3—承力桁架；4—承力架；5—斜撑；6—电动倒链；7—桃架；8—倒链；9—花篮螺栓；10—拉杆；11—螺栓

(4)下降　与爬升操作顺序相反,利用电动倒链顺着爬升用的墙体预留孔倒行,脚手架即可逐层下降,同时把留在墙面上的预留孔修补完毕,最后脚手架返回地面。

(5)拆除　爬架拆除前应清理脚手架上的杂物,拆除方式与互升式脚手架类似。

3.3.8　脚手架的拆除要求

1. 脚手架拆除作业前,应根据国家有关规范标准制定详细的拆除施工方案和安全技术措施,并对全体参加作业人员进行技术安全交底,在统一指挥下,按照确定的方案进行拆除作业。

(1)拆除作业必须由上而下逐层进行,严禁上下同时作业,连墙杆必须随脚手架逐层拆除,严禁先将连墙杆整层或数层拆除后再拆脚手架;分段拆除高差不应大于2步,如高差大于2步,应增设连墙杆加固,当脚手架拆至下部最后一根立杆的高度(约6.5m)时,应先在适当的位置搭设临时抛撑加固后,再拆除连墙杆。

(2)各构配件严禁抛掷至地面,运至地面的构配件按规定及时检查、整修与保养,并按品种、规格随时码堆存放。

2. 拆除脚手架时,应划分作业区,周围设围挡或设立警戒标志,地面设专人指挥,禁止非作业人员入内。

3. 一定要按照先上后下、先外后里、先架面材料后构架材料、先辅件后结构件和先结构件后附墙件的顺序,一件一件地松开联结,取出并随即吊下(或集中到毗邻的未拆除的架面上,扎捆后吊下)。

4. 拆卸脚手板、杆件、门架及其他较长、较重、有两端联结的部件时,必须要两人或多人一组进行。禁止单人进行拆卸作业,防止把持杆件不稳、失衡而发生事故。拆除水平杆件时,松开联结后,水平托取下。拆除立杆时,在把稳上端后,再松开下端联结取下。

5. 架子工作业时,必须戴安全帽、系安全带、穿胶鞋或软底鞋。所用材料要堆放平稳,工具应随手放入工具袋,上下传递物件时不能抛扔。

6. 多人或多组进行拆卸作业时,应加强指挥,并相互询问和协调作业步骤,严禁不按程序进行任意拆卸。

(1)操作层铺板不满,有间隙,离墙间距大于200mm。

(2)脚手板长短不齐,探头过大,脚手架作业层不设置挡脚板,小横杆间距大,脚手架端面不设护栏,脚手架作业层下净空超过3m不设水平兜网。

(3)拆除时未设警戒区或派专人警戒,不检查各位的连接情况,不按顺序拆除连墙杆,杆件上带有扣件,习惯做法是往下抛掷。

7. 因拆除上部或一侧的附墙联结而使架子不稳时,应加设临时撑拉措施,以防因架子晃动影响作业安全。

8. 严禁将拆卸下的杆部件和材料向地面抛掷。已吊至地面的架设材料应随时运出拆卸区域,保持现场整洁。

9. 连墙杆应随拆除进度逐层拆除,拆除前,应设立临时支柱。

10. 拆除时严禁碰撞附近电源线,以防发生事故。

11. 拆下的材料应用绳索拴住,利用滑轮放下,严禁抛扔。

12. 在拆架过程中,不能中途换人,如需要中途换人,应将拆除情况交接清楚后方可离开。

13. 拆除的脚手架或配件，应分类保存并进行保养。

3.3.9　脚手架的使用与防电、避雷措施

《施工现场临时用电安全技术规范（附条文说明）》（JGJ 46—2005）对脚手架的防电、避雷措施作了明确规定。

1. 脚手架的防电措施

脚手架的周边与外电架空线路的边线之间的最小安全操作距离应符合表3-3-6的规定。

表3-3-6　在建工程（含脚手架具）的周边与外电架空线路的边线之间的最小安全操作距离

外电线路电压等级（kV）	<1	1～10	35～110	220	330～500
最小安全操作距离（m）	4.0	6.0	8.0	10	15

注：上、下脚手架的斜道不宜设在有外电线路的一侧。

2. 脚手架的避雷措施

（1）施工现场内的钢脚手架，当在相邻建筑物、构筑物等设施的防雷装置接闪器的保护范围以外时，应按表3-3-7的规定安装防雷设置。

表3-3-7　施工现场内机械设备及高架设施需安装防雷装置的规定

地区年平均雷爆日（d）	机械设备高度（m）
≤15	≥50
>15，<40	≥32
≥40，<90	≥20
≥90及雷害特别严重地区	≥12

（2）当最高机械设备上避雷针（接闪器）的保护范围能覆盖其他设备，且又最后退出现场时，其他设备可不设防雷装置。

（3）机械设备或设施的防雷引下线可利用该设备或设施的金属结构体，但应保证电气连接。

（4）机械设备上的避雷针（接闪器）长度应为1～2m。

（5）施工现场内所有防雷装置的冲击接地电阻值不得大于30Ω。

3.4　拆除工程施工安全技术措施

施工单位应全面了解拆除工程的图纸和资料，根据建筑拆除工程的特点，进行实地勘察，并应根据国务院《危险性较大工程安全专项施工方案编制及专家论证审查办法》及《建筑拆除工程安全技术规范》（JGJ 147—2004）的规定，编制拆除工程施工组织设计或安全专项施工方案，并按规定履行审批手续。编制施工组织设计要从实际出发，在确保人身和财产安全的前提下，进行科学的组织，实现安全、经济、进度快、扰民小等目标。

3.4.1　拆除工程的分类及施工特点

1. 拆除工程的分类

按拆除的对象分，有民用建筑的拆除、工业厂房的拆除、地基基础的拆除、机械设备的拆

除、工业管道的拆除、电气线路的拆除、施工设施的拆除等；按拆除的程度，可分为全部拆除和部分拆除；按拆下来的建筑构件和材料的利用程度不同，可分为毁坏性拆除和拆卸；按拆除建筑物和拆除物的空间位置不同，可分为地上拆除和地下拆除。

2. 拆除工程的施工特点

拆除是建设的逆过程，具有如下主要特点：

(1)原始技术资料没有新建工程的完善，特别是有些工程历史年代久远，资料散失不全，拆除人员难以全面掌握工程情况，如隐蔽工程的位置及有关技术参数等。

(2)拆除对象及其附属设施的材料性能、老化程度和抗拉抗压等有关技术参数难以评价和检测，对确定拆除方法带来困难。

(3)拆除施工过程中，拆除对象的受力及平衡稳定状态很难掌握，危险程度辨识难度大。

(4)拆除工程的作业场地大都比较狭窄，相邻的建筑物及生产设备、设施密度大，是拆除工程划定影响区域和制订危险区隔离措施的不利条件。

(5)具体从事拆除作业的大多是农民工队伍，缺乏拆除工程的安全管理经验，作业人员缺乏相应的安全知识，安全隐患多。

3. 拆除工程可能发生的安全事故

拆除工程可能发生的安全事故有坍塌、物体打击、高处坠落、机械伤害、起重伤害、爆炸、中毒、火灾等。

2004年原建设部发布了《建筑拆除工程安全技术规范》(JGJ 147—2004)，对拆除工程的施工准备、安全施工管理、安全技术管理、文明施工管理及对各种拆除方式进行了规范，并且明确了建设单位、施工单位和监理单位的职责。

3.4.2　拆除工程施工企业的资质及相关要求

(1)建筑拆除工程必须由具备爆破或拆除专业承包资质的单位实施，严禁将工程非法转包。

(2)拆除工程签订施工合同时，应签订安全生产管理协议。建设单位、监理单位应对拆除工程施工安全负检查督促责任，施工单位应对拆除工程的安全技术管理负直接责任。

(3)建设单位应在拆除工程开工前15日，将下列资料报送建设工程所在地的县级以上地方人民政府建设行政主管部门备案：

① 施工单位资质登记证明。

② 拟拆除建筑物、构筑物及可能危及毗邻建筑的说明。

③ 拆除施工组织方案或安全专项施工方案。

④ 堆放、清除废弃物的措施。

3.4.3　拆除工程的安全管理

1. 安全管理基本要求

(1)项目经理必须对拆除工程的安全生产技术负全面领导责任。项目经理部应按有关规定设专职安全员，检查落实各项安全技术措施。

(2)施工单位应全面了解拆除工程的图纸和资料，进行现场勘察，编制施工组织设计或安全专项施工方案。

(3)拆除工程施工区域应设置硬质封闭及醒目的警示标志,围挡高度不应低于1.8m,非施工人员不得进入施工区。当临街的被拆除建筑与交通道路的安全跨度不能满足要求时,必须采取相应的安全隔离措施。

(4)拆除工程必须制订生产安全事故应急救援预案。

(5)施工单位应为从事拆除作业的人员办理意外伤害保险。

(6)拆除作业时严禁立体交叉作业。

(7)作业人员使用手持机具时,严禁超负荷或带故障运转。

(8)楼层内的施工垃圾,应采用封闭的垃圾道或垃圾袋运下,不得向下抛掷。

(9)根据拆除工程施工现场作业环境,一应制订相应的消防安全措施。施工现场应设置消防车通道,保证充足的消防水源,配备足够的灭火器材。

(10)当拆除工程对周围相邻建筑安全可能产生危险时,必须采取相应保护措施,对建筑内的人员进行撤离安置。

在拆除作业前,施工单位应检查建筑内各类管线情况,确认全部切断后才可施工;在拆除工程作业中,发现不明物体,应停止施工,采取相应的应急措施,保护现场,及时向有关部门报告。

2. 安全技术管理

(1)拆除工程开工前,应根据工程特点、构造情况、工程量等编制施工组织设计或安全专项施工方案,经技术负责人和总监理工程师签字批准后实施。施工过程中,如需变更,应经原审批人批准,才可实施。

(2)在恶劣的气候条件下,严禁进行拆除作业。

(3)当日拆除施工结束后,所有机械设备应远离被拆除建筑。施工期间的临时设施,应与被拆除建筑保持安全距离。

(4)从业人员应办理相关手续,签订劳动合同,进行安全培训,考试合格后才可上岗作业。

(5)拆除工程施工前,必须对施工作业人员进行书面安全技术交底。

(6)拆除工程施工必须建立相应的安全技术档案。内容包括:①拆除工程施工合同及安全管理协议书;②拆除工程安全施工组织设计或安全专项施工方案;③安全技术交底;④脚手架及安全防护设施检查验收记录;⑤劳务用工合同及安全管理协议书;⑥机械租赁合同及安全管理协议书。

(7)施工现场临时用电必须按照国家现行标准《施工现场临时用电安全技术规范》(JGJ 46—2005)的有关规定执行。

(8)拆除工程施工过程中,当发生重大险情或生产安全事故时,应及时启动应急预案排除险情、组织抢救、保护事故现场,并向有关部门报告。

3. 文明施工管理

(1)清运渣土的车辆应封闭或覆盖,出入现场时应有专人指挥。清运渣土的作业时间应遵守工程所在地的有关规定。

(2)对地下的各类管线,施工单位应在地面上设置明显标识。对水、电、气的检查井、污水井应采取相应的保护措施。

(3)拆除工程施工时,应有防止扬尘和降低噪声的措施。

(4)拆除工程完工后,应及时将渣土清运出场。

(5)施工现场应建立健全动火管理制度。施工作业动火时,必须履行动火审批手续,领取动火证后,才可在指定时间、地点作业。作业时应配备专人监护,作业后必须确认无火源危险后才可离开作业地点。

(6)拆除建筑时,当遇有易燃、可燃物及保温材料时,严禁明火作业。

3.4.4　拆除工程的安全技术

1. 人工拆除

人工拆除是指人工采用非动力性工具进行的作业。采用手动工具进行人工拆除的建筑一般为砖木结构,高度不超过6m(二层),面积不大于1000m^2。

拆除施工程序应从上至下,按板、非承重墙、梁、承重墙、柱顺序依次进行,或依照先非承重结构后承重结构的原则进行拆除。分层拆除时,作业人员应在脚手架或稳固的结构上操作,被拆除的构件应有安全的放置场所。

人工拆除建筑墙体时,严禁采用掏掘或推倒的方法。拆除建筑的栏杆、楼梯、楼板等构件时,应与建筑结构整体拆除进度相配合,不得先行拆除。建筑的承重梁、柱,应在其所承载的全部构件拆除后,再进行拆除。

拆除梁或悬挑构件时,应采取有效的下落控制措施后,方可切断两端的支撑。拆除柱子时,应沿柱子底部剔凿出钢筋,使用手拉葫芦定向牵引,再采用气焊切割柱子三面钢筋,保留牵引方向正面的钢筋。

拆除管道及容器时,必须在查清残留物的性质,并采取相应措施确保安全后,才可进行拆除施工。

2. 机械拆除

机械拆除是指以机械拆除为主、人工为辅相配合的拆除施工方法。机械拆除的建筑一般为砖混结构,高度不超过20m(六层),面积不大于5000m^2。

机械拆除建筑时,应从上至下,逐层分段进行,应先拆除非承重结构,再拆除承重结构。拆除框架结构建筑,必须按楼板、次梁、主梁、柱子的顺序进行施工。对只进行部分拆除的建筑,必须先将保留部分加固,再进行分离拆除。

施工中必须由专人负责监测被拆除建筑的结构状态,作好记录。当发现有不稳定状态的趋势时,必须停止作业,采取有效措施,消除隐患。

拆除施工时,应按照施工组织设计选定的机械设备及吊装方案进行施工,严禁超载作业或任意扩大使用范围。供机械设备使用的场地必须保证足够的承载力。作业中机械不得同时回转、行走。

采用双机抬吊作业时,每台起重机荷载不得超过允许荷载的80%,且应对第一吊进行试吊作业,施工中必须保持两台起重机同步作业。

进行高处拆除作业时,较大尺寸的构件或沉重的材料,必须采用起重机具及时吊下。拆卸下来的各种材料应及时清理,分类堆放在指定场所,严禁向下抛掷。

拆除钢屋架时,必须采用绳索将其拴牢,待起重机吊稳后,才可进行气焊切割作业。吊运过程中,应采用辅助措施使被吊物处于稳定状态。

3. 爆破拆除

爆破拆除是指利用炸药爆炸瞬间产生的巨大能量进行建筑拆除的施工方法。采用爆破拆除的建筑一般为混凝土结构,高度超过20m(六层),面积大于5000m²。

爆破拆除工程应根据周围环境作业条件、拆除对象、建筑类别、爆破规模,按照现行国家标准《爆破安全规程》(GB 6722—2003),采取相应的安全技术措施。爆破拆除工程应做出安全评估并经当地有关部门审核批准后才可实施。

从事爆破拆除工程的施工单位,必须持有工程所在地法定部门核发的《爆破物品使用许可证》,承担相应等级的爆破拆除工程。爆破拆除设计人员应具有承担爆炸拆除作业范围和相应级别的爆破工程技术人员作业证。从事爆破拆除施工的作业人员应持证上岗。

爆破器材必须向工程所在地法定部门申请《爆炸物品购买许可证》,到指定的供应点购买。爆破器材严禁赠送、转让、转卖、转借。运输爆破器材时,必须向工程所在地法定部门申请领取《爆炸物品运输许可证》,派专职押运员押送,按照规定路线运输。爆破器材临时保管地点,必须经当地法定部门批准。严禁同室保管与爆破器材无关的物品。

爆破拆除的预拆除施工应确保建筑安全和稳定。预拆除施工可采用机械和人工方法拆除非承重的墙体或不影响结构稳定的构件。

爆破拆除工程的实施除应符合《建筑拆除工程安全技术规范》的爆破要求外,必须按照现行国家标准《爆破安全规程》(GB 6722—2003)规定执行。

4. 安全防护措施

拆除施工采用的脚手架、安全网,必须由专业人员按设计方案搭设,由有关人员验收合格后才可使用。拆除施工严禁立体交叉作业。水平作业时,操作人员应保持安全距离。

安全防护设施验收时,应按类别逐项查验,并有验收记录。作业人员必须配备相应的劳动保护用品,并正确使用。施工单位必须依据拆除工程安全施工组织设计或安全专项施工方案,在拆除施工现场划定危险区域,并设置警戒线和相关的安全标志,应派专人监管。

施工单位必须落实防火安全责任制,建立义务消防组织,明确责任人,负责施工现场的日常防火安全管理工作。

3.4.5 爆破工程

从事爆破作业的施工单位和从事爆破作业的人员,都应有严格的资质要求,必须经工程所在地法定部门的严格审批后,核发《爆炸物品使用许可证》,才能进行爆破工程施工。

1. 爆破材料的储存

为防止爆破器材变质、自燃、爆炸、被盗以及有利于收发和管理,《爆破安全规程》规定,爆破器材必须存放在爆破器材库里。爆破器材库由专门存放爆破器材的主要建(构)筑物和爆破器材的发放、管理、防护和办公等辅助设施组成。爆破器材库按其作用及性质分为总库、分库和发放站;按其服务年限分为永久性库和临时性库两大类;按其所处位置分为地面库和井下爆破器材库等。

2. 爆破材料的运输

爆破器材运输过程中的主要安全要求是防火、防震、防潮、防冻和防瞬爆。爆破材料的运输包括地面运输到用户单位或爆破材料库，以及把爆破材料运输到爆破现场（包括井下运输）。地面运输爆破器材时，必须遵守《中华人民共和国民用爆炸物品管理条例》中有关规定。在井下运输要符合《爆破安全规程》的有关规定。

3. 爆破的最小安全距离

（1）应根据工程情况确定，一般炮孔爆破不小于200m，深孔爆破不小于300m。

（2）炮眼爆破安全措施。

① 装药时严禁使用铁器，且不得炮棍挤压或碰击，以免触发雷管引起爆炸。

② 放炮区要设警戒线，设专人指挥，待装药、堵塞完毕，按规定发出信号，人员撤离，经检查无误后，才准放炮。

③ 同时起爆若干炮眼时，应采用电力起爆或导爆线起爆。

4. 一般爆破工程的安全措施

（1）进入施工现场的所有人员必须戴好安全帽。

（2）人工打炮眼的施工安全措施。

① 打眼前应对周围松动的土石进行清理，若用支撑加固时，应检查支撑是否牢固。

② 打眼人员必须精力集中，锤击要稳、准，并击入钎中心，严禁互相面对面打锤。

③ 随时检查锤头与柄连接是否牢固，严禁使用木质松软，有节疤、裂缝的木柄，铁柄和锤平整，不得有毛边。

（3）机械打炮眼的安全措施。

① 操作中必须精力集中，发现不正常的声音或振动，应立即停机进行检查，并及时排除故障，才准继续作业。

② 换钎、检查风钻加油时，应先关闭风门，才准进行。在操作中不得碰触风门，以免发生伤亡事故。

③ 钻眼机具要扶稳，钻杆与钻孔中心必须在一条直线上。

④ 钻机运转过程中，严禁用身体支撑风钻的转动部分。

⑤ 经常检查风钻有无裂纹，螺栓有无松动，长套和弹簧有无松动、是否完整，确认无误后才可使用，工作时必须戴好风镜、口罩和安全帽。

（4）瞎炮的原因、预防和处理。

1）产生瞎炮的原因。

① 爆破材料质量差。如电雷管导电性较差，导爆索受潮变质，炸药逾期过久，受潮失效。

② 网路敷设质量差。如电爆网（线）连接方法错误、漏接、连接不牢、接触电阻很大、线路损伤或绝缘不好、产生接地、局部漏电、短路，或起爆体制作、装置不符合要求。

③ 在炮眼装药或回填堵塞过程中，炸药与雷管分离而未被发现；导火索、电爆网（线）路受到损坏而断路。

④ 起爆电流不足或电压不稳；网路计算有错误，每组支线的电阻不平衡，其中某一支路未达到所需的最小起爆电流。在同一网路中，采用了不同厂、不同批、不同品种的电雷管。

⑤ 岩石内部有较大裂痕；炮孔内有渗水未采取防水、防潮措施，药包和雷管受潮失效。

2）瞎炮的预防措施。

① 严格认真检查起爆材料（电雷管、导爆索、电线）的质量，精心检测，不合格的作报废处

理，炸药受潮变质的不再使用。

② 严格检查线路敷设质量，逐段检测网路电阻是否与计算值符合。如果发现异常，应查明原因，排除故障。

③ 起爆网路按操作规程认真细致地施工，不可马虎和简单从事。

④ 在炮孔装药或回填堵塞中，细致操作，防止损坏线脚、电网（线）路，防止使雷管与炸药分离，并加强检查。

⑤ 在有水或潮湿的药室内，采取有效的防潮与防水措施。

⑥ 在电爆网络电阻测试中，发现异常情况，应查明原因，待消除故障后才准起爆。

3）瞎炮的处理方法。

① 发现炮孔外的电线和电阻、导火线或电爆网络不合要求，经纠正检查无误后，可重新接通电源起爆。

② 当炮孔深在500mm以内时，可用裸露爆破引爆。炮孔较深时，可用竹木工具小心将炮眼上部堵塞物掏出，用水浸泡并冲洗整个药包，并将拒爆的雷管销毁，也可将上部炸药掏出部分后，再重新装入起爆药起爆。

③ 距炮孔近旁600mm处，重新钻一个与之平行的炮眼，然后装药起爆以销毁原有瞎炮，如炮孔底有剩余药，可重新加药起爆。

④ 深孔瞎炮处理，采用再次爆破，但应考虑相邻已爆破药包后最小抵抗线的改变，以防飞石伤人，如未爆炸药包与埋下岩石混合时，必须将未爆炸药包浸湿后，再进行清除。

⑤ 处理瞎炮过程中，严禁将带有雷管的药包从炮孔内拉出，也不能拉住雷管上的导线，把雷管从炸药包内拉出来。

⑥ 瞎炮应由原装炮人员当班处理，应设置标志，并将装炮情况、位置、方向、药量等详细介绍给处理人员，以达到妥善处理的目的。若工程位于居民区，项目部与爆破公司应提前与周围居民做好安全防护工作，确保爆破工程的顺利施工。禁止进行爆破器材加工和爆破作业人员穿化纤衣服。

3.5 高处作业与安全防护

随着城市化进程的发展，土地资源日益紧缺，建筑物不断向高、深发展，因此，建筑工程施工高处作业越来越多。按照《高处作业分级》（GB/T 3608—2008）及《建筑施工高处作业安全技术规范》（JGJ 80—1991）的规定，“凡在坠落高度基准面2m以上（含2m）有可能坠落的高处进行的作业称为高处作业。”

高处作业的含义有两个：一是可能坠落的底面高度大小或等于2m，即不论在单层、多层或高层建筑物作业，即使是在平地，只要作业处的侧面有可能导致人员坠落的坑、井、洞或空间，其高度达到2m及其以上，就属于高处作业；二是高低差距标准定为2m，因为在一般情况下，当人在2m以上的高度坠落时，就很可能会造成重伤、残疾甚至死亡。

据统计，在建筑工程的职业伤害中，与高处坠落相关的伤亡人数约占职业伤害的39%左右，而架上坠落、悬空坠落、临边坠落和洞口坠落等4个方面，占高处坠落事故的90%左右。为降低高处作业安全事故发生的频率，确保在安全状态下从事高处作业，必须按规定进行安全防护。此外，采用新技术、新工艺、新材料和新结构的高处作业施工，也需要研究和制订安全的施工方案和安全技术措施。

3.5.1　高处作业的一般规定

1. 高处作业的等级及坠落范围

凡在坠落高度基准面2m以上（含2m），有可能坠落的高处进行的作业称为高处作业。根据作业面所处的高度至最低着落点的垂直距离（作业高度）分为四个等级的高处作业，见表3-5-1。

表3-5-1　高处作业等级划分

作业高度（m）	高处作业等级
≥2且≤5	一级高处作业
>5且≤15	二级高处作业
>15且≤30	三级高处作业
>30	特级高处作业

物体从高处坠落时往往呈抛物线轨迹落下，所以应根据物体坠落高度合理确定坠落范围半径，使在坠落范围内做好有效的安全防护措施。一般情况下，坠落范围半径可参考表3-5-2确定。

表3-5-2　坠落范围半径

坠落高度 H（m）	坠落范围半径 R（m）
≥2且≤5	2
>5且≤10	3
>10且≤30	4
>30	≥5

注：悬空作业属于特级高处作业。

2. 高处作业的范围

高处作业包括临边、洞口、攀登、悬空、操作平台及交叉作业，也包括各类基坑、沟槽边等工程的施工作业。

3. 高处作业安全的基本要求

据统计高处作业安全事故发生频率是在土木工程安全事故中历年来一直处于首位，其原因除施工现场主观上安全管理问题外，与高层建筑的作业面宽、楼层多，涉及的工种、机具及设施种类多有关，施工中稍有疏忽，就会酿成事故。因此，针对高处作业施工特点，制定有效的安全管理与技术措施。

（1）落实安全生产的岗位责任制。

（2）实行安全技术交底。

（3）做好安全教育工作，特殊工种作业人员必须持有相应的操作证，并严格按规定定期复查。

（4）定期或不定期地进行安全检查，并对查出的安全隐患落实整改。

(5)施工现场安全没施齐全,且处于良好的安全运行状态,同时应符合国家和地方有关规定。

(6)施工机械(特别是起重设备)必须经安全专业验收合格后方可使用。

3.5.2 临边作业安全防护

在建筑工业施工中,当高处作业中工作面的边缘没有维护设施或维护设施的高度低于80cm时,这一类作业称为临边作业。如基础施工时的基坑周边、框架结构施工时的楼层周边、屋面周边以及尚未安装栏杆的楼梯段、尚未安装栏板的阳台作业等都属于临边作业。在施工现场,临边作业在施工过程中是极易发生坠落事故的场合,不能缺少安全防护设施。

1. 设置临边作业防护措施的基本要求

(1)尚未安装栏杆或栏板的阳台、料台与挑平台两边、雨篷与挑檐边,无外脚手架的屋面与楼层周边及水箱与水塔周边等处,都必须设置防护栏杆。

(2)墙高度超过3.2m的二层楼面周边,以及无外脚手架的高度超过3.2m楼层周边,必须在外围架设安全平网一道。

(3)施工的楼梯口和梯段边,必须安装临时护栏。顶层楼梯口应随工程结构进度安装正式防护栏杆。

(4)与施工用电梯和脚手架等与建筑物通道的两侧边,必须设防护栏杆。地面通道上部应装设安全防护棚。双笼井架通道中间,应予隔开封闭。

(5)垂直运输接料平台,除两侧设防护栏杆外,平台口还应设置安全门或活动防护栏杆。

2. 临边防护栏杆杆件的规格及连接要求

(1)横杆小头直径应不小于70mm,栏杆柱小头直径应不小于80mm。用不小于16号的镀锌钢丝、竹篾或塑料篾绑扎,应不小于3圈,并无泻滑。

(2)原木横杆上杆梢径应不小于70mm,下杆梢径应不小于60mm。用不小于12号的镀锌钢丝、竹篾或塑料篾绑扎,应不少于3圈,要求表面平顺和稳固无动摇。

(3)钢筋横杆上杆直径应不小于16mm,下杆直径应不小于14mm,栏杆柱直径应不小于18mm,采用电焊或镀锌钢丝绑扎固定。

(4)钢管横杆及栏杆柱均应采用48mm×(2.75~3.5)mm的管材,以扣件或电焊固定。

(5)以其他钢材如角钢等作防护栏杆时,应选用强度相当的规格,以电焊固定。

3. 设置临边防护栏的基本要求

(1)防护栏杆应由上、下两道横杆及栏杆柱组成,上杆离地面高度为1.0~1.2m,下杆离地面高度为0.5~0.6m。坡度大于1:2.2的屋面,防护栏杆应高为1.5m,并加挂安全网。除经设计计算外,横杆长度大于2m时,必须加设栏杆柱。

(2)栏杆柱的固定应符合下列要求:

① 在基坑四周固定时,可采用钢管并打入地面50~70cm深。钢管离边口的距离,应不小于50cm。当基坑周边采用板桩时,钢管可打在板桩外侧。

② 在混凝土楼面、屋面和墙面固定时,可用预埋件与钢管或钢筋焊牢。采用竹、木栏杆时,可在预埋件上焊接30cm长的L50×5角钢,其上下各钻一孔,然后用10mm螺栓与竹、木杆件拴牢。

③ 在砖或砌块等砌体上固定时，可预先砌入规格相适应的80×6弯转扁钢作预埋铁的混凝土块，然后用上述方法固定。

(3)栏杆柱的固定及其与横杆的连接，其整体构造应使防护栏杆在上杆任何处，能经受任何方向的1000N外力。当栏杆所处位置有发生人群拥挤、车辆冲击或物件碰撞等可能时，应加大横杆截面或加密柱距。

(4)防护栏杆必须自上而下用安全立网封闭，或在栏杆下边设置严密固定的高度不低于18cm的挡脚板或40cm的挡脚笆。挡脚板与挡脚笆上如有孔眼，应不大于25mm，板与笆下边距离底面的空隙应不大于10mm。接料平台两侧的栏杆，必须自上而下加挂安全立网或满扎竹笆。

(5)当临边的外侧面临街道时，除防护栏杆外，敞口立面必须采用满挂安全网或其他可靠措施作全封闭处理。

(6)临边防护栏杆的构造形式如图3-5-1～图3-5-3所示。

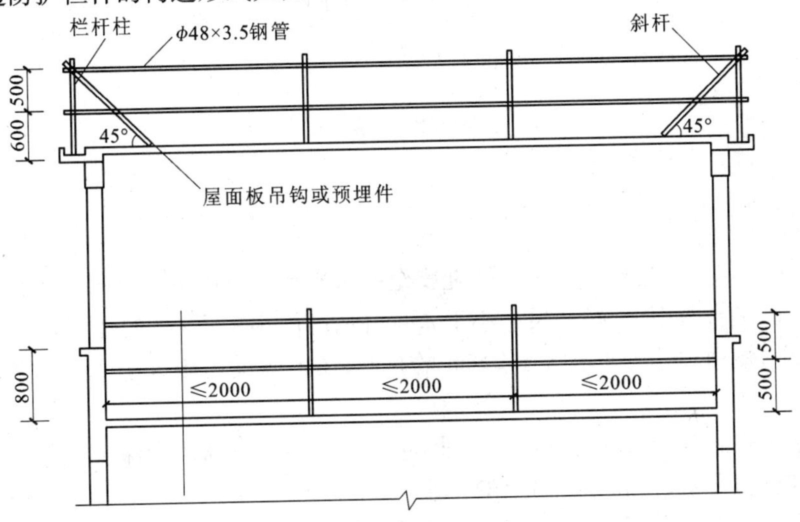

图3-5-1　屋面的楼层临边的防护栏杆(mm)

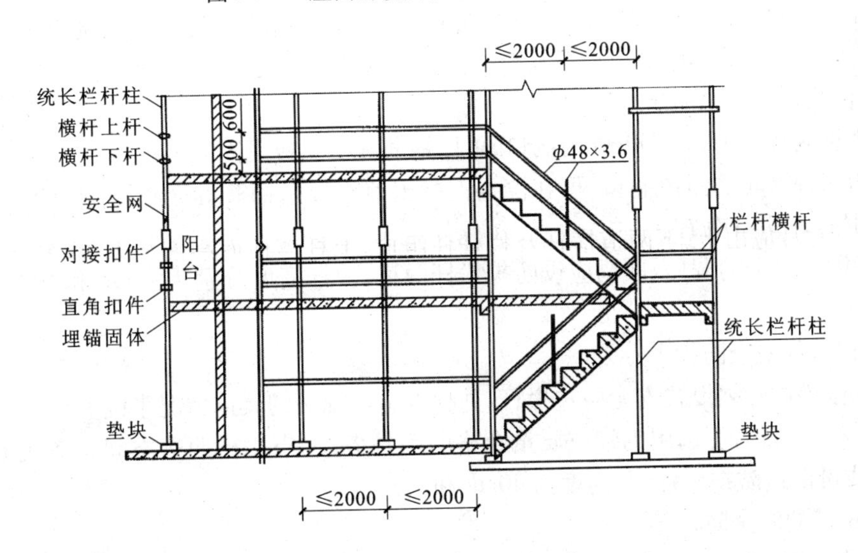

图3-5-2　楼梯、楼层和阳台的临边防护栏杆(mm)

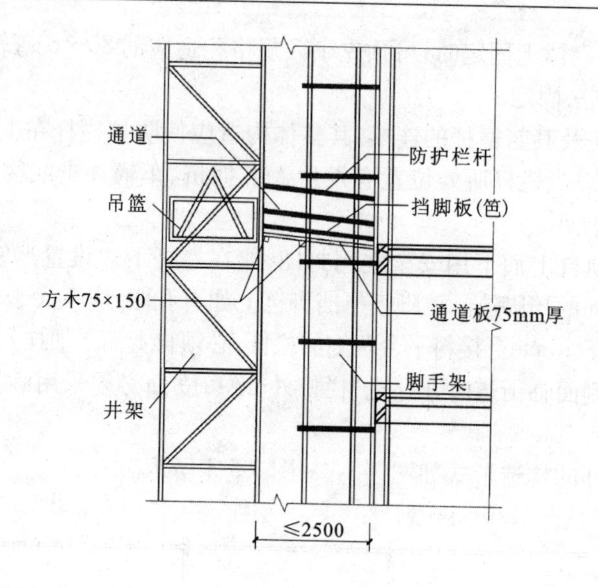

图 3-5-3　通道侧边的防护栏杆(mm)

3.5.3　洞口作业安全防护

关于孔、洞的定义,《建筑施工高处作业安全技术规范》(JGJ 80—1991)是这样规定的:孔是指楼板、屋面、平台等面上,短边尺寸小于25cm的,高度小于75cm的孔洞。洞是指楼板、屋面、平台等面上,短边尺寸等于或大于25cm的孔洞;墙上高度大于等于75cm,宽度大于45cm的孔洞。

洞口作业是指洞与孔边口旁的高处作业,包括施工现场及通道旁深度在2m及2m以上的桩孔、入孔、沟槽与管道、孔洞等边沿上的作业。

施工现场因工程和工序需要而产生洞口,常见的有预留洞口、楼梯口、电梯口、井架通道口。

在洞口作业可能会产生高空坠落或其他发生人身安全事故,因此,应根据工程项目特点、施工条件、环境因素等具体情况设置安全防护措施,并采取相应的安全技术措施。

1. 预留洞口的安全防护

(1)边长或直径为20~50cm的洞口,可用钢筋混凝土板或固定盖板防护。

(2)50~150cm的预留洞口,可在浇捣混凝土前用板内钢筋贯穿洞径,不剪断网筋,构成防护网,网格以15cm为宜。

(3)150cm以上的洞口,四周应设防护栏杆两道,护杆高度分别为40cm和100cm,洞口下张设安全网。

2. 楼梯口的安全防护

(1)凡楼梯均必须设置安全防护栏杆,并根据施工现场的具体情况张设安全网。

(2)栏杆的材料,可选用钢管或质量合格的毛竹搭设,当楼梯两边空间距离较大时,应张设安全网或设两道防护栏杆,其高度为40cm和90cm。

3. 电梯口的安全防护

(1)离楼层面40cm和120cm高处各设一道安全防护栏杆,并在洞口的醒目处挂设安全标志牌。

(2)也可在电梯口处的墙内横放两根 φ6 或 φ8mm 以上的钢筋代替栏杆，或在洞口墙壁内外各设一根 φ48mm 的钢管，用10号钢丝将两根钢管绞紧，固定在洞口处，起到防护栏杆作用。

(3)当进入电梯井内施工时，电梯井门口必须设有安全可靠的防护门或其他有效措施。

(4)电梯井内每隔两层张设一道安全网，或每层铺设竹笆片，网内杂物应及时清除。

4. 井架通道口及两侧边的安全防护

(1)井架通道口处须选用符合规定的脚手板或竹笆片做通道，其宽度须大于洞口宽度。脚手板应横铺，其搁置点不少于一板三楞。

(2)井架通道口的两侧边，须设置两道防护栏杆，其高度为40cm和100cm。并根据现场情况，也可用竹笆片做围栏防护。

(3)井架须用安全网进行三面围护封闭。网与网拼接严密，防止落物伤人。井架口应设置安全门或防护门，安全门可用拉门、开启门或提升门。

3.5.4 攀登及悬空作业安全防护

1. 攀登作业

借助登高机具或结构体本身，在攀登条件下进行的高处作业称为攀登作业。登高机具一般有梯子、脚手架、载人垂直运输设备等。登高作业时必须利用符合安全要求的登高机具操作。严禁利用吊车车臂或脚手架杆件等施工设施进行攀登，也不允许在阳台之间等非正规通道登高或跨越。登高作业中一般有利用梯子登高和利用结构构件登高两种方式。

(1)利用梯子登高

梯子就其材料不同分类，可分为竹梯、木梯、钢梯和铝合金梯；就其形式分类，可分为人字梯、一字梯、折叠式伸缩梯和支架梯等；就其来源不同分类，可分为成品梯子和临时搭设梯子；就其可否移动分类，可分为固定式梯子和可搬移梯子等。

梯子作为登高用工具，必须保证使用的安全性。结构构造必须牢固可靠，踏步板必须稳定坚固。一般情况下，梯子的使用荷载不超过1100N。若梯面上有特殊作业，压在踏板上的重量有可能超过上述荷载时，应按实际情况对梯子踏步板进行验算。

梯脚的立足点应坚实可靠，为防止梯子滑动，在梯脚上采取钉防滑材料，或对梯子进行临时固定或限位，以防其滑跌倾倒。梯子不得垫高使用，以防止其受荷后的不均匀下沉或垫脚与垫物松脱而发生安全事故。梯子上端应有固定措施。立梯工作角度以75°±5°为宜，踏步间距以30cm为宜。作业人员上下梯子时，必须面对梯子，且不得双手持器物。梯子长度不够需接长时，一定要有可靠的连接措施，且只允许接长一次。使用折梯时，上节梯角度以35°~45°为宜，铰链必须牢固，并应设置可靠的拉、撑措施。固定式钢爬梯的埋设与焊接均需牢固，梯子顶端的踏板应与攀登的顶面齐平，并加设1.0~1.5m高的扶手。使用直爬梯进行攀登作业时，攀登高度以5m为宜，超过2m，宜加设护笼，超过8m，须设梯间平台，以备工人稍歇之用。

(2)利用结构构件登高

利用梯子登高作业往往是在主体结构已经完成的情况下进行后道工序的施工。而利用结构构件登高通常是对主体结构的施工，此时脚手架还没有及时搭设完成，如钢结构工程的吊装。利用结构构件登高有以下三种情况。

① 利用钢柱登高。在钢柱上每隔 300 ~ 350mm 焊接一根 U 形圆钢筋，作为登高的踏杆，也可以在钢柱上设置钢挂梯的挂杆和连接板以搁置固定钢挂梯（图 3-5-4）。钢柱的接柱施工时应搭设操作平台（图 3-5-5）（或利用梯子）。操作平台必须有防护栏杆，其高度当无电焊防风要求时不宜小于 1m，当有电焊防风要求时不宜小于 1. 8m。

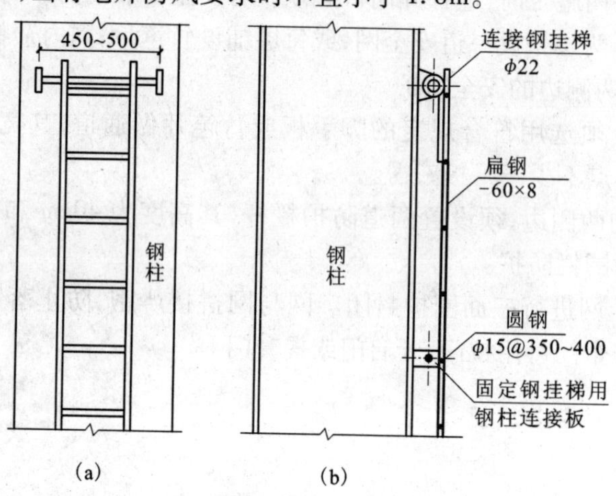

图 3-5-4　钢柱登高挂梯（mm）

（a）立面图；（b）剖面图

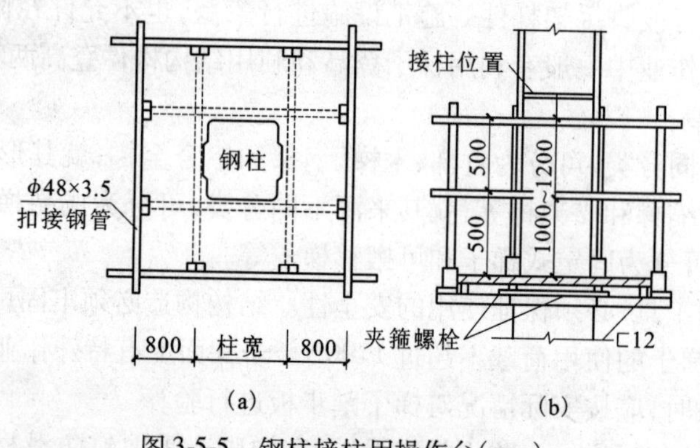

图 3-5-5　钢柱接柱用操作台（mm）

（a）平面图；（b）立面图

② 利用钢梁登高。钢梁安装时，应视钢梁的高度确定利用钢梁攀登方法。一般有两种方法：方法一，钢梁高度小于 1. 2m 时，在钢梁两端设置 U 形圆钢筋爬梯；方法二，钢梁高度大于 1. 2m 时，在钢梁外侧搭设钢管脚手架。构造形式如图 3-5-6 所示。梁面上须行走时，其一侧的临时护栏横杆可采用钢索，当改用扶手绳时，绳的自然下垂度应不大于 1/20，并应控制在 10cm 以内，绳的长度如图 3-5-7 所示。

④ 利用屋架登高。在屋架上下弦登高作业时，应设置爬梯架子，其位置一般设于梯形屋架的两端或三角形屋架屋脊处，材料可选用毛竹、原木或钢管，踏步间距一般为 350mm 左右，不应大于 400mm。吊装屋架之前，应先在屋架上弦设置防护栏杆，下弦挂设安全网，屋架就位固定后及时将安全网铺设固定。

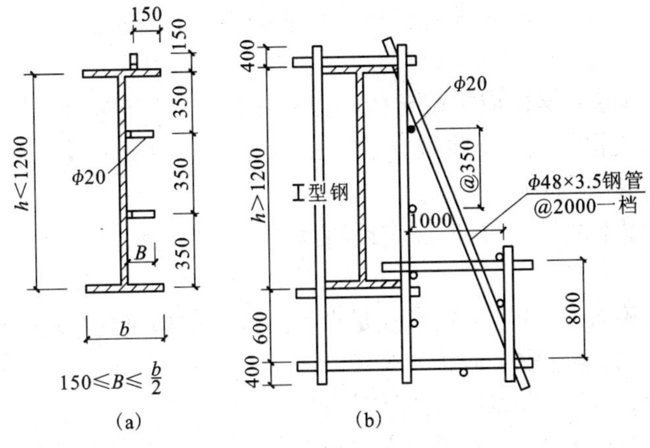

图 3-5-6　钢梁登高设施(mm)

(a)爬梯;(b)钢管挂脚手

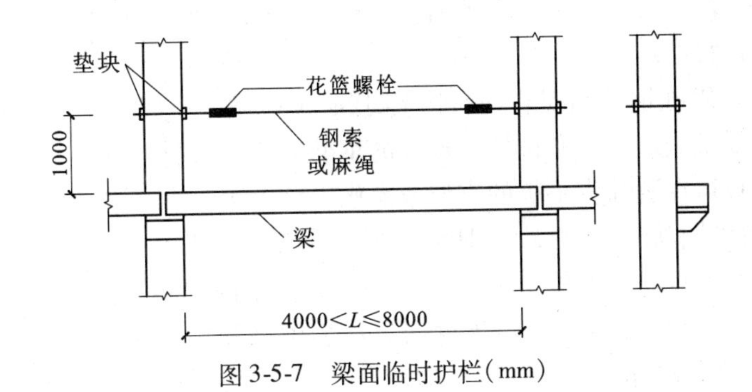

图 3-5-7　梁面临时护栏(mm)

2. 悬空作业

在无立足点或无牢靠立足点的条件下进行的高处作业,统称为悬空作业。即在施工现场,高度在 2m 及 2m 以上,周边临空状态下进行的作业,属于悬空作业。因为无立足点,因此必须适当地建立牢靠的立足点,如搭设操作平台,脚手架或吊篮等,才可进行施工。

针对悬空作业特点,必须首先建立牢靠的立足点,并在作业面的周边设置防护栏杆,下部张挂安全网,同时作业人员加强自身的安全保护,如作业过程中佩戴安全带,并将安全带的另一端系在安全可靠处。在建筑安装施工过程中,从事构件吊装、管道安装、悬空绑扎钢筋、浇筑混凝土以及高处悬空安装门窗等作业时,均需要根据现场具体情况和施工工艺条件搭设立足点(作业面或操作平台等),作业人员必须严格按照有关操作规程作业,不得违章作业。

悬空作业分为以下七种情况。

(1)构件吊装　钢结构吊装的构件应尽可能在地面组装,以减少悬空作业量。用于临时固定、电焊、高强螺栓连接等工序的高空安全设施,随构件同时上吊就位。在高空吊装预应力钢筋混凝土屋架、桁架等大型构件前,也应搭设悬空作业中所需的安全设施。高空安全设施拆卸的安全措施,亦应一并考虑和落实。

吊装第一块预制构件及单独的大中型预制构件时,必须站在操作平台上操作。吊装中的预制构件以及石棉水泥板等轻型屋面板上,严禁站人和行走。

(2)管道安装安装　管道时必须有已完结构或操作平台作立足点,严禁在安装中的管道上站立和行走。

(3)模板搭设与拆除　支模应按规定的作业程序进行,模板未固定前不得进行下一道工序。严禁在连接件和支撑件上上下攀登,严禁在吊装中的大模板上行走和站人,严禁在上下同一垂直面范围内同时装、拆模板。

支设高度在3m以上的柱模板,四周应设斜撑,并应设立操作平台。低于3m的可使用马凳操作。

支设悬挑形式的模板时,应有稳固的立足点。支设临空构筑物模板时,应搭设支架或脚手架。模板上有预留洞时,应在安装后将洞盖没。

高处拆模作业时,应配置登高用具或搭设支架。

拆除钢筋混凝土平台底模时,不得一次将顶撑全部拆除,应分批拆除,然后依次拆下隔栅、底模,以免发生钢模在自重荷载作用下一次性大面积脱落。

拆模时必须设置警戒区域,并派专人监护。模板拆除必须干净彻底,不得留有悬空模板。拆下的模板要及时清理、堆放。

(4)钢筋绑扎　绑扎钢筋和安装钢筋骨架时,必须搭设脚手架和使用马凳。

绑扎圈梁、挑梁、挑檐、外墙和边柱等构件的钢筋时,应搭设操作平台和张挂安全网。悬空大梁钢筋的绑扎,必须在满铺脚手板的支架或操作平台上进行。

绑扎立柱和墙体钢筋时,不得站在钢筋骨架上或攀登骨架上。3m以内的柱钢筋,可在地面或楼面上绑扎,整体竖立。绑扎3m以上的柱钢筋,必须搭设操作平台。

(5)混凝土浇筑　浇筑离地2m以上框架、过梁、雨篷和小平台时,应设操作平台,不得直接站在模板或支撑件上操作。浇筑拱形结构,应自两边拱脚对称地相向进行。浇筑储仓,下口应先行封闭,并搭设脚手架以防人员坠落。特殊情况下如无可靠的安全设施,必须系好安全带并扣好保险钩,或架设安全网。

(6)预应力张拉　进行预应力张拉时,应搭设供操作人员站立和设置张拉设备用的脚手架或操作平台。雨天张拉时,还应架设防雨棚。脚手架应能完全承受施工荷载。

预应力张拉区域应标示明显的安全标志,禁止非操作人员进入。张拉钢筋的两端必须设置挡板,以防止钢筋万一被拉断回弹伤人。挡板距张拉端1.5~2.0m,且应高出最上一组张拉钢筋0.5m,其宽度应距张拉筋两外侧不小于1.0m。

孔道灌浆应按预应力张拉安全设施的有关规定进行。

(7)门窗悬空作业　安装门、窗,刷油漆及安装玻璃时,严禁操作人员站在樘子、阳台栏板上操作。门、窗固定的封填材料未达到强度及未电焊固定牢时,严禁手拉门、窗进行攀登。在无脚手架的情况下,进行高处外墙安装门、窗,应先张挂安全网。无安全网时,操作人员应系好安全带。

3.5.5　交叉作业安全防护

施工现场常会有上下立体交叉的作业。凡在上下不同层次,处于空间贯通状态下同时进行的高处作业,属于交叉作业。

(1)支模、粉刷、砌墙等各工种进行上下立体交叉作业时,不得在同一垂直方向上操作。

下层作业的位置,必须处于依上层高度确定的可能坠落范围半径之外。不符合以上条件时,应设置安全防护层。

(2)钢模板、脚手架等拆除时,下方不得有其他操作人员。

(3)钢模板部件拆除后,临时堆放处离楼层边沿不应小于1m,堆放高度不得超过1m。楼层边口、通道口、脚手架边缘等处,严禁堆放任何拆下物件。

(4)结构施工自二层起,凡人员进出的通道口(包括井架、施工用电梯的进出通道口),均应搭设安全防护棚。高度超过24m的层次上的交叉作业,应设双层防护。

(5)由于上方施工可能坠落物件或处于起重机把杆回转范围之内的通道,在其受影响的范围内,必须搭设顶部能防止穿透的双层防护廊。

(6)交叉作业通道防护的构造形式如图3-5-8所示。

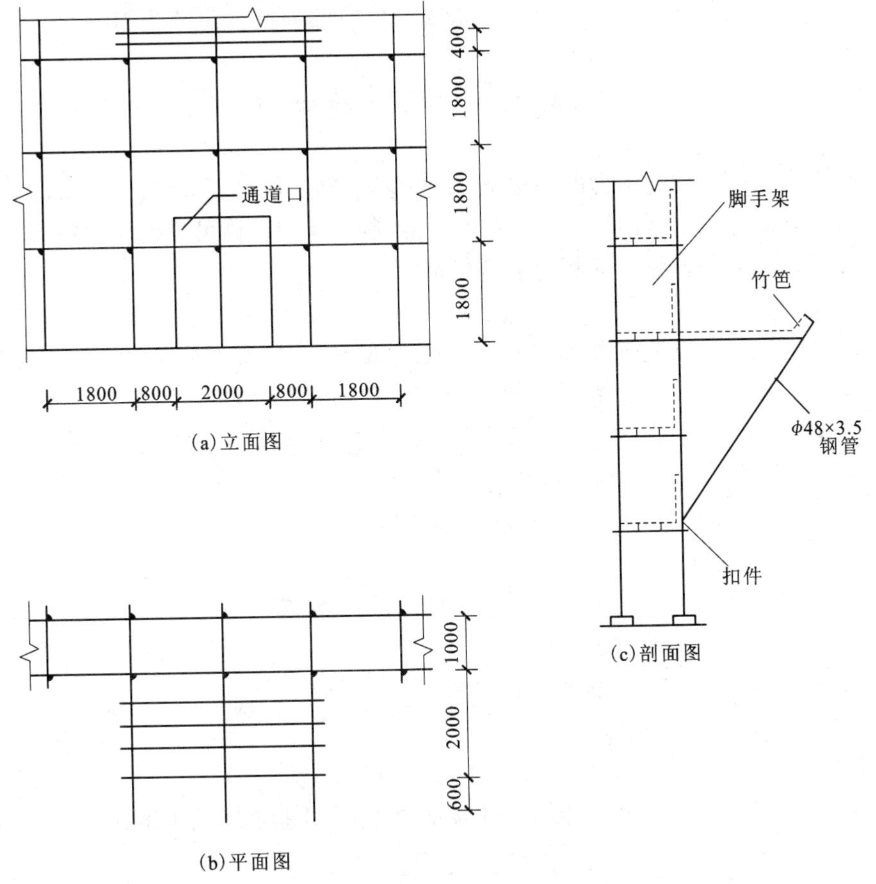

图3-5-8　交叉作业通道防护(mm)

(a)立面图;(b)平面图;(c)剖面图

3.5.6　“三宝”防护

由于建筑行业的特殊性,高处作业中发生的高处坠落、物体打击事故发生的机率较多。大多数事故都说明,正确佩戴安全帽、安全带或按规定架设安全网,都可以避免伤亡事故。因此,进入施工现场的人员必须佩戴安全帽,登高作业必须系安全带,必须按规定架设安全网。可以说安全帽、安全带和安全网是减少和防止高处坠落和物体打击事故发生的重要措施,是救命"三宝"。目前,这三种防护用品都有产品标准。

1. 安全帽

安全帽是对人体头部受外力伤害(如物体打击)起防护作用的帽子。

(1)安全帽的标准

① 安全帽的质量必须符合国家标准的要求,它由采用具有一定强度的帽壳和帽衬缓冲结构组成,可以承受和分散落物的冲击力,并保护或减轻高处坠落时头部先着地面的撞击伤害。

② 国标规定:用5kg钢锤自1m高度落下进行冲击试验,头模所受冲击力的最大值不应超过500kg;耐穿透性能用3kg钢锥自1m高度落下进行试验,钢锥不应与头模接触。

③ 帽壳采用半球形,表面光滑,易于滑走落物。前部的帽舌尺寸为10~55mm,其余部分的帽檐尺寸为10~35mm。

④ 帽衬顶端至帽壳顶内面的垂直间距为20~25mm,帽衬至帽壳内侧面的水平间距为5~20mm。

⑤ 安全帽在保证承受冲击力的前提下,要求越轻越好,重量不应超过400g。

⑥ 每顶安全帽上应有制造厂名称、商标、型号,制造年、月,许可证编号。每顶安全帽出厂时,必须有检验部门批量验证和工厂检验合格证。

(2)安全帽的使用

佩戴安全帽时,必须系紧下颚系带,按工种分色佩戴,不同头型或冬季佩戴在防寒帽外时,应随头型大小调节紧牢帽箍,保留帽衬与帽壳之间缓冲作用的空间。

1)为了防止头部受伤,根据发生事故因素,头部的安全防护大体上可分为以下几类:

① 对飞来物体击向头部时的防护。

② 当作业人员从2m以上高处坠落时头部的防护。

③ 对头部触电时的防护。

2)头部的防护一般采用安全帽。按其防护目的安全帽有以下几种:

① 防护物体坠落和飞来冲击的安全帽。

② 装卸时防止人员从高处坠落时的安全帽。

③ 电气工程应用的耐电安全帽。

3)安全帽应具备如下4个条件:

① 要用尽可能轻的材料制作,能够缓冲落物的冲击,且能够适用于不同的防护目的,并有足够的强度。

② 戴着感到舒适,即使在室外阳光下工作,也不感到闷热,通气性能好。

③ 帽体要具有足够的冲击吸收性能和耐穿透性能,根据环境要求,还可以有耐燃烧性、耐低温性、侧向刚性和电绝缘性等。

④ 颜色鲜明、样式美观、经久耐用、价格低廉。

4)安全帽的构造及规格要求

安全帽主要由帽壳、帽衬、下颚带、吸汗带、通气孔组成。安全帽的规格要求主要有以下几方面:

① 帽的尺寸分三个号码，小号，帽周 51 ~ 56cm；中号，帽周 57 ~ 60cm；大号，帽周61 ~64cm。

② 帽重符合标准（GB 2811—2007）的安全帽，在符合各项技术性能同时越轻越好，其重量不应大于400 克。

③ 帽的颜色一般有白色、蓝色、黄色、红色。颜色鲜艳、明显为好。

5）安全帽的种类

① 玻璃钢安全帽。用196#不饱和聚酯和维纶纤维模压而成。

② 聚碳酸酯塑料安全帽。用聚碳酸酯塑料筑塑而成。

③ 高密聚乙烯或改性聚丙烯安全帽。由高密聚乙烯或改性聚丙烯塑料筑塑而成。

6）安全帽的正确使用

要正确使用安全帽才能起到应有的防护作用，否则其防护能力会降低。

① 缓冲衬垫的松紧要由带子调节。人的头顶和帽体内部的空间至少要有 32mm 才能使用。这样遭冲击时有空间供变形，也有利于通风。

② 不要把帽歪戴在脑后，否则会降低安全帽对于冲击的防护作用。

③ 进入现场要戴安全帽，并要系好系结实下颌带，否则会因物体坠落（或人体下坠）时安全帽掉落而起不到防护作用。

④ 要定期检查，千万不要用不合格（伪劣产品）或有缺陷的帽子，如果帽子出现龟裂、下凹、裂痕和磨损就不能用了，必须更换新帽。

⑤ 安全帽老化（硬化）、变脆、失去安全帽的性能时，也不要继续使用。

⑥机械女工（搅拌机、卷扬机、砂轮机，或其他拥有皮带、转轮的机械设备）工作时，按要求要戴好安全帽，防止长发被卷进，发生意外事故。

2. 安全带

安全带是高处作业人员、悬空作业人员预防发生坠落事故的防护用品，建筑施工中的高处作业、攀登作业、悬空作业等人员都应该系好安全带。

（1）安全带的组成安全带由带、绳、金属配件三部分组成。安全带主要有单腰带式、单腰带加单背带式及单腰带、双背带加双腿带式。

当前，施工现场主要是架子工使用安全带较多，一般多使用单腰带式和加单背带式，由腰带、背带、挂绳和金属配件组成，其规格为腰带 1250mm × 40mm × 4mm，背带 1260mm × 30mm × 2. 5mm，挂绳长 2. 12m，锦纶线绳直径 14mm，维纶线绳直径 16mm。锦纶带重量为 720g，维纶带重量为 1000g。

（2）安全带必须具备的条件

1）必须有足够的强度，承受人体掉下来的冲击力。

2）可防止人体坠落致伤的某一限度（即它应在一限度前就能拉住人体使之不再往下坠落）。绳不能过长，一般安全带的绳长为 1. 5 ~2m 为宜。

3）必须满足以下安全带的负荷试验：①冲击试验，对架子工安全带，抬高 1m 试验，以 100kg 重量拴挂，自由坠落不破断为合格。②腰带和吊绳断力不应低于 1. 5kN。

4）安全带的带体上应缝有永久性字样的商标、合格证和检验证。合格证上应注明产品名称、生产年月、拉力试验、冲击试验、制造厂名和检验员姓名。

5）安全带一般使用5年应报废。使用2年后，按批量抽验，以80kg重量做自由坠落试验，不破断为合格。

（3）安全带的正确使用

1）安全带在使用时应将钩、环挂牢，卡子扣紧。应采用垂直悬挂，高挂低用的方法，尽可能避免平行拴挂，切忌低挂高用（增加冲击力，容易发生危险）。当做水平位置悬挂使用时，要注意摆动碰撞；不应将绳打结使用，以免绳结受力后剪断；不应将钩直接挂在不牢固物和直接挂在非金属绳上，防止绳被割断。吊带应放在腿的两侧，不要放在腿的前后；挂钩必须挂在连接环上，不应将它直接挂在安全绳上。

2）安全带应避开尖刺、钉子等，并不得接触明火。

3）安全带上的各种部件不得任意拆掉。

4）安全带严重磨损或开丝、断绳股不得使用。工作时不准只佩不挂。

3. 安全网

安全网是用来防止人、物坠落或用来避免、减轻坠落及物体打击伤害的网具，是对高处作业人员和作业面的整体防护用品。安全网目前被广泛应用于建筑业和其他高空高架作业场所。

（1）安全网的构造和材料　安全网的材料，要求比重小、强度高、耐磨性好、延伸率大和耐久性较强。此外，还应有一定的耐气候性能，受潮受湿后其强度下降不太大。目前，安全网以化学纤维为主要材料。同一张安全网上所有的网绳，都要采用同一材料，所有材料的湿干强力比不得低于75%。通常，多采用维纶和尼龙等合成化纤作网绳。丙纶由于性能不稳定，禁止使用。此外，只要符合国际有关规定的要求，亦可采用棉、麻、棕等植物材料作原料。不论用何种材料，每张安全平网的重量一般不宜超过15kg，并要能承受800N的冲击力。

（2）密目式安全立网

① 密目式安全网用于立网，其构造为网目密度不应低于2000目/100cm^2。

② 耐贯穿性试验。用长6m、宽1.8m的密目网紧绑在与地面倾斜30°的试验框架上，网面绷紧，将直径48~50mm、重5kg的脚手管距框架中心3m高度自由落下，钢管不贯穿为合格标准。

③ 冲击试验。用长6m、宽1.8m的密目网紧绷在刚性试验水平架上。将重100kg的人形砂包1个，自高度2m处自由落下，网绳不断裂，网边撕裂口不超过200mm为合格。

④ 每张安全网出厂前，必须有国家指定的监督检验部门批量验证和工厂检验合格证。

用密目式安全网对在建工程外围及外脚手架的外侧全封闭，使施工现场从大网眼的平网作水平防护的敞开式防护、用栏杆或小网眼立网作防护的半封闭式防护，实现了全封闭式防护。

（3）安全网分类　目前国内广泛使用的大体上分为安全立网、安全平网（也称大眼网）和密目式安全立网。平网主要是用来接住坠落人和物的安全网，立网则是挡住人和物飞出坠落的安全网。安全平网、立网执行的国家标准是《安全网》（GB 5725—2009）。

（4）安全网的代号　安全平网、立网的代号由三段组成，第一段用中文给出名称和材料，第二段用大写的英文字母给出安全网的类别，第三段用数字给出安全网的规格尺寸，并在代号之后给出执行标准的代号。例如，宽（高）4米、长6米的棉纶安全网就记作：锦纶安全网-P-4×6GB5725；宽（高）4米、长6米的阻燃维纶安全网记作：阻燃维纶安全网-L-4×6GB5725。密目式安全立网的代号由两段组成，第一段用大写英文字母 ML 表示，第二段用数字表示网的规格，并住代号后面给出执行标准的代号。例如，宽(高)1.8 米、长 6 米的密目式安全立网记作：ML-1.8×6.0GB 16909。

(5)安全网的组成

1)安全平网、立网一般由网体、边绳、系绳、筋绳等组成。

① 网体。由丝束、线或绳编制或采用其他工艺制成的网状物，构成安全网的主体。其防护作用是用来接住坠落物或人。

② 边绳。沿网边缘与网体有效连接在一起的绳，构成网的整体规格，在使用中起固定和连接作用。

③ 系绳。连接在安全网的边绳上，使网在安装时能绑系固定在支撑点上，在使用中起连接和固定作用。

④ 筋绳。指按照设计要求有规则地分布在安全网上，与网体及边绳连接在一起的绳。在使用中起增加网体强度的作用。

2)密目式安全立网一般由网体、开眼环扣、边绳和附加系绳组成。

① 网体。以聚乙烯为原料，网目密度大于 800 目/100cm^2，用编织机制成的网状体，构成网的主体。其防护作用是挡住作业面上人和物体的坠落。

② 边绳。经加工设置在网体边缘内的绳。起加强网边强度的作用。

③ 开眼环扣。具有一定强度，安装在网边缘上环状部件(铁质)，在使用中网体通过系绳和开眼环扣连接在支撑点上。

④ 附加系绳。能通过开眼环扣把网固定在支撑点上的连接绳。

(6)安全网的技术要求

1)安全平网、立网的技术要求

① 安全平网、立网的材料、结构、尺寸、外观、重量要求见表 3-5-3。

表 3-5-3　安全平网、立网的材料、结构、尺寸、外观、重量要求

序　　号	项 目 名 称	技　术　要　求
1	材料	可采用锦纶、维纶、涤纶或其他而耐候性不低于上述几种材料的原材料
2	结构和外观	(1)同一张安全网上的同种构件的材料、规格、制作方法一致，外观应平整 (2)安全网上的所有节点必须固定 (3)系绳应沿网边均匀分布。相邻两根系绳的间距应≤0.75m，系绳的长度不小于0.8m，当系绳和筋绳是一根绳时，系绳部分必须加长。至少制成双根，并与边绳连接牢固 (4)筋绳应分布合理，半网上两根相邻筋绳间的距离不能小于 30cm
3	网的宽(高)度	平网≥3m，立网≥1.2m。产品规格允许偏差为 ±2% 以下
4	网目	网目形状为菱形或方形，网目边长为 30mm×30mm～80mm×80mm
5	重量	每张安全网的重量一般不宜超过 15kg

② 安全立网、平网的绳断裂强度和冲击要求见表 3-5-4。

2)密目式安全立网的技术要求

① 密目式安全立网的规格、外观、构造要求见表 3-5-5。

表 3-5-4　安全平网、立网的绳断裂强度和冲击要求

项目名称		技术要求	
冲击性能	冲击高度	经冲击物[重(100±2)kg,长100cm,底面积2800cm^2 模拟人形砂包]冲击后网绳(网体)、边绳、系绳不允许有断裂	
	平网10m		
	立网2m		
断裂强力	边绳	平网≤7000N	立网≥3000N
	网体	应符合相应的产品标准要求	
	筋绳	平网≤3000N	
阻燃性能		阻燃型安全网必须具有阻燃性能,其续燃、阻燃时间均应≤4s	

表 3-5-5　密目式安全立网的规格、外观、构造要求

序号	项目名称	技术要求			
1	规格	长(m)×宽(m)	允许公差	环扣间距	(1)密目网最小宽度不得低于1.2m (2)生产者可根据网体的强度自行决定是否在网边缘增加边绳及边绳的规格 (3)用户可根据需要自己配备系绳
		3.6×1.8	±2%	≤0.45m	
		5.4×1.8			
		6.0×1.8			
2	外观	(1)缝线应均匀,不得有跳针、漏针,缝边宽窄一致 (2)每张密目网上只允许有一个接缝,接缝部位应端正牢固;网体上不得有断纱、破洞、变形或其他影响性能及使用的缺陷			
3	构造	(1)网目密度不得低于800目/100cm^2 (2)密目网各边缘上安装的开眼环扣必须牢固可靠 (3)环扣的孔径不得低于8mm			

② 密目式安全立网的安全性能、强度和其他要求见表3-5-6。

表 3-5-6　密目式安全立网的安全性能、强度和其他要求

序号	项目名称	性能要求
1	断裂强力×断裂伸长(kN·mm)	≥49,低于49的试样允许有一片,最低值≥44
2	接缝部位抗拉强力(kN)	同断裂强力
3	梯形撕裂强力(N)	≥对应方向断裂强力的5%,最低值≥49
4	开眼环扣强力(N)	≥2.45L
5	耐贯穿性能	不发生穿透或网体明显损伤
6	抗冲击性能	网边(或边绳)不允许断裂,网体断裂直线长度≤200mm,(折)线长度≤150mm
7	系绳断裂强力(N)	≥1960
8	老化后断裂强力保留率	≥80%
9	阻燃性能(s)	续燃时间≤4,阻燃时间≤4

注:1. *L*——环扣间距(mm)

2. 明显损伤指试验后网体被切断的曲(折)线长度大于60mm,直线长度大于10mm
3. 密目式安全立网的冲击高度为1.5m,冲击物同安全平网和立网
4. 贯穿性能试验的高度是3m,贯穿物体的重量是(5±0.02)kg,贯穿点是网中心,网面与水平面成30°

(7)安全网的安装要求未安装前要检查安全网是否是合格产品，有无准用证，产品出厂时，网上都要缝上永久性标记，其标记应包括：①产品名称及分类标记；②网目边长（指安全平网、立网）；③出厂检验合格证和安鉴证；④商标；⑤制造厂厂名、厂址；⑥生产批号、生产日期（或编号和有效期）；⑦工业生产许可证编号。

产品销售到使用地，应到当地国家指定的监督检验部门认证，确定为合格产品后，发放准用证，施工单位凭准用证方能使用。

安装前要对安全网和支撑物进行检查，网体是否有影响使用的缺陷，支撑物是否有足够的强度、刚性和稳定性。

安装时，安全网上每根系绳都应与支撑点系结，网体四周的连绳应与支撑点贴紧，系结点沿网边均匀分布，系结应符合打结方便，连接牢固，防止工作中受力散脱。

安装平网时，网面不宜绷得过紧，应有一定的下陷，网面与下方物体表面的最小距离为3m。当网面与作业面的高度差大于5m时，网体应最少伸出建筑物（或最边缘作业点）4m；当网面与作业面的高度差小于5m时，伸出长度应大于3m。两层平网间距离不得超过10m。

立网的安装平面与水平面垂直，网平面与作业面边缘的间隙不能超过10cm。

安装后的安全网，必须经安全专业人员检查，合格后方可使用。

(8)安全网在使用中应避免发生的现象

① 随意拆除安全网的部件。

② 把网拖过粗糙的表面或锐边。

③ 人员跳入和撞击或将物体投入和抛掷到网内和网上。

④ 大量焊接火星和其他火星落入和落上安全网。

⑤ 安全网周围有严重的腐蚀性酸、碱烟雾。

⑥ 安全网要定期检查，并及时清理网上的落物，保持网表面清洁。

⑦ 当网受到脏物污染或网上嵌入砂浆、泥灰粒及其他可能引起磨损的异物时，应进行冲洗，自然干燥后再用。

⑧ 安全网受到很大冲击，发生严重变形、霉变、系绳松脱、搭接处脱开，则要修理或更换，不可勉强使用。

(9)安全网的拆除和保管

① 在保护区的作业完全停止后，才可拆网。

② 拆除工作应在有关人员的严格监督下进行，拆除人员必须在有保护人身安全的措施下拆网。

③ 拆除工作应从上到下进行。

④ 拆下的安全网由专人保管，入库，存放地点要注意通风、遮光、隔热，避免化学物品的侵袭。

⑤ 搬运时不能用钩子勾拉或在地下拖拉。

(10)安全网防护具体要求如下。

① 高处作业点下方必须设安全网。凡无外架防护的工程项目，必须在高度4～6m处设一层水平投影外挑宽度不小于6m的固定的安全网，每隔4层楼再设一道固定的安全网，并同时设一道随墙体逐层上升的安全网。

② 施工现场应积极使用密目式安全网,架子外侧、楼层邻边井架等处用密目式安全网封闭栏杆,安全网放在杆件里侧。

③ 单层悬挑架一般只搭设一层脚手板为作业层,故须在紧贴脚手板下部挂一道平网作防护层,若在脚手板下挂平网有困难时,也可沿外挑斜立杆的密目式安全网里侧斜挂一道平网,作为人员坠落的防护层。

④ 单层悬挑架包括防护栏杆及斜立杆部分,全部用密目式安全网封严。多层悬挑架上搭设的脚手架,用密目式安全网封严。

⑤ 架体外侧用密目式安全网封严。

⑥ 安全网作防护层必须封挂严密牢靠,密目式安全网用于立网防护,水平防护时必须采用平网,不准用立网代替平网。

⑦ 安全网应绷紧扎牢拼接严密,不使用破损的安全网。

⑧ 安全网必须有产品生产许可证和质量合格证,不准使用无证、不合格产品。

⑨ 安全网若有破损、老化应及时更换。

⑩ 安全网与架体连接不宜绷得太紧,系结点要沿边分布均匀、绑牢。

3.5.7 "四口"防护

1. 楼梯口及电梯井口的安全防护

《建筑施工高处作业安全技术规范》规定:进行洞口作业以及因工程工序需要而产生的,使人与物有坠落危险或危及人身安全的其他洞口进行高处作业时,必须按规定设置防护设施。

(1)楼梯口防护　建筑结构分层施工的楼梯口的梯段边,凡是供人通行的必须安装临时栏杆。不走人的楼梯要封死,顶层楼梯口应随工程结构进度安装正式防护栏杆。楼梯层间必须设有足够的照明,一般取60W灯泡。

(2)电梯口及电梯井筒防护　电梯口必须设防护栏杆或固定栅门;电梯井筒内应每隔两层并最多隔10m设一道安全网或全板封闭,防止人误走入井而受到伤害。同时要求施工单位设计和加工防护设施(如栏、门、网、板等)要定型化、工具化,安装快捷、实用、互用性强,使用中保证能将口、洞封严、封牢,易于锁定。

2. 预留洞口、坑及井的安全防护

进行洞口(短边20cm以上)、坑井作业以及在因工程和工序需要而产生的,使人与物有坠落危险或危及人身安全的其他洞口及坑井进行高处作业(距地平面±2m或±2m以上)时,必须按下列规定设置防护设施。

(1)板与墙的洞口,必须设置牢固的盖板、防护栏杆、安全网或其他防坠落的防护设施。

(2)钢管桩、钻孔桩、人工挖孔桩等桩孔上口,杯形、条形基础上口,未填土的坑、槽,以及人孔、天窗、地板门等处,均应按洞口防护,设置稳固的盖件。施工现场附近的各类洞口与坑槽等处,除设置防护设施与安全标志外,夜间还应设红灯示警。

施工单位在设计、加工防护措施(网、盖、杆)时,应考虑定型化、工具化、实用化,安装、拆除方便,并可以周转使用。

按照《建筑施工高处作业安全技术规范》规定,对孔洞口(水平孔洞短边尺寸大于2.5cm的,竖向孔洞高度大于75cm的)都要进行防护。楼板、屋面和平台等面上短边尺寸小于

25cm，但长边大于25cm的孔口，必须用坚实盖板盖设，盖板应能防止挪动移位。楼板面等处边长为25～50cm的洞口，安装预制构件时的洞口以及缺件临时形成的洞口，可用竹、木等作盖板，盖住洞口。盖板须能保持四周搁置均衡，并有固定其位置的措施。边长为50～150cm的洞口，必须设置以扣件扣接钢管而成的网格，四周设防护栏杆并在其上铺满竹笆或脚手板，洞口下张设安全网，也可以采用贯穿于混凝土板内的钢筋构成防护网，钢筋网间距不得大于20cm。

垃圾井道和烟道，应随楼层的砌筑或安装而消除洞口，或参照预留洞口作防护。

位于车辆行驶道旁的洞、深沟与管道坑、槽，所加盖板应坚固，应能承受后车轮有效承载力两倍的荷载。

墙面等处的竖向洞口，凡落地的洞口应加装开关式、工具式或固定式的防护门，门栅网格的距离不应大于15cm，也可以采用防护栏杆，下设挡脚板（笆）。

下边沿至楼板或底面低于8cm的窗台等竖向洞口，如侧边落差大于2m时，应加设1.2m高的临时栏杆。

对邻近人和物有坠落危险性的其他竖向的孔、洞口，均应加盖没或加以防护，并有固定其位置的措施。各类洞口的防护具体做法，应针对洞口大小及作业条件，在施工组织设计中分别进行设计规定，在施工现场中形成定型化，不允许有作业人员随意找材料盖上的临时做法，防止由于不严密不牢固而存在事故隐患。较小的洞口可临时砌死或用定型盖板盖严；较大的洞口可采用贯穿于混凝土板内的钢筋构成防护网，上面满铺竹笆或脚手板。

3. 通道口的安全防护

结构施工自二层起，凡人员进出的通道口（包括井架、施工用电梯）均应搭设安全防护棚；建筑物临街有碍行人和车辆安全的，要按其建筑面长度顺街搭设安全防护棚；建筑物之间小于10m距离并经常走人的，也要搭设安全防护棚；设备回转范围内下方操作人员工作时避不开，受其影响的场所也有必要搭设安全防护棚。

安全防护棚的搭设应根据高处作业分级（见表3-5-7）及坠落范围来设计、加工、搭设。30m以上层次交叉作业应设双层防护。

表3-5-7 高处作业分级

高度	高处作业级别	高坠范围半径
2～5m	一	2m
5～15m	二	3m
15～30m	三	4m
30m以上	四	5m

防护棚应搭在通道或通道口的正上方0.5～1m处，其宽度为低层建筑门竖边两侧各延0.8m；高层建筑门竖边两侧各延1m。

高处作业达到30m和4级应搭设双层防护棚，其层距为700mm。

为防止掉物下滑，棚外沿应按水平面抬高15°。

棚顶铺设材料应能承受10kPa的均匀静荷载，其材料可用竹脚手板、厚50mm木板、两层竹笆，也可用竹笆加安全网。

安全防护棚杆件搭设只能下撑、不可上拉。

安全防护棚一定要搭设牢固、防护严密,采用符合材质要求的材料搭设。

4. 阳台、楼层、屋面等临边的安全防护

基坑周边,尚未安装栏杆或栏板的阳台、料台与挑平台周边,雨篷与挑檐边、无外脚手架的楼层周边,都必须设置防护栏杆。头层墙高度超过3.2m的二层楼面,无外脚手架的高度超过了3.2m的楼层周边,应在外围架设安全平网一道或在楼层周边柱间搭设防护栏杆。

坡度大于1∶22的屋面,防护栏杆应高于1.5m,并加挂安全立网。横杆长度大于2m时,必须加设栏杆。《建筑施工高处作业安全技术规范》规定:施工现场中,工作面边沿无防护设施或围护设施高度低于80cm时,都要按规定搭设临边防护栏杆。

井架与施工用电梯和脚手架等与建筑物通道的两侧边,必须设防护栏杆,并用网封住。

搭设临边防护应符合下列要求:①临边防护一定要严密、牢固;②钢管横杆及栏杆柱均采用$\phi48\times3.5$的钢管,以扣件固定。

临边防护栏杆搭设要求:防护栏杆由上、下两道横杆及栏杆柱组成,上杆离地高度为1.0~1.2m,下杆离地高度为0.5~0.6m。横杆长度大于2m时,必须加设栏杆柱。

栏杆柱的固定及其与横杆的连接,其整体构造应使防护栏杆在上杆任何处能经受任何方向的1000N外力。

当临边外侧临街道时,除设置防护栏杆外,敞口立面必须采取满挂密目网作全封闭处理。

当在基坑四周固定时,可采用钢管并打入地下50~70cm深。钢管离边口的距离不应小于50cm(硬土),如土质较松应大于1m。当基坑周边采用板桩时,钢管可打入板桩外侧。

当在混凝土楼面、屋面或墙面固定时,可用预埋件与钢管或钢筋焊牢。采用竹竿时,可在预埋件上焊30cm长的50mm×5mm角钢,其上下各钻一孔,然后用10mm螺栓与竹竿件拴牢。

当在砖或砌块等砌体上固定时,可预先砌入规格相适应的80mm×6mm弯转扁钢作预埋铁的混凝土块,然后用上项方法固定。

防护栏杆必须自上而下用安全立网封闭或在栏杆下边设置严密固定的高度不低于18cm的挡脚板或40cm的挡脚笆。板和笆上如有孔眼,孔眼不应大于25mm,板与笆下边距底面的空隙不应大于10mm。

接料平台两侧栏杆,必须自上而下加挂安全立网或满扎竹笆。

3.6 装饰装修工程施工安全技术措施

3.6.1 抹灰饰面工程

1. 脚手架上的施工荷载不得大于2kN/m^2,当使用挂脚手架、吊篮等时,施工荷载不大于1kN/m^2,挂脚手架每跨同时操作人数不超过2人。

2. 从事高层建筑外墙抹灰装饰作业时,应遵守高空作业安全技术规程,挂好安全带,配置水平安全网,同时应注意所使用的材料和工具不能乱丢或抛掷。

3. 不能随意拆除、斩断脚手架的附墙拉结,不得随意拆除脚手架上的安全设施。如果妨碍施工,必须经施工负责人批准后,才能拆除妨碍部位。

4. 手持加工件时要注意不碰伤手指。

5. 有毒、有刺激、有腐蚀的材料要注意了解其保管和使用方法,穿戴好防护用品及口罩和护目镜,保护眼睛、呼吸道及皮肤。

6. 易燃材料堆放处禁止吸烟,并配备相应的灭火器材。

7. 尽量避免垂直立体交叉作业。

8. 切割板材时,不应两人面对面作业,尤其在使用切砖机、磨砖机、锯片机时,要防止锯片破碎、石渣飞溅而伤害眼睛。

3.6.2　油漆涂刷工程

1. 施工场地应有良好的通风条件,否则应安装通风设备。

2. 涂刷或喷涂有毒涂料时,特别是含铅、苯、乙烯、铝粉等的涂料,必须戴防毒口罩和密封式防护眼镜,穿好工作服,扎好领口、袖口、裤脚等处,防止中毒。

3. 喷涂硝基漆或其他具有挥发性、易燃性溶剂稀释的涂料时,不准用明火,不准吸烟。罐体或喷漆作业机械应妥善接地,泄放静电。涂刷大面积场地(或室内时),应采用防爆型电气、照明设备。

4. 使用钢丝刷、板锉及气动、电动工具清除铁锈、铁鳞时,须戴上防护眼镜和口罩。

5. 作业人员如果感到头痛、头昏、心悸或恶心时,应立即离开工作现场到通风处换气,必要时送医院治疗。

6. 油漆及稀释剂应由专人保管。油漆涂料凝结时,不准用火烤。易燃性原材料应隔离贮存,易挥发性原料要用密封好的容器贮存。油漆仓库通风性能要良好,库内温度不得过高。仓库建筑要符合防火等级规定。

7. 配料或提取易燃品时不得吸烟,浸擦过油漆、稀释剂的棉纱、擦手布不能随便乱丢,应全部收集存放在有盖的金属箱内,待不能使用时集中销毁。

8. 工人下班后应洗手后再清洗皮肤裸露部分,未洗手之前不触摸其他皮肤或食品,以防刺激引起过敏反应和中毒。

3.6.3　玻璃工程

1. 作业人员在搬运玻璃时应戴手套或用布、纸垫住边口锐利部分,以防扎伤他人。

2. 安装二层以上的窗户时要挂好安全带。

3. 裁放玻璃时应在规定场所进行,边角料要集中堆放,并及时处理,以防扎伤他人。

4. 安装窗扇玻璃时要按顺序依次进行,不得在垂直方向的上下两层同时作业,避免玻璃掉落伤人。

5. 安装或修理天窗玻璃时,应在天窗下满铺脚手板,以防玻璃和工具掉落伤人,必要时设置防护区域,禁止人员通行。

第4章　特种设备的基本安全操作

特种设备是指涉及生命安全、危险性较大的锅炉、压力容器(含气瓶)、压力管道、电梯、起重机械、客运索道、大型游乐设施和场(厂)内专用机动车辆。建设工程中主要涉及起重机械、电工、金属焊割、登高作业、物料提升机械、施工升降机械、锅炉、压力容器(含气瓶)等。

随着新技术、新材料和新工艺的应用以及推广,特种设备作业人员的范围也随之发生变化。这里所说的特种作业人员是指直接从事特种作业的从业人员,即从事电工作业、起重机械作业、金属切割作业、企业内机动车辆驾驶、登高作业、锅炉作业、压力容器作业、制冷作业等人员及其相关管理人员。建筑业中一些作业岗位的危险性程度正在逐步加大,频发安全事故,因此,特种作业人员必须经专门的安全技术培训并考核合格,取得《中华人民共和国特种作业操作证》后,方可上岗作业。

国务院《特种设备安全监察条例》第三十八条规定:“锅炉、压力容器、电梯、起重机械、客运索道、大型游乐设施、场(厂)内专用机动车辆的作业人员及其相关管理人员(以下统称特种设备作业人员),应当按照国家有关规定经特种设备安全监督管理部门考核合格,取得国家统一格式的特种作业人员证书,方可从事相应的作业或者管理工作。”第三十九条规定:“特种设备使用单位应当对特种设备作业人员进行特种设备安全、节能教育和培训,保证特种设备作业人员具备必要的特种设备安全、节能知识。特种设备作业人员在作业中应当严格执行特种设备的操作规程和有关的安全规章制度。”第四十条规定:“特种设备作业人员在作业过程中发现事故隐患或者其他不安全因素,应当立即向现场安全管理人员和单位有关负责人报告。”

4.1　起重机械安全概述

起重机械是实现生产过程机械化、自动化,改善物料流通条件,减轻劳动强度,提高生产率不可缺少的重要机械设备。随着经济建设的迅猛发展,机械化和自动化程度的不断提高,起重机械技术也在高速发展,使用范围日益广泛。

国务院颁发的《特种设备安全监察条例》(国务院令第549号)是这样规定的:起重机械,是指用于垂直升降或者垂直升降并水平移动重物的机电设备,其范围规定为额定起重量大于或者等于0.5t的升降机;额定起重量大于或者等于1t,且提升高度大于或者等于2m的起重机和承重形式固定的电动葫芦等。

4.1.1　起重机械的工作特点

起重机械是以间歇、周期的工作方式,通过起重吊钩或其他取物装置的起升或起升加移动重物的机械设备,完成装料(抓取)、提升、吊运、卸料(重物落地)等作业过程。综合起重机械的工作特点，从安全技术角度分析，起重机械工作的特点可概括如下：

(1)起重机械通常结构庞大，机构复杂，能完成起升运动、水平运动。例如，桥式起重机能完成起升运动、大车运行和小车运行 3 个运动；门式起重机能完成起升运动、变幅运动、回转运动和大车运行 4 个运动。在作业过程中，常常是几个不同方向的运动同时操作，技术难度较大。

(2)起重机械所吊运的重物多种多样，载荷是变化的。有的重物重达几百吨乃至上千吨，有的物体长达几十米，形状也很不规则，有散粒、热熔状态、易燃易爆危险物品等，吊运过程复杂而危险。

(3)大多数起重机械，需要在较大的空间范围内运行，有的要装设轨道和车轮(如塔式起重机、桥式起重机等)；有的要装上轮胎或履带在地面上行走(如汽车起重机、履带起重机等)；有的需要在钢丝绳上行走(如客运、货运架空索道)，活动空间较大，一旦造成事故影响的范围也较大。

(4)有的起重机械需要直接载运人员在导轨、平台或钢丝绳上做升降运动(如电梯、升降平台等)，其可靠性直接影响人身安全。

(5)起重机械暴露的、活动的零部件较多，且常与吊运作业人员直接接触(如吊钩、钢丝绳等)，潜在许多偶发的危险因素。

(6)作业环境复杂。从大型钢铁联合企业，到现代化港口、建筑工地、铁路枢纽、旅游胜地，都有起重机械在运行，作业场所常常会遇有高温、高压、易燃易爆、输电线路、强磁等危险因素，对设备和作业人员形成威胁。

(7)起重机械作业中常常需要多人配合，共同进行。一个操作要求指挥、捆扎、驾驶等作业人员配合熟练、动作协调、互相照应。作业人员应有处理现场紧急情况的能力。多个作业人员之间的密切配合，通常存在较大的难度。

起重机械的上述工作特点，决定了它与安全生产的关系很大。如果对起重机械的设计、制造、安装使用和维修等环节上稍有疏忽，就可能造成伤亡或设备事故。一方面造成人员的伤亡，另一方面也会造成很大的经济损失。

4.1.2　起重机械的安全管理

起重机械设备是实现施工机械化的重要物质基础，是现代化施工中必不可少的设备，对施工项目的进度、安全、质量均有直接影响。起重机械设备因结构庞大、机构复杂、载荷多变、运行空间广、危险性大而被列为危险性较大设备，因此，必须由一个主管部门进行统一监管，以加强对起重机械设备的专业化管理和起重机械安全管理，防止重大事故的发生。

(1)安全管理制度　安全管理规章制度的项目包括：司机守则和起重机械安全操作规程；起重机械维护、保养、检查和检验制度；起重机械安全技术档案管理制度；起重机械作业和维修人员安全培训、考核制度；起重机械使用单位应按期向所在地的主管部门申请在用起重机械安全技术检验，更换起重机械准用证的管理等。

(2)技术档案　起重机械安全技术档案的项目包括：设备出厂技术文件；安装、修理记录和验收资料；使用、维护、保养、检查和试验记录；安全技术监督检验报告；设备及人身事故记录；设备的问题分析及评价记录。

(3)定期检验制度　在用起重机械安全定期监督检验周期为2年(电梯和载人升降机安全定期监督检验周期为1年)。

此外,使用单位还应进行起重机的自我检查,做到每日检查、每月检查和年度检查。

① 年度检查。每年对所有在用的起重机械至少进行1次全面检查。停用1年以上、遇4级以上地震或发生重大设备事故、露天作业的起重机械经受9级以上的风力后的起重机,使用前都应做全面检查。

其中载荷试验可以吊运相当于额定起重量的重物进行,并按额定速度进行起升、运行、回转、变幅等操作,检查起重机正常工作机构的安全和技术性能,金属结构的变形、裂纹、腐蚀及焊缝、铆钉、螺栓等连接情况等。

② 每月检查。检查项目包括:安全装置、制动器、离合器等有无异常、可靠性和精度;重要零部件(如吊具、钢丝绳滑轮组、制动器、吊索及辅具等)的状态,有无损伤,是否应报废等;电气、液压系统及其部件的泄漏情况及工作性能;动力系统和控制器等。

停用一个月以上的起重机构,使用前也应做上述检查。

③ 每日检查。在每天作业前进行,应检查各类安全装置、制动器、操纵控制装置、紧急报警装置;轨道的安全状况;钢丝绳的安全状况。检查发现有异常情况时,必须及时处理,严禁带病运行。

(4)作业人员的培训教育　起重作业是由指挥人员、起重机司机和司索工群体配合的集体作业,要求起重作业人员不仅应具备基本文化和身体条件,还必须了解有关法规和标准,学习起重作业安全技术理论和知识,掌握实际操作和安全救护的技能。起重机司机必须经过专门考核并取得合格证后方可独立操作。指挥人员与司索工也应经过专业技术培训和安全技能训练,了解所从事工作的危险和风险,并有自我保护和保护他人的能力。

(5)起重伤害事故形式

① 重物坠落。吊具或吊装容器损坏、物件捆绑不牢、挂钩不当、电磁吸盘突然失电、起升机构的零件故障(特别是制动器失灵、钢丝绳断裂)等都会引发重物坠落。

② 起重机失稳倾翻。起重机失稳有两种类型:一是由于操作不当(例如超载、臂架变幅或旋转过快等)、支腿未找齐或地基沉陷等原因使倾翻力矩增大,导致起重机倾翻;二是由于坡度或风载荷作用,使起重机沿路面或轨道滑动,导致脱轨翻倒。

③ 挤压。起重机轨道两侧缺乏良好的安全通道或与建筑结构之间缺少足够的安全距离,使运行或回转的金属结构机体对人员造成夹挤伤害;运行机构的操作失误或制动器失灵引起溜车,造成碾压伤害等。

④ 高处跌落。人员在离地面大于2m的高度进行起重机的安装、拆卸、检查、维修或操作等作业时,从高处跌落造成的伤害。

⑤ 触电。起重机在输电线附近作业时,其任何组成部分或吊物与高压带电体距离过近,感应带电或触碰带电物体,都可以引发触电伤害。

⑥ 其他伤害。其他伤害是指人体与运动零部件接触引起的绞、碾、戳等伤害;液压起重机的液压元件破坏造成高压液体的喷射伤害;飞出物件的打击伤害;装卸高温液体金属、易燃易爆、有毒、腐蚀等危险品,由于坠落或包装捆绑不牢破损引起的伤害等。

(6)高处作业的安全防护　起重机金属结构高大,司机室往往设在高处,很多设备也安装在高处结构上,因此,起重司机正常操作、高处设备的维护和检修以及安全检查,都需要登高作业。为防止人员从高处坠落,防止高处坠落的物体对下面人员造成打击伤害,在起重机上,凡是高度不低于2m的一切合理作业点,包括进人作业点的配套设施,如高处的通行走台、休息平台、转向用的中间平台,以及高处作业平台等,都应予以防护。安全防护的结构和尺寸应根据人体参数确定,其强度、刚度要求应根据走道、平台、楼梯和栏杆可能受到的最不利载荷考虑。

4.1.3 起重机械安全操作技术

1. 施工组织和现场操作管理

(1)要做好吊装施工方案。吊装施工方案,是进行构件吊运和安装的安全技术指导性文件。它必须在吊装施工前由技术人员编写。编写过程中,应通过实地考察吊装现场,与主要操作人员(如吊车指挥、司机和有经验的各工种人员)商讨的基础上,制订出切实可行的吊装方法和安全措施,保证作业工安全,避免盲目施工。在施工前,要将吊装方案向操作人员交底。

吊装施工方案的基本内容应包括人员配置、起重机的选择、吊装技术方法、起重机运行路线、构件的平面布置、运输、堆放、施工安全措施等。

(2)严格执行安全技术操作规程。

(3)清除吊装现场环境因素的不利影响。对工作环境产生不利影响较大的因素主要有:

① 电气线路危害。特别是建筑吊装施工现场,必须保证设备(吊具)和作业人员和高压线之间的安全距离。

② 风力危害。作业时突然刮起大风或作业歇时起风,都可能造成人员伤亡或设备损害。必须采取防风措施,注意收听天气预报和在设备上装设防风预警系统和锚定装置。

③ 场地的不利影响。如作业场地不平,有泥水、地坑等都是潜在的危害因素,可能在吊车运行或人员作业时,使环境突然恶化而造成事故。

2. 起重作业安全操作技术

(1)吊运前的准备

吊运前的准备工作包括:正确佩戴个人防护用品,包括安全帽、工作服、工作鞋和手套。高处作业还必须佩戴安全带和工具包。检查清理作业场地,确定搬运路线,清除障碍物。室外作业要了解当天的天气预报。流动式起重机要将支撑地面垫实垫平,防止作业中地基沉陷;对使用的起重机和吊装工具、辅件进行安全检查。不使用报废元件,不留安全隐患。熟悉被吊物品的种类、数量、包装状况以及周围联系,根据有关技术数据(如质量、几何尺寸、精密程度、变形要求),进行最大受力计算,确定吊点位置和捆绑方式。编制作业方案:对于大型、重要的物件的吊运或多台起重机共同作业的吊装,事先要在有关人员参与下,由指挥、起重机司机和司索工共同讨论,编制作业方案,必要时报请有关部门审查批准。预测可能出现的事故,采取有效的预防措施,选择安全通道,制订应急对策。

(2)起重机司机通用操作要求

① 开机作业前,应确认以下情况处于安全状态方可开机:所有控制器是否置于零位;起重机上和作业区内是否有无关人员,作业人员是否撤离到安全区;起重机运行范围内是否有未清除的障碍物;起重机与其他设备或固定建筑物的最小距离是否在0.5m以上;电源断路装置是

否加锁或有警示标牌；流动式起重机是否按要求平整好场地，牢固可靠地打好支腿。

② 开车前，必须鸣铃或示警；操作中接近人时，应给断续铃声或示警。

司机在正常操作过程中，不得进行下列行为：利用极限位置限制器停车；利用打反车进行制动；起重作业过程中进行检查和维修；带载调整起升、变幅机构的制动器，或带载增大作业幅度；吊物不得从人头顶上通过，吊物和起重臂下不得站人。

③ 严格按指挥信号操作，对紧急停止信号，无论何人发出，都必须立即执行。

吊载接近或达到额定值，或起吊危险器（液态金属、有害物、易燃易爆物）时，吊运前认真检查制动器，并用小高度、短行程试吊，确认没有问题后再吊运。

④ 起重机各部位、吊载及辅助用具与输电线的最小距离应满足安全要求。

⑤ 有下述情况时，司机不应操作：起重机结构或零部件（如吊钩、钢丝绳、制动器、安全防护装置等）有影响安全工作的缺陷和损伤；吊物超载或有超载可能，吊物质量不清、埋置或冻结在地下、被其他物体挤压，在操作中不得歪拉斜吊；吊物捆绑不牢，或吊挂不稳，重物棱角与吊索之间未加衬垫；被吊物上有人或浮置物；作业场地昏暗，看不清场地、吊物情况或指挥信号。

⑥ 工作中突然断电时，应将所有控制器置零，关闭总电源。重新工作前，应先检查起重机工作是否正常，确认安全后方可正常操作。

4.2 塔式起重机的安全操作

塔式起重机是一种塔身直立、起重臂铰接在塔帽下部、能够作360°回转的起重机，通常用于房屋建筑和设备安装等场所。塔式起重机作为建筑工地的垂直运输设备，因其在生产中起到节省劳力、减轻劳动强度、提高生产效率、作业半径大、覆盖面广而被建筑业广泛使用。

塔式起重机机身较高，并且拆、装、转移较频繁及技术要求较高，因此给施工安全带来一定影响，如果操作不当或违章装、拆极有可能发生塔机倾覆的机毁人亡事故，造成严重的人身伤亡和经济损失。因此，机械操作、安装、拆卸人员和机械管理人员必须全面掌握塔式起重机的技术性能，在思想上引起高度重视，在业务上掌握正确的安装、拆卸、操作方法，保证塔式起重机的正常运行，确保安全生产。

4.2.1 塔式起重机的主要类型和技术性能参数

1. 塔式起重机的主要类型

（1）按工作方法可分为固定式塔吊与运行式塔吊两种。

① 固定式塔吊。塔身不移动，靠塔臂的转动和小车变幅来完成壁杆所能达到的范围内的作业。如爬升式、附着式塔吊等。

② 运行式塔吊。可由一个作业面移到另一个作业面，并可载荷运行。在建筑群中使用，不需拆卸，即可通过轨道移到新的工作点。如轨道式塔吊。

（2）按旋转方式可分为上旋式和下旋式两种。

① 上旋式。塔身不旋转，在塔顶上安装可旋转的起重臂，起重臂旋转时不受塔身限制。

② 下旋式。塔身与起重臂共同旋转,起重臂与塔顶固定。

2. 塔式起重机的基本技术性能参数

(1)起重力矩　它是塔吊起重能力的主要参数。起重力矩(N·m)=起重量×工作幅度。

(2)起重量　它是起重吊钩上所悬挂的索具与重物的重量之和(N)。对于起重量要考虑两个数据:①最大工作幅度时的起重量;②最大额定起重量。

(3)工作幅度　也称回转半径,它是起重吊钩中心到塔吊回转中心线之间的水平距离(m)。

(4)起重高度　在最大工作幅度时,吊钩中心至轨顶面的垂直距离(m)。

(5)轨距　视塔吊的整体稳定和经济效果而定。

4.2.2　塔式起重机的安全装置

1. 起重力矩限制器

起重力矩限制器的主要作用是防止塔式起重机超载,避免塔式起重机由于严重超载而发生塔式起重机倾覆或折臂等恶性事故。起重力矩限制器,有机械式、液压式、电子式三种。目前多采用机械电子连锁式的结构。对起重力矩限制器的安全要求是力矩限制器的误差不应大于10%。

(1)当载荷力矩达到额定起重力矩时,能自动切断起升动力源,并发出报警信号;塔机在工作时,当载荷所产生的倾覆力矩[等于载荷重量(t)与幅度(m)的乘积]接近额定值时,限制器就发出报警信号。

(2)当倾覆力矩超过额定值(最大值小于8%)时,限制器立刻动作,切断吊钩上升和幅度增大方向的电源。但塔式起重机的吊钩还可以下降和减小幅度方向的动作,从而排除或减小倾覆力矩。

2. 起重量限制器

起重量限制器的主要作用是限制塔式起重机载荷重量超过允许值。起重量限制器可分为自动停止型、报警型和综合型。起重量限制器的安全技术要求如下:

(1)机械式起重量限制器的综合误差应不大于8%,电子式起重量限制器的综合误差应不大于5%。

(2)当载荷重量达到额定起重量的90%时,应能发出报警信号。

(3)塔式起重机设置超载限制器后,应根据其性能和精度情况进行调整或标定。

当起重量超过额定起重量时(最大不超过5%),限制器就开始动作,切断吊钩上升电源,发生报警信号,停止起吊作业。但还可以下降动作,把超载重物放下,从而避免因超重而发生倾覆或使起重机构损坏。

3. 限位器

限位器是用来限制各个机构运转时通过范围的一种安全防护装置。限位器的种类包括以下几种:

(1)保护起升机构安全运转的上升极限位置限制器　用于限制取物装置的起升高度,当吊具起升到上极限位置时,限位器能自动切断电源,使起升机构停止运转,防止吊钩等取物装置继续上升而发生拉断起升钢丝绳,造成重物失落事故。上升极限位置限制器主要有重锤式和螺旋式两种。

吊运炽热金属、易燃易爆或有毒物品，起升机构应设置两套上升极限位置限制器，且两套限位器动作要有先后，并且尽量采用不同结构形式及控制不同的断路装置。

（2）保护起升机构安全运转的下降极限位置限制器　用于保证当取物装置下降至最低位置时，能自动切断电源，使起升机构下降运转停止，此时应保证钢丝绳在卷筒上缠绕余留的安全圈不少于3圈。下降极限位置限制器可应用在操作人员无法判断下降位置的起重机和其他特殊要求的设备上。

上升极限位置限制器和下降位置限制器的安全要求：

① 上升极限位置限制器，必须保证当吊具起升至极限位置时，自动切断起升动力源。对于液压机构，给出禁止性的信号。

② 下降极限位置限制器，在吊具可能低于下极限位置的工作条件下，应保证吊具下降到极限位置时能自动切断下降动力源，保证钢丝绳在卷筒上缠绕不少于规定的安全圈数。

③ 凡有可能造成吊具越过下极限位置工作的起重机，都要设下极限位置限制器。

（3）限制运行机构的运行极限位置限制器　运行极限位置限制器由限位开关、安全式撞块组成。

运行极限位置限制器的作用是限制起重机或小车运行的极限位置，也可限制其他机构的运行位置。运行极限位置限制器也被称为限位开关或行程开关。

运行极限位置限制器的工作过程是：当起重机或小车运行到极限位置时，安全尺触动限位开关的传动柄或触头，带动限位开关内的闭合触头分开而切断电源，运行机构将停止运转，起重机将在允许的制动距离内停车，即可避免硬性碰撞止挡体对运行起重机产生过度的冲击碰撞。

起重机的大小车、变幅机构等，凡是有运行轨道的各种类型起重机，都应设置运行极限位置限制器。

4. 防脱钩装置

在吊钩开口处装有弹簧盖，将开口封闭，弹簧盖的开启方向只能向下而不能向上。使用时，将吊物索具向下压开弹簧盖挂进吊钩，弹簧盖自动弹回，封闭了开口，从而达到防止吊索从开口处脱落的可能发生。

5. 卷筒保险

主要是为了防止卷扬机卷筒工作时，因故障使钢丝绳不能按照要求在卷筒上规则排列，致使钢丝绳越出卷筒而造成钢丝绳被齿轮切断发生事故。

卷筒保险装置，可以在卷筒上的最外部焊接钢筋形成护网或焊接卷筒半周的钢板进行防护，避免钢丝绳在卷筒上排列过高时，发生咬绳断绳的事故。

6. 塔机行走限制

行走式塔机的轨道两端尽头设有止挡缓冲装置。利用在台车架或底盘架上的行程开关碰撞到轨道两端前的挡块切断电源实现塔机停止行走，防止脱轨造成倾覆事故。

7. 回转限制器

现在大多数新式塔机都安装了回转不能超过270°的限制器，防止电源线被扭断，造成事故。

8. 风速仪

自动记录风速。当风速超过6级以上时，自动报警，使操作司机及时采取必要的防护，如停止作业、放下吊物等。

9. 电气保护装置

塔式起重机的电气保护装置主要有：

(1)零位保护　用按钮开关控制起重机，工作前各个控制器必须放置在零位，防止出现失误动作。

(2)过电流继电器　各机构电动机的过载和短路保护。

(3)紧急开关　紧急断电保护。

(4)熔断器保护　实现控制回路和照明回路的接地或短路保护。

10. 障碍指示灯

塔身超过 30m 的塔机，必须在其最高部位安装红色障碍指示灯，并保证供电不受停机影响。

4.2.3　塔式起重机的安装及拆卸

1. 施工方案与资质管理

特种设备(塔式起重机、井架、龙门架、施工电梯等)的安装与拆卸必须编制具有针对性的施工方案，内容应包括工程概况、施工现场情况、安装前的准备工作及注意事项、安装与拆卸的具体顺序和方法、安装和指挥人员组织、安全技术要求及安全措施等。

塔式起重机装拆企业，必须具备装拆作业的资质，作业人员必须经过专门培训并取得上岗证。

塔式起重机安装调试完毕，还必须进行自检、试车及验收，按照检验项目和要求注明检验结果。检验项目应包括特种设备主体结构组合、安全装置的检测、起重钢丝绳与卷筒、吊物平台篮或吊钩、制动器、减速器、电器线路、配重块、空载试验、额定载荷试验、110% 的载荷试验、经调试后各部位运转情况、检验结果等。塔机验收合格后，才能交付使用。

2. 安装拆卸的安全注意事项

(1)对装拆人员的要求　①参加塔式起重机装拆人员，必须经过专业培训考核，持有效的操作证上岗；②装拆人员严格按照塔式起重机的装拆方案和操作规程中的有关规定、程序进行装拆；③装拆作业人员严格遵守施工现场安全生产的有关制度，正确使用劳动保护用品。

(2)对塔式起重机装拆的管理要求　①装拆塔式起重机的施工企业，必须具备装拆作业的资质、并且按装拆塔式起重机资质的等级进行装拆相对应的塔式起重机；②施工企业必须建立塔式起重机的装拆专业班组，并且配有起重工(装拆工)、电工、起重指挥、塔式起重机操作司机和维修钳工等；③进行塔式起重机装拆，施工企业必须编制专项的装拆安全施工组织设计和装拆工艺要求，并经过企业技术主管领导的审批；④塔式起重机装拆前，必须向全体作业人员进行装拆方案和安全操作技术的书面和口头交底，并履行签字手续。

4.2.4　塔式起重机的安全使用及管理

塔式起重机使用前必须制定特种设备管理制度，包括设备经理的岗位职责、起重机管理员的岗位职责、起重机安全管理制度、起重机驾驶员岗位职责、起重机械安全操作规程、起重机械的事故应急措施救援预案、起重机械安拆安全操作规程等。

(1)起重机的安装、顶升、拆卸必须按照原厂规定进行,并制订安全作业措施,由专业队(组)在队(组)长统一指导下进行,并要有技术人员和安全人员在场监护。

(2)起重机安装后,在无载荷情况下,塔身与地面的垂直度偏差值不得超过3/1000。

(3)起重机专用的临时配电箱,宜设置在轨道中部附近,电源开关应合乎规定要求。电缆卷筒必须运转灵活、安全可靠,不得拖缆。

(4)起重机轨道应进行接地、接零。塔吊的重复接地应在轨道的两端各设一组,对较长的轨道,每隔30m再加一组接地装置。其中及两条轨道之间应用钢筋或扁铁等作环形电气连接,轨与轨的接头处应用导线跨接形成电气连接。塔吊的保护接零和接地线必须分开。

(5)起重机必须安装行走、变幅、吊钩高度等限位器和力矩限制器等安全装置,并保证灵敏可靠。对有升降式驾驶室的起重机,断绳保护装置必须可靠。

(6)起重机的塔身上,不得悬挂标语牌。

(7)轨道应平直、无沉陷,轨道螺栓无松动,排除轨道上的障碍物,松开夹轨器并向上固定好。

(8)作业前重点检查 ①机械结构的外观情况,各传动机构正常;各齿轮箱、液压油箱的油位应符合标准;②主要部位连接螺栓应无松动;钢丝绳磨损情况及穿绕滑轮应符合规定;③供电电缆应无破损。

(9)在中波无线电广播发射天线附近施工时,与起重机接触的人员,应穿戴绝缘手套和绝缘鞋。

(10)检查电源电压达到380V,其变动范围不得超过±20V,送电前启动控制开关应在零位。接通电源,检查金属结构部分无漏电方可上机。

(11)空载运转,检查行走、回转、起重、变幅等各机构的制动器、安全限位、防护装置等确认正常后,方可作业。

(12)操纵各控制器时应依次逐级操作,严禁越档操作。在变换运转方向时,应将控制器转到零位,待电动机停止转动后,再转向另一方向。操作时力求平稳,严禁急开急停。

(13)吊钩提升接近臂杆顶部、小车行至端点或起重机行走接近轨道端部时,应减速缓行至停止位置。吊钩距臂杆顶部不得小于1m,起重机距轨道端部不得小于2m。

(14)动臂式起重机的起重、回转、行走3种动作可以同时进行,但变幅只能单独进行。每次变幅后应对变幅部位进行检查。允许带载变幅的小车变幅式起重机在满载荷或接近满载荷时,只能朝幅度变小的方向变幅。

(15)提升重物后,严禁自由下降。重物就位时,可用微动机构或使用制动器使之缓慢下降。

(16)提升的重物平移时,应高出其跨越的障碍物0.5m以上。

(17)两台或两台以上塔吊靠近作业时,应保证两机之间的最小防碰安全距离。

① 移动塔吊任何部位(包括起吊的重物)之间的距离不得不小于5m。

② 两台同是水平臂架的塔吊,臂架与臂架的高差至少应不小于6m。

③ 处于高位的起重机(吊钩升至最高点)与低位的起重机之间,在任何情况下,其垂直方向的间距不得小于2m。

(18)当施工因场地作业条件的限制,不能满足要求时,应同时采取两种措施:①组织措施:对塔吊作业及行走路线进行规定,由专设的监护人员进行监督执行;②技术措施:应设置限位装置缩短臂杆、升高(下降)塔身等措施,防止塔吊因误操作而造成的超越规定的作业范围,发生碰撞事故。

(19)旋转臂架式起重机的任何部位或被吊物边缘于10kV以下的架空线路边线最小水平距离不得不小于2m,塔式起重机活动范围应避开高压供电线路,相距应不小于6m,当塔吊与架空线路之间小于安全距离时,必须采取防护措施,并悬挂醒目的警告标志牌,夜间施工应用36V彩色灯泡(或红色灯泡)。当起重机作业半径在架空线路上方经过时,其线路的上方也应有防护措施。

(20)主卷扬机不安装在平衡臂上的上旋式起重机作业时,不得顺一个方向连续回转。

(21)装有机械式力矩限制器的起重机,在每次变幅后,必须根据回转半径和该半径的允许载荷,对超载荷限位装置的吨位指示盘进行调整。

(22)弯轨路基必须符合规定要求,起重机转弯时应在外轨轨面上撒上沙子,内轨轨面及两翼涂上润滑脂,配重箱转至转弯外轮的方向;严禁在弯道上进行吊装作业或吊重物转弯。

(23)作业后,起重机应停放在轨道中间位置,臂杆应转到顺风方向,并放松回转制动器。小车及平衡重应移到非工作状态位置。吊钩提升到离臂杆顶端2～3m处。

(24)将每个控制开关拨至零位,依次断开各路开关,关闭操作室门窗,下机后切断电源总开关,打开高空指示灯。

(25)锁紧夹轨器,使起重机与轨道固定,如遇八级大风时,应另拉缆风绳与地锚或建筑物固定。

(26)任何人员上塔帽、吊臂、平衡臂的高空部位检查或修理时,必须佩带安全带。

(27)塔式起重机司机属特种作业人员,必须经过专门培训,取得操作证。司机学习塔型与实际操纵的塔型应一致,严禁未取得操作证的人员操作塔吊。

(28)塔式起重机司机及指挥人员必须遵守塔式起重作业操作规程、坚持起重作业"十不吊"原则,即:①被吊物重量超过机械性能允许范围不准吊;②吊物下方有人不准吊;③信号不清楚不准吊;④吊物上站人不准吊;⑤埋在地下物不准吊;⑥斜拉斜牵物不准吊;⑦散物捆扎不牢不准吊;⑧零小物无容器不准吊;⑨吊物重量不明,吊索具不符合规定不准吊;⑩六级以上强风不准吊。

(29)指挥人员必须经过专门培训,取得指挥证,严禁无证人员指挥。

(30)高塔作业应结合现场实际改用旗语或对讲机进行指挥。

(31)塔式起重机司机必须严格按照操作规程的要求和规定执行,上班前例行保养,检查,一旦发现安全装置不灵敏或失效必须进行整改,符合安全使用要求后方可作业。

4.2.5　塔式起重机事故隐患分析

塔机事故主要有五大类,即整机倾覆、起重臂折断或碰坏、塔身折断或底架碰坏、塔机出轨、机构损坏,其中塔机倾覆和断臂等事故占了70%。引起这些事故发生的原因主要有:

1. 超载起吊或违章斜吊增加了张拉力矩再加上原起重力矩,造成事故。

(1)起升超过额定起重力矩,力矩限制器损坏、没有调整或没有定期校核造成力矩限位失灵引发事故。

(2)塔机在工作过程中,由于力矩限制器失灵或被司机有意关闭,造成司机在操作中盲目超载起吊。

(3)力矩限制器失灵,夜晚起吊,吊重物或起升钢丝绳挂住建筑物或不明物体,造成塔机瞬间超负荷或塔机突然卸载引发事故。

2. 违规安装、拆卸造成事故。

(1)塔机装拆管理不严、企业无塔机装拆资质或无相应的资质擅自装拆塔机,造成塔机倾覆和断臂等事故。

(2)塔机的安装、拆卸及顶升、落节,操作人员未经过严格培训、持证上岗。施工作业前,有关操作人员未认真阅读产品使用说明书,制订施工方案,作好安全技术交底,造成塔机事故。

3. 固定式塔机基础强度不足或失稳,导致整机倾覆;行走式塔机的路基、轨道铺设不坚实、不平实,致使路轨的高低差过大,塔机重心失去平衡而倾覆。其具体表现有:

(1)未按说明书要求进行地耐力测试,因地基承载能力不够造成塔机倾覆。

(2)未按说明书要求施工,地基太小不能满足塔机各种工况的稳定性。

(3)为了抢工期,在混凝土强度不够的情况下草率安装。

(4)在基础附近开挖导致滑坡产生位移,或是由于积水而产生不均匀的沉降等。

(5)地脚螺栓自制达不到说明书规定要求,地脚螺栓断裂引发塔机倾覆。

(6)地脚螺栓与基础钢筋焊接不牢,焊接部位断裂引发塔机倾覆。

4. 塔机使用不当引发事故。

(1)没有正确地挂钩,盛放或捆绑吊物不妥,致使吊物坠落伤人。

(2)起重指挥失误或与司机配合不当,造成失误。

(3)在恶劣气候(大风、大雾、雷雨等)中起吊作业。

(4)设备缺乏定期检修保养,安全装置失灵、违章修理等造成事故。

4.4 物料提升机的安全操作

物料提升机简称提升机,是建筑施工中用来解决垂直运输常用的一种既简单又方便的起重设备。常见的物料提升机由架体、提升与传动机构、吊笼、稳定机构、安全装置、电气控制系统组成。

物料提升机包括井式提升架(简称井架)、龙门式提升架(简称龙门架)、塔式提升架(简称塔架)和独杆升降台等是较为常见的垂直提升设备。

塔架是一种采用类似塔式起重机的塔身和附墙构造、两侧悬挂吊笼或混凝土斗、可自升的物料提升架。塔架属于高耸钢结构,不定型产品,对工程情况的不同可以根据其要求由设计人员设计塔架架构。塔架用途很广泛,主要用于工厂烟囱的支撑、大型建筑物支撑、水塔塔架、监控工程、通信工程等其他特殊用途。

4.4.1 井架提升机的构造组成及要求

1. 提升机主要由基础、架体、附墙架(缆风绳)、提升机构及各类安全防护装置组成。其中架体是一个钢结构,其设计强度、刚度和稳定性应符合《钢结构设计规范》(GB 50017—2003)

的规定。主要承重构件除满足强度要求外，还应满足下列要求：

（1）立柱换算长细比不应大于120，单肢长细比不应大于构件两方向长细比的较大值 λ_{max} 的0.7倍。

（2）一般受压杆件的长细比不应大于150。

（3）受拉杆件的长细比不宜大于200。

（4）受弯构件中主梁的挠度不应大于 $l/700$，其他受弯构件不应大于 $l/400$（l 为受弯构件的计算长度）。

2. 构件的连接同样应符合《钢结构设计规范》（GB 50017—2003）的规定。采用螺栓连接的构件，不得采用M10以下的螺栓。每一杆件的节点以及接头的一边，螺栓数不得少于两个。提升机吊篮的各杆件应选用型钢，杆件连接板的厚度不得小于8mm。

3. 高架提升机的基础应专门设计，使其可靠地承受作用在其上的全部荷载。低架提升机的基础，当无设计要求时，应符合下列要求：

（1）土层压实后的承载力，应不小于80kPa。

（2）浇筑C20混凝土，厚度不得小于300mm。

（3）基础表面应平整，水平度偏差不大于10mm。

（4）基础应有排水措施。距基础边缘5m范围内，开挖沟槽或有较大振动的施工时，必须有保证架体稳定的措施。

4. 提升机必须设置与墙体连接的附墙架，以提高整体稳定性。附墙架的设置间隔一般不宜大于9m，且保证在建筑物的顶层设置一组。提升机架体顶部的自由高度不得大于6m。附墙架、架体与结构物间的连接，均应采用刚性件连接，并形成稳定结构，不得连接在脚手架上。当低架提升机受到条件限制无法设置附墙架时，可采用缆风绳稳固架体。高架提升机在任何情况下均不得采用缆风绳。

5. 提升机附设摇臂把杆时，架体及基础需经校核计算，并进行加固。把杆臂长一般不大于6m，起重量不超过600kg。

4.4.2　物料提升机的安全防护装置

1. 安全停靠装置

当吊篮运行到位时，该装置应能可靠地将吊篮定位，并能承担吊篮自重、额定荷载及运卸料人员和装卸物料时的工作荷载。此时，起升钢丝绳应不受力。安全停靠装置的形式不一，有机械式、电磁式、自动型或手动型等。

2. 断绳保护装置

吊篮在运行过程中发生钢丝绳突然断裂或钢丝绳尾端固定点松脱，吊篮会从高处坠落，严重的将造成机毁人亡的后果。断绳保护装置就是当上述情况发生时即刻动作，将吊篮卡在架体上，使吊篮不坠落，避免产生严重的事故。断绳保护装置的形式较多，最常见的是弹闸式，另外还有偏心夹棍式、杠杆式和挂钩式等。无论哪种形式，都应能可靠地将吊篮在下坠时固定在架体上，其最大滑落行程，在吊篮满载时不得超过1m。

3. 吊篮安全门

吊篮的上下料口处应装设安全门，此门应制成自动开启型。当吊篮落地或停层时，安全门能自动打开，而在吊篮升降运行中此门处于关闭状态，成为一个四边都封闭的“吊篮”，以防止所运载的物料从吊篮中滚落。

4. 楼层口通道安全门

物料提升机与各楼层进料口一般均搭设了运料通道。在楼层进料口与运料通道的结合处必须设置通道安全门，此门在吊篮上下运行时应处于常闭状态，只有在卸运料时才能打开，以保证施工作业人员不在此处发生高处坠落事故。此门的设置应设在楼层口，与架体保持一段距离，不能紧靠物料提升机架体。门高度宜在1.8m，其强度应能承受1kN/m^2 水平的荷载。

5. 上料口防护棚

物料提升机地面进料口是运料人员经常出入和停留的地方，吊篮在运行过程中易发生落物伤人事故，因此搭设上料口防护棚是防止落物伤人的有效措施。

上料口防护棚应设在提升机地面进料口的上方，其宽度应大于提升机架体最外部尺寸，两边对称，长度不得小于1m：低架提升机应大于3m，高架提升机应大于5m。其顶部材料强度应能承受10kPa的均布载荷。采用50mm厚木板架设，或采用两层竹笆、上下竹笆间距应不小于600mm。

上料口防护棚的搭设应形成一相对独立的架体，不得借助于提升机架体或脚手架立杆作为防护棚的传力杆件，以避免提升机或脚手架产生附加力矩，保证提升机或脚手架的稳定。

6. 上极限限位器

为防止司机误操作或机械、电气故障而引起吊篮上升高度失控造成事故而设置的安全装置。该装置应能有效控制吊篮允许提升的最高极限位置，此极限位置应控制在天梁最低处以下。当吊篮上升达到极限位置时，限位器即行动作，切断电源，使吊篮只能下降，不能上升。

7. 紧急断电开关

应设在司机便于操作的位置，在紧急情况下，能及时切断提升机的总控制电源。

8. 信号装置

该装置由司机控制，能与各楼层进行简单的音响或灯光联络，以确定吊篮的需求情况。

9. 其他要求

高架提升机除应满足上述安全装置外，还应满足以下要求：

(1)下极限限位器　该装置系控制吊篮下降最低极限位置的装置。在吊篮下降到最低限定位置时，即吊篮下降至尚未碰到缓冲器之前，此限位器自动切断电源，并使吊篮在重新启动时只能上升，不能下降。

(2)缓冲器　在架体底部坑内设置的，为缓解吊篮下坠或下极限限位器失灵时产生的冲击力的一种装置。该装置应能承受并吸收吊篮满载时和规定速度下所产生的相应冲击力。缓冲器可采用弹簧或弹性实体。

(3)超载限制器　此装置是为保证物料提升机在额定载重量之内安全使用而设置的。当载荷达到额定载荷时，即发出报警信号，提醒司机和运料人员注意。当载荷超过额定载荷时，该装置应能切断电源，使吊篮不能启动。

(4)通信装置　由于架体高度较高，吊篮停靠楼层数较多，司机不能清楚地看到楼层上人员需要或分辨不清哪层楼面发出信号时，必须装设通信装置。通信装置必须是一个闭路的双向电气通信系统，司机应能听到或看清每一站的需求联系，并能与每一站人员通话。当低架提升机的架设是利用建筑物内部垂直通道，如采光井、电梯井、设备或管道井时，在司机不能看到吊篮运行情况下，也应该装设通信装置。

4.4.3　物料提升机的稳定装置

1. 高架提升机的基础应进行设计，基础应能可靠地承受作用在其上的全部荷载。基础的埋深与做法，应符合设计和提升机出厂使用规定。

2. 低架提升机的基础，当无设计要求时，应符合下列要求：

（1）土层压实后的承载力，应不小于80kPa。

（2）浇筑C20混凝土，厚度300mm。

（3）基础表面应平整，水平度偏差不大于10mm。

（4）基础应有排水措施。距基础边缘5m范围内，开挖沟槽或有较大振动的施工时，必须有保证架体稳定的措施。

3. 提升机附墙架的设置应符合设计要求，其间隔一般不宜大于9m，且在建筑物的顶层必须设置一组，并符合下列要求：

（1）附墙架与架体及建筑之间，均应采用刚性件连接，并形成稳定结构，不得连接在脚手架上。严禁使用铅丝绑扎。

（2）附墙架的材质应与架体的材质相同，不得使用木杆、竹竿等做附墙架与金属架体连接。

（3）附墙架与建筑结构的连接应进行设计。

4. 提升机受到条件限制无法设置附墙架时，应采用缆风绳稳固架体。高架提升机在任何情况下均不得采用缆风绳。缆风绳的使用应符合下列要求：

（1）提升机的缆风绳应经计算确定（缆风绳的安全系数n取3.5）。缆风绳应选用圆股钢丝绳，直径不得小于9.3mm。提升机高度在20m以下（含20m）时，缆风绳不少于1组（4～8根）；提升机高度在21～30m时，不少于2组。

（2）缆风绳应在架体四角有横向缀件的同一水平面上对称设置，使其在结构上引起的水平分力处于平衡状态。缆风绳与架体的连接处应采取措施，防止架体钢材对缆风绳的剪切破坏。对连接处的架体焊缝及附件必须进行设计计算。

（3）龙门架的缆风绳应设在顶部。若中间设置临时缆风绳时，应在此位置将架体两立柱做横向连接，不得分别牵拉立柱的单肢。

（4）缆风绳与地面的夹角应不大于60°，其下端应与地锚连接，不得拴在树木、电杆或堆放构件等物体上。

（5）缆风绳与地锚之间，应采用与钢丝绳拉力相适应的花篮螺栓拉紧。缆风绳垂度不大于0.01l（l为长度），调节时应对角进行，不得在相邻两角同时拉紧。

（6）当缆风绳需改变位置时，必须先做好预定位置的地锚，并加临时缆风绳确保提升机架体的稳定，方可移动原缆风绳的位置；待与地锚拴牢后，再拆除临时缆风绳。

（7）在安装、拆除以及使用提升机的过程中设置的临时缆风绳，其材料也必须使用钢丝绳，严禁使用铅丝、钢筋、麻绳等代替。

5. 缆风绳的地锚,根据土质情况及受力大小设置,应经计算确定。一般宜采用水平式地锚,当土质坚实,地锚受力小于15kN时,也可选用桩式地锚。

6. 当地锚无设计规定时,其规格和形式按要求选用。

4.4.4 物料提升机的安装与拆除

1. 安装前的准备工作

(1)根据施工现场工作条件及设备情况编制架体的安装方案。

(2)安装与拆除作业前,应对作业人员根据方案进行安全技术交底,确定指挥人员。提升人员必须持证上岗。

(3)划定安全警戒区域,指定监护人员,非工作人员不得进入警戒区域内。

(4)厂家生产的提升机应有产品铭牌,标明额定起重量、最大提升速度、最大架设高度、制造单位、产品编号及出厂日期。物料提升机出厂前,应按规定进行检验,并附合格证,并经建筑安全监督管理部门核验,颁发产品准用证,方可出厂。

(5)提升机架体实际安装高度不得超出设计所允许的最大高度,并做好以下检查,内容包括:①金属结构的成套性和完好性;②提升机构是否完整良好,电气设备是否齐全可靠;③基础位置和做法是否符合要求;④地锚位置、连墙杆(附墙杆)连接埋件的位置是否正确和埋设牢靠;⑤提升机周围环境条件有无影响作业安全的因素,尤其是缆风绳是否跨越或靠近外电线路及其他架空输电线路。必须靠近时,应保证最小安全距离并采取相应的安全防护措施。其最小安全距离如表4-4-1所示。

表4-4-1 缆风绳距外电线路最小安全距离

外电线路电压(kV)	1以下	1~10	35~110	154~220	330~500
最小安全操作距离(m)	4	6	8	10	15

2. 架体安装

(1)每安装2个标准节(一般不大于8m),应采取临时支撑或临时缆风绳固定。

(2)安装龙门架时,两边立柱应交替进行,每安装2节,除将单肢柱进行临时固定外,尚应将两立柱横向连接成一体。

(3)装设摇臂把杆时,应符合以下要求:①把杆不得装在架体的自由端;②把杆底座要高出工作面,其顶部不得高出架体;③把杆与水平面夹角应在45°~70°之间,转向时不得碰到缆风绳;④把杆应安装保险钢丝绳。起重吊钩应采用符合规定的吊具并设置吊钩上极限限位装置。

(4)架体安装完毕后,企业必须组织有关职能部门和人员对提升机进行试验和验收,检查验收合格后,方能交付使用,并挂上验收合格牌。

3. 安装精度

(1)新制作的物料提升机架体安装的垂直偏差,最大不应超过架体高度的1.5‰;多次使用过的提升机,在重新安装时,其偏差不应超过3‰,并不得超过200mm。

(2)井架截面内,两对角线长度公差不得超过最大边长名义尺寸的3‰。

(3)导轨接点截面错位不大于1.5mm。

(4)吊篮导靴与导轨的安装间隙,应控制在5~10mm以内。

4. 架体拆除

(1)拆除前应作必要的检查,其内容包括:①查看物料提升机与建筑物的连接情况,特别要查看是否有与脚手架连接的现象;②查看物料提升机架体有无其他牵拉物;③临时缆风绳及地锚的设置情况;④架体或地梁与基础的连接情况。

(2)在拆除缆风绳或附墙架前,应先设置临时缆风绳或支撑,确保架体自由高度不得大于2个标准节(一般不大于8m)。

(3)拆除作业中,严禁从高处向下抛掷物件。

(4)拆除作业宜在白天进行,夜间确需作业的,应有良好的照明。因故中断作业时,应采取临时稳固措施。

4.4.5　物料提升机的安全使用及管理

1. 物料提升机的安全规定

(1)提升机应当有产品标牌,标明额定起重量、最大提升速度、最大架设高度、制造单位、产品编号和出厂日期。

(2)提升机吊篮和架体的颜色要有明显的区别。

(3)有完整的出厂合格资料。

(4)提升机操作人员要经过培训、考核,取得特种作业人员操作上岗证书。

(5)使用单位应当建立相应操作规程、管理制度、保养制度、技术档案。

(6)井架提升机的架体,在与各楼层通道相接的开口处,应采取加强安全措施。

(7)提升机架顶部的自由高度不得大于6m。

(8)提升机的卷扬机可选用逆式卷扬机,高架提升机不得选用摩擦式卷扬机。

(9)提升钢丝绳不得接长使用。当吊篮处于最低时,卷扬机卷筒上的钢丝绳不得少于3圈。

(10)钢丝绳端部的固定采用绳卡时,绳卡应与绳径匹配,其数量不得少于3个,间距不得小于钢丝绳直径的6倍。绳卡滑鞍应放在受力绳一侧,不得正反交错设绳卡。

(11)有关电气方面的规定:

① 电气系统(电源、设备、元器件、绝缘、防雷、接地等)应当满足《施工现场临时用电安全规范》等相应的规范。

② 总电源应设短路保护和漏电保护装置,电动机的主回路上应同时装短路、失压、过流保护装置。

③ 工作照明开关应与主电源开关相独立。当提升机电源被切断时,工作照明不应断电。各自的开关应当有明显的标志。

④ 禁止使用倒顺开关作为卷扬机的控制开关。

2. 物料提升机的安全使用

(1)物料在吊篮内应均匀分布,不得超出吊篮。长料在吊篮中立放时,要采用防滚落措施;散料要装箱或装笼。严禁超载。

(2)严禁人员攀登、穿越提升机架体和乘吊篮上下。

(3)高架提升作业时,应使用通信装置联系。低架提升在多工种、多楼层同时作业时,应设专门的指挥人员,信号不清不得开机。作业中,不论任何人发出紧急停车信号,都应立即执行。

(4)闭合主电源前或作业中突然断电时,应将所有开关扳回零位。在重新作业前,应确认提升机动作正常后,才可以继续使用。

(5)发现安全桩子、通信装置失灵时,应立即停机检修。

(6)要对钢丝绳、滑轮等传动和摩擦部位进行经常的检查。发现磨损严重,应按照规定及时维修更换。

(7)摩擦式卷扬机为提升动力的提升机,吊篮下降时,应在吊篮行至离地面1~2m处,控制缓慢落地,不允许吊篮自由落下降至地面。

(8)装设摇臂扒杆的提升机,作业时,吊篮与摇臂扒杆不得同时使用。

(9)作业后,将吊篮放至地面,各个控制开关扳到零位,切断主电源,锁闭闸箱。

3. 物料提升机的安全管理

(1)物料提升机应由专门的设备管理部门统一管理。架体和卷扬机不得分开管理。提升机使用中应进行经常性的维修、保养,并符合下列规定:

① 司机应按使用说明书的有关规定,对提升机各润滑部位,进行注油润滑。

② 维修、保养时,应将所有控制开关扳至零位,切断主电源,并在闸箱处挂“禁止合闸”标志,必须时应设专人监护。

③ 提升机处于工作状态时,不得进行保养、维修,排除故障应在停机后进行。

④ 更换零部件时,零部件必须与原部件的材质性能相同,并应符合设计与制造标准。

⑤ 维修主要结构所用焊条及焊缝质量,均应符合原设计要求。

⑥ 维修和保养提升机架体顶部时,应搭设上人平台,并应符合高处作业要求。

(2)物料提升机在使用过程中必须定期检查,一般每月定期检查一次,由有关部门和专业技术人员参加,检查内容包括:①金属结构有无开焊、锈蚀、塑性变形;②扣件、螺栓连接的紧固情况;③提升机构磨损情况及其钢丝绳的完好性;④安全防护装置有无缺少、失灵和损坏;⑤缆风绳、地锚、附墙架等有无松动;⑥电气设备的接地情况;⑦断绳保护装置的灵敏度试验。

(3)物料提升机的日常检查应由操作人员在班前进行,在确认提升机正常时,才可以进行作业。检查内容包括:①地锚和缆风绳的连接有无松动;②空载提升吊篮做一次上下运动,验证是否正常,并同时碰撞限位器,观察安全门是否灵敏完好;③在额定载荷下,将吊篮提升至离地面1~2m高处停机,检查制动器的可靠性和架体的稳定性;④安全停靠装置和断绳保护装置的可靠性;⑤吊篮运行通道内有无障碍物。

(4)金属结构码放时,应放在垫木上,在室外存放,要有防雨及排水措施。电气、仪表及易损件的存放,应注意防震、防潮。

(5)运输提升机各部件时,装车应垫平,尽量避免磕碰,同时应注意各提升机的配套件。

4.4.6 物料提升机事故隐患分析

建筑施工井字架物料提升机因构造简单,造价低廉,安装、拆卸方便快捷,维修保养简便,使用成本低等优越性能,一直是中低层建筑施工用于物料垂直运输的主要设备。但目前井字

架在使用过程中存在不少的安全隐患,导致安全事故时有发生,甚至造成人员伤亡的悲剧。引起这些事故发生的原因主要有:

(1)部分制造厂家没有按照标准和规范要求生产,有的厂家为了降低成本迎合市场,生产一些缺少安全保护装置的井字架;部分施工企业缺少相应的资金和安全技术管理人员,对设备的投入或更新不重视,使用未经改造应进行淘汰的旧设备。这些井字架本身的安全防护装置不齐全或不完善,以致经常发生设备损坏甚至造成人员伤亡的事故。

(2)安装、拆除没有一个合理的程序,作业队伍素质不高,违章作业,又没有可遵照执行的作业方案或没有执行已经批准的作业方案,作业的条件变化大,工作中不能预见危险,导致事故经常发生。

(3)基础处理不当,目前很多工地只是凭经验设置基础或是将基础简单处理。这样就不能从开始保证井字架的安全,留下了安全隐患。

(4)附墙架安装不规范,主要是安装间距设置不规范。附墙架与架体及建筑物之间,未采用刚性扣件连接,而是部分使用钢丝绑扎,或采用焊接等;有的未采用两根直拉和两根斜拉形成稳定结构;有的脚手架连接在井字架上;有的附墙架材质与架体的材质不相同。

(5)架体立面无防护或防护不严,给井字架使用过程留下安全隐患。

(6)防护棚搭设不规范,主要是防护棚搭设的强度、面积不符合要求。

(7)楼层卸料平台的搭设不稳固也是井字架高空坠落事故的主要原因。

(8)部分工地为贪图使用的方便,没有安装安全门或有安全门不使用,这样就非常容易发生事故,造成人员伤亡。

(9)部分工地没有安装通信装置,造成卷扬机操作工不能清楚观察人员、物料进出的情况,导致误操作,从而发生事故。

(10)部分施工工地没有搭设司机操作棚或操作棚搭设简陋,这样既影响文明施工,又留下了安全隐患。

(11)没有配备经正式考试合格,持有操作证的专职司机。

(12)部分工地的设备操作人员对设备缺乏维修保养,造成设备带病运行,从而降低了设备的使用寿命,甚至留下安全隐患。

(13)违章作业,部分工地的操作人员随便拆除设备上的一些安全保护装置,或在井字架运行时不使用安全保护装置;部分操作人员违章操作,超载运行等现象比较多。

(14)拆卸人员未持证上岗,或没有严格按规范及作业方案操作,不能保证拆除过程的安全。

(15)拆除作业中,从高处向下抛掷物件。

4.5 施工升降机的安全操作

施工升降机又称为施工电梯,是高层建筑施工中运送施工人员及建筑材料和工具设备的重要垂直运输设施。它是一种使工作笼(吊笼)沿导轨作垂直(或倾斜)运动的机械。按传动形式分为齿轮齿条式、钢丝绳式和混合式三种。其中,SC型齿轮齿条式施工升降机是目前国内建筑施工企业使用较多的人货两用升降机。它是采用电动齿轮齿条传动方式进行升降驱动，以实现升降吊笼垂直运输，具有结构简单、使用方便、升降快捷、传动平衡等特点，在高层建筑施工中被普遍采用。

4.5.1 施工升降机的安全装置

1. 限速器

齿条驱动的建筑施工升降机，为了防止吊笼坠落均装有锥鼓式限速器，并可分为单向式和双向式两种，单向限速器只能沿吊笼下降方向起限速作用，双向限速器则可以沿吊笼的升降两个方向起限速作用，见图 4-5-1。限速器应当按照规定的检修周期进行性能检查和维修，确保其正常工作。

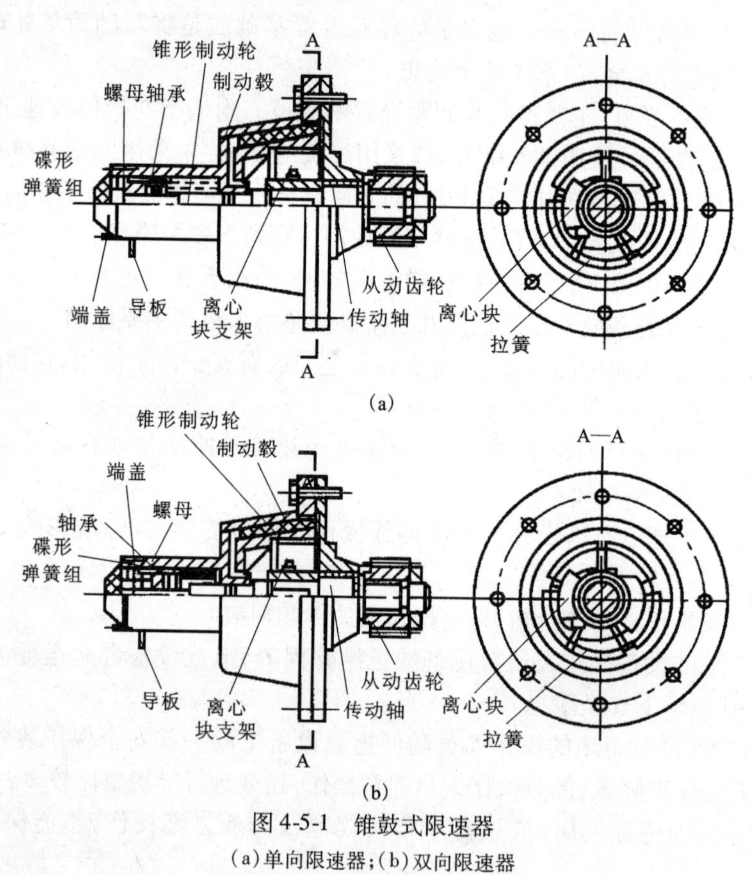

图 4-5-1 锥鼓式限速器
(a)单向限速器；(b)双向限速器

当齿轮达到额定限制转速时，限速器内的离心块在离心力与重力作用下，推动制动轮并逐渐增大制动力矩，直到将工作笼制动在导轨架上为止。在限速器制动的同时，导向板切断驱动电动机的电源。限速器每次动作后，必须进行复位，也就是使离心块与制动轮的凸齿脱开，并确认传动机构的电磁制动作用可靠，方能重新工作。限速器应按规定期限进行性能检测。

2. 缓冲弹簧

在建筑施工升降机底笼的底盘上装有缓冲弹簧，以便当吊笼发生坠落事故时，减轻吊笼的冲击，同时保证吊笼和配重下降着地时呈柔性接触，缓冲吊笼和配重着地时的冲击。缓冲弹簧有圆锥卷弹簧和圆柱螺旋弹簧两种。一般情况下，每个吊笼对应的底架上装有两个圆锥卷弹簧，如图4-5-2，也有采用4个圆柱螺旋弹簧的。

3. 上、下限位器

上、下限位器是为防止吊笼上、下时超过需停位置，因司机误操作和电气故障等原因继续上行或下降引发事故而设置的装置。它安装在吊轨架和吊笼上，属于自动复位型装置。

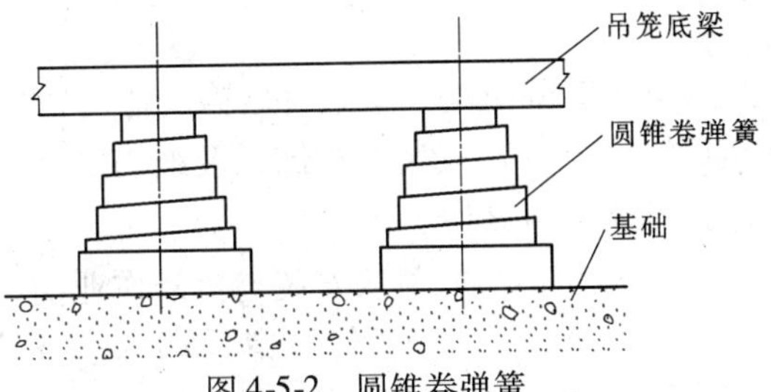

图4-5-2　圆锥卷弹簧

4. 上、下极限限位器

上、下极限限位器是当上、下限位器不起作用时，在吊笼运行超过限位开关和越程后，能及时切断电源使吊笼停车。极限限位器是非自动复位型装置，动作后只能手动复位才能使吊笼重新启动。极限限位器安装在导轨器或吊笼上。

5. 安全钩

安全钩是为防止吊笼到达预先设定位置，上限位器和上极限限位器因各种原因不能及时动作，吊笼继续向上运行，将导致吊笼冲击导轨架顶部而发生倾翻坠落事故而设置的。安全钩是安装在吊笼上部重要的也是最后一道安全装置，它能使吊笼上行到导轨架顶部的时候，钩住导轨架，保证吊笼不发生倾翻坠落事故。

6. 急停开关

当吊笼在运行过程中发生紧急情况时，司机能在任何时候按下急停开关，使吊笼停止运行。急停开关必须是非自行复位的安全装置，安装在吊笼顶部。

7. 吊笼门、底笼门连锁装置

施工升降机的吊笼门、底笼门均装有电气连锁开关，它们能有效防止因吊笼门或底笼门未关闭就启动运行而造成人员坠落和物料滚落，只有当吊笼门或底笼门完全关闭时才能启动运行。

8. 楼层通道门

施工升降机与各楼层均搭设了供运料和人员进出的通道，在通道口与升降机结合部必须设置楼层通道门。此门在吊笼上下运行时处于常闭状态，只有在吊笼停靠时才能由吊笼内的人打开。应做到楼层内的人员无法打开此门，以确保通道口处在封闭的条件下。楼层通道门的高度应不低于1.8m，门的下沿离通道面不应超过50mm。

9. 通信装置

由于司机的操作室位于吊笼内，无法知道各楼层的需求情况和分辨不清哪个层面发出信号，因此必须安装一个闭路的双向电气通信装置，司机应能听到或看到每一层的需求信号。

10. 地面出入口防护棚

升降机在安装完毕时，应及时搭设地面出入口的防护棚。防护棚搭设的材质要选用普通脚手架钢管。防护棚的长度不应小于5m，有条件的可与地面通道防护棚连接起来。宽度应不小于升降机底笼最外部尺寸。其顶部材料可采用50mm厚木板或两层竹笆，上下竹笆间距应不小于600mm。

11. 断绳保护装置

吊笼和配重的钢丝绳发生断绳时，断绳保护开关切断控制电路，制动器抱闸停车。

4.5.2 施工升降机的安装与拆卸

施工升降机是大型垂直运输设备,它的安装与拆卸,必须由取得行政主管部门审批颁发塔机(施工升降机)安装与拆卸以及维修安全许可证书的专业单位进行。否则,其他任何单位和个人不能从事该项工作。

1. 施工升降机每次安装与拆卸作业前,企业要根据施工现场环境及辅助设备的情况,编制确保安全的安装与拆卸方案,经企业技术主管审批同意后,才能实施。

2. 每次安装与拆卸作业前,应对参与作业人员按照不同工种和作业内容进行详细的技术、安全交底。参与装拆作业的人员必须持有专门的资格证书。

3. 施工升降机的装拆作业必须是经当地建设行政主管部门批准、持有相应的装拆资质证书。

4. 施工升降机每次安装完成后,施工企业应当组织有关部门和专业人员对升降机进行试验和验收。确认合格后应当向当地建设行政主管部门认定的检测机构申报,经专业的检测机构检测合格后,才能正式投入使用。

5. 施工升降机在安装作业前,应对升降机的各个部件做如下的检查:

(1)导轨架、吊笼等金属结构的成套性和完好性。

(2)电气设备主电路和控制电路是否符合国家规定的产品标准。

(3)传动系统的齿轮、限速器的装配精度及其接触长度。

(4)基础位置和做法是否符合该产品的设计要求。

(5)附墙架设置处的混凝土强度和螺栓孔是否符合安装条件。

(6)各安全装置是否齐全,安装位置是否正确牢固,各限位开关动作是否灵敏、可靠。

(7)升降机安装作业环境有无影响作业安全的因素。

6. 安装作业应当严格按照预先制订的安装方案和施工工艺要求实施,安装过程有专人统一指挥,划出警戒区域,并有专人监控。

7. 安装与拆卸工作宜在白天进行,遇恶劣天气应停止作业。

8. 作业人员应按高处作业的要求,佩戴好安全带。

9. 拆卸时,严禁将物件从高处向下抛掷。

4.5.3 施工升降机的安全使用及管理

1. 施工企业必须建立、健全施工升降机管理制度,落实专职机构和专职管理人员,明确各级安全使用和管理责任。

2. 操作升降机的司机,应当是经过有关行政主管部门培训合格的专职人员,严禁无证操作。

3. 操作人员要做好日常的检查和维护,在升降机每班首次运行时,应分别做空载、满载试运行,将吊笼升高离地面0.5m处停车,检查制动器的灵敏性和可靠性,确认正常后才可以投入使用。

4. 建立和执行定期检查和维修保养制度,每周或每旬对升降机进行全面的检查,对查出的隐患按照“三定”原则落实整改。整改后须经有关人员复查确认符合安全要求后,才能使用。

5. 吊笼乘人、载物时，应尽量使载荷均匀分布，严禁超载使用。

6. 升降机运行至最上层和最下层时，严禁以碰撞上下限位开关来实现停车。

7. 操作人员离开吊笼时，应将吊笼降至地面，切断总电源，锁上配电箱，防止他人无证开动吊笼。

8. 风力达到六级以上时，应停止使用升降机，并将吊笼降至地面。

9. 各个停靠层的运料通道两侧必须有良好的防护。楼层门应处于常闭状态，其高度要符合规范要求，任何人不得擅自打开或将头伸出门外，当楼层门没有关闭时，操作人员不得开动升降机。

10. 确保通信装置的完好。司机应当在确认信号后才能开动升降机。作业中无论任何人在任何楼层发出紧急停车信号，司机都应当立刻执行。

11. 升降机应按照规定单独安装接地保护和避雷装置。

12. 严禁在升降机运行状态下进行维修和保养工作。若需要维修保养，必须切断电源，在醒目处挂上“有人检修，禁止合闸”的标牌，并有专人监护。

4.5.4　施工升降机的事故隐患分析

施工升降机是外用电梯属施工现场的大型设备，有一定的危险性，与塔式起重机、（龙门架、井架）物料提升机相比，施工升降机吊笼内人员集中，一旦发生事故导致伤亡危害程度更大。因此，为遏制建筑施工重特大事故的发生，应特别加强施工升降机的安全管理。

1. 施工升降机装拆的事故隐患

（1）施工升降机的装拆作业发包给无相应装拆资质的队伍或个人。

（2）不按施工升降机装拆方案施工或根本无装拆方案，即使有方案也无针对性，且缺少必要的审批手续，拆装过程中也无专人统一指挥。

（3）施工升降机完成安装作业后即投入使用，不履行相关的验收手续和必需的试验程序，甚至不向当地建设行政主管部门指定的专业检测机构申报检测，以致发生机械、电气故障和各类事故。

（4）装拆人员未经专业培训即上岗作业。

（5）装拆作业前未进行详细的、有针对性的安全技术交底，作业时又缺乏必要的监护措施，现场违章作业随处可见，极易发生高处坠落、落物伤人等重大事故。

2. 施工升降机管理使用不当造成的事故隐患

（1）安全装置装设不当甚至不装，使得吊笼在运行过程中发生故障时安全装置失效。

（2）楼层门设置不符要求，层门净高偏低，使有些运料人员把头伸出门外观察吊笼运行情况时，被正好落下的吊笼卡住脑袋发生恶性伤亡事故。楼层门设置不当，可从楼层内打开，使得通道口成为危险的临边口，造成人员坠落或物料坠落伤人事故。

（3）施工升降机的司机未持证上岗，或司机离开驾驶室时未关闭电源，使无证人员有机会擅自开动升降机，一旦遇到意外情况不知所措，酿成事故。

（4）不按升降机额定荷载控制人员数量和物料重量，使升降机长期处于超载运行的状态，导致吊笼及其他受力部件变形，给升降机的安全运行带来严重的安全隐患。

(5)不按设计要求配置配重,不利于升降机的安全运行。

(6)限速器未按规定每三个月进行一次坠落试验,一旦发生吊笼下坠失速,限速器失灵,产生严重后果。

(7)金属结构和电气金属外壳不接地或接地不符合安全要求,悬挂配重的钢丝绳安全系数达不到8,电气装置不设置相序和断相保护器等都是施工升降机使用过程中常见的事故隐患。

4.6 锅炉与压力容器的安全操作

4.6.1 锅炉与压力容器

1. 锅炉

锅炉是利用燃料燃烧释放热能,能对水或其他介质加热,以获得规定的参数(温度、压力)和品质的蒸汽、热水或其他工质的设备。顾名思义,锅炉包括了“锅”和“炉”两部分。“锅”是使水受热变成水蒸气的管道和容器,也叫水汽系统;“炉”是锅炉中燃烧燃料的部分,它的作用是把燃料的热量释放出来,传递给锅内介质,产生热量供“锅”吸收,也叫风煤烟系统。

(1)锅炉的特点锅炉是一种受热、承压、具有爆炸危险的特种设备,广泛用于生产各个部门,它有与一般机械设备不同的特点,主要是:①是一种密闭的容器,具有爆炸的危险;②工作条件恶劣,极易造成损坏;③用途十分广泛。

(2)锅炉的种类锅炉的种类很多,一般根据用途、压力、容量、燃烧方式、热能来源及载热介质等来分类。

我们一般用的是蒸汽锅炉。蒸汽锅炉是生产蒸汽的锅炉,它加热水使其温度升高但不汽化。蒸汽锅炉的规格一般用单位时间内生产蒸汽的数量和蒸汽参数表示(t/h)。热水锅炉的规格以单位时间内水的吸热量(MW)及热水参数表示。

锅炉的大小,可按照容量的大小区分为大型锅炉、中型锅炉和小型锅炉。一般,蒸发量大于100t/h的为大型锅炉;蒸发量在20~100t/h的为中型锅炉;蒸发量在20t/h的为小型锅炉。

蒸汽锅炉按照蒸汽压力的大小分为低压锅炉($p \leqslant 2.5$MPa)、中压锅炉($2.5\text{MPa} < p \leqslant 5.9$MPa)、高压锅炉($p = 9.8$MPa)、超高压锅炉($p = 13.7$MPa)。

国家标准《危险化学品重大危险源辨识》(GB 18218—2009)中规定,压力>2.5MPa、蒸发量≥10t/h的蒸汽锅炉,出水温度≥400℃、功率≥14MW的热水锅炉都属于重大危险源。

2. 压力容器

(1)压力容器是指承受流体压力的密闭容器。《压力容器安全监察规程》规定,同时具备下列三个条件的密闭容器称为压力容器:①最高工作压力为pw≥0.1MPa(不包括液体静压力);②容积≥25L,且pw>20L.MPa;③介质为气体、液化气体和最高工作温度高于标准沸点(指一个大气压下的沸点)的液体。

(2)压力容器的分类

1)从安全管理和技术监督方面,可把压力容器分为两大类,即固定式压力容器、移动式压力容器。

①固定式压力容器。是指安装和使用地点是固定不变的，工艺条件和操作人员也比较固定的压力容器。

②移动式压力容器。用以运输、装载液体的介质压力容器为移动式压力容器。移动式压力容器没有固定的使用地点，也没有专职的操作人员，使用环境经常变化，管理比较困难，较容易发生事故。移动式压力容器有气瓶、气桶、槽车三类。

2）从压力容器的安全综合分类。根据《压力容器监察规程》，按照压力容器压力的高低、介质的危害程度及其在使用中的重要性，将压力容器分为三类，即Ⅰ类容器、Ⅱ类容器、Ⅲ类容器。

Ⅰ类：低压容器（不燃、无毒）。

Ⅱ类：中压容器（不燃、无毒）、易燃毒性中度介质的低压R和C容器、搪玻璃压力容器。

Ⅲ类：①毒性为极度和高度危害介质的中压容器和$pV \geqslant 0.2\mathrm{MPa \cdot m^3}$的低压容器；②易燃或毒性中度介质且$pV \geqslant 0.5\mathrm{MPa \cdot m^3}$的中压R容器和$pV \geqslant 10\mathrm{MPa \cdot m^3}$的中压C容器。

3）按压力分类，可分为：

① 低压容器（代号L）：$0.1\mathrm{MPa} \leqslant p < 1.6\mathrm{MPa}$。

② 中压容器（代号M）：$1.6\mathrm{MPa} \leqslant p < 10\mathrm{MPa}$。

③ 高压容器（代号H）：$10\mathrm{MPa} \leqslant p < 100\mathrm{MPa}$。

④ 超高压容器（代号U）：$p \geqslant 100\mathrm{MPa}$。

其中，p为压力容器的设计压力。

4.6.2　锅炉与压力容器的安全使用及管理

1. 锅炉与压力容器的安全使用

锅炉与压力容器经常处于高温高压下工作，若管理不善或使用不当，容易发生各类事故，造成大面积的、立体性的破坏和群体伤害，给事发单位和社会造成严重损失。因此，锅炉、压力容器被列入特种设备运行管理。

在建筑施工单位，常用锅炉产出的高温热能，常用于物料加热蒸煮、烘干、混凝土养护等工艺过程。生活锅炉则常用于施工工地提供生活蒸汽或热水。

压力容器有空气压缩机（包括冷却器、油水分离器、储气罐等）。压缩空气常用于风动机械和风动工具进行破碎、开采等作业，还用于喷砂、除锈、除渣、喷漆、搅拌、输送各种物料等。

建筑施工中金属焊接和切割广泛使用的氧气、乙炔气等瓶装压缩气体属于移动压力容器。

安全使用规定包括以下内容：

（1）启用前，由使用单位（部门）提出登记申请，经单位负责人同意后向劳动部门登记，取得使用证书后才可投入运行。

（2）锅炉、压力容器每台必须建立档案，在调出和迁移时压力容器技术档案应同时移交。

（3）锅炉、压力容器的使用，必须严格执行操作规程或岗位操作法，不得擅自修改原设计工艺条件。

（4）锅炉、压力容器必须按规定做好定期检验工作。

① 锅炉的定期检验，由省、地锅炉检验所承担，其合同由机动处直接签订。

② 压力容器、高压管道、钢制气瓶、铁路槽车和公路槽车的定期检验，必须按有关规定、规

程执行。

③ 无损检验由各地区劳动部门压力容器安全监察机构认可的单位和检验人员承担。检验证明(单)必须有检验人员签章,技术负责人审核,加盖业务专用章才能生效。

④ 三类容器的全面检查,由机动处负责报请省、地方劳动部门派员参加。

(5)锅炉、压力容器必须定期检验,分外部检验、内外部检验和耐压检验。

① 每年至少一次外部检验。

② 内外部检验:安全状况等级为1~3级的,每年至少一次;安全状况等级为3~4级的,每隔3年至少一次。

③ 耐压检验每10年至少一次。

2. 压锅炉与力容器的安全管理

(1)锅炉房建造前,使用单位应当将锅炉房平面布置图等资料送当地劳动行政部门审核同意。

(2)锅炉房必须配备管理人员,负责锅炉房安全技术管理工作。

(3)压力容器使用单位的技术负责人对本单位压力容器的安全技术性能负责。

(4)使用锅炉,必须配备相适应的水处理设施。运行锅炉的水质,必须符合国家规定的标准。

(5)使用锅炉压力容器的单位,必须依照国家规定进行定期检验。其中列入国家强制检定的计量器具,由技术监督行政部门授权的检测单位检验。

(6)锅炉压力容器检验员、无损检测人员、焊工、司炉工、水质监测和水处理人员、化学清洗操作人员、压力容器操作人员、气体充装人员、液化气体罐车驾驶员和押运员等特种作业人员,必须按照国家有关规定进行培训,由劳动行政部门或者其指定的主管部门考核发给相应资格证书,方可上岗。

4.6.3 锅炉与压力容器事故隐患分析

1. 锅炉事故分析

锅炉或压力容器发生事故,根据损坏的程度,分为爆炸事故、重大事故和一般事故。锅炉或压力容器在使用中或试压时发生破裂,使压力瞬时降至等于外界大气压力的事故,称为爆炸事故;上述设备由于受压部件严重损坏(如变形、渗漏)、附件损坏或炉膛爆炸等,被迫停止运行,必须进行修理的事故,称为重大事故;损坏程度不严重,不需要停止运行进行修理的事故,称为一般事故。

(1)爆炸事故　包括:水蒸气爆炸、超压导致的爆炸、缺陷导致的爆炸、严重缺水导致的爆炸、超压爆炸。

1)缺陷导致的爆炸。是指锅炉承受的压力并未超标,但因锅炉主要承压部件出现裂纹、严重变形、腐蚀、组织变化等情况,导致主要承压部件丧失承载能力,突然大面积破裂爆炸。

主要预防措施有:①设计、制造、安装、运行中质量控制和安全监察;②加强检验,避免承压部件带缺陷运行。

2)严重缺水导致的爆炸。是指严重缺水时加水造成爆炸事故,长时间缺水干烧的锅炉也会爆炸。

主要预防措施有:①在缺水时严禁加水,立即停炉;②加强运行管理,监视液位变化。

(2)锅炉重大事故　包括:缺水事故、满水事故、汽水共腾、炉膛爆破、炉管爆破、尾部烟道二次燃烧。

1)满水事故。是指锅炉水位高于水位表最高安全水位刻度线,满水主要危害是降低蒸汽品质,损害以致破坏过热器。

预防措施有:①加强运行管理,发现满水后按程序操作;②确保水位表、水位报警器及给水自动调节器有效。

2)炉膛爆炸。发生在炉膛及烟道。

预防措施有:①点火前,通风5~10min;②点炉时,先送风、投入点燃火炬,最后送入燃料。

3)锅炉爆管。是指锅炉蒸发受热面管子在运行中爆破,包括水冷壁、对流管束管子及烟管。锅管爆破时,通常必须紧急停炉修理。

主要原因有:①管子结垢超温爆破;②水循环故障,严重缺水;③制造、运输、安装过程中管内落入异物;④管壁因腐蚀、磨损而减薄;⑤管子膨胀导致裂纹;⑥管材、焊接缺陷导致爆破。

4)尾部烟道二次燃烧。锅炉运行中燃烧不完全时,部分可燃物随烟气进入尾部烟道,积存在烟道内或黏附在尾部受热面,在一定条件下,这些可燃物自行着火燃烧,称为尾部烟道二次燃烧。

预防措施有:①提高燃烧效率,保持燃烧稳定,防止灭火;②增强尾部受热面的吹灰;③停炉后及时停止送引风;④在尾部烟道装设灭火装置;⑤停炉的最初10h内对尾部烟道进行监视。

2. 压力容器爆炸事故原因及预防措施

(1)事故原因　超压、超温、容器局部损坏、安全装置失灵等。

(2)造成的危害

① 冲击波及其破坏作用。冲击波超压会造成人员伤亡和建筑物的破坏。

② 爆破碎片的破坏作用。致人重伤或死亡,损坏附近的设备和管道,并引起继发事故。

③ 介质伤害。介质伤害主要是有毒介质的毒害和高温水汽的烫伤。

④ 二次爆炸及燃烧。当容器所盛装的介质为可燃液化气体时,容器破裂爆炸在现场形成大量可燃蒸气,并迅速与空气混合形成可爆性混合气体,在扩散中遇明火即形成二次爆炸,常使现场附近变成一片火海,造成重大危害。

(3)预防措施

① 在设计上,应采用合理的结构,保证压力容器的质量。

② 制造、修理、安装、改造时,加强焊接管理,提高焊接质量并按规范要求进行热处理和探伤;加强材料管理,避免采用有缺陷的材料或用错钢材、焊接材料。

③ 加强使用管理,避免操作失误、超温、超压、超负荷运行、失检、失修、安全装置失灵等。

④ 加强检验工作,及时发现缺陷并采取有效措施。

4.7　气瓶的安全操作

气瓶数量大,流动性大,应用广泛,为了规范管理,国家质量技术监督局发布了《气瓶安全监察规程》。本规程中的气瓶是指在正常环境温度（-40~60℃）下可重复充气使用的，公称工作压力为1.0~30MPa（表压），公称容积为0.4~3000L、盛装永久气体、液化气体或混合气体的无缝、焊接和特种气瓶（“特种气瓶”指车用气瓶、低温绝热气瓶、纤维缠绕气瓶和非重复充装气瓶等，其中低温绝热气瓶的公称工作压力的下限为0.2MPa）。不适用于盛装溶解气体、吸附气体的气瓶，以及机器设备上附属的瓶式压力容器。

4.7.1 气瓶的种类

1. 按充装介质的性质分类

（1）永久气体气瓶永久气体（压缩气体）因其临界温度小于-10℃，常温下呈气态，所以称为永久气体，如氢、氧、氮、空气、一氧化碳、二氧化碳、煤气及氩、氦、氖、氪等。这类气瓶一般都以较高的压力充装气体，目的是增加气瓶的单位容积充气量，提高气瓶利用率和运输效率。常见的充装压力为15MPa，也有充装20~30MPa。

（2）液化气体气瓶液化气体气瓶充装时都以低温液态灌装。有些液化气体的临界温度较低，装入瓶内后受环境温度的影响而全部气化。有些液化气体的临界温度较高，装瓶后在瓶内始终保持气液平衡状态，因此，可分为高压液化气体和低压液化气体。

① 高压液化气体。临界温度大于或等于-10℃，且小于或等于70℃。常见的有氙、一氧化二氮（氧化亚氮）、六氟化硫、氯化氢、乙烷、乙烯、三氟氯甲烷（R-13）、三氟甲烷（R-23）、六氟乙烷（R-116）、1,1-二氟乙烯（偏二氟乙烯）（R-1132a）、氟乙烯（R-1141）、三氟溴甲烷（R-13B1）等。常见的充装压力为12.5MPa。盛装高压液化气体的气瓶，其公称工作压力不得小于8MPa。

② 低压液化气体。临界温度大于70℃。如溴化氢、硫化氢、二氟氯甲烷、二氧化硫、环丙烷、六氟丙烯等。《气瓶安全监察规程》规定，液化气体气瓶的最高工作温度为60℃。低压液化气体在60℃时的饱和蒸气压都在8MPa，所以这类气体的充装压力都不高于8MPa。

（3）溶解气体气瓶是专门用于盛装乙炔的气瓶。由于乙炔气体极不稳定，故必须把它溶解在溶剂（常见的为丙酮）中。气瓶内装满多孔性材料，以吸收溶剂。乙炔瓶充装乙炔气，一般要求分两次进行，第一次充气后静置8h以上，再第二次充气。

2. 按制造方法分类

（1）钢制无缝气瓶是以钢坯为原料，经冲压拉伸制造或以无缝钢管为材料，经热旋压收口收底制造的钢瓶。瓶体材料为采用碱性平炉、电炉或吹氧碱性转炉冶炼的镇静钢，如优质碳钢、锰钢、铬钼钢或其他合金钢。用于盛装永久气体（压缩气体）和高压液化气体。

（2）钢制焊接气瓶是以钢板为原料，冲压卷焊制造的钢瓶。瓶体及受压元件材料为采用平炉、电炉或氧化转炉冶炼的镇静钢，材料要求有良好的冲压和焊接性能。这类气瓶用于盛装低压液化气体。

（3）缠绕玻璃纤维气瓶是以玻璃纤维加胶粘剂缠绕或碳纤维制造的气瓶。一般有一个铝制内筒，其作用是保证气瓶的气密性，承压强度则依靠玻璃纤维缠绕的外筒，这类气瓶由于绝热性能好、重量轻、多用于盛装呼吸用压缩空气，供消防、毒区或缺氧区域作业人员随身背挎并配以面罩使用。一般容积较小（1~10L），充气压力多为15~30MPa。

3. 按公称工作压力分类

气瓶按公称工作压力分为高压气瓶和低压气瓶。

(1)高压气瓶,公称工作压力有:30、20、15、12.5、8MPa。

(2)低压气瓶,公称工作压力有:5、3、2、1MPa。

4.7.2　气瓶的标志

气瓶标志是安全、正确使用气瓶的重要依据。建筑上常用的气瓶标志见表4-7-1。

表4-7-1　常见气瓶颜色标志

<table>
<tr><th>序号</th><th>充装气体名称</th><th>化学式</th><th>瓶色</th><th>字样</th><th>字色</th><th>色环</th></tr>
<tr><td>1</td><td>乙炔</td><td>CH≡CH</td><td>白</td><td>乙炔不可近火</td><td>大红</td><td>—</td></tr>
<tr><td>2</td><td>氢</td><td>H_2</td><td>淡绿</td><td>氢</td><td>大红</td><td>P=20,淡黄色单环
P=20,淡黄色双环</td></tr>
<tr><td>3</td><td>氧</td><td>O_2</td><td>淡(酞)蓝</td><td>氧</td><td>黑</td><td rowspan="3">P=20,白色单环
P=30,白色双环</td></tr>
<tr><td>4</td><td>氮</td><td>N_2</td><td>黑</td><td>氮</td><td>淡黄</td></tr>
<tr><td>5</td><td>空气黑</td><td>空气</td><td>白</td><td>—</td><td>—</td></tr>
<tr><td>6</td><td>二氧化碳</td><td>CO_2</td><td>铝白</td><td>液化二氧化碳</td><td>黑</td><td>P=20,黑色单环</td></tr>
<tr><td>7</td><td>氨</td><td>NH_3</td><td>淡黄</td><td>液氨</td><td>黑</td><td>—</td></tr>
<tr><td>8</td><td>氯</td><td>Cl_2</td><td>深绿</td><td>液氯</td><td>白</td><td>—</td></tr>
<tr><td>9</td><td>氟</td><td>F_2</td><td>白</td><td>氟</td><td>黑</td><td>—</td></tr>
<tr><td>10</td><td>一氧化氮</td><td>NO</td><td>白</td><td>一氧化氮</td><td>黑</td><td>—</td></tr>
<tr><td>11</td><td>二氧化氮</td><td>NO_2</td><td>白</td><td>液化二氧化氮</td><td>黑</td><td>—</td></tr>
<tr><td>12</td><td>碳酰氯</td><td>$COCl_2$</td><td>白</td><td>液化光气</td><td>黑</td><td>—</td></tr>
<tr><td>13</td><td>甲烷</td><td>CH_4</td><td>棕</td><td>甲烷</td><td>白</td><td>P=20,淡黄色单环
P=30,淡黄色双环</td></tr>
<tr><td>14</td><td>天然气</td><td>—</td><td>棕</td><td>天然气</td><td>白</td><td></td></tr>
<tr><td>15</td><td>乙烷</td><td>CH_3CH_3</td><td>棕</td><td>液化乙烷</td><td>白</td><td>P=15,淡黄色单环
P=20,淡黄色双环</td></tr>
<tr><td>16</td><td>氯化氢</td><td>HCl</td><td>银灰</td><td>液化氯化氢</td><td>黑</td><td>—</td></tr>
</table>

4.7.3　气瓶的安全使用及管理

建筑施工中,在金属焊接和切割广泛使用的氧气、乙炔气等瓶装压缩气体,用于气焊与气割的氧气瓶属于压缩气瓶,乙炔瓶属于溶解气瓶。使用时,根据各类气瓶的不同特点,采取相应措施。

1. 气瓶使用中应遵守的规定

(1)禁止冲击、碰撞。

(2)瓶阀冻结时,不得用火烘烤。

(3)气瓶不得靠近热源,可燃性气体气瓶与明火的距离一般不得小于10m。

(4)不得用电磁起重机搬运。

(5)夏季要防止日光曝晒。

(6)瓶内气体不能用尽,必须留有剩余压力,一般不少于0.05MPa(氧气瓶应不少于

0.203MPa)，并旋紧瓶帽，标上已用完的记号。

(7)盛装易起聚合反应气体的气瓶，不得置于有放射性射线的场所。

(8)各类气瓶有明显色标和防震圈，并不得在露天曝晒。

(9)乙炔气瓶与氧气瓶距离大于5m。

(10)乙炔气瓶在使用时装回火防止器。

(11)皮管用夹头紧固。

(12)操作人员持有效证上岗操作。

2. 气瓶运输时应遵守的规定

(1)旋紧瓶帽，轻装、轻卸，严禁抛、滑或碰击。

(2)气瓶装在车上应妥善加以固定，汽车装运气瓶一般应横向放置，头部朝向一方，装车高度不得超过车厢高度。

(3)夏季要有遮阳设施，防止曝晒。

(4)车上禁止烟火。运输可燃、有毒气体气瓶时，车上应备有灭火器材或防毒用具。在运输途中，车上不得带人。

(5)易燃品、油脂和带有油污的物品，不得与氧气瓶或强氧化剂气瓶同车运输。

(6)所装介质相互接触后，能引起燃烧、爆炸的气瓶不得同车运输。

3. 气瓶存放时应符合的规定

(1)旋紧瓶帽，放置整齐，留有通道，妥善固定。气瓶卧放应防止滚动，头部转向一方。高压气瓶堆放不应超过五层。

(2)气瓶无防震圈、防护帽的严禁使用。在搬运过程中，为防止氧气瓶碰撞振动必须装置防震圈；一般工业矿物油与氧气瓶高压氧气作用，能导致氧气爆炸，因此在不使用时或装车运输时必须戴好防护帽及套上防震圈。易燃易爆品、油脂和带有油污的物品不得同车运输。

(3)盛装有毒气体的气瓶，或所装介质接触后能引起燃烧、爆炸的气瓶，必须分室贮存，并在附近设有防毒用具或灭火器材。

(4)盛装易起聚合反应气体的气瓶，必须规定贮存限期。

(5)氧气瓶应轻装轻卸，严禁抛掷，也不得在地面滚运，以免发生火花导致爆炸。不得用人力背负氧气瓶，禁止用吊车吊运氧气瓶。

(6)空瓶与实瓶应分开放置，并有明显标志；放置应整齐，戴好瓶帽，立放时，妥善固定；横放时，头部朝同一方向，垛高不宜超过5层。

(7)乙炔气瓶在使用、运输、储存时，环境温度一般不得超过40℃，超过时应采取有效的降温措施；储存仓库或储存间应有专人管理并设置“乙炔危险”、“严禁烟火”的标志。

(8)气瓶应置于专用仓库储存，气瓶仓库应符合《建筑设计防火规范》(GB 50016—2006)的规定。应有良好的通风、降温等措施，不得有地沟、暗道和底部通风口，并严禁各种管线穿过。气瓶应存放在通风干燥场所，不能置于阳光下曝晒，并应避开放射性射线源。

(9)氧气瓶库和氧气瓶周围10m禁堆易燃易爆物品和明火。

4. 焊接设备的各种气瓶(氧、氩、氦、乙炔及二氧化碳等)的使用运输均应遵守《气瓶安全监察规程》。

第5章　常用施工机具的基本安全操作

随着技术的进步，建筑机械在施工中的作用越来越重要。常见的有各种起重机械、物料提升机、施工电梯、混凝土机械、钢筋加工机械、焊接机械、装修机械、木工机械、卷扬机、打桩机械及各种手持电动工具。这些机械在使用中如果管理不严、操作不当，极易发生安全事故。

《建筑施工安全检查标准》(JGJ 59—2011)中的施工机具检查评分表列出了建筑施工常用的和易发生伤亡事故的12种机具，这些机具设备与特种设备相比其可能造成的危险性虽然比较小，但由于数量多，使用广泛，发生事故的概率较大。另外，因其设备体积较小，因此，往往在安全管理上容易被忽视，在施工现场存在的安全隐患较多。

施工机具的危害后果一般包括：①临时施工用电不符合规范要求，缺少漏电保护或保护失效，造成触电事故；②机械设备在安装、防护装置上存在问题，造成对操作人员的机械伤害；③施工人员违反操作规程，造成对操作人员或他人的机械伤害。

5.1　建筑机械使用的安全强制性规定

《建筑机械使用安全技术规程》(JGJ 33—2001)对施工现场常用的动力与电气装置、起重吊装机械、土石方机械、水平和垂直运输机械、桩工及水工机械、混凝土机械、钢筋加工机械、装修机械、钣金和管工机械、铆焊设备等10类建筑机械的正确、安全使用作出了明确规定。

5.1.1　建筑机械安全使用“一般规定”中的强制性条文

1. 操作人员应体检合格，无妨碍作业的疾病和生理缺陷，并经过专业培训、考核合格，取得建设行政主管部门颁发的操作证或公安部门颁发的机动车驾驶执照后，方可持证上岗。学员应在专人指导下进行工作。

2. 在工作中操作人员和配合作业人员必须按规定穿戴劳动保护用品，长发应束紧不得外露，高处作业时必须系安全带。

3. 机械必须按照出厂使用说明书规定的技术性能、承载能力和使用条件，正确操作、合理使用，严禁超载作业或任意扩大使用范围。

4. 机械上的各种安全防护装置及监测、指示、仪表、报警等自动报警、信号装置应完好齐全，有缺损时应及时修复。安全防护装置不完整或已失效的机械不得使用。

5. 变配电所、乙炔站、氧气站、空气压缩机房、发电机房、锅炉房等易于发生危险的场所，应在危险区域界限处，设置围栅和警告标志，非工作人员未经批准不得入内。挖掘机、起重机、打桩机等重要作业区域，应设立警告标志及采取现场安全措施。

6. 在机械产生对人体有害的气体、液体、尘埃、渣滓、放射性射线、振动、噪声等场所，必须配置相应的安全保护设备和三废处理装置；在隧道、沉井基础施工中，应采取措施，使有害物限制在规定的限度内。

5.1.2 有关建筑机械安全使用的强调性条文

1. 关于动力与电气装置安全使用的强制性条文

（1）严禁利用大地做工作零线，不得借用机械本身金属结构做工作零线。

（2）电气设备的每个保护接地或保护接零点必须用单独的接地（零）线与接地干线（或保护零线）相连接。严禁在一个接地（零）线中串接几个接地（零）点。

（3）严禁带电作业或采用预约停送电时间的方式进行电气检修。检修前必须先切断电源并在电源开关上挂“禁止合闸，有人工作”的警告牌。警告牌的挂、取应有专人负责。

（4）发生人身触电时，应立即切断电源，然后才可对触电者做紧急救护。严禁在未切断电源之前与触电者直接接触。

（5）各种电源导线严禁直接绑扎在金属架上。

（6）配电箱电力容量在15kW以上的电源开关严禁采用瓷底胶木刀型开关。4.5kW以上电动机不得用刀型开关直接启动。各种刀型开关采用静触头接电源，动触头接载荷，严禁倒接线。

（7）对混凝土搅拌机、钢筋加工机械、木工机械等设备进行清理、检查、维修时，必须首先将其开关箱分闸断电，呈现可见电源分断点，并关门上锁。

2. 关于桩工机械安全使用基本要求的强制性条文

（1）打桩机作业区内应无高压线路。作业区应有明显标志或围栏，非工作人员不得进入。桩锤在施打过程中，操作人员必须在距离桩锤中心5m以外监视。

（2）严禁吊桩、吊锤、回转或行走等动作同时进行。打桩机在吊有桩和锤的情况下，操作人员不得离开岗位。

3. 关于振动桩锤安全使用的强制性条文

（1）悬挂振动桩锤的起重机，其吊钩上必须有防松脱的保护装置。振动桩锤悬挂钢架的耳环上应加装保险钢丝绳。

（2）启动振动桩锤应监视启动电流和电压，一次启动时间不应超过10s。当启动困难时，应查明原因，排除故障后，方可继续启动。启动后，应待电流降到正常值时，方可转到运转位置。

（3）振动桩锤启动运转后，应待振幅达到规定值时，方可作业。当振幅正常后仍不能拔桩时，应改用功率较大的振动桩锤。

4. 关于静力压桩机安全使用的强制性条文

（1）压桩时，非工作人员应离机10m以外。起重机的起重臂下，严禁站人。

（2）压桩过程中，应保持桩的垂直度，如遇地下障碍物使桩产生倾斜时，不得采用压桩机行走的方法强行纠正，应先将桩拔起，待地下障碍物清除后，重新插桩。

（3）当桩在压入过程中，夹持机构与桩侧出现打滑时，不得任意提高液压力，强行操作，而应找出打滑原因，排除故障后，方可继续进行。

（4）当桩的贯入阻力太大，使桩不能压至标高时，不得任意增加配重。应保护液压元件和构件不受损坏。

(5)当桩顶不能最后压到设计标高时，应将桩顶部分凿去，不得用桩机行走的方式，将桩强行推断。

(6)当压桩引起周围土体隆起，影响桩机行走时，应将桩机前进方向隆起的土铲平，不得强行通过。

(7)压桩机行走时，长、短船与水平坡度不得超过5°。纵向行走时，不得单向操作一个手柄，应两个手柄一起动作。

5. 关于强夯机械安全使用的强制性条文

(1)强夯机械的门架、横梁、脱钩器等主要结构和部件的材料及制作质量，应经过严格检查，对不符合设计要求的，不得使用。

(2)夯机在工作状态时，起重臂仰角应置于70°。

(3)变换夯位后，应重新检查门架支腿，确认稳固可靠，然后再将锤提升100～300mm，检查整机的稳定性，确认可靠后，方可作业。

(4)夯锤下落后，在吊钩尚未降至夯锤吊环附近前，操作人员不得提前下坑挂钩。从坑中提锤时，严禁挂钩人员站在锤上随锤提升。

(5)当夯锤留有相应的通气孔在作业中出现堵塞现象时，应随时清理。但严禁在锤下进行清理。

(6)当夯坑内有积水或因黏土产生的锤底吸附力增大时，应采取措施排除，不得强行提锤。

(7)转移夯点时，夯锤应由辅机协助转移，门架随夯机移动前，支腿离地面高度不得超过500mm。

(8)作业后，应将夯锤下降，放实在地面上。在非作业时严禁将锤悬挂在空中。

5.2 混凝土机械

混凝土机械可能发生的安全事故主要是机械伤害和触电。

5.2.1 混凝土机械安全使用的一般要求

1. 作业场地应有良好的排水条件，机械近旁应有水源，机棚内应有良好的通风、采光及防雨、防冻设施，并不得有积水。

2. 固定式机械应有可靠的基础，移动式机械应在平坦坚硬的地坪上用方木或撑架架牢，并应保持水平。

3. 当气温降到5℃以下时，管道、水泵、机内均应采取防冻保温措施。

4. 作业后，应及时将机内、水箱内、管道内的存料、积水放尽，并应清洁、保养机械，清理工作场地，切断电源，锁好开关箱。

5. 装有轮胎的机械，转移时拖行速度不得超过15km/h。

5.2.2 混凝土搅拌机

1. 固定式搅拌机应安装在牢固的台座上，当长期固定时，应埋置地脚螺栓；在短期使用时,应在机座上铺设木枕并找平放稳。安装必须坚实、稳固。

2. 固定式搅拌机的操纵台,应使操作人员能看到各部位工作情况。电动搅拌机的操纵台,应垫上橡胶板或干燥木板。

3. 移动式搅拌机的停放位置应选择平整坚实的场地,周围应有良好的排水沟渠。就位后,应放下支腿将机架顶起达到水平位置,使轮胎离地。当使用时间较长时,应将轮胎卸下妥善保管,轮轴端部用油布包扎好,并用枕木将机架垫起支牢。

4. 对需设置上料斗地坑的搅拌机,其坑口周围应垫高夯实,应防止地面水流入坑内。上料轨道架的底端支承面应夯实或铺砖,轨道架的后面应采用木料加以支撑,应防止作业时轨道变形。

5. 料斗放到最低位置时,在料斗与地面之间,应加一层缓冲垫木。

6. 搅拌机长期停放或使用时间超过 3 个月以上时,应将轮胎卸下妥善保管,轮轴端部应做好清洁和防锈工作。

7. 作业前重点检查项目应符合下列要求:①电源电压升降幅度不超过额定值的 5%;②电动机和电器元件的接线牢固,保护接零或接地电阻符合规定;③各传动机构、工作装置、制动器等均紧固可靠,开式齿轮、皮带轮等均有防护罩;④齿轮箱的油质、油量符合规定。

8. 作业前,应先启动搅拌机空载运转。应确认搅拌筒或叶片旋转方向与筒体上箭头所示方向一致。对反转出料的搅拌机,应使搅拌筒正、反转运转数分钟,并应无冲击抖动现象和异常噪声。应进行料斗提升试验,观察并确认离合器、制动器灵活可靠。

9. 应检查并校正供水系统的指示水量与实际水量的一致性,当误差超过 2% 时,应检查管路的漏水点,或应校正节流阀。

10. 应检查骨料规格并应与搅拌机性能相符,超出许可范围的不得使用。

11. 搅拌机启动后,应使搅拌筒达到正常转速后进行上料。上料时应及时加水。每次加入的拌和料不得超过搅拌机的额定容量并应减少物料粘罐现象,加料的次序应为石子-水泥-砂子,或砂子-水泥-石子。

12. 进料时,严禁将头或手伸入料斗与机架之间。运转中,严禁用手或工具伸入搅拌筒内扒料、出料。

13. 搅拌机作业中,当料斗升起时,严禁任何人在料斗下停留或通过;当需要在料斗下检修或清理料坑时,应将料斗提升后用铁链或插入销锁住。

14. 向搅拌筒内加料应在运转中进行,添加新料应先将搅拌筒内原有的混凝土全部卸出后才可进行。

15. 作业中,应观察机械运转情况,当有异常或轴承温升过高等现象时,应停机检查;当需检修时,应将搅拌筒内的混凝土清除干净,然后再进行检修。

16. 作业中如果发现有故障,不能继续运转,应立即切断电源,将搅拌筒内的混凝土清除干净后进行检修。

17. 加入强制式搅拌机的骨料最大粒径不得超过允许值,并应防止卡料。每次搅拌时,加入搅拌筒的物料不应超过规定的进料容量。

18. 强制式搅拌机的搅拌叶片与搅拌筒底及侧壁的间隙,应经常检查并确认符合规定,当间隙超过标准时,应及时调整。当搅拌叶片磨损超过标准时,应及时修补或更换。

19. 定期检查料斗钢丝绳和传动部分的使用情况，料斗钢丝绳起刺、断股超标，应及时停机，更换后实施作业。

20. 作业后，应对搅拌机进行全面清理。当操作人员需进入筒内时，必须切断电源或卸下熔断器，锁好开关箱，挂上“禁止合闸”标牌，并应有专人在外监护，以防他人误开电源。

21. 作业后，应将料斗降落到坑底，当需升起时，应用链条或插入销扣牢。

22. 冬季作业后，应将水泵、放水开关、量水器中的积水排尽。

23. 搅拌机在场内移动或远距离运输时，应将进料斗提升到上止点，用保险铁链或插入销锁住。

5.2.3　混凝土搅拌站

1. 混凝土搅拌站的安装，应由专业人员按出厂说明书规定进行，并应在技术人员主持下，组织调试，在各项技术性能指标全部符合规定并经验收合格后，才可投产使用。

2. 与搅拌站配套的空气压缩机、皮带输送机及混凝土搅拌机等设备，应执行相应的安全使用规定。

3. 作业前检查项目应符合下列要求：①搅拌筒内和各配套机构的传动、运动部位及仓门、斗门、轨道等均无异物卡住；②各润滑油箱的油面高度符合规定；③打开阀门排放气路系统中气水分离器的过多积水，打开贮气筒排污螺塞放出油水混合物；④提升斗或拉铲的钢丝绳安装、卷筒缠绕均正确，钢丝绳及滑轮符合规定，提升料斗及拉铲的制动器灵敏有效；⑤各部螺栓已紧固，各进、排料阀门无超限磨损，各输送带的张紧度适当、不跑偏；⑥称量装置的所有控制和显示部分工作正常，其精度符合规定；⑦各电气装置能有效控制机械动作，各接触点和动、静触头无明显损伤。

4. 应按搅拌站的技术性能准备合格的砂、石骨料，粒径超出许可范围的不得使用。

5. 机组各部分应逐步启动。启动后，各部件运转情况和各仪表指示情况应正常，油、气、水的压力应符合要求，才可开始作业。

6. 作业过程中，在贮料区内和提升斗下，严禁人员进入。

7. 搅拌筒启动前应盖好仓盖。机械运转中，严禁将手、脚伸入料斗或搅拌筒探摸。

8. 当拉铲被障碍物卡死时，不得强行起拉；不得用拉铲起吊重物；在拉料过程中，不得进行回转操作。

9. 搅拌机满载搅拌时不得停机，当发生故障或停电时，应立即切断电源，锁好开关箱，将搅拌筒内的混凝土清除干净，然后排除故障或等待电源恢复。

10. 搅拌站各机械不得超载作业；应检查电动机的运转情况，当发现运转声音异常或温升过高时，应立即停机检查；电压过低时不得强制运行。

11. 搅拌机停机前，应先卸载，然后按顺序关闭各部开关和管路。应将螺旋管内的水泥全部输送出来，管内不得残留任何物料。

12. 作业后，应清理搅拌筒、出料门及出料斗，并用水冲洗，同时冲洗附加剂及其供给系统。称量系统的刀座、刀口应清洗干净，并应确保称量精度。

13. 冰冻季节，应放尽水泵、附加剂泵、水箱及附加剂箱内的存水，并应起动水泵和附加剂泵运转1～2min。

14. 当搅拌站转移或停用时，应将水箱，附加剂箱，水泥、砂、石贮存料斗及称量斗内的物料排净，并清洗干净。转移中，应将杆杠秤表头、平衡砣、秤杆固定，传感器应卸载。

5.2.4 混凝土泵

1. 混凝土泵应安放在平整、坚实的地面上，周围不得有障碍物，在放下支腿并调整后应使机身保持水平和稳定，轮胎应楔紧。

2. 泵送管道的敷设应符合下列要求：①水平泵送管道宜直线敷设；②垂直泵送管道不得直接装接在泵的输出口上，应在垂直管前端加装长度不小于20m 的水平管，并在水平管近泵处加装逆止阀；③敷设向下倾斜的管道时，应在输出口上加装一段水平管，其长度不应小于倾斜管高低差的5倍。当倾斜度较大时，应在坡度上端装设排气活阀；④泵送管道应有支承固定，在管道和固定物之间应设置木垫作缓冲，不得直接与钢筋或模板相连，管道与管道间应连接牢靠；管道接头和卡箍应扣牢密封，不得漏浆；不得将已磨损管道装在后端高压区；⑤泵送管道敷设后，应进行耐压试验。

3. 砂石粒径、水泥标号及配合比应按出厂规定，满足泵机可泵性的要求。

4. 作业前应检查并确认泵机各部螺栓紧固，防护装置齐全可靠，各部位操纵开关、调整手柄、手轮、控制杆、旋塞等均在正确位置，液压系统正常无泄漏，液压油符合规定，搅拌斗内无杂物，上方的保护格网完好无损并盖严。

5. 输送管道的管壁厚度应与泵送压力匹配，进泵处应选用优质管子。管道接头、密封圈及弯头等应完好无损。高温烈日下应采用湿麻袋或湿草袋遮盖管路，并应及时浇水降温，寒冷季节应采取保温措施。

6. 应配备清洗管、清洗用品、接球器及有关装置。开泵前，无关人员应离开管道周围。

7. 启动后，应空载运转，观察各仪表的指示值，检查泵和搅拌装置的运转情况，确认一切正常后，才可作业。泵送前应向料斗加入10L 清水和0.3m^3 的水泥砂浆润滑泵及管道。

8. 泵送作业中，料斗中的混凝土平面应保持在搅拌轴线以上。料斗格网上不得堆满混凝土，应控制供料流量，及时清除超粒径的骨料及异物，不得随意移动格网。

9. 当进入料斗的混凝土有离析现象时应停泵，待搅拌均匀后再泵送。当骨料分离严重，料斗内灰浆明显不足时，应剔除部分骨料，另加砂浆重新搅拌。

10. 泵送混凝土应连续作业。当因供料中断被迫暂停时，停机时间不得超过30min。暂停时间内应每隔5～10min（冬期3～5min）作2～3个冲程反泵—正泵运动，再次投料泵送前应先将料搅拌。当停泵时间超限时，应排空管道。

11. 垂直向上泵送中断后再次泵送时，应先进行反向推送，使分配阀内混凝土吸回料斗，经搅拌后再正向泵送。

12. 泵机运转时，严禁将手或铁锹伸入料斗或用手抓握分配阀。当需在料斗或分配阀上工作时，应先关闭电动机和消除蓄能器压力。

13. 不得随意调整液压系统压力。当油温超过70℃时，应停止泵送，但仍应使搅拌叶片和风机运转，待降温后再继续运行。

14. 水箱内应贮满清水，当水质混浊并有较多砂粒时，应及时检查处理。

15. 泵送时，不得开启任何输送管道和液压管道，不得调整、修理正在运转的部件。

16. 作业中,应对泵送设备和管路进行观察,发现隐患应及时处理。对磨损超过规定的管子、卡箍、密封圈等应及时更换。

17. 应防止管道堵塞。泵送混凝土应搅拌均匀,控制好坍落度。在泵送过程中,不得中途停泵。

18. 当出现输送管堵塞时,应进行反泵运转,使混凝土返回料斗。当反泵几次仍不能消除堵塞,应在泵机卸载情况下,拆管排除堵塞。

19. 作业后,应将料斗内和管道内的混凝土全部输出,然后对泵机、料斗、管道等进行冲洗。当用压缩空气冲洗管道时,进气阀不应立即开大,只有当混凝土顺利排出时,才可将进气阀开至最大。在管道出口端前方10m内严禁站人。应用金属网篮等收集冲出的清洗球和砂石粒。对凝固的混凝土,应采用刮刀清除。

20. 作业后,应将两侧活塞转到清洗室位置,并涂上润滑油。各部位操纵开关、调整手柄、手轮、控制杆、旋塞等均应复位,液压系统应卸载。

5.2.5　混凝土喷射机

1. 喷射机应采用干喷作业,应按出厂说明书规定的配合比配料,风源应是符合要求的稳压源,电源、水源、加料设备等均应配套。

2. 管道安装应正确,连接处应紧固密封。当管道通过道路时,应设置在地槽内并加盖保护。

3. 喷射机内部应保持干燥和清洁,加入的干料配合比及潮润程度,应符合喷射机性能要求,不得使用结块的水泥和未经筛选的砂石。

4. 作业前重点检查项目应符合下列要求:①安全阀灵敏可靠;②电源线无破裂现象,接线牢靠;③各部密封件密封良好,对橡胶结合板和旋转板出现的明显沟槽及时修复;④压力表指针在上、下限之间,根据输送距离,调整上限压力的极限值;⑤喷枪水环(包括双水环)的孔眼畅通。

5. 启动前,应先接通风、水、电,开启进气阀逐步达到额定压力,再起动电动机空载运转,确认一切正常后,才可投料作业。

6. 机械操作和喷射操作人员应有联系信号,送风、加料、停料、停风以及发生堵塞时,应及时联系,密切配合。

7. 在喷嘴前方严禁站人,操作人员应始终站在已喷射过的混凝土支护面以内。

8. 作业中,当暂停时间超过1h时,应将仓内及输料管内的干混合料全部喷出。

9. 发生堵管时,应先停止加料,对堵塞部位进行敲击,迫使物料松散,然后用压缩空气吹通。此时,操作人员应紧握喷嘴,严禁甩动管道伤人。当管道中有压力时,不得拆卸管接头。

10. 转移作业面时,供风、供水系统液压随之移动,输送软管不得随地拖拉和折弯。

11. 停机时,应先停止加料,然后再关闭电动机和停送压缩空气。

12. 作业后,应将仓内和输料软管内的干混合料全部喷出,并应将喷嘴拆下清洗干净,清除机身内外黏附的混凝土料及杂物。同时应清理输料管,并应使密封件处于放松状态。

5.2.6　插入式振动器

1. 插入式振动器的电动机电源上,应安装漏电保护装置,接地或接零应安全可靠。

2. 操作人员应经过用电教育,作业时应穿戴绝缘胶鞋和绝缘手套。

3. 电缆线应满足操作所需的长度。电缆线上不得堆压物品或让车辆碾压，严禁用电缆线拖拉或吊挂振动器。

4. 使用前，应检查各部并确认连接牢固，旋转方向正确。

5. 振动器不得在初凝的混凝土、地板、脚手架和干硬的地面上进行试振。在检修或作业间断时，应断开电源。

6. 作业时，振动棒软管的弯曲半径不得小于500mm，并不得多于两个弯，操作时应将振动棒垂直地插入混凝土，不得用力硬插、斜推或让钢筋夹住棒头，也不得全部插入混凝土中，插入深度不应超过棒长的3/4，不宜触及钢筋、芯管及预埋件。

7. 振动棒软管不得出现断裂，当软管使用过久使长度增长时，应及时修复或更换。

8. 作业停止需移动振动器时，应先关闭电动机，再切断电源。不得用软管拖拉电动机。

9. 作业完毕，应将电动机、软管、振动棒清理干净，并应按规定要求进行保养作业。振动器存放时，不得堆压软管，应平直放好，并应对电动机采取防潮措施。

5.2.7 附着式、平板式振动器

1. 附着式、平板式振动器轴承不应承受轴向力，在使用时，电动机轴应保持水平状态。

2. 在一个模板上同时使用多台附着式振动器时，各振动器的频率应保持一致，相对面的振动器应错开安装。

3. 作业前，应对附着式振动器进行检查和试振。试振不得在干硬土或硬质物体上进行。安装在搅拌站料仓上的振动器，应安置橡胶垫。

4. 安装时，振动器底板安装螺孔的位置应正确，应防止底脚螺栓安装扭斜而使机壳受损。底脚螺栓应紧固，各螺栓的紧固程度应一致。

5. 使用时，引出电缆线不得拉得过紧，更不得断裂。作业时，应随时观察电气设备的漏电保护器和接地或接零装置并确认合格。

6. 附着式振动器安装在混凝土模板上时，每次振动时间不应超过1min，当混凝土在模内泛浆流动或成水平状即可停振，不得在混凝土初凝状态时再振。

7. 装置振动器的构件模板应坚固牢靠，其面积应与振动器额定振动面积相适应。

8. 平板式振动器作业时，应使平板与混凝土保持接触，使振波有效地振实混凝土，待表面出浆，不再下沉后，即可缓慢向前移动，移动速度应能保证混凝土振实出浆。在振的振动器，不得搁置在已凝或初凝的混凝土上。

5.3 钢筋加工机械

钢筋工程包括钢筋基本加工（除锈、调直、切断、弯曲）、钢筋冷加工，以及钢筋焊接、绑扎和安装等工序。

钢筋加工机械主要包括钢筋切断机、钢筋弯曲机、钢筋冷拉机、钢筋对焊机等。设备进场应经有关部门组织进行检查验收并记录存在问题及改正结果，确认合格。

钢筋加工机械可能发生的安全事故主要是机械伤害（比如钢筋弹出伤人）和触电，高处进行作业可能发生高处坠落，液压设备可能发生高压液压油喷出伤人事故。

5.3.1　钢筋加工机械安全使用的基本要求

1. 机械的安装应坚实稳固，保持水平位置。固定式机械应有可靠的基础，移动式机械作业时应楔紧行走轮。

2. 室外作业应设置机棚，机旁应有堆放原料、半成品的场地。

3. 加工较长的钢筋时，应有专人帮扶，并听从操作人员指挥，不得任意推拉。

4. 作业后，应堆放好成品，清理场地，切断电源，锁好开关箱，做好润滑工作。

5.3.2　钢筋切断机

1. 接送料的工作台面应和切刀下部保持水平，工作台的长度可根据加工材料长度确定。

2. 启动前，应检查并确认切刀无裂纹，刀架螺栓紧固，防护罩牢靠。然后用手转动皮带轮，检查齿轮啮合间隙，调整切刀间隙。

3. 启动后，应先空运转，检查各传动部分及轴承运转正常后，才可作业。

4. 机械未达到正常转速时，不得切料。切料时，应使用切刀的中、下部位，紧握钢筋对准刃口迅速投入，操作者应站在固定刀片一侧用力压住钢筋，应防止钢筋末端弹出伤人。严禁用两手分在刀片两边握住钢筋俯身送料。

5. 不得剪切直径及强度超过机械铭牌规定的钢筋和烧红的钢筋。一次切断多根钢筋时，其总截面积应在规定范围内。

6. 剪切低合金钢时，应更换高硬度切刀，剪切直径应符合机械铭牌规定。

7. 切断短料时，手和切刀之间的距离应保持在150mm以上，如果手握端小于400mm时，应采用套管或夹具将钢筋短头压住或夹牢。

8. 运转中，严禁用手直接清除切刀附近的断头和杂物。钢筋摆动周围和切刀周围，不得停留非操作人员。

9. 当发现机械运转不正常、有异常响声或切刀歪斜时，应立即停机检修。

10. 作业后，应切断电源，用钢刷清除切刀间的杂物，进行整机清洁润滑。

11. 液压传动式切断机作业前，应检查并确认液压油位及电动机旋转方向符合要求。启动后，应空载运转，松开放油阀，排净液压缸体内的空气，才可进行切筋。

12. 手动液压式切断机使用前，应将放油阀按顺时针方向旋紧，切割完毕后，应立即按逆时针方向旋松。作业中，手应持稳切断机，并戴好绝缘手套。

5.3.3　钢筋弯曲机

1. 工作台和弯曲机台面应保持水平，作业前应准备好各种芯轴及工具。

2. 应按加工钢筋的直径和弯曲半径的要求，装好相应规格的芯轴和成型轴、挡铁轴。挡铁轴应有轴套。

3. 挡铁轴的直径和强度不得小于被弯钢筋的直径和强度。不直的钢筋，不得在弯曲机上弯曲。

4. 应检查并确认芯轴、挡铁轴、转盘等无裂纹和损伤，防护罩坚固可靠，空载运转正常后，才可作业。

5. 作业时，应将钢筋需弯一端插入在转盘固定销的间隙内，另一端紧靠机身固定销，并用手压紧；应检查机身固定销并确认安放在挡住钢筋的一侧，才可开动转盘。

6. 转盘转动过程中，严禁更换轴芯、销子，变换角度以及调速，也不得进行清扫和加油。

7. 对超过机械铭牌规定直径的钢筋严禁进行弯曲。在弯曲未经冷拉或带有锈皮的钢筋时，应戴护目镜。

8. 弯曲高强度或低合金钢筋时，应按机械铭牌规定换算最大允许直径并应调换相应的芯轴。

9. 在弯曲钢筋的作业半径内和机身不设固定销的一侧严禁站人。弯曲好的半成品，应堆放整齐，弯钩不得朝上。

10. 转盘换向时，应待停机且平稳后进行。

11. 作业后，应停机及时清除转盘及插入座孔内的铁锈、杂物等。

5.3.4 钢筋冷拉机

1. 应根据冷拉钢筋的直径，合理选用卷扬机。卷扬钢丝绳应经封闭式导向滑轮并和被拉钢筋在水平方向上成直角。卷扬机的位置应使操作人员能见到全部冷拉场地，卷扬机与冷拉中线距离不得少于5m。

2. 冷拉场地应在两端地锚外侧设置警戒区，并应安装防护栏及警告标志。无关人员不得在此停留。操作人员在作业时必须离开钢筋2m以外。

3. 用配重控制的设备应与滑轮匹配，并应有指示起落的记号，没有指示记号时应有专人指挥。配重框提起时高度应限制在离地面300mm以内，配重架四周应有栏杆及警告标志。

4. 作业前，应检查冷拉夹具，夹齿应完好，滑轮、拖拉小车应润滑灵活，拉钩、地锚及防护装置均应齐全牢固。确认良好后，才可作业。

5. 卷扬机操作人员必须看到指挥人员发出信号，并待所有人员离开危险区后才可作业。冷拉应缓慢、均匀。当有停车信号或见到有人进入危险区时，应立即停拉，并稍稍放松卷扬钢丝绳。

6. 用延伸率控制的装置，应装设明显的限位标志，并应有专人负责指挥。

7. 夜间作业的照明设施，应装设在张拉危险区外。当需要装设在场地上空时，其高度应超过5m。灯泡应加防护罩，导线严禁采用裸线。

8. 作业后，应放松卷扬钢丝绳，落下配重，切断电源，锁好开关箱。

5.3.5 预应力钢丝拉伸设备

1. 作业场地两端外侧应设有防护栏杆和警告标志。

2. 作业前，应检查被拉钢丝两端的镦头，当有裂纹或损伤时，应及时更换。

3. 固定钢丝镦头的端钢板上圆孔直径应较所拉钢丝的直径大0.2mm。

4. 高压油泵启动前，应将各油路调节阀松开，然后开动油泵，待空载运转正常后，再紧闭回油阀，逐渐拧开进油阀，待压力表指示值达到要求，油路无泄漏，确认正常后，才可作业。

5. 作业中，操作应平稳、均匀。张拉时，两端不得站人。拉伸机在有压力情况下，严禁拆卸液压系统的任何零件。

6. 高压油泵不得超载作业，安全阀应按设备额定油压调整，严禁任意调整。

7. 在测量钢丝的伸长时，应先停止拉伸，操作人员必须站在侧面操作。

8. 用电热张拉法带电操作时，应穿戴绝缘胶鞋和绝缘手套。

9. 张拉时，不得用手摸或脚踩钢丝。

10. 高压油泵停止作业时，应先断开电源，再将回油阀缓慢松开，待压力表退回至零位时，才可卸开通往千斤顶的油管接头，使千斤顶全部卸荷。

5.3.6　钢筋冷挤压连接机

1. 有下列情况之一时，应对挤压机的挤压力进行标定：①新挤压设备使用前；②旧挤压设备大修后；③油压表受损或强烈振动后；④套筒压痕异常且查不出其他原因时；⑤挤压设备使用超过一年；⑥挤压的接头数超过5000个。

2. 设备使用前后的拆装过程中，超高压油管两端的接头及压接钳、换向阀的进出油接头，应保持清洁，并应及时用专用防尘帽封好。超高压油管的弯曲半径不得小于250mm，扣压接头处不得扭转，且不得有死弯。

3. 挤压机液压系统的使用，应符合液压装置安全使用的有关规定。高压胶管不得任意拖拉、弯折和受到尖利物体刻划。

4. 压模、套筒与钢筋应相互配套使用，压模上应有相对应的连接钢筋规格标记。

5. 挤压前的准备工作应符合下列要求：①钢筋端头的锈、泥沙、油污等杂物应清理干净；②钢筋与套筒应先进行试套，当钢筋有马蹄、弯折或纵肋尺寸过大时，应预先进行矫正或用砂轮打磨。不同直径钢筋的套筒不得串用；③钢筋端部应划出定位标记与检查标记，定位标记与钢筋端头的距离应为套筒长度的一半，检查标记与定位标记的距离宜为20mm；④检查挤压设备情况，应进行试压，符合要求后才可作业。

6. 挤压操作应符合下列要求：①钢筋挤压连接宜先在地面上挤压一端套筒，在施工作业区插入待接钢筋后再挤压另一端套筒；②压接钳就位时，应对准套筒压痕位置的标记，并应与钢筋轴线保持垂直；③挤压顺序宜从套筒中部开始，并逐渐向端部挤压；④挤压作业人员不得随意改变挤压力、压接道数或挤压顺序。

7. 作业后，应收拾好成品、套筒和压模，清理场地，切断电源，锁好开关箱，最后将挤压机和挤压钳放到指定地点。

5.3.7　其他钢筋加工机械

1. 钢筋除锈机

(1)使用电动除锈机除锈，要先检查钢丝刷固定螺丝有无松动，检查封闭式防护罩装置及排尘设备的完好情况，防止发生机械伤害。

(2)使用移动式除锈机，要注意检查电气设备的绝缘及接地是否良好。

(3)操作人员要将袖口扎紧，并戴好口罩、手套、防护眼镜，防止圆盘钢丝刷上的钢丝甩出伤人。

(4)送料时，操作人员要侧身操作，严禁在除锈机的正前方站人，长料除锈需两人互相呼应，紧密配合。

2. 人工调直安全要求

(1)用人工绞磨调直钢筋时,绞磨地锚必须牢固,严禁将地锚绳拴在树干、下水井及其他不坚固的物体或建筑物上。

(2)人工推转绞磨时,要步调一致,稳步进行,严禁任意撒手。

(3)钢筋端头应用夹具夹牢,卡头不得小于100mm。

(4)钢筋产生应力并调直到预定程度后,应缓慢回车卸下钢筋,防止机械伤人。手工调直钢筋,必须在牢固的操作台上进行。

3. 钢筋手工弯曲成型

(1)用横口扳子弯曲粗钢筋时,要注意掌握操作要领,脚跟要站稳,两腿站成弓步,搭好扳子,注意扳距,扳口卡牢钢筋,起弯时用力要慢,不要用力过猛,防止扳子脱掉,人被甩倒。

(2)不允许在高处或脚手架上弯粗钢筋,避免因操作时脱扳造成高处坠落。

5.4 铆焊设备

铆焊设备可能发生的安全事故主要是机械伤害、火灾、触电、灼烫和中毒事故,高空焊接作业还可能发生高处坠落事故。

5.4.1 铆焊设备安全使用基本要求

1. 铆焊设备应有完整的防护外壳,一、二次接线柱处应有保护罩。

2. 焊接操作及配合人员必须按规定穿戴劳动防护用品。并必须采取防止触电、高空坠落、瓦斯中毒和火灾等事故的安全措施。

3. 现场使用的电焊机,应设有防雨、防潮、防晒的机棚,并应装设相应的消防器材。

4. 施焊现场10m范围内,不得堆放油类、木材、氧气瓶、乙炔发生器等易燃、易爆物品。

5. 当长期停用的电焊机恢复使用时,其绝缘电阻不得小于0.5MΩ,接线部分不得有腐蚀和受潮现象。

6. 电焊机导线应具有良好的绝缘,绝缘电阻不得小于1MΩ,不得将电焊机导线放在高温物体附近。电焊机导线和接地线不得搭在易燃、易爆和带有热源的物品上,接地线不得接在管道、机械设备和建筑物金属构架或轨道上,接地电阻不得大于4Ω。严禁利用建筑物的金属结构、管道、轨道或其他金属物体搭接起来形成焊接回路。

7. 电焊钳应有良好的绝缘和隔热能力。电焊钳握柄必须绝缘良好,握柄与导线连接应牢靠,接触良好,连接处应采用绝缘布包好并不得外露。操作人员不得用胳膊夹持电焊钳。

8. 电焊导线长度不宜大于30m。当需要加长导线时,应相应增加导线的截面。当导线通过道路时,必须架高或穿入防护管内埋设在地下;当通过轨道时,必须从轨道下面通过。当导线绝缘受损或断股时,应立即更换。

9. 对承压状态的压力容器及管道、带电设备、承载结构的受力部位和装有易燃、易爆物品的容器严禁进行焊接和切割。

10. 焊接铜、铝、锌、锡等有色金属时,应通风良好,焊接人员应戴防毒面罩、呼吸滤清器或采取其他防毒措施。

11. 当需施焊受压容器、密封容器、油桶、管道、沾有可燃气体和溶液的工件时，应先清除容器及管道内压力，消除可燃气体和溶液，然后冲洗有毒、有害、易燃物质；对存有残余油脂的容器，应先用蒸汽、碱水冲洗，并打开盖口，确认容器清洗干净后，再灌满清水才可进行焊接。在容器内焊接应采取防止触电、中毒和窒息的措施。焊、割密封容器应留出气孔，必要时在进、出气口处装设通风设备；容器内照明电压不得超过12V，焊工与焊件应绝缘；容器外应设专人监护。严禁在已喷涂过油漆和塑料的容器内焊接。

12. 当焊接预热焊件温度达150～700℃时，应设挡板隔离焊件发出的辐射热，焊接人员应穿戴隔热的石棉服装和鞋、帽等。

13. 高空焊接或切割时，必须系好安全带，焊接周围和下方应采取防火措施，并应有专人监护。

14. 雨天不得在露天电焊。在潮湿地带作业时，操作人员应站在铺有绝缘物品的地方，并应穿绝缘鞋。

15. 应按电焊机额定焊接电流和暂载率操作，严禁过载。在载荷运行中，应经常检查电焊机的温升，当温升超过A级60℃、B级80℃时，必须停止运转并采取降温措施。

16. 当清除焊缝焊渣时，应戴防护眼镜，头部应避开敲击焊渣飞溅方向。

5.4.2　手工弧焊机

1. 交流电焊机

(1)使用前，应检查并确认初、次级线接线正确，输入电压符合电焊机的铭牌规定，接通电源后，严禁接触初级线路的带电部分。

(2)次级抽头连接铜板应压紧，接线桩应有垫圈。合闸前，应详细检查接线螺帽、螺栓及其他部件并确认完好齐全、无松动或损坏。

(3)多台电焊机集中使用时，应分接在三相电源网络上，使三相负载平衡。多台焊机的接地装置，应分别由接地极处引接，不得串联。

(4)移动电焊机时，应切断电源，不得用拖拉电缆的方法移动焊机。当焊接中突然停电时，应立即切断电源。

2. 旋转式直流电焊机

(1)新机使用前，应将换向器上的污物擦干净，换向器与电刷接触应良好。

(2)启动时，应检查并确认转子的旋转方向符合焊机标志的箭头方向。

(3)启动后，应检查电刷和换向器，当有大量火花时，应停机查明原因，排除故障后才可使用。

(4)当数台焊机在同一场地作业时，应逐台启动。

(5)运行中，当需调节焊接电流和极性开关时，不得在负荷时进行。调节不得过快、过猛。

3. 硅整流直流焊机

(1)焊机应在出厂说明书要求的条件下作业。

(2)使用前，应检查并确认硅整流元件与散热片连接紧固，各接线端头紧固。

(3)使用时，应先开启风扇电机，电压表指示值应正常，风扇电机无异响。

(4)硅整流直流电焊机主变压器的次级线圈和控制变压器的次级线圈严禁用摇表测试。

(5)硅整流元件应进行保护和冷却。当发现整流元件损坏时,应查明原因,排除故障后,才可更换新件。

(6)整流元件和有关电子线路应保持清洁和干燥。启用长期停用的焊机时,应空载通电一定时间进行干燥处理。

(7)搬运由高导磁材料制成的磁放大铁芯时,应防止强烈震击引起磁能恶化。

(8)停机后,应清洁硅整流器及其他部件。

5.4.3 埋弧焊机

1. 作业前,应检查并确认各部分导线连接良好,控制箱的外壳和接线板上的罩壳盖好。

2. 应检查并确认送丝滚轮的沟槽及齿纹完好,滚轮、导电嘴(块)磨损或接触不良时应更换。

3. 作业前,应检查减速箱油槽中的润滑油,不足时应添加。

4. 软管式送丝机构的软管槽孔应保持清洁,并定期吹洗。

5. 作业时,应及时排走焊接中产生的有害气体,在通风不良的仓室或容器内作业时,应安装通风设备。

5.4.4 竖向钢筋电渣压力焊机

1. 应根据施焊钢筋直径选择具有足够输出电流的电焊机。电源电缆和控制电缆连接应正确、牢固。控制箱的外壳应牢靠接地。

2. 施焊前,应检查供电电压并确认正常,当一次电压降大于8%时,不宜焊接。焊接导线长度不得大于30m,截面面积不得小于50mm^2。

3. 施焊前应检查并确认电源及控制电路正常,定时准确,误差不大于5%,机具的传动系统、夹装系统及焊钳的转动部分灵活自如,焊剂已干燥,所需附件齐全。

4. 施焊前,应按所焊钢筋的直径,根据参数表,标定好所需的电源和时间。一般情况下,时间(s)可为钢筋的直径数(mm),电流(A)可为钢筋直径的20倍数(mm)。

5. 起弧前,上、下钢筋应对齐,钢筋端头应接触良好。对锈蚀且粘有水泥的钢筋,应用钢丝刷清除,并保证导电良好。

6. 施焊过程中,应随时检查焊接质量。当发现倾斜、偏心、未熔合、有气孔等现象时,应重新施焊。

7. 对每个接头焊完后,应停留5~6min保温,寒冷季节应适当延长。当拆下机具时,应扶住钢筋,过热的接头不得过于受力。焊渣应待完全冷却后清除。

5.4.5 对焊机

1. 对焊机应安置在室内,并应有可靠的接地或接零。当多台对焊机并列安装时,相互间距不得小于3m,应分别接在电网的不同相位上,并应分别有各自的刀型开关。

2. 焊接前,应检查并确认对焊机的压力机构灵活,夹具牢固,气压、液压系统无泄漏,一切正常后,才可施焊。

3. 焊接前,应根据所焊接钢筋截面,调整二次电压,不得焊接超过对焊机规定直径的钢筋。

4. 断路器的接触点、电极应定期光磨，二次电路全部连接螺栓应定期紧固。冷却水温度不得超过40℃，排水量应根据温度调节。

5. 焊接较长钢筋时，应设置托架，配合搬运钢筋的操作人员，在焊接时应防止火花烫伤。

6. 闪光区应设挡板，与焊接无关的人员不得入内。

7. 冬期施焊时，室内温度不应低于8℃。作业后，应放尽机内冷却水。

5.4.6　点焊机

1. 作业前，应清除上、下两电极的油污。通电后，机体外壳应无漏电。

2. 启动前，应先接通控制线路的转向开关和焊接电流的小开关，调整好极数，再接通水源、气源，最后接通电源。

3. 焊机通电后，应检查电气设备、操作机构、冷却系统、气路系统及机体外壳有无漏电现象。电极触头应保持光洁。有漏电时，应立即更换。

4. 作业时，气路、水冷系统应畅通。气体应保持干燥。排水温度不得超过40℃，排水量可根据气温调节。

5. 严禁在引燃电路中加大熔断器。当负载过小使引燃管内电弧不能发生时，不得闭合控制箱的引燃电路。

6. 当控制箱长期停用时，每月应通电加热30min。更换闸流管时应预热30min。正常工作的控制箱的预热时间不得小于5min。

5.4.7　气焊设备

1. 一次加电石10kg或每小时产生5m^{3}乙炔气的乙炔发生器应采用固定式，并应建立乙炔站（房），由专人操作。乙炔站与厂房及其他建筑物的距离应符合现行国家标准《乙炔站设计规范》（GB 50031—1991）及《建筑设计防火规范》（GB 50016—2006）的有关规定。

2. 乙炔发生器（站）、氧气瓶及软管、阀、表均应齐全有效，紧固牢靠，不得松动、破损和漏气。氧气瓶及其附件、胶管、工具不得沾染油污。软管接头不得采用铜质材料制作。

3. 乙炔发生器、氧气瓶和焊炬相互间的距离不得小于10m。当不满足上述要求时，应采取隔离措施。同一地点有两个以上乙炔发生器时，其相互间距不得小于10m。

4. 电石的贮存地点应干燥，通风良好，室内不得有明火或敷设水管、水箱。电石桶应密封，桶上应标明“电石桶”和“严禁用水消火”等字样。电石有轻微的受潮时，应轻轻取出电石，不得倾倒。

5. 搬运电石桶时，应打开桶上小盖。严禁用金属工具敲击桶盖，取装电石和砸碎电石时，操作人员应戴手套、口罩和眼镜。

6. 电石起火时必须用干砂或二氧化碳灭火器，严禁用泡沫、四氯化碳灭火器或水灭火。电石粒末应在露天销毁。

7. 使用新品种电石前，应作温水浸试，在确认无爆炸危险时，方可使用。

8. 乙炔发生器的压力应保持正常，压力超过147kPa时应停用。乙炔发生器的用水应为饮用水。发气室内壁不得用含铜或含银材料制作，温度不得超过80℃。对水入式发生器，其冷却水温不得超过50℃;对浮桶式发生器,其冷却水温不得超过60℃。当温度超过规定时应停止作业,并采用冷水喷射降温和加入低温的冷却水。不得以金属棒等硬物敲击乙炔发生器的金属部分。

9. 使用浮筒式乙炔发生器时,应装设回火防止器。在内筒顶部中间,应设有防爆球或胶皮薄膜,球壁或膜壁厚度不得大于1mm,其面积应为内筒底面积的60%以上。

10. 乙炔发生器应放在操作地点的上风处,并应有良好的散热条件,不得放在供电电线的下方,亦不得放在强烈日光下曝晒。四周应设围栏,并应悬挂"严禁烟火"标志。

11. 碎电石应在掺入小块电石后装入乙炔发生器中使用,不得完全使用碎电石。夜间添加电石时不得采用明火照明。

12. 氧气橡胶软管应为红色,工作压力应为1500kPa;乙炔橡胶软管应为黑色,工作压力应为300kPa。新橡胶软管应经压力试验。未经压力试验或代用品及变质、老化、脆裂、漏气及沾上油脂的胶管均不得使用。

13. 不得将橡胶软管放在高温管道和电线上,或将重物及热的物件压在软管上,且不得将软管与电焊用的导线敷设在一起。软管经过车行道时,应加护套或盖板。

14. 氧气瓶应与其他易燃气瓶、油脂和其他易燃、易爆物品分别存放,且不得同车运输。氧气瓶应有防震圈和安全帽;不得倒置;不得在强烈日光下曝晒。不得用行车或吊车吊运氧气瓶。

15. 开启氧气瓶阀门时,应采用专用工具,动作应缓慢,不得面对减压器,压力表指针应灵敏正常。氧气瓶中的氧气不得全部用尽,应留49kPa以上的剩余压力。

16. 未安装减压器的氧气瓶严禁使用。

17. 安装减压器时,应先检查氧气瓶阀门接头,不得有油脂,并略开氧气瓶阀门吹除污垢,然后安装减压器,操作者不得正对氧气瓶阀门出气口,关闭氧气瓶阀门时,应先松开减压器的活门螺丝。

18. 点燃焊(割)炬时,应先开乙炔阀点火,再开氧气阀调整火。关闭时,应先关闭乙炔阀,再关闭氧气阀。

19. 在作业中,发现氧气瓶阀门失灵或损坏不能关闭时,应让瓶内的氧气自动放尽后,再进行拆卸修理 。

20. 当乙炔发生器因漏气着火燃烧时,应立即将乙炔发生器朝安全方向推倒,并用黄沙扑灭火种,不得堵塞或拔出浮筒。

21. 乙炔软管、氧气软管不得错装。使用中,当氧气软管着火时,不得折弯软管断气,应迅速关闭氧气阀门,停止供氧。当乙炔软管着火时,应先关熄炬火,可采用弯折前面一段软管将火熄灭。

22. 冬季在露天施工,当软管和回火防止器冻结时,可用热水或在暖气设备下化冻。严禁用火焰烘烤。

23. 不得将橡胶软管背在背上操作。当焊枪内带有乙炔、氧气时不得放在金属管、槽、罐、箱内。

24. 氢氧并用时,应先开乙炔气,再开氢气,最后开氧气,再点燃。熄灭火时,应先关氧气,再关氢气,最后关乙炔气。

25. 作业后，应卸下减压器，拧上气瓶安全帽，将软管卷起捆好，挂在室内干燥处，并将乙炔发生器卸压，放水后取出电石篮。剩余电石和电石滓，应分别放在指定的地方。

5.5 装修机械

装修机械可能发生的安全事故主要是机械伤害和触电，高空作业还可能发生高处坠落事故。

5.5.1 装修机械安全使用基本要求

1. 装修机械上的刃具、胎具、模具、成型辊轮等应保证强度和精度，刃磨锋利，安装稳妥，紧固可靠。

2. 装修机械上外露的传动部分应有防护罩，作业时，不得随意拆卸。

3. 装修机械应安装在防雨、防风沙的机棚内。

4. 长期搁置再用的机械，在使用前必须测量电动机绝缘电阻，合格后才可使用。

5.5.2 灰浆搅拌机

1. 固定式搅拌机应有牢靠的基础，移动式搅拌机应采用方木或撑架固定，并保持水平。

2. 作业前应检查并确认传动机构、工作装置、防护装置等牢固可靠，三角胶带松紧度适当，搅拌叶片和筒壁间隙在3～5mm之间，搅拌轴两端密封良好。

3. 启动后，应先空运转，检查搅拌叶旋转方向正确，才可加料加水，进行搅拌作业。加入的砂子应过筛。

4. 运转中，严禁用手或木棒等伸进搅拌筒内，或在筒口清理灰浆。

5. 作业中，当发生故障不能继续搅拌时，应立即切断电源，将筒内灰浆倒出，排除故障后才可使用。

6. 固定式搅拌机的上料斗应能在轨道上移动。料斗提升时，严禁斗下有人。

7. 作业后，应清除机械内外砂浆和积料，用水清洗干净。

5.5.3 灰浆泵

1. 柱塞式、隔膜式灰浆泵

(1)灰浆泵应安装平稳。输送管路的布置宜短直、少弯头，全部输送管道接头应紧密连接，不得渗漏，垂直管道应固定牢固，管道上不得加压或悬挂重物。

(2)作业前应检查并确认球阀完好，泵内无干硬灰浆等物，各连接紧固牢靠，安全阀已调整到预定的安全压力。

(3)泵送前，应先用水进行泵送试验，检查并确认各部位无渗漏。当有渗漏时，应先排除。

(4)被输送的灰浆应搅拌均匀，不得有干砂和硬块，不得混入石子或其他杂物。

(5)泵送时，应先开机后加料；应先用泵压送适量石灰膏润滑输送管道，然后再加入稀灰浆，最后调整到所需稠度。

(6)泵送过程应随时观察压力表的泵送压力，当泵送压力超过预调的1.5MPa时，应反向泵送,使管道内部分灰浆返回料斗,再缓慢泵送;当无效时,应停机卸压检查,不得强行泵送。

(7)泵送过程不宜停机。当短时间内不需泵送时,可打开回浆阀使灰浆在泵体内循环运行。当停泵时间较长时,应每隔3~5min泵送一次,泵送时间宜为0.5min,应防灰浆凝固。

(8)故障停机时,应打开泄浆阀使压力下降,然后排除故障。灰浆泵压力未达到零时,不得拆卸空气室、安全阀和管道。

(9)作业后,应采用石灰膏或浓石灰水把输送管道里的灰浆全部泵出,再用清水将泵和输送管道清洗干净。

2. 挤压式灰浆泵

(1)使用前,应先接好输送管道,往料斗加注清水,起动灰浆泵,当输送胶管出水时,应折起胶管,待升到额定压力时停泵,观察各部位应无渗漏现象。

(2)作业前,应先用水,再用白灰膏润滑输送管道后,才可加入灰浆,开始泵送。

(3)料斗加满灰浆后,应停止振动,待灰浆从料斗泵送完时,再加新灰浆振动筛料。

(4)泵送过程应注意观察压力表。当压力迅速上升,有堵管现象时,应反转泵送2~3转,使灰浆返回料斗,经搅拌后再泵送。当多次正反泵仍不能畅通时,应停机检查,排除堵塞。

(5)工作间歇时,应先停止送灰,后停止送气,并应防止气嘴被灰堵塞。

(6)作业后,应将泵机和管路系统全部清洗干净。

5.5.4 喷浆机

1. 石灰浆的密度应为1.06~1.10g/cm^3。

2. 喷涂前,应对石灰浆采用ϕ0.28mm筛网过滤两遍。

3. 喷嘴孔径宜为2.0~2.8mm,当孔径大于2.8mm时,应及时更换。

4. 泵体内不得无液体干转。在检查电动机旋转方向时,应先打开料桶开关,让石灰浆流入泵体内部后,再开动电动机带泵旋转。

5. 作业后,应往料斗注入清水,开泵清洗直到水清为止,再倒出泵内积水,清洗疏通喷头座及滤网,并将喷枪擦洗干净。

6. 长期存放前,应清除前、后轴承座内的石灰浆积料,堵塞进浆口,从出浆口注入机油约50mL,再堵塞出浆口,开机运转约30s,使泵体内润滑防锈。

5.5.5 水磨石机

1. 水磨石机宜在混凝土达到设计强度的70%~80%时进行磨削作业。

2. 作业前,应检查并确认各连接件紧固。当用木槌轻击磨石发出无裂纹的清脆声音时,才可作业。

3. 电缆线应离地架设,不得放在地面上拖动。电缆线应无破损,保护接地良好。

4. 在接通电源、水源后,应手压扶把使磨盘离开地面,再起动电动机。并应检查确认磨盘旋转方向与箭头所示方向一致,待运转正常后,再缓慢放下磨盘,进行作业。

5. 作业中,使用的冷却水不得间断,用水量宜调至工作面不发干。

6. 作业中,当发现磨盘跳动或异响,应立即停机检修。停机时,应先提升磨盘后关机。

7. 更换新磨石后,应先在废水磨石地坪上或废水泥制品表面磨1~2h,待金刚石切削刃磨出后，再投入工作面作业。

8. 作业后，应切断电源，清洗各部位的泥浆，放置在干燥处，用防雨布遮盖。

5.5.6　混凝土切割机

1. 使用前，应检查并确认电动机、电缆线均正常，保护接地良好，防护装置安全有效，锯片选用符合要求，安装正确。

2. 启动后，应空载运转，检查并确认锯片运转方向正确，升降机构灵活，运转中无异常、异响，一切正常后，才可作业。

3. 操作人员应双手按紧工件，均匀送料，在推进切割机时，不得用力过猛。操作时不得戴手套。

4. 切割厚度应按机械出厂铭牌规定进行，不得超厚切割。

5. 加工件送到与锯片相距 300mm 处或切割小块料时，应使用专用工具送料，不得直接用手推料。

6. 作业中，当工件发生冲击、跳动及异常音响时，应立即停机检查，排除故障后，才可继续作业。

7. 严禁在运转中检查、维修各部件。锯台上和构件锯缝中的碎屑应采用专用工具及时清除，不得用手拣拾或抹拭。

8. 作业后，应清洗机身，擦干锯片，排放水箱余水，收回电缆线，并存放在干燥、通风处。

5.6　木工机械

木工机械种类繁多，可能发生的安全事故主要是机械安全和用电安全。现行部标准《建筑机械使用安全技术规程》(JGJ 33—2001)中，未将木工机械列入，其原因是木工机械从分类上不属于建筑机械，但是施工工地仍然使用此类机械。

本节仅介绍平刨和圆盘锯的安全措施，平刨和圆盘锯都具有转速高、刀刃锋利、振动大、噪音大、制动比较慢等特点，其加工的木材又存在质地不均匀的情况，如硬节疤、斜纹或有木钉等，容易发生崩裂、回弹、强烈跳动等现象。如果防护不严、操作不当，就可能造成人身伤害。

木工机械最不安全的地方是刀具与木材的接触处，使用中多为手工送料，易发生伤手、断指事故，同时木屑、刨花极易引起火灾。

其他木工机械在施工时，可参照相应情况考虑其安全问题。

5.6.1　平刨

1. 事故隐患

(1)木质不均匀(如节疤)，刨削时切削力突然增加，使得两手推压木料原有的平衡突遭破坏，木料弹出或翻倒，而操作人员的两手仍按原来的方式施力，手指伸进刨口被切。

(2)加工的木料过短，木料长度小于 250mm，或操作人员违章操作或操作方法不正确，手指被切。

(3)临时用电不符规范要求,如三级配电二级保护不完善,缺漏电保护器或失效,导致触电。

(4)传动部位无防护罩,导致机械伤害。

2. 安全措施

(1)平刨在施工现场应置于木工作业区内,并搭设防护棚;若位于塔吊作业范围内的,应搭设双层防坠棚,且在施工组织设计中予以策划和标志,同时在木工棚内落实消防措施、安全操作规程及其责任人。

(2)平刨在进入施工现场前,必须经过建筑安全管理部门验收,确认符合要求时,发给准用证或有验收手续方能使用。设备应挂上合格牌。平刨安装验收内容包括:

① 刨口要设有安全防护罩,对刀口非工作部分进行遮盖。

② 传动部位要设防护罩。

③ 刀片和刀片螺丝的厚度、重量必须一致,刀架夹板必须平整贴紧,刀片紧固螺丝应嵌入刀片槽内,槽端离刀背不得小于10mm,紧固刀片时螺栓不得过紧或过松。

④ 设置"一机一闸一漏一箱"装设漏电保护器,选用漏电动作电流不大于30mA,动作时间不大于0.1s,电机绝缘电阻值应大于0.5MΩ。

⑤ 工作场所必须整洁、干燥、无杂物、配备可靠消防器材。

⑥ 不准使用倒顺开关或闸刀开关直接操作,安装接触器、操作按钮控制。

⑦ 操作规程牌齐全,有维修、保养制度。

(3)施工用电必须符合规范要求,要有保护接零(TN-S系统)和漏电保护器。

(4)平刨、电锯、电钻等多用联合机械在施工现场严禁使用。

(5)每台木工平刨上必须装有安全防护装置,并配有刨小薄料的压板或压棍。

(6)机械运转时,不得进行维修,更不得移动或拆除护手安全装置进行刨削。

(7)操作人员衣袖要扎紧,不准戴手套。

(8)刨料时应保持身体平稳、双手操作。刨大面时,手应按在斜面上;刨小面时,手指不得低于料高的一半并不得小于3cm。不得用手在料后推送。

(9)每次刨削量不得超过1.5mm,进料速度应均匀,经过刨口时用力要轻,不得在刨刃上方回料。

(10)厚度小于1.5cm或长度小于30cm的木料不得用平刨机加工。

(11)遇有节疤、戗槎应减慢速度,不得将手按在节疤上推料。刨旧料时必须将铁钉、泥沙等清理干净。

(12)换刀片时应切断电源或摘掉皮带。

5.6.2 圆盘锯

1. 事故隐患

(1)圆锯片安装不正确,锯齿因受力较大而变钝后,锯切时引起木材飞掷伤人。

(2)圆锯片有裂缝、凹凸、歪斜等缺陷,锯齿折断使得圆锯片在工作时发生撞击,引起木材飞掷或圆锯本身破裂伤人等危险。

(3)安全防护缺陷,如传动皮带防护缺陷、护手安全装置残损、未作保护接零和漏电保护、装置失效等,引发安全事故。

2. 安全措施

(1)圆盘锯在进入施工现场前,必须经过建筑安全管理部门验收,确认符合要求,发给准用证或有验收手续方能使用。设备应挂上合格牌。

(2)操作前应检查机械是否完好、电器开关等是否良好、熔丝是否符合规格,并检查锯片是否有断裂现象,并装好防护罩,运转正常后方能投入使用。

(3)圆盘锯必须装设分料器,锯片上方应有防护罩、挡板和滴水设备。开料锯和截料锯不得混用。作业前应检查,要求锯片不得有裂口、螺丝必须拧紧。锯片不得连续断齿两个,裂纹长度不得超过2cm,有裂纹则应在其末端冲上裂孔(阻止裂纹进一步发展)。

(4)操作人员必须戴防护眼镜。作业时应站在锯片一侧,不得与锯片站在同一直线上,以防木料弹出伤人。手臂不得跨越锯片。

(5)必须紧贴靠山送料,不得用力过猛,必须待出料超过锯片15cm方可用手接料,不得用手硬拉。木料锯到接近端头时,应由下手拉料接锯,上手不得用手直接送料,应用木板推送。锯料时不得将木料左右搬动或高抬,送料不宜用力过猛,遇硬节疤应慢推,防止木节弹出伤人。

(6)短窄料应用推棍,接料使用刨钩。严禁锯小于50cm长的短料。

(7)木料走偏时,应立即逐渐纠正或切断电源,停车调正后再锯,不得猛力推进或拉出。锯片必须平整,锯口要适当,锯片与主动轴匹配、紧牢。

(8)锯片运转时间过长应用水冷却,直径60cm以上的锯片工作时应喷水冷却。

(9)必须随时清除锯台面上的遗料,保持锯台整洁。清除遗料时,严禁直接用手清除。清除锯末及调整部件,必须先切断电源,待机械停止运转后方可进行。

(10)木料若卡住锯片时应立即切断电源,待机械停止运转后方可进行处理。严禁使用木棒或木块制动锯片的方法停止机械运转。

(11)施工用电必须有保护接零和漏电保护器。操作必须采用单向按钮开关,不得安装倒顺开关,无人操作时断开电源。

(12)用电采用三级配电二级保护、三相五线保护接零系统。定期进行检查,注意熔丝的选用,严禁采用其他金属丝作为代替用品。

(13)操作必须采用单向按钮开关,无人操作时断开电源。

5.7　卷扬机和手持电动工具

5.7.1　卷扬机

卷扬机是建筑工地上常见的机械,一般与龙门架、井架提升机配套使用。

1. 事故隐患

(1)卷扬机固定不坚固,地锚设置不牢固,导致卷扬机移位和倾覆。

(2)卷筒上无防止钢丝绳滑脱的防护装置或防护装置设置不合理、不可靠,致使钢丝绳脱离卷筒。

(3)钢丝绳末端未固定或固定不符合要求,致使钢丝绳脱落。

(4)卷扬机制动器失灵,无法定位。

(5)绳筒轴端定位不准确引起轴疲劳断裂。

2. 安全要求

(1)安装位置要求

① 搭设操作棚,并保证操作人员能看清指挥人员和拖动或吊起的物件。施工过程中的建筑物、脚手架以及现场堆放材料、构件等,都不应影响司机对操作范围内全过程的监视。处于危险作业区域内的操作棚,应符合相应要求。

② 地基坚固。卷扬机应尽量远离危险作业区域,选择地势较高、土质坚固的地方,埋设地锚用钢丝绳与卷扬机座锁牢,前方应打桩,防止卷扬机移动和倾覆。

(2)作业人员要求

① 卷扬机司机应经专业培训持证上岗。

② 作业时要精神集中,发现视线内有障碍物时,要及时清除,信号不清时不得操作。当被吊物没有完全落在地面时,司机不得离岗。

(3)安全使用要求。

① 安装时,基座应平稳牢固、周围排水畅通、地锚设置可靠,并应搭设工作棚。操作人员的位置应能看清指挥人员和拖动或起吊的物件。

② 作业前,应检查卷扬机与地面的固定,弹性联轴器不得松动。并应检查安全装置、防护设施、电气线路、接零或接地线、制动装置和钢丝绳等,全部合格后才可使用。

③ 使用皮带或开式齿轮传动的部分,均应设防护罩,导向滑轮不得用开口拉板式滑轮。

④ 卷扬机的卷筒旋转方向应与操纵开关上指示的方向一致。

⑤ 从卷筒中心线到第一导向滑轮的距离,带槽卷筒应大于卷筒宽度的 15 倍,无槽卷筒应大于卷筒宽度的 20 倍。当钢丝绳在卷筒中间位置时,滑轮的位置应与卷筒轴线垂直,其垂直度允许偏差为 6°。

⑥ 钢丝绳应与卷筒及吊笼连接牢固,不得与机架或地面摩擦,通过道路时,应设过路保护装置。

⑦ 在卷扬机制动操作杆的行程范围内,不得有障碍物或阻卡现象。

⑧ 卷筒上的钢丝绳应排列整齐,当重叠或斜绕时,应停机重新排列,严禁在转动中用手拉、脚踩钢丝绳。

⑨ 作业中,任何人不得跨越正在作业的卷扬钢丝绳。物件提升后,操作人员不得离开卷扬机,物件或吊笼下面严禁人员停留或通过。休息时应将物件或吊笼降至地面。

⑩ 作业中如果发现异响、制动不灵、制动带或轴承等温度剧烈上升等异常情况时,应立即停机检查,排除故障后才可使用。

⑪作业中停电时,应切断电源,将提升物件或吊笼降至地面。

⑫作业完毕,应将提升吊笼或物件降至地面,并应切断电源,锁好开关箱。

5.7.2 手持电动工具

手持电动工具是指用手操作的可移动的电动工具。其种类繁多,产品和使用必须符合《手持式电动工具的安全》(GB 3883.1—2008)和《手持式电动工具的管理、使用、检查和维修安全技术规程》(GB 3787—2006)。

1. 手持电动工具在使用前的检查验收内容

手持式电动工具在使用前必须进行检查验收合格后方可使用。使用前应检查验收以下内容:

(1)手持电动工具外壳、手柄、负荷线、插头、开关等须完好无损,刃具应刃磨锋利。

(2)手持砂轮机、角向磨光机必须装防护罩,砂轮与接盘间软垫应安装稳妥,螺帽不得过紧。

(3)使用25mm以上冲击电钻,作业场所应设防护栏杆,地面应有固定平台,使用Ⅰ类手持电动工具时漏电保护器的参数为30mA×0.1s,在露天、潮湿场所或金属构架上操作时,严禁使用Ⅰ类工具;使用Ⅱ类工具时,漏电保护器的参数为15mA×0.1s。

(4)工具中运动的(转动的)危险零件,必须按有关的标准装设防护罩。

使用刃具的机具,应保持刃磨锋利,完好无损,安装正确,牢固可靠。使用砂轮的机具,应检查砂轮与接盘间的软垫并安装稳固,螺帽不得过紧,凡受潮、变形、裂纹、破碎、磕边缺口或接触过油、碱类的砂轮均不得使用,并不得将受潮的砂轮片自行烘干使用。

2. 手持电动工具按触电保护分类

手持电动工具按触电保护划分为Ⅰ类、Ⅱ类、Ⅲ类手持电动工具。

(1)Ⅰ类手持电动工具　在防止触电的保护方面不仅依靠基本绝缘,而且它还包含一个附加安全预防措施。其方法是将可触及的可导电的零件与已安装的固定线路中的保护(接地)导线连接起来,以这样的方法能使可导电零件在基本绝缘损坏的事故中不成为带电体。Ⅰ类手持电动工具的绝缘电阻不小于2MΩ。

(2)Ⅱ类手持电动工具　在防止触电的保护方面不仅依靠基本绝缘,而且它还提供双重绝缘或加强绝缘的附加安全预防措施和设有保护接地或依赖安装条件的措施。Ⅱ类工具分绝缘外壳Ⅱ类工具和金属外壳Ⅱ类工具,在工具的明显部位标有Ⅱ类结构符号——回(注:“回”标志:外正方框边长应为内正方边长两倍左右,外正方框边长不应小于5mm)。Ⅱ类手持电动工具的绝缘电阻不小于7MΩ。

(3)Ⅲ类手持电动工具　在防止触电的保护方面依靠由安全特低电压供电和在工具内部不会产生比安全特低电压高的电压。Ⅲ类手持电动工具的绝缘电阻不小1MΩ。

3. 事故隐患

手持电动工具的安全隐患主要存在于电器方面,易发生触电事故:

(1)未设置保护接零和两级漏电保护器,或保护失效。

(2)电动工具绝缘层破损漏电。

(3)电源线和随机开关箱不符合要求。

(4)工人违反操作规定或未按规定穿戴绝缘用品。

4. 安全要求及预防措施

(1)手持电动工具在使用前,外壳、手柄、负荷线、插头、开关等必须完好无损,使用前必须做空载试验,经过设备、安全管理部门验收,确定符合要求,发给准用证或有验收手续才能使用。设备应挂上合格牌。

(2)使用Ⅰ类手持电动工具必须按规定穿戴绝缘用品或站在绝缘垫上,并确保有良好的接零或接地措施，保护零线与工作零线分开，保护零线采用1.5mm。以上用多股软铜线。安装漏电保护器漏电电流不大于15mA，动作时间不大于0.1s。

(3)在一般的场所，为保证安全，应当用Ⅱ类工具，并装设额定漏电电流不大于15mA，动作时间不大于0.1s的漏电保护器。Ⅱ类工具绝缘电阻不得低于7MΩ。

(4)在潮湿地区或在金属构架、压力容器、管道等导电良好的场所作业时，必须使用双重绝缘或加强绝缘的电动工具。露天、潮湿场所或在金属构架上作业必须使用Ⅱ类或Ⅲ类工具，并装设防溅的漏电保护器。严禁使用Ⅰ类手持电动工具。

(5)狭窄场所（锅炉、金属容器、地沟、管道内等），宜选用带隔离变压器的Ⅲ类手持电动工具。隔离变压器、漏电保护器装设在狭窄场所外面，工作时应有人监护。

(6)手持电动工具的负荷线必须采用耐气候型的橡皮护套铜芯软电缆，并不得有接头。

(7)电动工具在使用中不得任意调换插头，更不能不用插头，而将导线直接插入插座内。当电动工具不用或需调换工作头时，应及时拔下插头。插插头时，开关应在断开位置，以防突然启动。

(8)使用过程中要经常检查，如果发现绝缘损坏、电源线或电缆护套破裂、接地线脱落、插头插座开裂、接触不良以及断续运转等故障时，应立即停机修理。移动电动工具时，必须握持工具的手柄，不能用拖拉橡皮软线来搬动工具，并随时注意防止橡皮软线擦破、割断和轧坏现象，以免造成人身事故。

(9)长期搁置未用的电动工具，使用前必须用500V兆欧表测定绕组与机壳之间的绝缘电阻值，应不低于7MΩ，否则须进行干燥处理。

(10)电动工具不适宜在含有易燃、易爆或腐蚀性气体及潮湿等特殊环境中使用，并应存放于干燥、清洁和没有腐蚀性气体的环境中。非金属壳体的电动机、电器，在存放和使用时不应受压、受潮，并不得接触汽油等溶剂。

(11)作业前的检查应符合下列要求：①外壳、手柄不出现裂缝、破损；②电缆软线及插头等完好无损，开关动作正常，保护接零连接正确牢固可靠；③各部防护罩齐全牢固，电气保护装置可靠。

(12)使用过程中的注意事项：①机具启动后，应空载运转，应检查并确认机具联动灵活无阻。作业时，加力应平稳，不得用力过猛；②严禁超载使用。作业中应注意音响及温升，发现异常应立即停机检查。在作业时间过长，机具温升超过60℃时，应停机，自然冷却后再行作业；③作业中，不得用手触摸刃具、模具和砂轮，发现其有磨钝、破损情况时，应立即停机修整或更换，然后再继续进行作业；④机具转动时，不得撒手不管。

(13)使用冲击电钻或电锤时，应符合下列要求：①作业时应掌握电钻或电锤手柄，打孔时先将钻头抵在工作表面，然后开动，用力适度，避免晃动；转速若急剧下降，应减少用力，防止电机过载，严禁用木杠加压；②钻孔时，应注意避开混凝土中的钢筋；③电钻和电锤为40%断续工作制，不得长时间连续使用；④作业孔径在25mm以上时，应有稳固的作业平台，周围应设护栏。

(14)使用瓷片切割机时应符合下列要求：①作业时应防止杂物、泥尘混入电动机内，并应随时观察机壳温度，当机壳温度过高及产生炭刷火花时，应立即停机检查处理；②切割过程中用力应均匀适当，推进刀片时不得用力过猛。当发生刀片卡死时，应立即停机，慢慢退出刀片，应在重新对正后方可再切割。

（15）使用角向磨光机时应符合下列要求：①砂轮应选用增强纤维树脂型，其安全线速度不得小于80m/s。配用的电缆与插头应具有加强绝缘性能，并不得任意更换；②磨削作业时，应使砂轮与工件面保持15°~30°的倾斜位置；切削作业时，砂轮不得倾斜，并不得横向摆动。

（16）使用电剪时应符合下列要求：①作业前应先根据钢板厚度调节刀头间隙量；②作业时不得用力过猛，当遇刀轴往复次数急剧下降时，应立即减少推力。

（17）使用射钉枪时应符合下列要求：①严禁用手掌推压钉管和将枪口对准人；②击发时，应将射钉枪垂直压紧在工作面上，当两次扣动扳机，子弹均不击发时，应保持原射击位置数秒钟后，再退出射钉弹；③在更换零件或断开射钉枪之前，射枪内均不得装有射钉弹。

（18）使用拉铆枪时应符合下列要求：①被铆接物体上的铆钉孔应与铆钉滑配合，并不得过盈量太大；②铆接时，当铆钉轴未拉断时，可重复扣动扳机，直到拉断为止，不得强行扭断或撬断；③作业中，接铆头子或并帽若有松动，应立即拧紧。

5.8 其他机械设备

5.8.1 机动翻斗车

机动翻斗车是一种方便灵活的水平运输机械，在建筑施工中常用于运输砂浆、混凝土熟料及散装物料等。按照有关规定，机动翻斗车应定期进行年检，并应取得上级主管部门核发的准用证。

1. 事故隐患

（1）车辆由于缺乏定期检查和维修保养而引起车辆伤害事故。

（2）司机未经培训违章行驶，引起车辆伤害事故。

2. 安全措施

（1）行驶前，应检查锁紧装置并将料斗锁牢，不得在行驶时掉斗。

（2）行驶时应从一挡起步，不得用离合器处于半结合状态来控制车速。

（3）上坡时，当路面不良或坡度较大时，应提前换入低挡行驶；下坡时严禁空挡滑行；转弯时应先减速；急转弯时应先换入低挡。

（4）翻斗车制动时，应逐渐踩下制动踏板，并应避免紧急制动。

（5）通过泥泞地段或雨后湿地时，应低速缓行，应避免换挡、制动、急剧加速，且不得靠近路边或沟旁行驶，并应防侧滑。

（6）翻斗车排成纵队行驶时，前后车之间应保持8m的间距，在下雨或冰雪的路面上，应加大间距。

（7）在坑沟边缘卸料时，应设置安全挡块，车辆接近坑边时，应减速行驶，不得剧烈冲撞挡块。

（8）停车时，应选择适合地点，不得在坡道上停车。冬期应采取防止车轮与地面冻结的措施。

（9）严禁料斗内载人。料斗不得在卸料工况下行驶或进行平地作业。

(10)内燃机运转或料斗内载荷时,严禁在车底下进行任何作业。

(11)操作人员离机时,应将内燃机熄火,并挂挡、拉紧手制动器。

(12)作业后,应对车辆进行清洗,清除砂土及混凝土等粘结在料斗和车架上的脏物。

5.8.2 蛙式夯实机

蛙式夯实机广泛用于建筑、市政及水利工程施工现场。具有结构简单、操作和维修方便、故障率低、工作可靠、夯实效果好等特点。适用于带状沟槽、基坑、地基的夯实,以及泥土、灰土回填的夯实和室内外场地平整等作业。

1. 事故隐患

(1)违章指挥,违章操作,导致机械伤害事故。

(2)未装漏电保护器,未做保护接零,导致触电事故。

2. 安全措施

(1)蛙式夯实机应适用于夯实灰土和素土的地基、地坪及场地平整,不得夯实坚硬或软硬不一的地面、冻土及混有砖石碎块的杂土。

(2)作业前重点检查项目应符合下列要求:①除接零或接地外,应设置漏电保护器,电缆线接头绝缘良好;②传动皮带松紧合适,皮带轮与偏心块安装牢固;③转动部分有防护装置,并进行试运转,确认正常后,才可作业。

(3)作业时夯实机扶手上的按钮开关和电动机的接线均应绝缘良好。当发现有漏电现象时,应立即切断电源,进行检修。

(4)夯实机作业时,应一人扶夯,一人传送电缆线,且必须戴绝缘手套和穿绝缘鞋。递线人员应跟随夯机后或两侧调顺电缆线,电缆线不得扭结或缠绕,且不得张拉过紧,应保持有3~4m的余量。

(5)作业时,应防止电缆线被夯击。移动时,应将电缆线移至夯机后方,不得隔机强扔电缆线,当转向倒线困难时,应停机调整。

(6)作业时,手握扶手应保持机身平衡,不得用力向后压,并应随时调整行进方向。转弯时不得用力过猛,不得急转弯。

(7)夯实填高土方时,应在边缘以内100~150mm夯实2~3遍后,再夯实边缘。

(8)在较大基坑作业时,不得在斜坡上夯行,应避免造成夯头后折。

(9)夯实房心土时,夯板应避开房心内地下构筑物、钢筋混凝土基桩、基座及地下管道等。

(10)在建筑物内部作业时,夯板或偏心块不得打在墙壁上。

(11)多机作业时,其平列间距不得小于5m,前后间距不得小于10m。

(12)夯机前进方向和夯机四周1m范围内,不得站立非操作人员。

(13)夯机连续作业时间不应过长,当电动机超过额定温升时,应停机降温。

(14)夯机发生故障时,应先切断电源,然后排除故障。

(15)作业后,应切断电源,卷好电缆线,清除夯机上的泥土,并妥善保管。

5.8.3 潜水泵

潜水泵是施工现场应用比较广泛的一种抽水设备,主要用于基坑、沟槽及孔桩等抽水。因此，潜水泵下水前一定要密封良好，绝缘测试电阻达到要求并应使用YHS型防水橡皮护套电缆。

1. 事故隐患

潜水泵保护装置不灵敏，使用不合理，会造成漏电伤人事故。

2. 安全措施

(1) 潜水泵宜先装在坚固的篮筐里再放入水中，也可在水中将泵的四周设立坚固的防护围网。泵应直立于水中，水深不得小于0.5m，不得在含泥沙的水中使用。

(2) 潜水泵放入水中或提出水面时，应先切断电源，严禁直接拽电缆或出水管。

(3) 潜水泵应装设保护接零或漏电保护装置，工作时泵周围30m以内水面，不得有人、畜进入。

(4) 启动前检查项目应符合下列要求：①水管扎结牢固；②放气、放水、注油等螺塞均旋紧；③叶轮和进水节无杂物；④电缆绝缘良好。

(5) 接通电源后，应先试运转，并应检查并确认旋转方向正确，在水外运转时间不得超过5min。

(6) 应经常观察水位变化，叶轮中心至水平距离应在0.5～3.0m之间，泵体不得陷入污泥或露出水面。电缆不得与井壁、池壁相擦。

(7) 新泵或新换密封圈，在使用50h后，应旋开放水封口塞，检查水、油的泄漏量。当泄漏量超过5mL时，应进行0.2MPa的气压试验，查出原因，予以排除，以后应每月检查一次；当泄漏量不超过25mL时，可继续使用。检查后应换上规定的润滑油。

(8) 经过修理的油浸式潜水泵，应先经0.2MPa气压试验，检查各部无泄漏现象，然后将润滑油加入上、下壳体内。

(9) 当气温降到0℃以下时，在停止运转后，应从水中提出潜水泵擦干后存放室内。

(10) 每周应测定一次电动机定子绕组的绝缘电阻，其值应无下降。

5.8.4　小型空压机

在施工过程中，许多工序都需要使用压缩空气做动力或介质，如喷沙除锈、管线吹扫和试压等。小型空压机的动力往往使用电动机或内燃机，因此它的一个突出优点是移动性强，适应性强，但在使用过程中应严格按照《容积式空气压缩机安全要求》(GB 22207—2008)，才能满足安全要求。

1. 事故隐患

安全装置失灵、违章操作，导致空压机或储气罐物理性爆炸事故。

2. 安全措施

(1) 固定式空压机应安装在固定的基础上，移动式空压机应用楔木将轮子固定。

(2) 各部机件连接牢固，气压表、安全阀和压力调节器等齐全完整、灵敏可靠，外露传动部分防护罩齐全。

(3) 输送管无急弯，储气罐附近严禁施焊和其他热作业。

(4) 操作人员持有效证件上岗，上岗前对机具做好例行保养工作。

(5) 压力表和安全阀应每年至少校验一次。

(6)输气胶管应保持畅通,不得扭曲,开启送气阀前,应将输气管道连接好,并通知现场有关人员后才可送气。在出气口前方,不得有人工作或站立。

(7)作业中储气罐内压力不得超过铭牌额定压力,安全阀应灵敏有效。进、排气阀、轴承及各部件应无异响或过热现象。

(8)发现下列情况之一时应立即停机检查,找出原因并排除故障后,才可继续作业:①漏气、漏电;②压力表指示值超过规定;③排气压力突然升高,排气阀、安全阀失效;④机械有异响或电动机电刷发生强烈火花。

(9)在潮湿地区及隧道中施工时,对空气压缩机外露摩擦面应定期加注润滑油,对电动机和电气设备应做好防潮保护工作。

第6章 施工现场用电安全管理

建筑施工用电是专为建筑施工工地提供电力并用于现场施工的用电。由于这种用电是随着建筑工程的施工而进行的，并且随着建筑工程的竣工而结束，所以建筑施工用电属于临时用电。与正式用电相比，建筑施工用电具有明显的临时性、露天性和移动性，且用电的地理位置和自然条件具有不可选择性。这些特点给用电安全带来许多不可避免的不利因素。所以，建筑施工现场用电应具有更加可靠的安全防护措施和技术措施，才能保证设备和人身的安全。

6.1 施工现场用电的一般规定

考虑到用电事故的发生几率与用电的设计，设备的数量、种类、分布和负荷的大小有关，施工现场临时用电管理应符合以下要求：

(1)施工现场临时用电设备在5台及以上或设备总容量在50kW及以上者，应编制用电组织设计。

(2)施工现场临时用电设备在5台以下和设备总容量在50kW以下者，应制定安全用电和电气防火措施，并应符合以下规定：

① 临时用电组织设计及变更时，必须履行“编制、审核、批准”程序，由电气工程技术人员组织编制，经相关部门审核及具有法人资格企业的技术负责人批准后实施。变更用电组织设计时应补充有关图纸资料。

② 临时用电工程必须经编制、审核、批准部门和使用单位共同验收，合格后方可投入使用。

(3)临时用电工程图纸应单独绘制，临时用电工程应按图施工。

(4)临时用电工程应定期检查。定期检查时，应复查接地电阻值和绝缘电阻值。

(5)临时用电工程定期检查应按分部、分期工程进行，对安全隐患必须及时处理，并应履行复查验收手续。

6.2 施工现场用电的管理要求

(1)施工现场必须按工程特点编制施工临时用电施工组织设计(或方案)，并由主管部门审核后实施。临时用电施工组织设计必须包括以下内容：①用电机具明细表及负荷计算书；②现场供电线路及用电设备布置图，布置图应注明线路架设方式、导线、开关电器、保护电器、控制电器的型号及规格；③接地装置的设计计算及施工图；④发、配电房的设计计算，发电机组与外电联锁方式；⑤大面积的施工照明，150人及以上居住的生活照明用电的设计计算及施工图纸;⑥安全用电检查制度及安全用电措施(应根据工程特点有针对性地编写)。

(2)施工现场必须设置一名电气安全负责人,应由技术好、责任心强的电气技术人员或工人担任,其责任是负责该现场日常安全用电管理。

(3)施工现场的一切电气线路、用电设备的安装和维护必须由持证电工负责,并严格执行施工组织设计的规定。

(4)施工现场应视工程量大小和工期长短,必须配备足够的(不少于2名)持有设区的市劳动安全监察部门核发电工证的电工。

(5)施工现场使用的大型机电设备,进场前应通知主管部门派员鉴定合格后才允许运进施工现场安装使用,严禁不符合安全要求的机电设备进入施工现场。

(6)一切移动式电动机具(如潜水泵、振动器、切割机、手持电动工具等)机身必须写上编号,检测绝缘电阻,检查电缆外绝缘层、开关、插头及机身是否完整无损,并列表报主管部门检查合格后才允许使用。

(7)施工现场严禁使用明火电炉(包括电工室和办公室)、多用插座及分火灯头,220V的施工照明灯具必须使用护套线。

(8)施工现场应设专人负责临时用电的安全技术档案管理工作。安全技术档案应由主管该现场的电气技术人员负责建立与管理。其中"电工安装、巡检、维修、拆除工作记录"可指定电工代管,每周由项目经理审核认可,并应在临时用电工程拆除后统一归档。临时用电安全技术档案的内容应包括:①用电组织设计的安全资料;②修改用电组织设计的资料;③用电技术交底资料;④用电工程检查验收表;⑤电气设备的试、检验凭单和调试记录;⑥接地电阻、绝缘电阻和漏电保护器漏电动作参数测定记录表;⑦定期检(复)查表;⑧电工安装、巡检、维修、拆除工作记录。

6.3 施工现场临时用电安全技术常识

6.3.1 临时用电组织设计及现场管理

(1)施工现场临时用电设备在5台及以上或设备总容量在50kW及以上者,应由电气工程技术人员组织编制用电组织设计,且必须履行"编制—审核—批准"程序。

(2)外电线路防护:在建工程不得在外电架空线路正下方施工、搭设作业棚、建造生活设施或堆放构件、架具、材料及其他杂物等。

6.3.2 施工现场临时用电的原则

建筑施工现场临时用电工程专用的电源中性点直接接地的220~380V三相四线制低压电力系统,必须符合下列规定。

1.采用TN-S接零保护系统

在施工现场专用变压器的供电的TN-S接零保护系统中,电气设备的金属外壳必须与保护零线连接。保护零线应由工作接地线、配电室(总配电箱)电源侧零线或总漏电保护器电源侧零线处引出。

当施工现场与外电线路共用同一供电系统时,电气设备的接地、接零保护应与原系统保持一致。不得一部分设备作保护接零,另一部分设备作保护接地。

TN 系统中的保护零线除必须在配电室或总配电箱处作重复接地外,还必须在配电系统的中间处和末端处作重复接地。在 TN 系统中,保护零线每一处重复接地装置的接地电阻值不应大于 10Ω。在工作接地电阻值允许达到 10Ω 的电力系统中,所有重复接地的等效电阻值不应大于 10Ω。

相线、N 线、PE 线的颜色标记必须符合以下规定:相线 L_1(A)、L_2(B)、L_3(C)相序的绝缘颜色依次为黄、绿、红色;N 线的绝缘颜色为淡蓝色;PE 线的绝缘颜色为绿/黄双色。任何情况下上述颜色标记严禁混用和互相代用。

2. 采用三级配电系统

采用三级配电结构。所谓三级配电结构是指施工现场从电源进线开始至用电设备中间应经过三级配电装置配送电力,即由总配电箱(配电室内的配电柜)、经分配电箱(负荷或若干用电设备相对集中处),到开关箱(用电设备处)分三个层次逐级配送电力。而开关箱与用电设备之间必须实行“一机一闸一漏一箱”,即每一台用电设备必须有自己专用的控制开关箱,而每一个开关箱只能用于控制一台用电设备。

3. 采用二级漏电保护系统

二级漏电保护系统是指在整个施工现场临时用电工程中,总配电箱和开关箱中必须设置漏电保护开关。总配电箱中漏电保护器的额定漏电动作电流应大于 30mA,额定漏电动作时间应大于 0.1s,但其额定漏电动作电流与额定中心城市漏电动作时间的乘积不应大于 30mA · s;开关箱中漏电保护器的额定漏电动作电流不应大于 30mA,额定漏电动作时间应大于 0.1s。使用于潮湿或有腐蚀性场所的漏电保护器应采用防溅型产品,其额定漏电动作电流不应大于 15mA,额定漏电动作时间应大于 0.1s。

6.4　施工现场临时用电的施工方案

施工现场临时用电设备在 5 台及 5 台以上,或设备总容量在 50kW 及以上时,应编制临时用电施工组织设计,临时用电施工组织设计由施工技术人员根据工程实际编制后经技术负责人、项目经理审核,经公司安全、生产、技术部门会签,经公司总工程师审批签字,加盖施工单位公章后才能付诸实施。

临时用电施工组织设计的内容和步骤:首先进行现场勘测,了解现场的地形和工程位置,了解外电线路情况;其次确定电源线路配电室、总配电箱、分箱等的位置和线路走向,并编制供电系统图;绘制详细的电气平面图作为临时用电的唯一依据。

1. 现场勘测

测绘现场的地形和地貌,新建工程的位置,建筑材料和器具堆放的位置,生产和生活临设建筑物的位置,用电设备装设的位置以及现场周围的环境。

2. 施工用电负荷计算

根据现场用电情况计算用电设备、用电设备组以及作为供电电源的变压器或发电机的计算负荷。计算负荷被作为选择供电变压器或发电机、用电线路导线截面、配电装置和电器的主要依据。

3. 配电室(总配电箱)的设计

选择和确定配电室(总配电箱)的位置、配电室(总配电箱)的结构、配电装置的布置、配电电器和仪表、电源进线、出线走向和内部接线方式以及接地、接零方式等。

施工现场配有自备电源(柴油发电机组)的,变电所或配电室的设计应和自备电源(柴油发电机组)的设计结合进行,特别应考虑其联络问题,明确确定联络和接线方式。

4. 配电线路(包括基本保护系统)的设计

选择确定线路方向,配线方式(架空线路或埋地电缆等),敷设要求,导线排列,配线型号与规格,及其周围的防护设施等。

5. 配电箱和开关箱设计

选择箱体材料,确定箱体的结构与尺寸,确定箱内电器配备和规格,确定箱内电气接线方式和电气保护措施等。

配电箱与开关箱的设计要和配电线路相适应,还要与配电系统的基本保护方式相适应,并满足用电设备的配电和控制要求,尤其要满足防漏电、触电的要求。

6. 接地与接地装置设计

根据配电系统的工作和基本保护方式的需要确定接地类别,确定接地电阻值,并根据接地电阻值的要求选择或确定自然接地体或人工接地体。对于人工接地体还要根据接地电阻值的要求,设计接地体的结构、尺寸和埋深以及相应的土壤处理,并选择接地体材料。接地装置的设计还包括接地线的选用和确定接地装置各部门之间的连接要求等。

7. 防雷设计

防雷设计包括防雷装置位置的确定、防雷装置形成的选择以及相关防雷接地的确定。防雷设计应保护防雷装置,其保护范围应可靠地覆盖整个施工现场,并能对雷害起到有效的保护作用。

8. 编制安全用电技术措施和电气防火措施

编制安全用电技术措施和电气防火措施时,要考虑电气设备的接地(重复接地)、接零(TN-S 系统)保护问题,"一机一箱一闸一漏"保护问题,外电防护问题,开关电器的装设、维护、检修、更换问题,实施临时用电施工组织设计时应执行的安全措施问题,有关施工用电的验收问题以及施工现场安全用电的安全技术措施等。

编制安全用电技术措施和电气防火措施时,不仅要考虑现场的自然环境和工作条件,还要兼顾现场的整个配电系统包括变电配电室(总配电箱)到用电设备的整个临时用电工程。

9. 绘制电气设备施工图

绘制电气设备施工图包括供电总平面图、变电所或配电室(总配电箱)布置图、变电或配电系统接线图、接地装置布置图等主要图纸。

6.5 施工现场临时用电工程的检查与验收

为保证建筑工程的施工用电安全,施工企业必须做好外电线路和电气设备防护、接地或接零与防雷设置、配电室及临时用电线路设置、配电箱及开关箱设置、现场照明设置等安全保证工作。临时用电工程需要定期检查。定期检查时，应复查接地电阻值和绝缘电阻值。临时用电工程定期检查应按分部、分项工程进行，对安全隐患必须及时处理，并应履行复查验收手续。

6.5.1　外电线路防护

外电线路主要指不为施工现场专用的、原来已经存在的高压或低压配电线路，外电线路一般为架空线路，个别现场也会遇到地下电缆。施工过程中必须与外电线路保持一定的安全距离。当因受现场作业条件限制达不到安全距离时，必须采取保护措施，防止发生因碰触造成的触电事故。

1. 在建工程不得在外电架空线路正下方施工、搭设作业棚、建造生活设施或堆放构件、架具、材料及其他杂物等。

2. 在建工程（含脚手架）的周边与外电架空线路的边线之间必须保持安全操作距离。最小安全操作距离见表6-5-1。

表6-5-1　在建工程（含脚手架）的周边与外电架空线路的边线之间的最小安全操作距离

外电线路电压等级/kV	<1	1～10	35～110	220	330～500
最小安全操作距离/m	4.0	6.0	8.0	10	15

注：上、下脚手架的斜道不宜设在有外电线路的一侧。

3. 施工现场的机动车道与外电架空线路交叉时，架空线路的最低点与路面的最小垂直距离应符合表6-5-2的规定。

表6-5-2　施工现场的机动车道与架空线路交叉时的最小垂直距离

外电线路电压等级（kV）	<1	1～10	35
最小垂直距离（m）	6.0	7.0	7.0

4. 起重机严禁越过无防护设施的外电架空线路作业。在外电架空线路附近吊装时，起重机的任何部位或被吊物边缘在最大偏斜时与架空线路边线的最小安全距离应符合表6-5-3规定。

表6-5-3　起重机与架空线路边线的最小安全距离

电压（kV） 安全距离（m）	<1	10	35	110	220	330	500
沿垂直方向	1.5	3.0	4.0	5.0	6.0	7.0	8.5
沿水平方向	1.5	2.0	3.5	4.0	6.0	7.0	8.5

5. 施工现场开挖沟槽边缘与外电埋地电缆沟槽边缘之间的距离不得小于0.5m。

6. 当达不到规定时，必须采取绝缘隔离防护措施，并应悬挂醒目的警告标志。

架设防护设施时，必须经有关部门批准，采用线路暂时停电或其他可靠的安全技术措施，并应有电气工程技术人员和专职安全人员监护。

防护设施与外电线路之间的安全距离不应小于表6-5-4所列数值。

防护设施应坚固、稳定，且对外电线路的隔离防护应达到IP30级。

表 6-5-4　防护设施与外电线路之间的最小安全距离

外电线路电压等级(kV)	≤10	35	110	220	330	500
最小安全距离(m)	1.7	2.0	2.5	4.0	5.0	6.0

7. 当上一条规定的防护措施无法实现时,必须与有关部门协商,采取停电、迁移外电线路或改变工程位置等措施,未采取上述措施的严禁施工。

8. 在外电架空线路附近开挖沟槽时,必须会同有关部门采取加固措施,防止外电架空线路电杆倾斜、悬倒。

9. 当由于条件所限不能满足最小安全操作距离时,应设置防护性遮栏、栅栏并悬挂警告牌等防护措施。

(1)在施工现场一般采取搭设防护架,其材料应使用竹、木质等绝缘性材料。防护架距线路一般不小于1m,必须停电搭设(拆除时也要停电)。防护架距作业区较近时,应用硬质绝缘材料封严。

(2)当架空线路在塔吊等起重机的作业半径范围内时,其线路的上方也应有防护措施,搭设成门形,其顶部可用5cm厚的木板或相当于5cm厚的木板的强度的材料盖严。为警示起重机作业,可在防护架上端间断设置小彩旗,夜间施工应有警示灯,其电源电压应为36V。

10. 室外变压器防护要求如下。

(1)变压器周围要设围栏(栅栏、网状或板状遮栏),高度不小于1700mm。

(2)变压器外廓与围栏或建筑物外墙的净距不小于800mm。

(3)变压器底部距地面高度不小于300mm。

(4)栅栏的栏条之间间距不超过200mm,遮栏的网眼不超过$(40\times40)\text{mm}^2$。

11. 高压配电防护要求见表6-5-5。

表 6-5-5　露天配电装置最小安全净距(mm)

项　　目	3~10kV	项　　目	3~10kV
带电部分至接地部分	200	带电部分至网状遮栏	300
不同相的带电部分之间	200	无遮栏裸导体至地面	2700
带电部分至栅栏	950	不同时检修的无遮栏裸导体之间水平距离	2200

12. 低压架空线路防护

要求在架空线路上方沿线路方向设置一水平方向的防护棚。

13. 高压线过路防护

高压线下方必须做相应的防护屏障,对车辆通过有高度限制,并设警示牌,搭设的防护屏应使用木杆,高压线距防护屏障的距离不应小于表6-5-6所示的尺寸。外电防护的遮栏、栅栏也有一个与外电安全距离的问题,在做防护设施时也必须注意这一安全距离要求。

表 6-5-6　户外带电体与遮栏、栅栏的安全距离(mm)

外电线路额定电压(kV)	1~3	6	10	35	60	110	220	330	500
线路边线至栅栏的安全距离	950	950	950	1150	1350	1750	2650	4500	—
线路边线至遮栏的安全距离	300	300	300	500	700	1100	1900	2700	5000

14. 在搭设防护屏障时必须注意的问题:

(1)防护遮栏、栅栏的搭设可用竹、木脚手架杆作防护立杆、水平杆。可用木板、竹排或干燥的荆笆、密目式安全网等作纵向防护屏。

(2)各种防护杆的材质及搭设方法应按竹木脚手架施工的有关安全技术标准进行。

(3)搭设和拆除防护屏障时应停电作业,并在醒目处设有警告标志。

(4)防护遮栏、栅栏应有足够的机械强度和耐火性能,金属制成的防护屏障应接地或接零。

(5)搭设跨越门(Π)形架时,立杆应高出跨越横杆1.2m以上;旋转臂架式起重机在跨越10kV以下吊物时,也需搭设跨越架。

15. 在施工前必须注意的问题:

(1)在施工前必须编制高压线防护方案,经审核、审批后方可施工。

(2)有明显警示标志。应挂设如"请勿靠近,高压危险"、"危险地段,请勿靠近"等明显警示标志牌,以引起施工人员注意,避免发生意外事故。

(3)不应在线路下方施工作业或搭设临时设施。

(4)在建工程不得在高、低压线路下方施工;高、低压线路下方不得搭设作业棚,不得建造生活设施或堆放构件、架具、材料及其他杂物等。

6.5.2 电气设备防护

(1)电气设备现场周围不得存放易燃易爆物、污源和腐蚀介质,否则应予清除或作防护处置,其防护等级必须与环境条件相适应。

(2)电气设备设置场所应能避免物体打击和机械损伤,否则应作防护处置。

6.5.3 接地或接零及防雷

触电事故的发生,一般分为以下两种情况:第一种是人体直接接触或过分靠近电气设备的带电部分;第二种是人体碰触平时不带电,因绝缘损坏而带电的金属外壳或金属架构。这两种触电事故,都必须从电气设备本身采取措施,以及从事电气工作时采取妥善的保证人身安全的技术措施和组织措施。

1. 基本概念

(1)电压常识

① 接触电压。人体的两个部位同时接触具有不同电位的两处,则人体内就会有电流通过。接触电压是在人体两个部位之间出现的电位差。

② 跨步电压。是指人的两脚分别站在地面上具有不同对地电位两点时,在人的两脚之间的电位差。跨步电压主要与人体和接地体之间距离、跨步的大小和方向及接地电流大小等因素有关,一般离接地体越近,跨步电压越大,反之越小,离开接地体20m以外,可以不考虑跨步电压的作用。

③ 高压与低压。正弦交流电1000V以上(含1000V)为高压,1000V以下为低压。

④ 安全电压。目前国际上公认,流经人体电流与电流在人体持续时间的乘积等于30mA·s为安全界限值。国家标准《特低电压(ELA)限值》(GB/T 3805—2008)中规定,安全电压额定值的等级为42、36、24、12、6V。

(2)接地 电气设备用接地线与接地体连接,称为接地。接地通常是用接地体与土壤接触来实现的。将金属导体或导体系统埋入土壤中，就构成一个接地体。在建筑工程中，接地体除专门埋设外，有时还利用兼作接地体的已有各种金属构件、金属井管、钢筋混凝土建(构)筑物的基础、非燃物质用的金属管道和设备等，这种接地称为自然接地体。用作连接电气设备和接地体的导体，如电气设备上的接地螺栓、机械设备的金属构架，以及在正常情况下不载流的金属导线等称为接地线。接地体与接地线的总和称为接地装置。接地包括以下几种类型。

① 工作接地。在电气系统中，因运行需要的接地(如三相供电系统中，电源中性点的接地)称为工作接地。在工作接地的情况下，大地被当作一根导线，而且能够稳定设备导电部分对地电压。

② 保护接地。在电力系统中，因漏电保护的需要，将电气设备正常情况下不带电的金属外壳和机械设备的金属构件(架)接地，称为保护接地。

③ 重复接地。在中性点直接接地的电力系统中，为了保证接地的作用和效果，除在中性点处直接接地外，在中性线上的一处或多处再接地，称为重复接地。

④ 防雷接地。防雷装置(避雷针、避雷器、避雷线等)的接地，称为防雷接地。防雷接地的设置主要作用是雷击防雷装置时，将雷击电流泄入大地。

(3)接零　电气设备与零线连接，就称为接零。是把电气设备在正常情况下不带电的金属部分与电网的零线紧密连接，有效地起到保护人身和设备安全的作用。

① 工作接零。电气设备因运行需要而与工作零线连接，称为工作接零。

② 保护接零。电气设备正常情况不带电的金属外壳和机械设备的金属构架与保护零线连接，称为保护接零。城防、人防、隧道等潮湿或条件特别恶劣的施工现场，电器设备须采用保护接零。

要注意的是，当施工现场与外电线路共用同一供电系统时，不得一部分设备作保护接零，另一部分作保护接地。

2. 接地与接雷

(1)在施工现场专用变压器的供电的TN-S接零保护系统中，电气设备的金属外壳必须与保护零线连接。保护零线应由工作接地线、配电室(总配电箱)电源侧零线或总漏电保护器电源侧零线处引出，如图6-5-1。

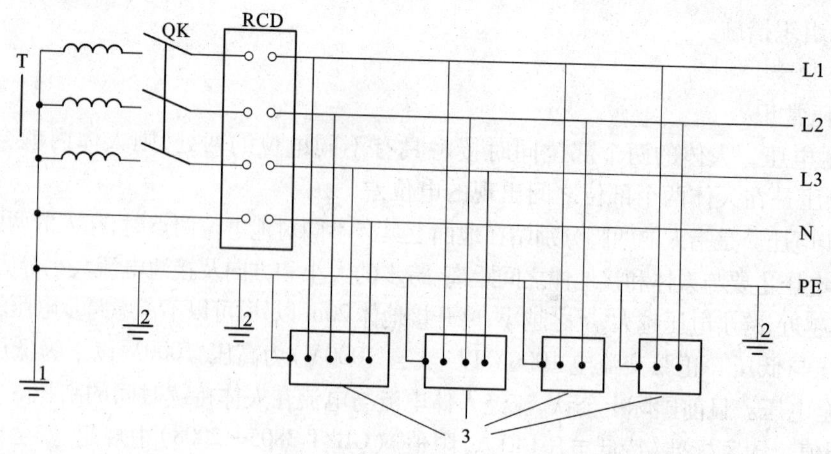

图6-5-1　专用变压器供电时TN-S接零保护系统示意

1—工作接地；2—PE线重复接地；

3—电气设备金属外壳(正常不带电的外露可导电部分)；T—变压器

（2）当施工现场与外电线路共用同一供电系统时，电气设备的接地、接零保护应与原系统保护一致。不得一部分设备作保护接零，另一部分设备作保护接地。

采用TN系统作保护接零时，工作零线（N线）必须通过总漏电保护器，保护零线（PE线）必须由电源进线零线重复接地处或总漏电保护器电源侧零线处，引出形成局部TN－S接零保护系统，如图6-5-2所示。

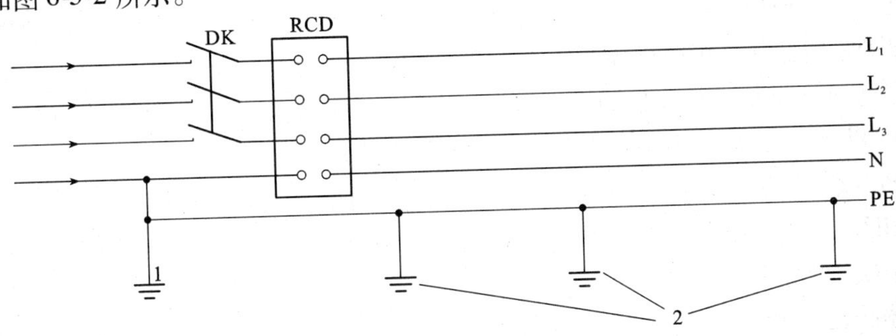

图6-5-2　三相四线供电时局部TN-S接零保护系统保护零线引出示意

1—NPE线重复接地；2—PE线重复接地；L_1、L_2、L_3—相线；N—工作零线；PE—保护零线；DK—总电源隔离开关；RCD—总漏电保护器（兼有短路、过载、漏电保护功能的漏电断路器）

（3）在TN接零保护系统中，通过总漏电保护器的工作零线与保护零线之间不得再作电气连接。

（4）在TN接零保护系统中，PE零线应单独敷设。重复接地线必须与PE线相连接，严禁与N线相连接。

（5）使用一次侧由50V以上电压的接零保护系统供电，二次侧为50V及以下电压的安全隔离变压器时，二次侧不得接地，并应将二次线路用绝缘管保护或采用橡皮护套软线。

当采用普通隔离变压器时，其二次侧一端应接地，且变压器正常不带电的外露可导电部分应与一次回路保护零线相连接。

以上变压器尚应采取防直接接触带电体的保护措施。

（6）施工现场的临时用电电力系统严禁利用大地做相线或零线。

（7）接地装置的设置应考虑土壤干燥或冻结等季节变化的影响，并应符合表6-5-7的规定，接地电阻值在四季中均应符合《施工现场临时用电安全技术规范》（JGJ46—2005）第5.3节的要求。但防雷装置的冲击接地电阻值只考虑在雷雨季节中土壤干燥状态的影响。

表6-5-7　接地装置的季节系数Ψ值

埋深（m）	水平接地体	长2～3m的垂直接地体
0.5	1.4～1.8	1.2～1.4
0.8～1.0	1.25～1.45	1.15～1.3
2.5～3.0	1.0～1.1	1.0～1.1

注：大地比较干燥时，取表中较小值；比较潮湿时，取表中较大值。

(8)PE线所用材质与相线、工作零线(N线)相同时,其最小截面应符合表6-5-8的规定。

表6-5-8 PE线截面与相线截面的关系

相线芯线截面 S(mm²)	PE线最小截面(mm²)	相线芯线截面S(mm²)	PE线最小截面(mm²)
$S \leqslant 16$	5	$S > 35$	$S/2$
$16 < S \leqslant 35$	16		

(9)保护零线必须采用绝缘导线。

配电装置和电动机械相连接的PE线应为截面不小于2.5mm²的绝缘多股铜线。手持式电动工具的PE线应为截面不小于1.5mm²的绝缘多股铜线。

(10)PE线上严禁装设开关或熔断器,严禁通过工作电流,且严禁断线。

(11)相线、N线、PE线的颜色标记必须符合以下规定:相线 L_1(A)、L_2(B)、L_3(C)相序的绝缘颜色依次为黄、绿、红色;N线的绝缘颜色为淡蓝色;PE线的绝缘颜色为绿/黄双色。任何情况下上述颜色标记严禁混用和互相代用。

3. 保护接零

(1)在TN系统中,下列电气设备不带电的外露可导电部分应作保护接零:①电机、变压器、电器、照明器具、手持式电动工具的金属外壳;②电气设备传动装置的金属部件;③配电柜与控制柜的金属框架;④配电装置的金属箱体、框架及靠近带电部分的金属围栏和金属门;⑤电力线路的金属保护管、敷线的钢索、起重机的底座和轨道、滑升模板金属操作平台等;⑥安装在电力线路杆(塔)上的开关、电容器等电气装置的金属外壳及支架。

(2)城防、人防、隧道等潮湿或条件特别恶劣施工现场的电气设备必须采用保护接零。

(3)在TN系统中,下列电气设备不带电的外露可导电部分,可不作保护接零:①在木质、沥青等不良导电地坪的干燥房间内,交流电压380V及以下的电气装置金属外壳(当维修人员可能同时触及电气设备金属外壳和接地金属的件的除外);②安装在配电柜、控制柜金属框架和配电箱的金属箱体上,且与其可靠电气连接的电气测量仪表、电流互感器、电器的金属外壳。

4. 接地与接地电阻

(1)单台容量超过100kVA或使用同一接地装置并联运行且总容量超过100kVA的电力变压器或发电机的工作接地电阻值不得大于4Ω。

单台容量不超过100kVA或使用同一接地装置并联运行且总容量不超过100kVA的电力变压器或发电机的工作接地电阻值不得大于10Ω。

在土壤电阻率大于1000Ω·m的地区,当达到上述接地电阻值有困难时,工作接地电阻值可提高到30Ω。

(2)TN系统中的保护零线除必须在配电室或总配电箱处作重复接地外,还必须在配电系统的中间处和末端处作重复接地。

在TN系统中,保护零线每一处重复接地装置的接地电阻值不应大于10Ω。在工作接地电阻值允许达到10Ω的电力系统中,所有重复接地的等效电阻值不应大于10Ω。

(3)在TN系统中,严禁将单独敷设的工作零线再作重复接地。

(4)每一接地装置的接地线应采用2根及以上导体,在不同点与接地体作电气连接。不得采用铝导体做接地体或地下接地线。垂直接地体宜采用角钢、钢管或光面圆钢,不得采用螺纹钢。

接地可利用自然接地体，但应保证其电气连接和热稳定。

(5)移动式发电机供电的用电设备，其金属外壳或底座应与发电机电源的接地装置有可靠的电气连接。

(6)移动式发电机系统接地应符合电力变压器系统接地的要求。下列情况可不另作保护接零：①移动式发电机和用电设备固定在同一金属支架上，且不供给其他设备用电时；②不超过2台的用电设备由专用的移动式发电机供电，供、用电设备间距不超过50m，且供、用电设备的金属外壳之间有可靠的电气连接时。

(7)在有静电的施工现场内，对集聚在机械设备上的静电应采取接地泄漏措施。每组专设的静电接地体的接地电阻值不应大于100Ω，高土壤电阻率地区不应大于1000Ω。

5. 防雷

(1)在土壤电阻率低于200Ω·m区域的电杆可不另设防雷接地装置，但在配电室的架空进线或出线处应将绝缘子铁脚与配电室的接地装置相连接。

(2)施工现场内的起重机、井字架、龙门架等机械设备，以及钢脚手架和正在施工的在建工程等的金属结构，当在相邻建筑物、构筑物等设施的防雷装置接闪器的保护范围以外时，应按表6-5-9规定装防雷装置。表6-5-9中地区年均雷爆日(d)应按《施工现场临时用电安全技术规范》(JGJ46—2005)附录A执行。

表6-5-9　施工现场内机械设备及高架设施需安装防雷装置的规定

地区年平均雷爆日/d	机械设备高度/m	地区年平均雷爆日/d	机械设备高度/m
≤15	≥50	≥40，<90	≥20
>15，<40	≥32	≥90及雷害特别严重地区	≥12

当最高机械设备上避雷针(接闪器)的保护范围能覆盖其他设备，且又最后退出于现场，则其他设备可不设防雷装置。

确定防雷装置接闪器的保护范围可采用本规范附录B的滚球法。

(3)机械设备或设施的防雷引下线可利用该设备或设施的金属结构体，但应保证电气连接。

(4)机械设备上的避雷针(接闪器)长度应为1~2m。塔式起重机可不另设避雷针(接闪器)。

(5)安装避雷针(接闪器)的机械设备，所有固定的动力、控制、照明、信号及通信线路，宜采用钢管敷设。钢管与该机械设备的金属结构体应作电气连接。

(6)施工现场内所有防雷装置的冲击接地电阻值不得大于30Ω。

(7)作防雷接地机械上的电气设备，所连接的PE线必须同时做重复接地，同一台机械电气设备的重复接地和机械的防雷接地可共用同一接地体，但接地电阻应符合重复接地电阻值的要求。

6.5.4　配电室及自备电源

1. 配电室

(1)配电室应靠近电源，并应设在灰尘少、潮气少、振动小、无腐蚀介质、无易燃易爆物及道路畅通的地方。

(2)成列的配电柜和控制柜两端应与重复接地线及保护零线作电气连接。

(3)配电室和控制室应能自然通风,并应采取防止雨雪侵入和动物进入的措施。

(4)配电室布置应符合下列要求:①配电柜正面的操作通道宽度,单列布置或双列背对背布置不小于1.5m,双列面对面布置不小于2m;②配电柜后面的维护通道宽度,单列布置或双列面对面布置不小于0.8m,双列背对背布置不小于1.5m,个别地点有建筑物结构凸出的地方,则此点通道宽度可减少0.2m;③配电柜侧面的维护通道宽度不小于1m;④配电室的顶棚与地面的距离不低于3m;⑤配电室内设置值班或检修室时,该室边缘距配电柜的水平距离大于1m,并采取屏障隔离;⑥配电室内的裸母线与地面垂直距离小于2.5m时,采用遮栏隔离,遮栏下面通道的高度不小于1.9m;⑦配电室围栏上端与其正上方带电部分的净距不小于0.075m;⑧配电装置的上端距棚不小于0.5m;⑨配电室内的母线涂刷有色油漆,以标志相序;以柜正面方向为基准,其涂色符合表6-5-10规定;⑩配电室的建筑物和构筑物的耐火等级不低于3级,室内配置沙箱和可用于扑灭电气火灾的灭火器;⑪配电室的门向外开,并配锁;⑫配电室的照明分别设置正常照明和事故照明。

表6-5-10 母线涂色

相别	颜色	垂直排列	水平排列	引下排列
L_1(A)	黄	上	后	左
L_2(B)	绿	中	中	中
L_3(C)	红	下	前	右
N	淡蓝	—	—	—

(5)配电柜应装设电度表,并应装设电流、电压表。电流表与计费电度表不得共用一组电流互感器。

(6)配电柜应装设电源隔离开关及短路、过载、漏电保护电器。电源隔离开关分断时应有明显可见分断点。

(7)配电柜应编号并应有用途标记。

(8)配电柜或配电线路停电维修时,应挂接地线,并应悬挂“禁止合闸、有人工作”的停电标志牌。停送电必须由专人负责。

(9)配电室应保持整洁,不得堆放任何妨碍操作、维修的杂物。

2. 230/400V 自备发电机组

(1)发电机组及其控制、配电、修理室等可分开设置;在保证电气安全距离和满足防火要求情况下可合并设置。

(2)发电机组的排烟管道必须伸出室外。发电机组及其控制、配电室内必须配置可用于扑灭电气火灾的灭火器,严禁存放贮油桶。

(3)发电机组电源必须与外电线路电源连锁,严禁并列运行。

(4)发电机组应采用电源中性点直接接地的三相四线制供电系统和独立设置TN-S接零保护系统,其工作接地电阻值应符合《施工现场临时用电安全技术规范》(JGJ 46-2005)第5.3.1条要求。

(5)发电机控制屏宜装设下列仪表:交流电压表、交流电流表、有功功率表、电度表、功率因数表、频率表、直流电流表。

(6)发电机供电系统应设置电源隔离开关及短路、过载、漏电保护电器。电源隔离开关分断时应有明显可见分断点。

(7)发电机组并列运行时,必须装设同期装置,并在机组同步运行后再向负载供电。

6.5.5　配电线路

架空线路必须采用绝缘铜线或绝缘铝线。这里强调了必须采用“绝缘”导线,由于施工现场的危险性,故严禁使用裸线。导线和电缆是配电线路的主体,绝缘必须良好,是直接接触防护的必要措施,不允许有老化、破损现象,接头和包扎都必须符合规定。

电缆干线应采用埋地或架空敷设,严禁沿地面明敷,并应避免机械伤害和介质腐蚀。穿越建筑物、构筑物、道路、易受机械损伤的场所及电缆引出地面从2m高度至地下0.2m处,必须加设防护套管,施工现场不但对电缆干线应该按规定敷设,同时也应注意对一些移动式电气设备所采用的橡皮绝缘电缆的正确使用,不允许浸泡在水中和穿越道路时不采取防护措施的现象。

1. 架空线路

架空线路应满足以下要求。

(1)架空线路宜采用钢筋混凝土杆或木杆。钢筋混凝土杆不得有露筋、宽度大于0.4mm的裂纹和扭曲;木杆不得腐朽,其梢径不应小于140mm。架空线路的挡距不得大于35m;线间距离不得小于0.3m;靠近电杆的两导线的间距不得小于0.5m;四线横担长1.5m,五线横担长1.8m;施工现场的架空线路与地面最大弧垂4m,机动车道与地面最大弧垂6m。

电杆埋设深度宜为杆长的1/10加0.6m,回填土应分层夯实。在松软土质处宜加大埋入深度或采用卡盘等加固。直线杆和15°以下的转角杆,可采用单横担单绝缘子,但跨越机动车道时应采用单横担双绝缘子;15°到45°的转角杆应采用双横担双绝缘子;45°以上的转角杆,应采用十字横担。

(2)电杆的拉线宜采用不少于3根D4.0mm的镀锌钢丝。拉线与电杆的夹角应在30°~45°之间。拉线埋设深度不得小于1m。电杆拉线如从导线之间穿过,应在高于地面2.5m处装设拉线绝缘子。因受地表环境限制不能装设拉线时,可采用撑杆代替拉线,撑杆埋设深度不得小于0.8m,其底部应垫底盘或石块。撑杆与电杆的夹角宜为30°。

目前施工现场大部分是用街码瓷瓶竖排在电杆上架线,必须符合线路相序排列及电杆架设规定。

(3)架空线路必须采用绝缘导线,必须架设在专用电杆上,严禁架设在树木、脚手架及其他设施上。

(4)架空线导线截面的选择应符合下列要求

① 导线中的计算负荷电流不大于其长期连续负荷允许载流量。

② 线路末端的电压偏移不大于额定电压的5%。

③ 三相四线制的工作零线和保护零线截面不小于相线截面的50%;单相线路的零线截面与相线截面相同。

④ 按机械强度要求，绝缘铜线截面不小于 $10mm^2$，绝缘铝线截面不小于 $16mm^2$。

⑤ 在跨越铁路、公路、河流、电力线路挡距内，绝缘铜线截面不小于 $16mm^2$。绝缘铝线截面不小于 $25mm^2$。

(5)架空线路的档距应符合下列要求。

①架空线路的档距不大于35m。主要考虑风吹影响，档距过大，导线摆动，或导线弧垂过大，满足不了导线对地的距离要求。

②架空线在一个档距内，每层导线的接头数不得超过该层导线条数的50%，且一条导线应只有一个接头。

③在跨越铁路、公路、河流、电力线路档距内，架空线不得有接头。

(6)架空线路相序排列应符合下列要求

① 动力、照明线在同一横担上架设时，导线相序排列是：面向负荷从左侧起依次为 L_1、N、L_2、L_3、PE。

② 动力、照明线在两层横担上分别架设时，导线相序排列是：上层横担面向负荷从左侧起依次为 L_1、L_2、L_3；下层横担面向负荷从左侧起依次为 L_1（L_2、L_3）、N、PE。

(7)架空线路与邻近线路或固定物的距离应符合表6-5-11的要求。

表6-5-11　架空线路与邻近线路或固定物的距离

<table>
<tr><th>项目</th><th colspan="7">距离类别</th></tr>
<tr><td rowspan="2">最小净空距离(m)</td><td colspan="2">架空线路的过引线、接下线与邻线</td><td colspan="2">架空线与架空线电杆外缘</td><td colspan="3">架空线与摆动最大时树梢</td></tr>
<tr><td colspan="2">0.13</td><td colspan="2">0.05</td><td colspan="3">0.50</td></tr>
<tr><td rowspan="3">最小垂直距离</td><td rowspan="2">架空线同杆架设下方的通信、广播线路</td><td colspan="3">架空线最大弧垂与地面</td><td rowspan="2">架空线最大弧垂与暂设工程顶端</td><td colspan="2">架空线与邻近电力线路交叉</td></tr>
<tr><td>施工现场</td><td>机动车道</td><td>铁路轨道</td><td>1kV以下</td><td>1～10kV</td></tr>
<tr><td>1.0</td><td>4.0</td><td>6.0</td><td>7.5</td><td>2.5</td><td>1.2</td><td>2.5</td></tr>
<tr><td rowspan="2">最小水平距离</td><td colspan="2">架空线电杆与路基边缘</td><td colspan="3">架空线电杆与铁路轨道边缘</td><td colspan="2">架空线边线与建筑物凸出部分</td></tr>
<tr><td colspan="2">1.0</td><td colspan="3">杆高(m)+3.0</td><td colspan="2">1.0</td></tr>
</table>

(8)架空线路必须有短路保护。采用熔断器作短路保护时，其熔体额定电流不应大于明敷绝缘导线长期连续负荷允许载流量的1.5倍。采用断路器作短路保护时，其瞬动过流脱扣器脱扣电流整定值应小于线路末端单相短路电流。

(9)架空线路必须有过载保护。采用熔断器或断路器作过载保护时，绝缘导线长期连续负荷允许载流量不应小于熔断器熔体额定电流或断路器长延时过流脱扣器脱扣电流整定值的1.25倍。

2. 电缆线路

电缆线路应满足以下要求。

(1)电缆中必须包含全部工作芯线和用作保护零线或保护线的芯线。需要三相四线制配电的电缆线路必须采用五芯电缆。五芯电缆必须包含淡蓝、绿/黄二种颜色绝缘芯线。淡蓝色芯线必须用作N线；绿/黄双色芯线必须用作PE线，严禁混用。

(2)电缆截面的选择应符合以下规定，根据其长期连续负荷允许载流量和允许电压偏移确定。①导线中的计算负荷电流不大于其长期连续负荷允许载流量；②线路末端电压偏移不大于其额定电压的5%；③三相四线制线路的N线和PE线截面不小于相线截面的50%，单相线路的零线截面与相线截面相同。

(3)电缆线路应采用埋地或架空敷设，严禁沿地面明设，并应避免机械损伤和介质腐蚀。埋地电缆路径应设方位标志。

(4)电缆类型应根据敷设方式、环境条件选择。埋地敷设宜选用铠装电缆；当选用无铠装电缆时，应能防水、防腐。架空敷设宜选用无铠装电缆。

(5)电缆直接埋地敷设的深度不应小于0.7m，并应在电缆紧邻上、下、左、右侧均匀敷设不小于50mm厚的细砂，然后覆盖砖或混凝土板等硬质保护层。

(6)埋地电缆在穿越建筑物、构筑物、道路、易受机械损伤、介质体育馆场所及引出地面从2.0m高到地下0.2m处，必须加设防护套管，防护套管内径不应小于电缆外径的1.5倍。

(7)埋地电缆与其附近外电电缆和管沟的平行间距不得小于2m，交叉间距不得小于1m。

(8)埋地电缆的接头应设在地面上的接线盒内，接线盒应能防水、防尘、防机械损伤，并应远离易燃、易爆、易腐蚀场所。

(9)架空电缆应沿电杆、支架或墙壁敷设，并采用绝缘子固定，绑扎线必须采用绝缘线，固定点间距应保证电缆能承受自重所带来的荷载，敷设高度应符合架空线路敷设高度的要求，但沿墙壁敷设时最大弧垂距地不得小于2.0m。架空电缆严禁沿脚手架、树木或其他设施敷设。

(10)在建工程内的电缆线路必须采用电缆埋地引入，严禁穿越脚手架引入。电缆垂直敷设应充分利用在建工程的竖井、垂直洞等，并宜靠近用电负荷中心，固定点楼层不得少于一处。电缆水平敷设宜沿墙或门口刚性固定，最大弧垂距地不得小于2.0m。

装饰装修工程或其他特殊阶段，应补充编制单项施工用电方案。电源线可沿墙角、地面敷设，但应采取防机械损伤和电火措施。

(11)电缆线路必须有短路保护和过载保护，短路保护和过载保护电器与电缆的选配应符合架空线路的相应要求。

3. 室内配线

(1)室内配线必须采绝缘导线或电缆。

(2)室内配线应根据配线类型采用瓷瓶、瓷(塑料)夹、嵌绝缘槽、穿管或钢索敷设。潮湿场所或埋地非电缆配线必须穿管敷设，管口和管接头应密封；当采用金属管敷设时，金属管必须作等电位连接，且必须与PE线相连接。

(3)室内非埋地明敷主干线距地面高度不得小于2.5m。

(4)架空进户线的室外端应采用绝缘子固定，过墙处应穿管保护，距地面高度不得小于2.5m，并应采取防雨措施。

(5)室内配线所用导线或电缆的截面应根据用电设备或线路的计算负荷确定，但铜线截面不应小于1.5mm^2，铝线截面不应小于2.5mm^2。

(6)钢索配线的吊架间距不宜大于12m。采用瓷夹固定导线时，导线间距不应小于35mm，瓷夹间距不应大于800mm；采用瓷瓶固定导线时，导线间距不应小于100mm，瓷瓶间距不应大于1.5m；采用护套绝缘导线或电缆时，可直接敷设于钢索上。

(7)室内配线必须有短路保护和过载保护，短路保护和过载保护电器与绝缘导线、电缆的选配应符合《施工现场临时用电安全技术规范》(JGJ 46—2005)第7.1.17条和7.1.18条的要求。对穿管敷设的绝缘导线线路,其短路保护熔断器的熔体额定电流不应大于穿管绝缘导线长期连续负荷允许载流量的2.5倍。

6.5.6 配电箱及开关箱

1. 配电箱及开关箱的设置

(1)配电系统应设置配电柜或总配电箱、分配电箱、开关箱,实行三级配电。配电系统宜使三相负荷平衡。220V或380V单相用电设备宜接入220/380V三相四线系统;当单相照明线路电流大于30A时,宜采用220/380V三相四线制供电。室内配电柜的设置应符合《施工现场临时用电安全技术规范》(JGJ 46—2005)第6.1节的规定。

(2)总配电箱以下可设若干分配电箱;分配电箱以下可设若干开关箱。总配电箱应设在靠近电源的区域,分配电箱应设在用电设备或负荷相对集中的区域,分配电箱与开关箱的距离不得超过30m,开关箱与其控制的固定式用电设备的水平距离不宜超过3m。

(3)每台用电设备必须有各自专用的开关箱,严禁用同一个开关箱直接控制2台及2台以上用电设备(含插座)。

(4)动力配电箱与照明配电箱宜分别设置。当合并设置为同一配电箱时,动力和照明应分路配电;动力开关箱与照明开关箱必须分设。

(5)配电箱、开关箱应装设在干燥、通风及常温场所,不得装设在有严重损伤作用的瓦斯、烟气、潮气及其他有害介质中,亦不得装设在易受外来固体物撞击、强烈振动、液体浸溅及热源烘烤场所。否则,应予清除或作防护处理。

(6)配电箱、开关箱周围应有足够2人同时工作的空间和通道,不得堆放任何妨碍操作、维修的物品,不得有灌木、杂草。

(7)配电箱、开关箱应采用冷轧钢板或阻燃绝缘材料制作,钢板厚度应为1.2~2.0mm,其中开关箱箱体钢板厚度不得小于1.2mm,配电箱箱体网板厚度不得小于1.5mm,箱体表面应作防腐处理。

(8)配电箱、开关箱应装设端正、牢固。固定式配电箱、开关箱的中心点与地面的垂直距离应为1.4~1.6m。移动式配电箱、开关箱应装设在坚固、稳定的支架上。其中心点与地面的垂直距离宜为0.8~1.6m。

(9)配电箱、开关箱内的电器(含插座)应先安装在金属或非木质阻燃绝缘电器安装板上,然后方可整体紧固在配电箱、开关箱箱体内。金属电器安装板与金属箱体应作电气连接。

(10)配电箱、开关箱内的电器(含插座)应按其规定位置紧固在电器安装板上,不得歪斜和松动。

(11)配电箱的电器安装板上必须分设N线端子板和PE线端子板。N线端子板必须与金属电安装板绝缘;PE线端子板必须与金属电器安装板作电气连接。进出线中的N线必须通过N线端子板连接;PE线必须通过PE线端子板连接。

(12)配电箱、开关箱内的连接线必须采用铜芯绝缘导线。导线绝缘的颜色标志应按要求配置并排列整齐;导线分支接头不得采和螺栓压接,应采用焊接并作绝缘包扎,不得有外露带电部分。

(13)配电箱、开关箱的金属箱体、金属电器安装板以及电器正常不带电的金属底座、外壳等必须通过PE线端子板与PE线作电气连接，金属箱门与金属箱必须通过采用编织软铜线作电气连接。

(14)配电箱、开关箱的箱体尺寸应与箱内电器的数量和尺寸相适应，箱内电器安装板板面电器安装尺寸可按照表6-5-12确定。

表6-5-12　配电箱、开关箱内电器安装尺寸选择值

间距名称	最小净距(mm)
并列电器(含单极熔断器)间	30
电器进、出线瓷管(塑胶管)孔与电器边沿间	15A:30 20~30A:50 60A及以上:80
上、下排电器进出线瓷管(塑胶管)孔间	25
电器进、出线瓷管(塑胶管)孔至板边	40
电器至板边	40

(15)配电箱、开关箱中导线的进线口和出线口应设在箱体的下底面。

(16)配电箱、开关箱的进、出线口应配置固定线卡，进出线应加绝缘护套并成束卡在箱体上，不得与箱体直接接触。移动式配电箱、开关箱的进、出线应采用橡皮护套绝缘电缆，不得有接头。

(17)配电箱、开关箱外形结构应能防雨、防尘。

2. 电器装置的选择

(1)配电箱、开关箱内的电器必须可靠、完好，严禁使用破损、不合格的电器。

(2)总配电箱的电器应具备电源隔离，正常接通与分断电路，以及短路、过载、漏电保护功能。电器设置应符合下列原则：

① 当总路设置总漏电保护器时，还应装设总隔离开关、分路隔离开关以及总断路器、分路断路器或总熔断器、分路熔断器。当所设总漏电保护器是同时具备短路、过载、漏电保护功能的漏电断路器时，可不设总断路器或总熔断器。

② 当各分路设置分路漏电保护器时，还应装设总隔离开关、分路隔离开关以及总断路器、分路断路器或总熔断器、分路熔断器。当分路所设漏电保护器是同时具备短路、过载、漏电保护功能的漏电断路器时，可不设分路断路器或分路熔断器。

③ 隔离开关应设置于电源进线端，应采用分断时具有可见分断点，并能同时断开电源所有极的隔离电器。如采用分断时具有可见分断点的断路器，可不另设隔离开关。

④ 熔断器应选用具有可靠灭弧分断功能的产品。

⑤ 总开关电器的额定值、动作整定应与分路开关电器的额定值、动作整定值相适应。

(3)总配电箱应装设电压表、总电流表、电度表及其他需要的仪表。专用电能计量仪表的装设应符合当地供用电管理部门的要求。装设电流互感器时，其二次回路必须与保护零线有一个连接点，且严禁断开电路。

(4)分配电箱应装设总隔离开关、分路隔离开关以及总断路器、分路断路器或总熔断器、分路熔断器。其设置和选择应符合《施工现场临时用电安全技术规范》(JGJ 46-2005)的要求。

(5)开关箱必须装设隔离开关、断路器或熔断器,以及漏电保护器。当漏电保护器是同时具有短路、过载、漏电保护功能的漏电断路器时,可不装设断路或熔断器。隔离开关应采用分断时具有可见分断点,能同时断开电源所有极的隔离电器,并应设置于电源进线端。当断路器是具有可见分断点时,可不另设隔离开关。

(6)开关箱中的隔离开关只可直接控制照明电路和容量不大于3.0kW的动力电路,但不应频繁操作。容量大于3.0kW的动力电路应采用断路器控制,操作频繁时还应附设接触器或其他启动控制装置。

(7)开关箱中各种开关电器的额定值和动作整定值应与其控制用电设备的额定值和特性相适应。通用电动机开关箱中电器的规格可按《施工现场临时用电安全技术规范》(JGJ 46—2005)附录C选配。

(8)漏电保护器应装设在总配电箱、开关箱靠近负荷的一侧,且不得用于启动电气设备的操作。

(9)漏电保护器的选择应符合现行国家标准《剩余电流动作保护器的一般要求》(GB/Z 6829—2008)和《剩余电流动作保护装置安装和运行》(GB 13955—2005)的规定。

(10)开关箱中漏电保护器的额定漏电动作电流不应大于30mA,额定漏电动作时间不应大于0.1s。使用于潮湿或有腐蚀介质场所的漏电保护器应采用防溅型产品,其额定漏电动作电流不应大于15mA,额定漏电动作时间不应大于0.1s。

(11)总配电箱中漏电保护器的额定漏电动作电流应大于30mA,额定漏电动作时间应大于0.1s,但其额定漏电动作电流与额定漏电动作时间的乘积不应大于30mA·s。

(12)总配电箱和开关箱中漏电保护器的极数和线数必须与其负荷侧负荷的相数和线数一致。

(13)配电箱、开关箱中的漏电保护器宜选用无辅助电源型(电磁式)产品,或选用辅助电源故障时能自动断开的辅助电源型(电子式)产品。当选用辅助电源故障时不能自动断开的辅助电源型(电子式)产品时,应同时设置缺相保护。

(14)漏电保护器应按产品说明书安装、使用。对搁置已久重新使用或连续使用的漏电保护器应逐月检测其特性,发现问题应及时修理或更换。

(15)配电箱、开关箱的电源进线端严禁采用插头和插座作活动连接。

3. 使用与维护

(1)配电箱、开关箱应有名称、用途、分路标记及系统接线图。

(2)配电箱、开关箱箱门应配锁,并应由专人负责。

(3)配电箱、开关箱应定期检查、维修。检查、维修人员必须是专业电工。检查、维修时必须按规定穿、戴绝缘鞋、手套,必须使用电工绝缘工具,并应作检查、维修工作记录。

(4)对配电箱、开关箱进行定期维修、检查时,必须将其前一级相应的电源隔离开关分闸断电,并悬挂“禁止合闸、有人工作”停电标志牌,严禁带电作业。

(5)配电箱、开关箱必须按照下列顺序操作:①送电操作顺序为:总配电箱→分配电箱→开关箱;②停电操作顺序为:开关箱→分配电箱→总配电箱。

但出现电气故障的紧急情况可除外。

(6)施工现场停止作业1小时以上时,应将动力开关箱断电上锁。

(7)开关箱的操作人员必须符合《施工现场临时用电安全技术规范》(JGJ 46—2005)第3.2.3条的规定。

(8)配电箱、开关箱内不得放置任何杂物,并应保持整洁。

(9)配电箱、开关箱内不得随意挂接其他用电设备。

(10)配电箱、开关箱内的电器配置和接线严禁随意改动。

熔断器的熔体更换时,严禁采用不符合原规格的熔体代替。漏电保护器每天使用前应启动漏电试验按钮试跳一次,试跳不正常时严禁继续使用。

(11)配电箱、开关箱的进线和出线严禁承受外力,严禁与金属尖锐断口、强腐蚀介质和易燃易爆物接触。

6.5.7　现场照明

1. 一般规定

(1)在坑、洞、井内作业、夜间施工或厂房、道路、仓库、办公室、食堂、宿舍、料具堆放场及自然采光差等场所,应设一般照明、局部照明或混合照明。在一个工作场所内,不得只设局部照明。停电后,操作人员需及时撤离的施工现场,必须装设自备电源的应急照明。

(2)现场照明应采用高光效、长寿命的照明光源。对需大面积照明的场所,应采用高压汞灯、高压钠灯或混光用的卤钨灯等。

(3)照明器的选择必须按下列环境条件确定:①正常湿度一般场所,选用开启式照明器;②潮湿或特别潮湿场所,选用密闭型防水照明器或配有防水灯头的开启式照明器;③含有大量尘埃但无爆炸和火灾危险的场所,选用防尘型照明器;④有爆炸和火灾危险的场所,按危险场所等级选用防爆型照明器;⑤存在较强振动的场所,选用防振型照明器;⑥有酸碱等强腐蚀介质场所,选用耐酸碱型照明器。

(4)照明器具和器材的质量应符合国家现行有关强制性标准的规定,不得使用绝缘老化或破损的器具和器材。

(5)无自采光的地下大空间施工场所,应编制单项照明用电方案。

2. 照明供电

(1)一般场所宜适用额定电压为220V的照明器。

(2)下列特殊场所应使用安全特低电压照明器:①隧道、人防工程、高温、有导电灰尘、比较潮湿或灯具离地面高度低于2.5m等场所的照明,电源电压不应大于36V;②潮湿和易触及带电体场所的照明,电源电压不得大于24V;③特别潮湿场所、导电良好的地面、锅炉或金属容器内的照明,电源电压不得大于12V。

(3)使用行灯应符合下列要求:①电源电压不大于36V;②灯体与手柄应坚固、绝缘良好并耐热耐潮湿;③灯头与灯体结合牢固,灯头无开关;④灯泡外部有金属保护网;⑤金属网、反光罩、悬吊挂钩固定在灯具的绝缘部位上。

(4)远离电源的小面积工作场地、道路照明、警卫照明或额定电压为12~36V照明的场所,其电压允许偏移值为额定电压值的10%~5%;其余场所电压允许偏移值为额定电压值的±5%。

(5)照明变压器必须使用双绕组型安全隔离变压器,严禁使用自耦变压器。

(6)照明系统宜使三相负荷平衡,其中每一单相回路上,灯具和插座数量不宜超过25个,负荷电流不宜超过15A。

(7)携带式变压器的一次侧电源线应采用橡皮护套或塑料护套铜芯软电缆,中间不得有接头,长度不宜超过3m,其中绿/黄双色线只可用PE线使用,电源插销应有保护触头。

(8)工作零线截面应按下列规定选择:①单相二线及二相二线线路中,零线截面与相线截面相同;②三相四线制线路中,当照明器为白炽灯时,零线截面不小于相线截面的50%;当照明器为气体放电灯时,零线截面按最大负载相的电流选择;③在逐相切断的三相照明电路中,零线截面与最大负载相相线截面相同。

(9)室内、室外照明线路的敷设应符合《施工现场临时用电安全技术规范》(JGJ 46—2005)第7章的要求。

3. 照明装置

(1)照明灯具的金属外壳必须与PE线相连接,照明开关箱内必须装设隔离开关、短路与过载保护电器和漏电保护器,并应符合《施工现场临时用电安全技术规范》(JGJ 46－2005)第8.2.5条和第8.2.6条的规定。

(2)室外220V灯具距地面不得低于3m,室内220V灯具距地面不得低于2.5m。普通灯具与易燃物距离不宜小于300mm;聚光灯、碘钨灯等高热灯具与易燃物距离不宜小于500mm,且不得直接照射易燃物。达不到规定安全距离时,应采取隔热措施。

(3)路灯的每个灯具应单独装设熔断器保护。灯头线应做防水弯。

(4)荧光灯管应采用管座固定或用吊链悬挂,荧光灯的镇流器不得安装在易燃的结构物上。

(5)碘钨灯及钠、铊、铟等金属卤化物灯具的安装高度宜在3m以上,灯线应固定在接线柱上,不得靠近灯具表面。

(6)投光灯的底座应安装牢固,应按需要的光轴方向将枢轴拧紧固定。

(7)螺口灯头及其接线应符合下列要求:①灯头的绝缘外壳无损伤、无漏电;②相线接在与中心触头相连的一端,零线接在与螺纹口相连的一端。

(8)灯具内的接线必须牢固,灯具外的接线必须作可靠的防水绝缘包扎。

(9)暂设工程的照明灯具宜采用拉线开关控制,开关安装位置宜符合下列要求:①拉线开关距地面高度为2～3m,与出入口的水平距离为0.15～0.2m,拉线的出口向下;②其他开关距地面高度为1.3m,与出入口的水平距离为0.15～0.2m。

(10)灯具的相线必须经开关控制,不得将相线直接引入灯具。

(11)对夜间影响飞机或车辆通行的在建工程及机械设备,必须设置醒目的红色信号灯,其电源应设在施工现场总电源开关的前侧,并应设置外电线路停止供电时的应急自备电源。

6.5.8 电气装置

对于电气装置,应注意以下几点。

(1)闸具、熔断器参数与设备容量应匹配。手动开关电气只许用于直接控制照明电路和容量不大于5.5kW的动力电路。容量大于5.5kW的动力电路应采用自动开关电气或降压启动装置控制。各种开关的额定值应与其控制用电设备的额定值相适应。

(2)更换熔断器的熔体时,严禁使用不符合原规格的熔体。

6.5.9 变配电装置

在设置变配电装置时,应注意以下几点。

(1)配电室应靠近电源,并应设在无灰尘、无蒸汽、无腐蚀介质及无振动的地方。成列的配电屏(盘)和控制屏(台)两端应与重复接地线及保护零线作电气连接(图8-32-13)。

(2)配电室和控制室应能自然通风,并应采取防止雨雪和动物出入措施。

(3)配电室应符合下列要求:配电屏(盘)正面的操作通道宽度,单列布置不小于1.5m,双列布置不小于2.0m;配电屏(盘)后的维护通道宽度不小于0.8m(个别地点有建筑物结构凸出的部分,则此点通道的宽度可不小于0.6m);配电屏(盘)侧面的维护通道宽度不小于1m;配电室的天棚距地面不低于3m;在配电室内设值班室或检修室,该室距配电屏(盘)的水平距离大于1m,并采取屏蔽隔离;配电室的门向外开,并配锁;配电室内的裸母线与地面垂直距离小于2.5m时,采用遮拦隔离,遮拦下面通行道的高度不小于1.9m;配电室的围栏上端与垂直上方带电部分的净距,不小于0.75m;配电装置的上端距天棚不小于0.5m;母线均应涂刷有色油漆[以屏(盘)的正面方向为准],其涂色应符合《施工现场临时用电安全技术规范》(JGJ 46—2005)中母线涂色表的规定。

(4)配电室的建筑物和构筑物的耐火等级应不低于3级,室内应配置沙箱和绝缘灭火器。配电屏(盘)应装设有功电度表和无功电度表,并应分路装设电流表和电压表。电流表与计费电度表不得共用一组电流互感器。配电屏(盘)应装设短路、过负荷保护装置和漏电保护器。配电屏(盘)上的各配电线路应编号,并标明用途。配电屏(盘)或配电线路维修时,应悬挂停电标志牌。停、送电必须由专人负责。

(5)电压为400/230V的自备发电机组及其控制室、配电室、修理室等,在保证电气安全距离和满足防火要求的情况下可合并设置,也可分开设置。发电机组的排烟管道必须伸出室外。发电机组及其控制配电室内严禁存放储油筒。发电机组电源应与外电线路电源联锁,严禁并列运行。发电机组应采用三相四线制中性点直接接地系统,并须独立设置,其接地电阻不得大于4Ω。

6.6 安全用电知识

在建筑工程中,施工人员应掌握以下安全用电知识。

(1)进入施工现场,不要接触电线、供配电线路及工地外围的供电线路。遇到地面有电线或电缆时,不要用脚去踩踏,以免意外触电。

(2)看到下列标志牌时,要特别留意,以免触电:当心触电;禁止合闸;止步,高压危险。

(3)不要擅自触摸、乱动各种配电箱、开关箱、电气设备等,以免发生触电事故。

(4)不能用潮湿的手去扳开关或触摸电气设备的金属外壳。

(5)衣物或其他杂物不能挂在电线上。

(6)施工现场的生活照明应尽量使用荧光灯。使用灯泡时,不能紧挨着衣物、蚊帐、纸张、木屑等易燃物品,以免发生火灾。施工中使用手持行灯时,要用36V以下的安全电压。

(7)使用电动工具以前要检查外壳、导线、绝缘皮,如有破损要请专职电工检修。

(8)电动工具的线不够长时,要使用电源拖板。

(9)使用振捣器、打夯机时,不要拖拽电缆,要有专人收放。操作者要戴绝缘手套、穿绝缘靴等防护用品。

(10)使用电焊机时要先检查拖把线的绝缘好坏,电焊时要戴绝缘手套、穿绝缘靴等防护用品。不要直接用手去碰触正在焊接的工件。

(11)使用电锯等电动机械时,要有防护装置,防止受到机械伤害。

(12)电动机械的电缆不能随地拖放,如果无法架空只能放在地面时,要加盖板保护,防止电缆受到外界的损伤。

(13)开关箱周围不能堆放杂物,拉合闸刀时,旁边要有人监护。收工后要锁好开关箱。

(14)使用电器时,如遇跳闸或熔丝熔断时,不要自行更换或合闸,要由专职电工进行检查。

6.7 现场触电的急救措施

6.7.1 电流对人体的伤害

电的危害主要有触电、火灾、爆炸、电磁场的危害等。但最常见的、伤害数量最多的是电流对人体的伤害,即电击和电伤。电击是由于电流通过人体而造成的内部器官在生理上的反应和病变,即电流对人体内部组织的伤害;电伤是由于电流的热效应、化学效应和机械效应对人体外表造成的局部伤害。电击是最危险的一种伤害,对人的伤害往往是致命的,造成的后果一般比电伤要严重得多,但电伤常常与电击同时发生。

6.7.2 触电后果的影响因素

电流对人体的危害程度,与通过人体的电流强度、通电持续时间、电流频率、电流通过人体的途径以及触电者的身体状况等多种因素有关。

1. 电流强度

电流强度越大,对人体的伤害越大。通过人体的电流越大,人的生理反应和病理反应越明显,引起心室颤动所需的时间越短,致命的危险性越大。在一般情况下,以 30mA 为人体所能忍受而无致命危险的最大电流,即安全电流。

2. 电流通过人体的持续时间

持续时间越长,对人体的危害越大。电流通过人体的持续时间越长,人体电阻由于出汗、击穿、电解而下降,体内积累局外电能越多,中枢神经反射越强烈,且可能与心脏易损期重合,对人体的危险性越大。

3. 电流通过人体的途径

人体在电流的作用下,没有绝对安全的途径。电流通过心脏会引起心室颤动及至心脏停止跳动而导致死亡;电流通过中枢神经及有关部位,会引起中枢神经强烈失调而导致死亡;电流通过头部,严重损伤大脑,也可能使人昏迷不醒而死亡;电流通过脊髓会使人截瘫;电流通过人的局部肢体也可能引起中枢神经强烈反射而导致严重后果。

流过心脏的电流越多、电流路线越短的途径是危险性越大的途径。

4. 人体自身的状况

触电者的性别、年龄、健康情况、精神状态和人体电阻都会对触电后果产生影响。患有心脏病、中枢神经系统疾病、肺病的人电击后的危险性较大；精神状态不良、醉酒的人触电的危险性较大；妇女、儿童、老人触电的后果比青壮年严重。

6.7.3　触电事故的原因

造成触电事故的原因是多方面的，归纳起来主要有两方面：

(1)设备、线路的问题　如接线错误，特别是插头、插座接线错误造成过很多触电事故；由于电气设备运行管理不当，使绝缘损坏而漏电，又没有采取切实有效的安全措施，也会造成触电事故。

(2)人的因素　大量触电事故的统计资料表明，有90%以上的事故是由于"三违"(违章指挥、违章操作、违反劳动纪律)造成的。其主要原因是由于安全教育不够、安全制度不严和安全措施不完善、操作者素质不高等。

6.7.4　触电的急救措施

触电急救必须分秒必争，立即就地进行抢救，并坚持不断地进行，同时及早与医疗部门联系，争取医务人员接替救治。在医务人员未接替救治前，不应放弃现场抢救，更不能只根据没有呼吸或脉搏擅自判定伤员死亡，放弃抢救。只有医生有权做出伤员死亡的诊断。

1. 脱离电源

触电急救的第一步是使触电者迅速脱离电源，因为电流对人体的作用时间越长，对生命的威胁越大。

(1)脱离低压电源的方法　脱离低压电源可用"拉"、"切"、"挑"、"拽"、"垫"五字来概括。

① 拉。指就近拉开电源开关。但应注意，普通的电灯开关只能断开一根导线，有时由于安装不符合标准，可能只断开零线，而不能断开电源，人身触及的导线仍然带电，不能认为已切断电源。

② 切。当电源开关距触电现场较远，或断开电源有困难，可用带有绝缘柄的工具切断电源线。切断时应防止带电导线断落触及其他人。

③ 挑。当导线搭落在触电者身上或压在身下时，可用干燥的木棒、竹竿等挑开导线，或用干燥的绝缘绳套拉导线或触电者，使触电者脱离电源。

④ 拽。救护人员可戴上手套或在手上包缠干燥的衣物等绝缘物品拖拽触电者，使之脱离电源。如果触电者的衣物是干燥的，又没有紧缠在身上，不至于使救护人直接触及触电者的身体时，救护人才可用一只手抓住触电者的衣物，将其拉开脱离电源。

⑤ 垫。如果触电者由于痉挛，手指紧握导线，或导线缠在身上，可先用干燥的木板塞进触电者的身下，使其与地绝缘，然后再采取其他办法切断电源。

(2)脱离高压电源的方法　由于电源的电压等级高，一般绝缘物品不能保证救护人员的安全，而且高压电源开关一般距现场较远，不便拉闸。因此，使触电者脱离高压电源的方法与脱离低压电源的方法有所不同。

① 立即电话通知有关部门拉闸停电。

② 如果电源开关离触电现场不太远，可戴上绝缘手套，穿上绝缘鞋，使用相应电压等级的绝缘工具，拉开高压跌落式熔断器或高压断路器。

③ 抛掷裸金属软导线，使线路短路，迫使继电保护装置动作，切断电源，但应保证抛掷的导线不触及触电者和其他人。

(3)注意事项：

① 应防止触电者脱离电源后可能出现的摔伤事故。

② 未采取绝缘措施前，救护人不得直接接触触电者的皮肤和潮湿衣服。

③ 救护人不得使用金属和其他潮湿的物品作为救护工具。

④ 为使触电者与导电体解脱，最好用一只手进行，以防救护人触电。

⑤ 夜间发生触电事故时，应解决临时照明问题，以利救护。

2. 现场救护

触电者脱离电源后，应立即就近移至干燥通风处，再根据情况迅速进行现场救护，同时应通知医务人员到现场。

(1)根据触电者受伤害的轻重程度，现场救护可以按以下办法进行：

① 触电者所受伤害不太严重。如触电者神志清醒，只是有些心慌、四肢发麻、全身无力，一度昏迷，但未失去知觉，可让触电者静卧休息，并严密观察，同时请医生前来或送医院救治。

② 触电者所受伤害较严重。触电者无知觉、无呼吸，但心脏有跳动，应立即进行人工呼吸；如有呼吸，但心脏跳动停止，则应立即采用胸外心脏按压法进行救治。

③ 触电者所受伤害很严重。触电者心脏和呼吸都已停止、瞳孔放大、失去知觉，应立即按心肺复苏法(通畅气道、人工呼吸、胸外心脏按压)，正确进行就地抢救。

(2)注意事项

① 救护人员应在确认触电者已与电源隔离，且救护人员本身所涉环境安全距离内无危险电源时，才能接触伤员进行抢救。

② 在抢救过程中，不要为方便而随意移动伤员，如果确需移动，应使伤员平躺在担架上并在其背部垫以平硬阔木板，不可让伤员身体蜷曲着进行搬运。移动过程中应继续抢救。

③ 任何药物都不能代替人工呼吸和胸外心脏按压，对触电者用药或注射针剂，应由有经验的医生诊断确定，慎重使用。

④ 在抢救过程中，要每隔数分钟再判定一次，每次判定时间均不得超过5~7s。做人工呼吸要有耐心，尽可能坚持抢救4h以上，直到把人救活，或者一直抢救到确诊死亡时为止；如果需送医院抢救，在途中也不能中断急救措施。

⑤ 在医务人员未接替抢救前，现场救护人员不得放弃现场抢救，只有医生有权做出伤员死亡的诊断。

第7章　施工现场消防安全管理

7.1　概述

7.1.1　基本概念

消防安全是指控制能引起火灾、爆炸的因素，消除能导致人员伤亡或引起设备、财产破坏和损失的条件，为人们生产、经营、工作、生活活动创造一个不发生或少发生火灾的安全环境。

消防安全管理是指单位管理者和主管部门遵循经营管理活动规律和火灾发生的客观规律，依照有关规定，运用管理方法，通过管理职能合理有效地组合，保证消防安全的各种资源所进行的一系列活动，以保护单位员工免遭火灾危害，保护财产不受火灾损失，促进单位改善消防安全环境，保障单位经营、建设的顺利发展。

消防安全管理是单位劳动、经营过程的一般要求，是其生存和发展的客观要求，是单位共同劳动和共同生活不可缺少的组成部分。

7.1.2　加强消防安全管理的必要性

加强施工现场消防安全管理的必要性主要体现在下列方面：

(1)在建设工程中，可燃性临时建筑物多，受现场条件限制，仓库、食堂等临时性的易燃建筑物毗邻。

(2)易燃材料多，现场除了传统的油毡、木料、油漆等可燃性建材之外，还有许多施工人员不太熟悉的可燃材料，如聚苯乙烯泡沫塑料板、聚氨酯软质海绵、玻璃钢等。

(3)建筑施工手段的现代化、机械化，使施工离不开电源。卷扬机、起重机、搅拌机、对焊机、电焊机、聚光灯塔等大功率电气设备，其电源线的敷设大多是临时性的，电气绝缘层容易磨损，电气负荷容易超载，而且这些电气设备多是露天设置的，易使绝缘老化、漏电或遭受雷击，造成火灾。

施工现场存在着用电量大，临时线路纵横交错，容易短路、漏电产生电火花或用电负荷量大等引起火灾的隐患。

(4)交叉作业多，施工工序相互交叉，火灾隐患不易发现；施工人员流动性较大，民工多，安全文化程度不一，安全意识薄弱。

(5)装修过程险情多，在装修阶段或者工程竣工后的维护过程，因场地狭小、操作不便，建筑物的隐蔽部位较多，如果用火、用电、喷涂油漆等，不加小心就会酿成火灾。

施工现场存在较多的火灾隐患，一旦发生火灾，不仅会烧毁未建成的建筑物和其周围建筑物，带来巨大的经济损失，而且会造成重大人员伤亡。消防安全直接关系到人民群众生命和财产安全，必须加强消防安全管理。

7.1.3 施工现场消防安全职责

1. 施工单位消防安全职责

(1)《机关、团体、企业、事业单位消防安全管理规定》第12条规定，建筑工程施工现场的消防安全由施工单位负责。实行施工总承包的，由总承包单位负责。分包单位向总承包单位负责，服从总承包单位对施工现场的消防安全管理。对建筑物进行局部改建、扩建和装修的工程，建设单位应当与施工单位在订立的合同中明确各方对施工现场的消防安全责任。

(2)《中华人民共和国消防法》(简称《消防法》)第16条规定，机关、团体、企业、事业等单位应当履行下列消防安全职责：①落实消防安全责任制，制定本单位的消防安全制度、消防安全操作规程，制定灭火和应急疏散预案；②按照国家标准、行业标准配置消防设施、器材，设置消防安全标志，并定期组织检验、维修，确保完好有效；③对建筑消防设施每年至少进行一次全面检测，确保完好有效，检测记录应当完整准确，存档备查；④保障疏散通道、安全出口、消防车通道畅通，保证防火防烟分区、防火间距符合消防技术标准；⑤组织防火检查，及时消除火灾隐患；⑥组织进行有针对性的消防演练；⑦法律、法规规定的其他消防安全职责。单位的主要负责人是本单位的消防安全责任人。

(3)《消防法》第21条规定，禁止在具有火灾、爆炸危险的场所吸烟、使用明火。因施工等特殊情况需要使用明火作业的，应当按照规定事先办理审批手续，采取相应的消防安全措施；作业人员应当遵守消防安全规定。进行电焊、气焊等具有火灾危险作业的人员和自动消防系统的操作人员，必须持证上岗，并遵守消防安全操作规程。

(4)《消防法》第28条规定，任何单位、个人不得损坏、挪用或者擅自拆除、停用消防设施、器材，不得埋压、圈占、遮挡消火栓或者占用防火间距，不得占用、堵塞、封闭疏散通道、安全出口、消防车通道。人员密集场所的门窗不得设置影响逃生和灭火救援的障碍物。

(5)《中华人民共和国建筑法》第39条规定，建筑施工企业应当在施工现场采取维护安全、防范危险、预防火灾等措施；有条件的，应当对施工现场实行封闭管理。

(6)《建设工程安全生产管理条例》第31条规定，施工单位应当在施工现场建立消防安全责任制度，确定消防安全责任人，制定用火、用电、使用易燃易爆材料等各项消防安全管理制度和操作规程，设置消防通道、消防水源，配备消防设施和灭火器材，并在施工现场入口处设置明显标志。

(7)《关于防止发生施工火灾事故的紧急通知》(建监安[1998]12号)主要内容如下：

① 各地区、各部门、各企业都要切实增强全员的消防安全意识。

② 各地区、各部门、各企业要立即组织一次施工现场消防安全大检查，切实消除火灾隐患，警惕火灾的发生。检查的重点是施工现场(包括装饰装修工程)、生产加工车间、临时办公室、临时宿舍以及有明火作业和各类易燃易爆物品的存放场所等。检查的重点部位是电气线路设备、电气焊设施以及易燃品存储设施等。凡不符合消除安全规定的，要立即采取有效措施加以整改。对于一时解决不了的，也必须采取措施暂停使用。

③ 建筑施工企业要严格执行国家和地方有关消防安全的法规、标准和规范，坚持"预防为主"的原则，建立和落实施工现场消防设备的维护、保养制度以及化工材料、各类油料等易燃品仓库管理制度，确保各类消防设施的可靠、有效及易燃品存放、使用安全。施工现场的各类建筑材料应整齐码放，消防通道必须畅通并落实各项防范措施防止重大施工火灾事故的发生。

④ 要严肃施工火灾事故的查处工作，对发生重大火灾事故的，要严格按照"四不放过"的原则，查明原因、查清责任，对肇事者和有关负责人要严肃进行查处，施工现场发生重大火灾事故的，在向公安消防部门报告的同时，必须及时报告当地建设行政主管部门，对有重大经济损失的和产生重大社会影响的火灾事故，要及时报告建设部建设监理司。

2. 施工现场消防安全组织的职责

建立消防安全组织，明确各级消防安全管理职责，是确保施工现场消防安全的重要前提。施工现场消防安全组织的职责包括：

(1) 建立消防安全领导小组，负责施工现场的消防安全领导工作。

(2) 成立消防安全保卫组(部)，负责施工现场的日常消防安全管理工作。

(3) 成立义务消防队，负责施工现场的日常消防安全检查、消防器材维护和初期火灾扑救工作。

(4) 项目经理是施工现场的消防安全责任人，对施工现场的消防安全工作全面负责；同时确定一名主要领导为消防安全管理人，具体负责施工现场的消防安全工作；配备专、兼职消防安全管理人员(消防干部、消防主管)，负责施工现场的日常消防安全管理工作。

3. 施工现场消防安全职责

(1) 项目经理职责

① 对项目工程生产经营过程中的消防工作负全面领导责任。

② 贯彻落实消防方针、政策、法规和各项规章制度，结合项目工程特点及施工全过程的情况，制定本项目各消防管理办法或提出要求，并监督实施。

③ 根据工程特点确定消防工作管理体制和人员，并确定各业务承包人的消防保卫责任和考核指标，支持、指导消防人员工作。

④ 组织落实施工组织设计中的消防措施，组织并监督项目施工中消防技术交底和设备、设施验收制度的实施。

⑤ 领导、组织施工现场定期的消防检查，发现消防工作中的问题，制定措施，及时解决。对上级提出的消防与管理方面的问题，要定时、定人、定措施予以整改。

⑥ 发生事故，要做好现场保护与抢救工作，及时上报，组织、配合事故调查，认真落实制定的整改措施，吸取事故教训。

⑦ 对外包队伍加强消防安全管理，并对其进行评定。

⑧ 参加消防检查，对施工中存在的不安全因素，从技术方面提出整改意见和方法并予以清除。

⑨ 参加并配合火灾及重大未遂事故的调查，从技术上分析事故原因，提出防范措施、意见。

(2) 工长职责

① 认真执行上级有关消防安全生产规定，对所管辖班组的消防安全生产负直接领导责任。

② 认真执行消防安全技术措施及安全操作规程，针对生产任务的特点，向班组进行书面消防安全技术交底，履行签字手续，并对规程、措施、交底的执行情况实施经常检查，随时纠正现场及作业中的违章、违规行为。

③ 经常检查所管辖班组作业环境及各种设备、实施的消防安全状况，发现问题及时纠正、解决。对重点、特殊部位施工，必须检查作业人员及设备、设施技术状况是否符合消防安全要求，严格执行消防安全技术交底，落实安全技术措施，并监督其认真执行，做到不违章指挥。

④ 定期组织所辖班组学习消防规章制度，开展消防安全教育活动，接受安全部门或人员的消防安全监督检查，及时解决提出的不安全问题。

⑤ 对分管工程项目应用的符合审批手续的新材料、新工艺、新技术，要组织作业工人进行消防安全技术培训；若在施工中发现问题，必须立即停止使用，并上报有关部门或领导。

⑥ 发生火灾或未遂事故要保护现场，立即上报。

(3)班组长的职责

① 对本班、组的消防工作负全面责任。认真贯彻执行各项消防规章制度及安全操作规程，认真落实消防安全技术交底，合理安排班组人员工作。

② 熟悉本班组的火险危险性，遵守岗位防火责任制，定期检查班组作业现场消防状况，发现问题及时解决。

③ 严格执行劳动纪律，及时纠正违章、蛮干现象，认真填写交接班记录和有关防火工作的原始资料，使防火管理和火险隐患检查整改在班组不留任何漏洞。

④ 经常组织班组人员学习消防知识，监督班组人员正确使用个人劳动保护用品。

⑤ 对新调入的职工或变更工种的职工，在上岗位之前进行防火安全教育。

⑥ 熟悉本班组消防器材的分布位置，加强管理，明确分工，发现问题及时反映，保证初期火灾的扑救。

⑦ 发现火灾苗头，保护好现场，立即上报有关领导。

⑧ 发生火灾事故，立即报警和向上级报告，组织本班组义务消防人员和职工扑救，保护火灾现场，积极协助有关部门调查火灾原因，查明责任者并提出改进意见。

(4)班组工人的职责

① 认真学习和掌握消防知识，严格遵守各项防火规章制度。

② 认真执行消防安全技术交底，不违章作业，服从指挥、管理；随时随地注意消防安全，积极主动地做好消防安全工作。

③ 发扬团结友爱精神，在消防安全生产方面做到相互帮助、互相监督，对新工人要积极传授消防保卫知识，维护一切消防设施和防护用具，做到正确使用，不损坏，不私自拆改、挪用。

④ 对不利于消防安全的作业要积极提出意见，并有权拒绝违章指挥。

⑤ 发现有火灾险情立即向领导反映，避免事故发生。

⑥ 发现火灾应立即向有关部门报告火警，不谎报火警。

⑦ 发生火灾事故时，有参加、组织灭火工作的义务，并保护好现场，主动协助领导查清起火原因。

(5)消防负责人职责　项目消防负责人是工地防火安全的第一责任人，负责本工地的消防安全，履行以下职责：

① 制定并落实消防安全责任制和防火安全管理制度，组织编制火灾的应急预案和落实防火、灭火方案以及火灾发生时应急预案的实施。

② 拟订项目经理部及义务消防队的消防工作计划。

③ 配备灭火器材，落实定期维护、保养措施，改善防火条件，开展消防安全检查和火灾隐患整改工作，及时消除火险隐患。

④ 管理本工地的义务消防队和灭火训练，组织灭火和应急疏散预案的实施和演练。

⑤ 组织开展员工消防知识、技能的宣传教育和培训，使职工懂得安全动火、用电和其他防火、灭火常识，增强职工消防意识和自防自救能力。

⑥ 组织火灾自救，保护火灾现场，协助火灾原因调查。

(6)消防干部的职责

① 认真贯彻"预防为主、防消结合"的消防工作方针，协助防火负责人制定防火安全方案和措施，并督促落实。

② 定期进行防火安全检查，及时消除各种火险隐患，纠正违反消防法规、规章的行为，并向防火负责人报告，提出对违章人员的处理意见。

③ 指导防火工作，落实防火组织、防火制度和灭火准备，对职工进行防火宣传教育。

④ 组织参加本业务系统召集的会议，参加施工组织设计的审查工作，按时填报各种报表。

⑤ 对重大火险隐患及时提出消除措施的建议，填发火险隐患通知书，并报消防监督机关备案。

⑥ 组织义务消防队的业务学习和训练。

⑦ 发生火灾事故，立即报警和向上级报告，同时要积极组织扑救，保护火灾现场，配合事故的调查。

(7)义务消防队职责

① 热爱消防工作，遵守和贯彻有关消防制度，并向职工进行消防知识宣传，提高防火警惕。

② 结合本职工作，班前、班后进行防火检查，发现不安全的问题及时解决，解决不了的应采取措施并向领导报告，发现违反防火制度者有权制止。

③ 经常维修、保养消防器材及设备，并根据本单位的实际情况需要报请领导添置各种消防器材。

④ 组织消防业务学习和技术操练，提高消防业务水平。

⑤ 组织队员轮流值勤。

⑥ 协助领导制定本单位灭火的应急预案。发生火灾立即启动应急预案，实施灭火与抢救工作。协助领导和有关部门保护现场，追查失火原因，提出改进措施。

4. 消防安全法律责任

消防安全法律责任分为民事责任、行政责任和刑事责任三种。

(1)行政责任《消防法》设定了警告、罚款、没收非法财物和没收非法所得，责令停止施工、停止使用、停产停业、拘留等行政处罚。

《消防法》第59条规定，违反本法规定，有下列行为之一的，责令改正或者停止施工，并处一万元以上十万元以下罚款：

①建设单位要求建筑设计单位或者建筑施工企业降低消防技术标准设计、施工的;②建筑设计单位不按照消防技术标准强制性要求进行消防设计的;③建筑施工企业不按照消防设计文件和消防技术标准施工,降低消防施工质量的;④工程监理单位与建设单位或者建筑施工企业串通,弄虚作假,降低消防施工质量的。

《消防法》第62条规定,有下列行为之一的,依照《中华人民共和国治安管理处罚法》的规定处罚:①违反有关消防技术标准和管理规定生产、储存、运输、销售、使用、销毁易燃易爆危险品的;②非法携带易燃易爆危险品进入公共场所或者乘坐公共交通工具的;③谎报火警的;④阻碍消防车、消防艇执行任务的;⑤阻碍公安机关消防机构的工作人员依法执行职务的。

《消防法》第63条规定,违反本法规定,有下列行为之一的,处警告或者五百元以下罚款;情节严重的,处五日以下拘留:①违反消防安全规定进入生产、储存易燃易爆危险品场所的;②违反规定使用明火作业或者在具有火灾、爆炸危险的场所吸烟、使用明火的。

《消防法》第64条规定,违反本法规定,有下列行为之一,尚不构成犯罪的,处十日以上十五日以下拘留,可以并处五百元以下罚款;情节较轻的,处警告或者五百元以下罚款:①指使或者强令他人违反消防安全规定,冒险作业的;②过失引起火灾的;③在火灾发生后阻拦报警,或者负有报告职责的人员不及时报警的;④扰乱火灾现场秩序,或者拒不执行火灾现场指挥员指挥,影响灭火救援的;⑤故意破坏或者伪造火灾现场的;⑥擅自拆封或者使用被公安机关消防机构查封的场所、部位的。

(2)刑事责任

有违犯《消防法》的行为,构成犯罪的,依法追究刑事责任。《中华人民共和国刑法》中与消防安全相关条款有:危害公共安全罪(第115条)、重大责任事故罪(第134条)、消防责任事故罪(第139条)。

此外,《建设工程安全生产管理条例》规定,施工单位未在施工现场的危险部位设置明显的安全警示标志,或者未按照国家有关规定在施工现场设置消防通道、消防水源、配备消防设施和灭火器材的,责令限期改正;逾期未改正的,责令停业整顿,依照《中华人民共和国安全生产法》的有关规定处以罚款;造成重大安全事故,构成犯罪的,对直接责任人员,依照刑法有关规定追究刑事责任。

7.2 消防安全常识

7.2.1 基本概念

1.“以防为主,防消结合”

消防工作的方针是“以防为主,防消结合”。“以防为主”就是要把预防火灾的工作放在首要的地位,要开展防火安全教育,提高人民群众对火灾的警惕性,健全防火组织,严密防火制度,进行防火检查,消除火灾隐患,贯彻建筑防火措施等。职业抓好消防防火,才能把可能引起火灾的因素消灭在起火之前,减少火灾事故的发生。

“防消结合”就是在积极做好预防工作的同时,在组织上、思想上、物质上和技术上做好灭火的准备。一旦发生火灾,就能迅速地赶赴现场,及时有效地将火灾扑灭。“防”和“消”是相辅相成的两个方面，是缺一不可的，因此，这两方面的工作都要积极做好。

2. 火灾等级

火灾等级划分为三类：

（1）特大火灾 具有下列情形之一的火灾，为特大火灾：①死亡10人以上（含本数、下同）；②重伤20人以上；③死亡、重伤20人以上；④受灾50户以上；⑤直接财产损失100万以上。

（2）重大火灾 具有下列情形之一的火灾，为重大火灾：①死亡3人以上；②重伤10人以上；③死亡、重伤10人以上；④受灾30户以上；⑤直接财产损失30万元以上。

（3）一般火灾 不具有上述前两项情形的火灾，为一般火灾。

3. 起火条件

起火必须具备三个条件：

（1）存在能燃烧的物质 不论固体、液体、气体，凡能与空气中的氧或其他氧化剂起剧烈反应的物质，一般都称为可燃物质。如木材、纸张、汽油、酒精等。

（2）要有助燃物 凡能帮助和支持燃烧的物质都叫助燃物。如空气、氧气等。

（3）有能使可燃物燃烧的着火源 如明火焰、火星和电火花等。

只有上述三个条件同时具备，并相互作业就能起火。

4. 自燃

在一定温度下与空气（氧）或其他氧化剂进行剧烈化合而发生的热效发光的现象为燃烧。自燃是指可燃物质在没有外来热源作用的情况下，由其本身所进行的生物、物理或化学作用而产生热。当达到一定的温度和氧量时，发生自动燃烧。

在一般情况下，能自燃的物质有植物产品、油脂、煤及硫化铁等。

5. 燃点、自燃点和闪点

（1）燃点 是指可燃物质加温受热并点燃后，所放出的燃烧物，能使该物质挥发出足够的可燃蒸气，来维持其燃烧。这种加温该物质形成连续燃烧所需的最低温度，即为该物质的燃点。物质的燃点越低，则物质越容易燃烧。

（2）自燃点 是指可燃物质受热发生自燃的最低温度。在这一温度时，可燃物质与空气（氧）接触不需要明火的作用，就能自行发生燃烧。物质的自燃点越低，发生起火的危险性就越大。

（3）闪点 是指易燃或可燃液体蒸气与空气形成的混合物，遇火源能够闪燃的最低温度。

6. 爆炸、爆炸极限

物质由一种状态迅速地转变为另一种状态，并在极短的时间内放出巨大能量的现象，称为爆炸。爆炸中，温度与压力急剧升高，产生爆破或者冲击作用。

（1）爆炸可分为核爆炸、物理爆炸和化学爆炸三种形式。

（2）一种可燃气体或可燃液体蒸气的爆炸极限，也不是固定不变的，它们受温度、压力、含氧量、容器的直径等因素的影响。

7.2.2 建筑防火结构

1. 建筑防火结构是根据建筑物的使用情况、生产和贮存物品的火灾危险类别而设计的。

（1）表7-2-1为高层民用建筑的耐火等级与相应构件的最低耐火性能的关系。

表 7-2-1　建筑物构件的燃烧性能和耐火极限

构件名称		一级（h）	二级（h）
墙	防火墙	不燃烧体 3.00	不燃烧体 3.00
	承重墙、楼梯间、电梯井的墙	不燃烧体 2.00	不燃烧体 2.00
	非承重外墙、疏散走道两侧隔墙	不燃烧体 1.00	不燃烧体 1.00
	房间隔墙	不燃烧体 0.75	不燃烧体 0.75
柱		不燃烧体 3.00	不燃烧体 3.00
梁		不燃烧体 2.00	不燃烧体 1.50
楼板、疏散楼梯、屋顶承重结构		不燃烧体 1.50	不燃烧体 1.00
吊顶		不燃烧体 0.25	不燃烧体 0.25

（2）表 7-2-2 为多层民用建筑和工业建筑的耐火等级与相应构件的最低耐火性能的关系。

表 7-2-2　建筑物构件的燃烧性能和耐火极限

构件名称		一级（h）	二级（h）	三级（h）	四级（h）
墙	防火墙	不燃烧体 4.00	不燃烧体 4.00	不燃烧体 4.00	不燃烧体 4.00
	承重墙、楼梯间、电梯井的墙	不燃烧体 3.00	不燃烧体 2.50	不燃烧体 2.50	不燃烧体 0.50
	非承重外墙、疏散走道两侧隔墙	不燃烧体 1.00	不燃烧体 1.00	不燃烧体 0.50	不燃烧体 0.25
	房间隔墙	不燃烧体 0.75	不燃烧体 0.50	不燃烧体 2.50	不燃烧体 0.25
柱	支承多层的柱	不燃烧体 3.00	不燃烧体 2.50	不燃烧体 2.50	不燃烧体 2.50
	支承单层的柱	不燃烧体 2.50	不燃烧体 2.00	不燃烧体 2.00	燃烧体
梁		不燃烧体 2.00	不燃烧体 1.50	不燃烧体 1.00	不燃烧体 0.50
楼板		不燃烧体 1.50	不燃烧体 1.00	不燃烧体 0.50	不燃烧体 0.25
屋面承重构件		不燃烧体 1.50	不燃烧体 0.50	燃烧体	燃烧体
疏散楼梯		不燃烧体 1.50	不燃烧体 1.00	不燃烧体 1.00	燃烧体
吊顶（包括吊顶格栅）		不燃烧体 0.25	不燃烧体 0.25	不燃烧体 0.15	燃烧体

注：① 以木柱承重且以不燃烧材料作为墙体的建筑物，其耐火等级应按四级确定。
② 高层工业建筑的预制钢筋混凝土装配式结构，其接缝点或金属承重构件节点的外露部位，应做防火保护层，其耐火极限不应低于本表相应构件的规定。
③ 二级耐火等级的建筑物吊顶，若采用不燃烧体时，其耐火极限不限。
④ 在二级耐火等级的建筑物中，面积不超过 100m² 的房间隔墙，若执行本表的规定有困难时，可采用耐火极限不低于 0.3h 的不燃烧体。
⑤ 一二级耐火等级民用建筑疏散走道两侧的隔墙，按表规定执行有困难时，可采用 0.75h 不燃烧体。

2. 建筑的耐火等级

我国建筑的耐火等级分为四级。这四类耐火等级的建筑物有：

（1）一级耐火等级的建筑　钢筋混凝土结构或砖墙与混凝土结构组成的混合结构。

（2）二级耐火等级的建筑　钢结构屋架与钢筋混凝土柱或砖墙组成的混合结构。

二级耐火等级的钢结构屋架，在焰火可烧到部位应采取钢结构耐火保护层措施，保护层的厚度按有关计算公式计算确定。在耐火要求较高的建筑结构中使用预应力混凝土构件，可能导致构件在火灾高温作用下失效。预应力构件所用钢材多为高强钢材和冷加工钢材，这些钢材在温度作用下强度降低幅度更大。

钢结构不耐火的原因是:钢材强度对温度特别敏感,300℃以上强度损失非常大。

(3)三级耐火等级的建筑　木屋顶和砖墙组成的砖木结构。施工现场的办公、宿舍等临时设施场为此类结构时,更应该注重防火安全。

(4)四级耐火等级的建筑　木屋顶、难燃烧体墙壁组成的可燃结构。

在建筑设计时,究竟对某一建筑物应采用哪一类耐火等级为好,这主要取决于建筑物的使用性质和规模大小。对火灾危险性越大,或者发生火灾后社会影响大,人员伤亡、经济损失大的建筑物,应采用较高的耐火等级。

7.2.3　火灾危险性分类

火灾危险性分类的目的是便于在工业建筑防火要求上区别对待,使工厂房和库房既安全又经济。

1. 生产的火灾危险性分类

生产的火灾危险性分类是指生产过程中根据使用或生产物质的火灾危险性划分的类别。我国《建筑设计防火规范》将生产按火灾危险大小分为甲、乙、丙、丁、戊五个类别。这些类别的火灾危险性特征见表7-2-3。

表7-2-3　生产的火灾危险性分类

生产类别	火灾危险性特征
甲	使用或产生下列物质的生产: 1. 闪点<28℃的液体 2. 爆炸下限<10%的气体 3. 常温下能自行分解或在空气中氧化即能导致迅速自燃或爆炸的物质 4. 常温下受到水或空气中水蒸气的作用,能产生可燃气体并引起燃烧或爆炸的物质 5. 遇酸、受热、撞击、摩擦、催化以及遇有机体或硫酸等易燃的无机物,极易引起燃烧或爆炸的强氧化剂 6. 受撞击、摩擦或与氧化剂、有机物接触时能引起燃烧或爆炸的物质 7. 在密闭设备内操作温度等于或超过物质本身自燃点的生产
乙	使用或生产下列物质的生产: 1. 闪点≥28℃至<60℃的液体 2. 爆炸下限≥10%的气体 3. 不属于甲类的氧化剂 4. 不属于甲类的化学易燃危险固体 5. 助燃气体 6. 能与空气形成爆炸性混合物的富有状态的粉尘、纤维、闪点≥60℃的液体雾滴
丙	使用或产生下列物质的生产: 1. 闪点≥60℃的液体 2. 可燃固体
丁	具有下列情况的生产: 1. 对为燃烧物质进行加工,并在高温或溶化状态下经常产生强辐射热、火花或火焰的生产 2. 利用气体、液体、固体作为燃料或将气体、液体进行燃烧作为其他用的各种生产 3. 常温下使用或加工难燃烧物质的生产
戊	常温下使用或加工不燃烧物质的生产

注:在生产过程中,若使用或产生易燃、可燃物质的量较少,不足以构成爆炸或火灾危险时,可以按实际情况确定其火灾危险性的类别。

2. 储存物品的火灾危险分类

储存物品的火灾危险分类是指根据储存物品的性质和储存物品中的可燃物数量等因素进行划分的类别。该项分类也分为甲、乙、丙、丁、戊五个类别。这些类别的火灾危险性特征见表7-2-4。

表7-2-4 储存物品的火灾危险性分类

储存物品类别	火灾危险性特征
甲	1. 闪点<28℃的液体 2. 爆炸下限<10℃的气体,以及受到水或空气中水蒸气的作用,能产生爆炸下限<10℃气体的固体物质 3. 常温下能自行分解或在空气中氧化即能导致迅速自燃或爆炸的物质 4. 常温下受到水或空气中水蒸气的作用,能产生可燃气体并引起燃烧或爆炸的物质 5. 遇酸、受热、撞击、摩擦、催化以及遇有机物或硫磺等依然的无机物,极易引起燃烧或爆炸的强氧化剂 6. 受撞击、摩擦或与氧化剂、有机物接触时能引起燃烧或爆炸的物质
乙	1. 闪点≥28℃至<60℃的液体 2. 爆炸下限≥10%的气体 3. 不属于甲类的氧化剂 4. 不属于甲类的化学易燃危险固体 5. 助燃气体 6. 常温下与空气接触能缓慢氧化,积热不散引起自燃的物品
丙	1. 闪点≥60℃的液体 2. 可燃固体
丁	难燃烧物品
戊	不燃烧物品

7.2.4 动火区域划分

根据建筑工程选址的位置、施工周围环境、施工现场平面布置、施工工艺、施工部位不同,其动火区域分为一、二、三级。

1. 一级动火区域

一级动火区域也称为禁火区域,凡属下列情况的均属此类:

(1)在生产或者贮存易燃易爆物品场区,进行新建、扩建、改建工程的施工现场。

(2)建筑工程周围存在生产或贮存易燃易爆品的场所,在防火安全距离范围内的施工部位。

(3)施工现场内贮存易燃易爆危险物品的仓库、库区。

(4)施工现场木工作业处和半成品加工区。

(5)在比较密闭的室内、容器内、地下室等场所,进行配置或者调和易燃易爆液体和涂刷油漆作业。

2. 二级动火区域

(1)在禁火区域周围动火作业区。

(2)登高焊接或者气割作业区。

(3)砖木结构临时食堂炉灶处。

3. 三级动火区域

(1)无易燃易爆危险物品处的动火作业。

(2)施工现场燃煤茶炉处。

(3)冬季燃煤取暖的办公室、宿舍等生活设施。

在一二级动火区域施工,施工单位必须认真遵守消防法律法规,严格按照有关规定,建立防火安全规章制度。在生产或者贮存易燃易爆品的场区施工,施工单位应当与相关单位建立动火信息通报制度,自觉遵守相关单位消防管理制度,共同防范火灾。做到动火作业先申请,后作业,不批准,不动火。

在施工现场禁火区域内施工,应当教育施工人员严格遵守消防安全管理规定,动火作业前必须申请办理动火证,动火证必须注明动火地点、动火时间、动火人、现场监护人、批准人和防火措施。动火证是消防安全的一项重要制度,动火证的管理有安全生产管理部门负责,施工现场动火证的审批由工程项目部负责人审批。动火作业没经审批的,不得实施动火作业。

7.3 施工现场防火要求

7.3.1 规划工棚或临时宿舍的防火要求

工棚或临时宿舍的规划和修建,必须符合防火和卫生的要求。

(1)临时宿舍应当尽可能建设在离开修建的建筑物20m以外的地区,离开森林区应在1000m以上,并且不得修建在高压线路通过的地方。临时宿舍的使用期限较长或在使用期间正值雨期的,不得修建在低洼潮湿的地带和其他可能被水淹没的地带。

(2)在独立场地上修建成批的临时宿舍,应当分组布置,每组最多不得超过十二幢。组与组之间的防火距离,在城市中不得小于10m,在农村中不得小于15m;幢与幢之间的防火距离,在城市中不得小于5m,在农村中不得小于7m。

(3)厨房、锅炉房、变电室与临时宿舍之间的防火距离,不得小于10~15m。

(4)为储存大量的易燃物品、油料、炸药等所修建的临时仓库,其与永久工程或临时宿舍区之间的防火距离,应当在1000m以上。

(5)临时宿舍区应当修建简易道路。

(6)应当划定厕所、垃圾堆和污水排出的地点。

7.3.2 修建临时宿舍的防火要求

临时宿舍的修建,不论采用哪一种建筑结构,都应当注意防火要求。

(1)顶棚高度,一般不应低于2.5m。

(2)每个集体宿舍的居住人数,最好不超过100人,并且每25人要有一个可以直接出入的门,门宽不得小于1.2m,门扇必须向外开。

(3)采用易燃材料修建的房屋,构件与烟囱应当有一定的距离,在烟囱上口必须备有防火罩,以防止火星飞扬。

(4)采用易燃材料修建的屋面、外墙和间墙,应当尽可能抹上草泥或砂浆。

(5)建筑物的四周和道路两侧,应当修建排水明沟。

(6)照明电线应当有良好的绝缘,并且尽可能采用拉线开关。如果采用油灯、蜡烛等明火照明,应规定固定位置,周围加以防护,并且应有专人负责管理。

7.3.3 其他防火要求

(1)为了确保安全,根根各地条件,应设置一些消防设施和工具,如简易储水池、消火栓、砂袋、水桶、手动水泵、灭火器等,进行定期检查和消防演习。

(2)修建临时宿舍要有规划和简要设计,并且应经过公司总工室的审核批准,才可施工。

(3)临时宿舍使用期间,设专门机构和群众性的消防,负责日常的维护修缮工作,并且应经常发动职工开展防火运动。

(4)供临时使用的店铺、食堂、电视室等临时建筑物的防火设施,也应按照规定的原则办理。

7.4 施工现场防火检查

防火检查是督促查看建筑工地的消防工作情况和查巡验看消防安全工作中存在的问题,控制重大火灾,减少火灾损失,维护消防安全的重要手段,是现场施工单位自身消防安全管理的重要措施。

施工现场各个工种交叉施工较多,电焊气割在钢筋、水电安装施工过程中都要随时动用,如果管理不到位,特殊工种无证上岗,不懂电焊气割安全技术操作规程,未经批准冒险作业,安全监护不到位,下班前没有对动火区域进行火灾隐患检查,电源线破损老化,工人在木工作业现场吸烟、乱扔烟头等一切违章行为,都会造成火灾,给公司造成财产损失,严重的会造成人员伤亡。为了确保生产安全,施工现场防火工作是非常重要的。

1. 现场要有明显的防火宣传标志,每月对职工进行一次防火教育,定期组织防火检查,建立防火工作档案。

2. 电工、焊工从事电气设备安装电、气焊作业,要有操作证和用火证。动火前要清除附近易燃物,配备看火人员和灭火用具。用火证当日有效。动火地点变换,要重新办理用火手续。

3. 使用电气设备和易燃、易爆物品,必须采取严格防火措施,指定防火负责人,配备灭火器材,确保施工安全。

4. 因施工需要搭设临时建筑,应符合防盗、防火要求,不得使用易燃材料。城区内的工地一般不准支搭木板房。

5. 施工材料的堆放、保管,应符合防火安全要求,库房应用非燃材料搭设。易燃、易爆物品,应专库储存,分类单独堆放,保持通风,用火符合防火规定。不准在工程内、库房内调配油漆,稀释易燃、易爆液体。

6. 工程内不准作为仓库使用,不准存放易燃、可燃材料,因施工需要进入工程的可燃材料,要根据工程计划限量进入并采取可靠的防火措施。工程内不准住人,特殊情况需要住人的,要报项目部批准并由项目部与班组签订协议,明确管理责任。

7. 施工现场严禁吸烟。必要时设有防火措施的吸烟室。

8. 施工现场和生活区,未经安全保卫部门批准不得使用电热器具。

9. 氧气瓶、乙炔气瓶工作间距不小于5m,两瓶同明火作业距离不小于10m。禁止在工程内使用液化石油气"钢瓶"、乙炔发生器作业。

10. 施工工程始末要坚持防火安全交底制度。特别进行电焊、气焊、油漆粉刷或从事防火等危险作业时,要有具体防火要求。

11. 现场应划分用火作业区,易燃、易爆材料区,生活区,按规定保持防火间距。另外,在防火间距中不准堆放易燃物。

12. 现场应有车辆循环通道,通道宽度不小于3.5m。禁止占用场内通道堆放材料。

13. 现场应设消防水管网,配备消防栓。进水干管直径不小于100mm。较大工程要分区设置消防栓;高度超过24m的工程,应设置消防竖管,管径不得小于65mm,并随楼层的升高每隔一层设一处消防栓口,配备水带。消防供水应保证水枪的充实水柱射到最高最远点。施工现场消防栓处日夜要设明显标志,配备足够水带,周围3m内,不准存放任何物品。消防泵房应用非燃材料建造,设在安全位置,消防泵专用配电线路,应引自施工现场总断路器的上端,并设专人值班,要保证连续不间断供电。

14. 现场防火材料堆放的防火要求有三点:

(1)木料堆放不宜过多,垛之间要保持一定的防火距离。木材加工的废料要及时清理,以防自燃。

(2)现场生石灰应单独存放,不准与易燃、可燃材料放在一起,并注意防水。

(3)易燃、易爆物品的仓库应设在地势低处,电石库应设在地势较高的干燥处。

15. 现场中用易燃材料搭设工棚在使用时应遵守下列规定:

(1)工棚设置处要有足够的灭火器材,设蓄水池或蓄水桶。

(2)每幢工棚的防火间距,城区不小于5m,农村不小于7m。工棚不得过于集中,每一组工棚不准超过12幢。组与组的防火间距不小于10m。

(3)不准在高压线下搭设工棚。在高压线下一侧搭设工棚时,距高压线的水平距离不小于6m,工棚距铁路和易燃物库房距离不小于30m,距危险性较大的用火生产区距离不小于30m。锅炉房、厨房用明火的设施应设在工棚区的长年下风向。

(4)工棚的高度一般不低于2.5m,棚内应留有通道,合理设门窗,门窗均应向外开。

(5)工棚内的灯具、电线都应采用妥善的绝缘保护,灯具与易燃物一般应保持30cm间距,使用大灯泡时要加大距离,工棚内不准使用碘钨灯照明。

16. 施工现场不同施工阶段的防火要点如下:

(1)在基础施工时,注意工地上风方向是否有烟囱落下火种的可能,注意焊接钢筋时易燃材料应及时清理。

(2)主体结构施工时,焊接量比较大,要加强看火人员。特别高层施工时,电焊火花一落数层,如果场内易燃物多,应多设看火员。在焊点垂直下方,尽量清理易燃物。电火花落点要及时清理,消灭火种。电焊线接头要锁紧,焊线绝缘要良好,与脚手架或建筑物接触时要采取保护,防止漏电打火。照明和动力用胶皮线应按规定架设。

(3)在装修施工时,易燃材料较多,对所用电气及电线要严加管理,预防断路打火。在吊顶内安装管道时,应在吊顶易燃材料装上以前完成焊接作业,禁止在吊顶内焊割作业。如果因为工程特殊需要必须在易燃棚顶内从事电气焊时,应先与消防部门商定妥善的防火措施后,才可施工。在使用易燃油漆时,要注意通风,严禁明火,以防易燃气体燃烧爆炸。还应注意静电起火和工具碰撞打火。

7.5 施工现场平面布置的消防安全要求

建筑施工企业必须严格依照有关建设工地消防管理的法律法规和规范性文件,建立和执行施工现场防火管理制度,建立健全消防管理组织,制定防火应急预案及消防平面布置图,明确各区域消防责任人,定期组织消防培训及消防演习。

临时设施搭设和电气设备的安装使用必须符合消防要求,应合理配备消防设施,并保持完好的备用状态。

7.5.1 防火间距要求

施工现场的平面布局应以施工工程为中心,要明确划分出用火作业区、禁火作业区(易燃、可燃材料的堆放场地)、仓库区和现场生活区、办公区等区域。设立明显的标志,将火灾危险性大的区域布置在施工现场常年主导风向的下风侧或侧风向,各区域之间的防火间距应符合消防技术规范和有关地方法规的要求。其具体要求为以下几点。

(1)禁火作业区距离生活区应不小于15m,距离其他区域应不小于25m。

(2)易燃、可燃材料的堆料场及仓库距离修建的建筑物和其他区域应不小于20m。

(3)易燃废品的集中场地距离修建的建筑物和其他区域应不小于30m。

(4)防火间距内,不应堆放易燃、可燃材料。

(5)临时设施最小防火间距,要符合《建筑设计防火规范》(GB 50016—2006)和国务院《关于工棚临时宿舍和卫生设施的暂行规定》。

7.5.2 现场道路及消防要求

(1)施工现场的道路,夜间要有足够的照明设备。

(2)施工现场必须建立消防通道,其宽度应不小于3.5m,禁止占用场内消防通道堆放材料,保证其在工程施工的任何阶段都必须通行无阻。施工现场的消防水源处,还要筑有消防车能驶入的道路,如果不可能修建通道时,应在水源(池)一边铺砌停车和回车空地。

(3)临时性建筑物、仓库及正在修建的建(构)筑物的道路旁,都应该配置适当种类和一定数量的灭火器,并布置在明显和便于取用的地点。冬期施工还应对消防水池、消火栓和灭火器等做好防冻工作。

7.5.3 临时设施要求

作业棚和临时生活设施的规划和搭建,必须符合下列要求。

(1)临时生活设施应尽可能搭建在距离正在修建的建筑物20m以外的地区,禁止搭设在高压架空电线的下面,距离高压架空电线的水平距离不应小于6m。

(2)临时宿舍与厨房、锅炉房、变电所和汽车库之间的防火距离应不小于15m。

(3)临时宿舍等生活设施,距离铁路的中心线及小量易燃品储藏室的间距不小于30m。

(4)临时宿舍距离火灾危险性大的生产场所不得小于30m。

(5)为储存大量的易燃物品、油料、炸药等所修建的临时仓库,与永久工程或临时宿舍之间的防火间距应根据所储存的数量,按照有关规定来确定。

(6)在独立的场地上修建成批的临时宿舍时,应当分组布置,每组最多不超过2幢,组与组之间的防火距离,在城市市区不小于20m,在农村应不小于10m。作为临时宿舍的简易楼房的层高应当控制在两层以内,且每层应当设置两个安全通道。

(7)生产工棚包括仓库,无论有无用火作业或取暖设备,室内最低高度一般不应小于2.8m,其门的宽度要大于1.2m,并且要双扇向外。

7.5.4　消防用水要求

施工现场要设有足够的消防水源(给水管道或蓄水池),对有消防给水管道设计的工程,应在施工时,先敷设好室外消防给水管道与消火栓。

施工现场应设消防水管网,配备消防栓。进水干管直径不小于100mm。较大工程要分区设置消防栓;施工现场消防栓处日夜要设明显标志,配备足够水带,周围3m内,不准存放任何物品。消防泵房应用非燃材料建造,设在安全位置,消防泵专用配电线路,应引自施工现场总断路器的上端,要保证连续不间断供电。

7.6　焊接机具、燃器具的安全管理

7.6.1　电焊设备的防火、防爆要求

(1)每台电焊机均需设专用断路开关,并有与电焊机相匹配的过流保护装置,装在防火防雨的闸箱内。现场使用的电焊机,应设有防雨、防潮、防晒的机棚,并装设相应消防器材。

(2)每台电焊机应设独立的接地、接零线,其接点用螺钉压紧。电焊机的接线柱、接线孔等应装在绝缘板上,并有防护罩保护。电焊机应放置在避雨、干燥的地方,不准与易燃、易爆的物品或容器混放在一起。

(3)电焊机和电源要符合用电安全负荷。超过3台以上的电焊机要固定地点集中管理,统一编号。室内焊接时,电焊机的位置、线路敷设和操作地点的选择应符合防火安全要求,作业前必须进行检查。

(4)电焊钳应具有良好的绝缘和隔热能力。电焊钳握柄必须绝缘良好,握柄与导线连接牢靠,接触良好。

(5)电焊机导线应具有良好的绝缘,绝缘电阻不得小于1MΩ,应使用防水型的橡胶皮护套多股铜芯软电缆,不得将电焊机导线放在高温物体附近。

(6)电焊机导线和接地线不得搭在氧气瓶、乙炔瓶、乙炔发生器、煤气、液化气等易燃、易爆设备和带有热源的物品上;专用的接地线直接接在焊件上,不准接在管道、机械设备、建筑物金属架或轨道上。

(7)电焊导线长度不宜大于30m,当需要加长时,应相应增加导线的截面;电焊导线中间

不应有接头,如果必须设有接头,其接头处要距离易燃、易爆物 10m 以上,防止接触打火,造成起火事故。

(8)电焊机二次线,应用线鼻子压接牢固,并加防护罩,防止松动、短路放弧。禁止使用无防护罩的电焊机。

(9)施焊现场 10m 范围内,不得堆放油类、木材、氧气瓶、乙炔发生器等易燃、易爆物品。

(10)当长期停用的电焊恢复使用时,其绝缘电阻不得小于 0.5MΩ,接线部分不得有腐蚀和受潮现象。

7.6.2 气焊设备的防火、防爆要求

1. 氧气瓶与乙炔瓶

(1)氧气瓶与乙炔瓶是气焊工艺的主要设备,属于易燃、易爆的压力容器。乙炔气瓶必须配备专用的乙炔减压器和回火防止器,回火防止器可以防止氧气倒回而发生事故。氧气瓶要安装高、低气压表,不得接近热源,瓶阀及其附件不得沾油脂。

(2)乙炔气瓶、氧气瓶与气焊操作地点(含一切明火)的距离不应小于 10m,焊、割作业时,两者的距离不应小于 5m,存放时的距离不小于 2m。

(3)氧气瓶、乙炔瓶应立放固定,严禁倒放,夏季不得在日光下曝晒,不得放置在高压线下面,禁止在氧气瓶、乙炔瓶的垂直上方进行焊接。

(4)气焊工在操作前,必须对其设备进行检查,禁止使用保险装置失灵或导管有缺陷的设备。装置要经常检查和维护,防止漏气,同时严禁气路沾油。

(5)冬季施工完毕后,要及时将乙炔瓶和氧气瓶送回存放处,并采取一定的防冻措施,以免冻结。如果冻结,严禁敲击和用明火烘烤,要用热水或蒸汽加热解冻,不许用热水或蒸汽加热瓶体。

(6)检查漏气时,要用肥皂水,禁止用明火试漏。作业时,要根据金属材料的材质、形状确定焊炬与金属的距离,不要距离太近,以防喷嘴太热,引起焊炬内自燃回火。点火前,要检查焊炬是否正常,其方法是检查焊炬的吸力,若开了氧气而乙炔管毫无吸力,则焊炬不能使用,必须及时修复。

(7)瓶内气体不得用尽,必须留有 0.1 ~0.2MPa 的余压。

(8)储运时,瓶阀应戴安全帽,瓶体要有防震圈,应轻装轻卸,搬运时严禁滚动、撞击。

2. 液化石油气瓶

(1)运输和储存时,环境温度不得高于 60℃;严禁受日光曝晒或靠近高温热源;与明火距离不小于 10m。

(2)气瓶正立使用,严禁卧放、倒置。必须装专用减压器,使用耐油性强的橡胶管和衬垫;使用环境温度以 20℃为宜。

(3)冬季时,严禁火烤和沸水加热气瓶,只可以用 40℃以下温水加热。

(4)禁止自行倾倒残液,防止发生火灾和爆炸。

(5)瓶内气体不得用尽,必须留有 0.1MPa 以上的余压。

(6)禁止剧烈振动和撞击。

(7)严格控制充装量,不得充满液体。

7.7　消防设施、器材的布置

根据灭火的需要，建筑施工现场必须配置相应种类、数量的消防器材、设备、设施，如消防水池（缸）、消防梯、沙箱（池）、消防栓、消防桶、消防锹、消防钩（安全钩）及灭火器。

7.7.1　消防器材的配备

（1）一般临时设施区域内，每 $100m^2$ 配备2只10L灭火器。

（2）大型临时设施总面积超过 $1200m^2$，应备有专供消防用的积水桶（池）、沙池等器材、设施，上述设施周围不得堆放物品，并留有消防车道。

（3）临时木工间、油漆间、木具间、机具间等每 $25m^2$ 配备一只种类合适的灭火器，油库、危险品仓库应配备足够数量、种类合适的灭火器。

（4）仓库或堆料场内，应根据灭火对象的特征，分组布置酸碱、泡沫、清水、二氧化碳等灭火器，每组灭火器不应少于4个，每组灭火器之间的距离不应大于30m。

（5）24m以上的高层建筑施工现场，应设置具有足够扬程的高压水泵或其他防火设备和设施。

（6）施工现场的临时消火栓应分设于各明显且便于使用的地点，并保证消火栓的充实水柱能达到工程内任何部位。

（7）室外消火栓应沿消防车道或堆料场内交通道路的边缘设置，消火栓之间的距离不应大于50m。

（8）采用低压给水系统，管道内的压力在消防用水量达到最大时，不低于0.1MPa；采用高压给水系统，管道内的压力应保证两支水枪同时布置在堆场内最远和最高处的要求，水枪充实水柱不小于13m，每支水枪的流量不应小于5L/s。

7.7.2　灭火器的设置地点

灭火器不宜设置在潮湿或强腐蚀性的地点。当必须设置时，应有相应的保护措施。灭火器设置在室外时，应有相应的保护措施。灭火器不得设置在超出其使用温度范围的地点。其使用温度范围，见表7-7-1。

表7-7-1　灭火器的使用温度范围

灭火器类型		使用温度范围（℃）
水型灭火器	不加防冻剂	+5 ~ +55
	添加防冻剂	-10 ~ +55
机械泡沫灭火器	不加防冻剂	+5 ~ +55
	添加防冻剂	-10 ~ +55
干粉灭火器	二氧化碳驱动	-10 ~ +55
	氮气驱动	-20 ~ +55
洁净气体（卤代烷）灭火器		-20 ~ +55
二氧化碳灭火器		-10 ~ +55

注：灭火器的使用温度范围应符合现行灭火器产品质量标准GB4351和GB8109的有关规定。

7.7.3 消防器材的日常管理

(1)各种消防梯经常保持完整完好。

(2)水枪经常检查,保持开关灵活,畅通,附件齐全无锈蚀。

(3)水带充水防骤然折弯,不被油脂污染,用后清洗晒干,收藏时单层卷起,竖直放在架上。

(4)各种管接头和阀盖应接装灵便,松紧适度,无渗漏,不得与酸碱等化学品混放,使用时不得撞压。

(5)消防栓按室内外(地上、地下)的不同要求定期进行检查和及时加注润滑液,消防栓上应经常清理。

(6)工地设有火灾探测和自动报警灭火系统时,应设专人管理,保持处于完好状态。

(7)消防水池与建筑物之间的距离,一般不得小于10m,在水池的周围留有消防车道。在冬季或寒冷地区,消防水池应有可靠的防冻措施。

7.8 施工现场防火

施工现场的消防工作应坚持"以防为主,防消结合"的方针。

7.8.1 高层建筑防火

高层建筑施工人员多而复杂,建筑材料多、电气设备多且用电量大,交叉作业动火点多,还有通信设备差、不易及时救火等特点。一旦发生火灾,造成的经济损失和社会影响都会非常大。因此,施工时必须从实际出发,始终贯彻"预防为主、防消结合"的消防工作方针,因地制宜地进行科学管理。

1. 高层建筑施工的防火措施

(1)施工单位各级领导应重视施工防火安全,始终将防火工作放在首要位置,按照"谁主管谁负责"的原则,从上到下建立多层次的防火管理网络,成立义务消防队,并每月召开一次安全防火会议。

(2)每个工地都应制定《消防管理制度》和《施工材料和化学危险品仓库管理制度》;建立各工种的安全操作责任制,明确工程各部位的动火等级,严格动火申请和审批手续。

(3)对参加高层建筑施工的外包队伍,要同每支队伍领队签订防火安全协议书,并对其进行安全技术措施的交底。

(4)严格控制火源和执行动火过程中的安全技术措施,施工现场应严格禁止吸烟,并且设置固定的吸烟点。焊割工要持操作证和动火证上岗;监护人员要持动火证,在配有灭火器材的情况下进行监护,并严格执行相应的操作规程和"十不烧"规定。

(5)施工现场应按规定配置消防器材,并有醒目的防火标志。20层(含20层)以上的高层建筑应设置专用的高压水泵,每个楼层应安装防火栓和消防水龙带,大楼底层设蓄水池(不小于$20m^3$)。当因层次高而水压不足时,在楼层中间应设接力泵,并且每个楼层按面积每$100m^2$设2个灭火器,同时备有通信报警装置,便于及时报告险情。

(6)工程技术人员在制定施工组织设计时,要考虑防火安全技术措施,及时征求防火管理人员的意见,尽量做到安全、合理。

2. 高层建筑施工防火注意事项

(1)已建成的建筑物楼梯不得封堵。施工脚手架内的作业层应畅通,并搭设不少于2处与主体建筑相衔接的通道口。建筑施工脚手架外挂的密目式安全网必须符合阻燃标准要求,严禁使用不阻燃的安全网。

(2)30m以上的高层建筑施工,应当设置加压水泵和消防水源管道,管道的立管直径不得小于50mm,每层应设出水管口,并配备一定长度的消防水管。

(3)高层焊接作业,要根据作业高度、风力、风力传递的次数,确定火灾危险区域,并将区域内的易燃、易爆物品转移到安全地方,无法移动的要采取切实的防护措施。高层焊接作业应当办理动火证,动火处应当配备灭火器,并设专人监护,若发现险情,应立即停止作业,并采取措施及时扑灭火源。

(4)大雾天气和六级风时,应当停止焊接作业。

(5)高层建筑施工临时用电线路应使用绝缘良好的橡胶电缆,严禁将线路绑在脚手架上。施工用电机具和照明灯具的电气连接处应当绝缘良好,保证用电安全。

(6)高层建筑应设立防火警示标志。楼层内不得堆放易燃、可燃物品。在易燃处施工的人员不得吸烟和随便焚烧废弃物。

7.8.2　地下工程防火

地下工程施工中除了遵守正常施工中的各项防火安全管理制度和要求外,还应遵守以下防火安全要求:

(1)施工现场的临时电源线不宜直接敷设在墙壁或土墙上,应用绝缘材料架空安装。配电箱应采取防水措施,潮湿地段或渗水部位照明灯具应采取相应措施或安装防潮灯具。

(2)施工现场应有不少于两个出入口或坡道,施工距离长,应适当增加出入口的数量。施工区面积不超过50m,且施工人员不超过20人时,可只设一个直通地上的安全出口。

(3)安全出入口、疏散走道和楼梯的宽度应按其通过人数每100人不小于1m的净宽计算。每个出入口的疏散人数不宜超过250人。安全出入口、疏散走道、楼梯的最小净宽不应小于1m。

(4)疏散走道、楼梯及坡道内,不宜设置突出物或堆放施工材料和机具。

(5)疏散走道、安全出入口、疏散马道(楼梯)、操作区域等部位,应设置火灾事故照明灯。火灾事故照明灯在上述部位的最低照度应不低于5lx(勒克斯)。

(6)疏散走道及其交叉口、拐弯处、安全出口处应设置疏散指示标志灯。疏散指示标志灯的间距不易过大,距地面高度应为1~1.2m,标志灯正前方0.5m处的地面照度不应低于1lx。

(7)火灾事故照明灯和疏散指示灯工作电源断电后,应能自动投合。

(8)地下工程施工区域应设置消防给水管道和消火栓,消防给水管道可以与施工用水管道合用。特殊地下工程不能设置消防用水时,应配备足够数量的轻便消防器材。

(9)大面积油漆粉刷和喷漆应在地面施工,局部的粉刷可在地下工程内部进行,但一次粉刷的量不宜过多，同时在粉刷区域内禁止一切火源，加强通风。

(10)禁止中压式乙炔发生器在地下工程内部使用及存放。

(11)制定应急的疏散计划。

7.8.3 特殊工种防火

在建筑工程施工现场，多工种配合和立体交叉混合作业时，各工种都应当注意防火安全。

1. 焊工的防火安全要求

电气焊是利用电能或化学能转变为热能从而对金属进行加热的熔接方法。焊接或切割的基本特点是高温、高压、易燃、易爆。

(1)电焊工

① 电焊工在操作前，要严格检查所使用的工具，使用工具均应符合标准，保持完好状态，禁止使用保险装置失灵或线路有缺陷的设备。

② 在密闭的金属容器内施焊时，容器必须可靠接地，通风良好，并应有人监护，严禁向容器内输入氧气。

③ 焊接预热工件时，应采用石棉布或挡板等隔热措施。焊把线、地线禁止与钢丝绳接触，所有地线接头必须连接牢固。

④ 施焊场地周围应清除易燃易爆物品，或对其进行覆盖或隔离。

⑤ 必须在易燃易爆气体或液体扩散区内施焊时，应经有关部门检验许可后，方可施焊。

⑥ 焊钳不准随便乱放，焊条头不准随地乱扔。

⑦ 电焊完毕要切断电源，并进行彻底检查。

(2)气焊工

① 必须遵守安全使用危险品的有关规定。

② 氧气瓶、乙炔气瓶装减压器前，对瓶口污物要清除，以免污物进入减压器内。

③ 瓶阀开启要缓慢平稳，以防气体损坏减压器。

④ 点火前，检查焊、割炬的气密性；点火时，应先开乙炔阀门，点燃后立即开氧气阀门；停用时，应先关乙炔气阀门，后关氧气阀门。

⑤ 发生回火时，要立即关闭氧气阀门，最后关闭乙炔气阀门。

⑥ 施焊场地周围的易燃易爆物品应清除或覆盖、隔离。

⑦ 氧气瓶及配件、焊割工具上严禁沾染油脂。

⑧ 点火时，焊枪口不准对人，正在燃烧的焊枪不得放在地面或工件上。带有乙炔气和氧气的焊枪不准放在金属容器内，以防气体逸出，发生燃烧事故。

⑨ 不得手持连接胶管的焊枪爬梯或登高。

⑩ 工作完毕，应将氧气阀、乙炔气阀关好，拧上安全罩，检查工作场地，确认无着火危险方可离开。

(3)电、气焊作业过程中的防火要求

① 电、气焊作业前，应进行消防安全技术交底，要明确作业任务，认真了解作业环境，确定动火的危险区域，并设置明显标志；危险区内的一切易燃、易爆物品必须移走，对不能移走的可燃物，要采取可靠有效的防护措施。尤其在刮风天气，要注意风力的大小和风向的变化，防止

风力把火星吹到附近的易燃物上，必要时应派人监护。任何人不能以任何借口指挥、纵容气焊工冒险作业。在没有可靠防火安全措施时，气焊工有权拒绝操作。

② 在有可燃材料保温的部位，必须进行焊割作业时，应在工艺安排和施工方法上采取严格的防火措施，焊割作业不准与油漆、喷漆、脱漆、木工等易燃操作同时间、同部位上下交叉作业。

③ 禁止使用不合格的焊割工具和设备。电焊的导线不能与装有气体的气瓶接触，也不能与气焊的软管或气体的导管放在一起。焊把线和气焊的软管不得从生产、使用、储存易燃易爆物品的场所或部位穿过。

④ 焊割现场必须配备灭火器材，危险性较大的应有专人现场监护。

⑤ 遇有五级以上大风时，禁止在高空和露天作业。

(4)“十不烧”规定　施工现场的焊、割作业，必须符合防火要求，严格执行“十不烧”的规定，这是很好的防火经验。

① 焊工必须持证上岗，无证者不准进行焊、割作业。

② 未经办理动火审批手续，不准进行一、二、三级动火范围的焊、割作业。

③ 不了解焊、割现场周围的情况，不得进行焊、割。

④ 不了解焊件内部是否有易燃、易爆物品时，不得进行焊、割。

⑤ 装过可燃气体、易燃液体和有毒物质的容器，若未经彻底清洗或未排除危险之前，不准进行焊、割。

⑥ 采用可燃材料作为保温层、冷却层和隔声、隔热设备的部位，或火星能飞溅到的地方，在未采取切实可靠的安全措施之前，不准焊、割。

⑦ 有压力或密闭的管道、容器，不准焊、割。

⑧ 附近有易燃、易爆物品，在未做清理或未采取有效的安全防护措施前，不准焊、割。

⑨ 附近有与明火作业相抵触的工种在作业时，不得焊、割。

⑩ 与外单位相连的部位，在没有弄清有无险情或明知存在危险而未采取有效的措施之前，不得焊、割。

2. 木工的防火安全要求

建筑工地的木工作业场所、木工间严禁动用明火，禁止吸烟。工作场地和个人工具箱内严禁存放油料和易燃、易爆物品。在操作各种木工机械前，应仔细检查电气设备是否完好。要经常对工作间内的电气设备及线路进行检查，若发现短路、电气打火和线路绝缘老化、破损等情况要及时找电工维修。使用电锯、电刨子等木工设备作业时，应注意勿使刨花、锯末等将电机盖上。熬水胶使用的炉子，应设在单独房间里，用后要立即熄灭。

木工作业要严格执行建筑安全操作规程，完工后必须做到现场清理干净，剩下的木料堆放整齐，锯末、刨花要堆放在指定的安全地点，并且不能在现场存放时间过长，防止其自燃起火。在工作完毕和下班时，须切断电源，关闭门窗，检查确无火险后方可离去。油棉丝、油抹布等不得随地乱扔，应放在铁桶内，定期处理。

3. 现场电工的防火安全要求

(1)预防短路造成火灾的措施　施工现场架设或使用的临时用电线路，当发生故障或过载时，就会造成电气失火。由于短路时电流突然增大从而导致发热量很大，不仅能使绝缘材料燃烧，而且能使金属熔化，产生火花引起邻近的易燃、可燃物质燃烧而造成火灾。

① 建筑工地形成电气短路的主要原因是：没有按具体环境选用导线、导线受损、线芯裸露维修不及时、导线受潮绝缘被击穿、接错线等。

② 预防电气短路的措施有：按照有关规范安装检修电气线路和电气设备；建筑工地临时线路都必须使用护套线，导线绝缘必须符合电路电压要求；导线与导线、导线与墙壁和顶棚之间应有符合规定的间距或加套管保护；严禁使用铜丝、铁丝代替熔丝，按容量正确适用熔丝，线路上要安装合适的漏电断路器。

(2)预防过负荷造成火灾的措施　配合技术人员正确计算配电线路负荷，根据负荷合理选用导线截面。不得擅自增加用电设备，不得随便乱装、乱用。要定期检查线路负荷的增减情况，并按实际情况去掉过多的电气设备或另增线路，或者根据生产程序和需要，采取先控制后使用的方法把用电时间错开。

(3)预防产生电火花和电弧的措施

① 产生火花和电弧的主要原因：发生电气短路、开关通断、保险丝熔断、带电维修等。

② 预防措施有：裸导线间或导体与接地体间应保持足够的距离，保持导线支持物良好完整，防止布线过松(导线连接要牢固)；经常检查导线的绝缘电阻，保持绝缘良好；保险器或开关应装在不燃的基座上，并用不燃箱盒保护；不应带电安装和修理电气设备。

(4)在进行室内装修时，安装电气线路一定要注意以下问题　①顶棚内的电气线路穿线必须为镀锌铁管，施工安装时必须焊接固定在棚内；②造型顶棚采用金属软管穿线时，要作接地保护，或者穿四根线，其中一根作接地处理，以防止金属外皮产生感应电而引起火灾；③导线与导线、设备之间的接头要牢固，凡电气接头都必须用锡焊连接，并且应符合规范要求。

(5)三相四线制的电源中，三相电路必须平衡，各个回路容量应相等，否则火灾危险性很大。所以，在电源回路安装完毕后，根据施工规程的要求，一定要对各回路的负荷电流进行测试和调整，使三相线路保持平衡。

在对旧建筑物室内进行装修时，要重新设计线路的走向和电气设备的容量。

(6)其他注意事项

① 电工的操作必须严格遵守《电气工程安装标准》、《电气安全工作规程》、《电气设备运行管理规程》及有关防火规定，所用材料必须是经过检验的合格品。

② 应根据使用环境(如腐蚀、可燃气体、潮湿、高温等)，选择不同类别和型号的电气设备及附件。

③ 要定期检查线路和电气设备，保持线路横担、瓷瓶、绑线、接头要牢固，导线不松垂，绝缘层不破损老化，室外闸箱要防雨。

④ 每年雨季前应对避雷设施进行检查，接点要牢固，对电阻进行摇测，做好记录。定期对存放及使用易燃易爆化学物品容器、设备的静电导除装置进行检查，对电阻进行摇测，确保安全。

⑤ 电工有权制止乱拉乱接电线或没收未经批准使用的电气设备。

4. 防水工的防火安全要求

(1)熔化桶装沥青时，先将桶盖和气眼全部打开，用铁条疏通后，方准烘烤。烘烤中，经常疏通放油孔和气眼。严禁火焰和油直接接触。

(2)熬制沥青的地点不得设在电线的垂直下方，一般应距建筑物25m；锅与烟囱的距离应大于80cm，锅与锅之间的距离应大于2m；火口与锅边应有70cm的隔离设施。临时堆放沥青、燃料的地方，离锅不小于5m。

(3)熬油必须由有经验的工人看守，要随时测量、控制油温，熬油量不得超过锅容量的3/4，下料应慢慢溜放，严禁大块投放。下班时，要熄火，关闭炉门，盖好锅盖。

(4)锅内沥青着火，应立刻用锅盖盖紧，停止鼓风，封闭炉门，熄灭炉火；严禁在燃烧的沥青中浇水，应用干砂、湿麻袋灭火。

(5)配制冷底子油时，禁止用铁棒搅拌，以防碰出火星；下料应分批、少量、缓慢，不停搅拌，加料量不得超过锅容量的1/2；温度不得超过80℃，并严禁烟火。当发现冒出大量蓝烟时，应立即停止加料。

(6)凡是配置、储存、涂刷冷底子油的地点，都要严禁烟火，绝对不允许在附近进行电焊、气焊或其他动火作业，要设专人监护。

(7)装运沥青的勺、桶、壶等工具，不得锡焊，盛油量不得超过容器的2/3。肩挑或用手推车运送沥青时，道路要平坦，绳具要牢固。吊运时，桶的垂直下方不得有人。

(8)使用冷沥青进行防水作业时，应保持良好通风，人防工程及地下室必须采取强制通风，禁止吸烟和明火作业，应采用防爆的电气设备。冷防水施工作业量不宜过大，应分散操作。

(9)防水卷材采用热熔粘接，使用明火(如喷灯)操作时，应申请办理用火证，并设专人看火；应配有灭火器材，周围30m以内不准有易燃物。

5. 油漆工的防火安全要求

油漆作业所使用的材料都是易燃、易爆的化学材料，因此，无论是在油漆的作业场地还是临时存放的库房，都严禁动用明火。室内作业时，一定要有良好的通风条件，照明电气设备必须使用防爆灯头，严禁吸烟，周围的动火作业要距离10m以外。

油漆作业防火还应做到以下几个方面：

(1)各类油漆和其他易燃、有毒材料，应存放在专用库房内，不得与其他材料混放。挥发性油料应装入密闭容器内妥善保管。

(2)库房应通风良好，不准住人，并设置消防器材和“严禁烟火”明显标志。库房与其他建筑物应保持一定的安全距离。

(3)使用煤油、汽油、松香水、丙酮等调配油料时，应戴好防护用品，严禁吸烟。用过的油棉纱、油布、纸等废物，应收集存放在带盖的金属容器内，及时处理。

(4)在室内或在容器内喷漆，要保持通风良好，喷漆作业周围不准有火种。

(5)调油漆或加稀释料应在单独的房间进行，室内应通风；在室内和地下室油漆时，通风应良好，任何人不得在操作时吸烟，防止气体燃烧伤人。

(6)随领随用油漆溶剂，禁止乱倒剩余漆料溶剂，剩料要及时加盖，注意储存安全，不准到处乱放。

(7)清理随用的小油漆桶时，应办理用火手续，按申请地点用火烧，并设专人看火，配备消防器材，防止发生火灾。

(8)掌握防火灭火知识,熟练使用灭火器材。

(9)工作时应穿不易产生静电的服装、鞋,所用工具以不打火花为宜。

(10)喷漆设备必须接地良好。禁止乱拉乱接电线和电气设备,下班时要拉闸断电。

(11)禁止与焊工同时间、同部位的上下交叉作业。

(12)维修工程施工中使用脱漆剂时,应采用不燃性脱漆剂。

6. 架子工的防火安全要求

(1)施工现场不准使用可燃材料搭棚,必须使用时需经消防保卫部门和有关部门协商同意,选择适当地点搭设。

(2)在电、气焊及其他用火作业场所支搭架子,必须甩铁丝绑扎,禁止使用麻绳。

(3)支搭满堂红架子时,应留出检查通道。

(4)搭完架子或拆除架子时,应将可燃材料清理干净,排木、铁管、铁丝及管卡等及时清理,码放齐整,不得影响道路畅通。

(5)禁止在锅炉房、茶炉房、食堂烧火间等用火部位使用可燃材料支搭临时设施。

7. 防腐蚀作业的防火安全要求

凡有酸、碱长期腐蚀的工业建筑与其他建筑,都必须进行防腐处理,如工业电镀厂房、化工厂房等。目前,采用的防腐蚀材料,多为易燃、易爆的高分子材料,如环氧树脂、酚醛树脂、硫黄类、沥青类、煤焦油等材料,固化剂多为乙二胺、丙酮、酒精等。

(1)硫黄的熬制、储存与施工　熬制硫黄时,要严格控制温度,当发现冒蓝烟时要立即撤火降温,如果局部燃烧要采用石英粉灭火。硫黄的贮存、运输和施工过程中,严禁与木炭、硝石相混,且要远离明火。

(2)树脂类材料　树脂类防腐蚀材料施工时要避开高温,不要长时间置于太阳下曝晒。作业场地和储存库都要远离明火,储存库要阴凉通风。

(3)固化剂　固化剂乙二胺,遇火种、高温和氧化剂时都有燃烧的危险,与醋酸、二硫化碳、氯磺酸、盐酸、硝酸、硫酸、过氧酸银等发生反应时非常剧烈。因此,应贮存在阴凉通风的仓库内,并远离火种、热源;应与酸类、氧化剂隔离存放;搬运时要轻装轻卸,防止破损;一旦发生火灾,要用泡沫、二氧化碳、干粉、砂土和雾状水扑灭。

乙二胺是一种挥发性很强的化学物质,暴露时通常冒黄烟,在空气中挥发到一定浓度时,遇明火有爆炸的危险。乙二胺、丙酮、酒精能溶于或稀释多种化学品,并易挥发产生大量易燃气体。施工时,要随取随用,不要放置时间过长;贮存、运输时要密封好;操作工人作业时严禁烟火,注意通风。

7.8.4　季节性防火

1. 雨期和夏季施工防火要求

(1)雨期施工到来之前,应对配电箱、用电设备进行一次检查,必须采取相应的防雨措施,防止因短路造成火灾事故。

(2)油库、易燃易爆物品库房、塔吊、卷扬机架、打桩机、脚手架、在施工的高层建筑工程等部位及设施应设避雷装置;机电设备的电气开关,要有防雨防潮设施。

(3)每年雨期之前,对避雷装置进行一次全面检查。

(4)加强防雷措施,加强对外露电气设备、线路的检查和维修。

(5)夏季气温高,要做好易燃物品的管理。电石、乙炔气瓶、氧气瓶、易燃液体等应在库内或棚内存放,禁止露天存放,防止因受雷雨、日晒发生起火事故。生石灰、石灰粉的堆放应远离可燃材料,防止因受潮或雨淋产生高热引起周围可燃材料起火。

2. 冬期施工防火要求

冬期施工,现场使用明火较多,工地大多用火炉、电热取暖,不安全因素增加,是火灾的多发季节,管理不善很容易发生火灾,必须加强用火管理。

(1)施工现场临时用火,要建立用火证制度,由工地安全负责人审批。用火证当日有效,用后收回。

(2)电热法施工时,要安装电压调整器,以便控制电压;导线接头焊接牢固,要用绝缘布包好,穿墙要有套管保护,要有良好的电气接地;搞好定点定时测温记录工作,加热温度不宜超过80℃,发现问题应立即停电检查;要配备必要的消防器材,如二氧化碳或干粉灭火器。

(3)采用锯末、生石灰蓄热时,操作前必须通过试验来选择比较安全的配合比,经技术员制定出可靠的防火措施方能使用;使用中要设专人看管,经常检查温度,超过80℃要进行翻动降温。

(4)采用烘烤挖土法时,一定要设专人看管,做到有火必有人;现场要准备一些砂子和其他防火器材;每次烘烤的面积不宜过大,一般以建筑面积200m^2为宜。大风天最好停止使用此法。当周围有易燃、易爆材料时,严禁采用此法。

(5)供热锅炉房及操作人员的防火要求　供热锅炉房宜建造在施工现场的下风向,远离在建工程、易燃与可燃建筑、露天可燃材料堆场、料库等;锅炉房应不低于二级耐火等级;锅炉房的门应向外开启;锅炉正面与墙的距离不应小于3m,锅炉与锅炉之间应保持不小于1m的距离。锅炉房应有适当通风和采光,锅炉上的安全设备应有良好照明。锅炉烟道和烟囱与可燃构件应保持一定的距离,金属烟囱距可燃结构不小于100m,已做防火保护层的可燃结构不小于70m;砖砌的烟囱和烟道的内表面距可燃结构不小于50cm,其外表面距可燃结构不小于10cm。未采取消烟除尘措施的锅炉,其烟囱应设防火星帽。

司炉工应严格值班检查制度,锅炉着火以后,不准离开工作岗位,随时观察水温及水位,记录锅炉运行情况;下班时,须向下一班做好交接工作;炉灰倒在指定地点(不能带余火倒灰);禁止使用易燃、可燃液体点火。

(6)火炉安装与使用的防火要求　冬期施工的加热采暖,应尽量使用暖气,如用火炉,必须事先提出方案和防火措施,经消防保卫部门同意后方可开火。在油漆、喷漆、油漆调料间、木工房、料库、使用高分子装修材料的装修阶段,禁止采用火炉采暖。

各种金属与砖砌火炉必须完整良好,不得有裂缝;各种金属火炉与可燃、易燃材料的距离不得小于1m,已做保护层的火炉距可燃物的距离不得小于70cm;各种砖砌火炉壁厚不得小于30cm。在没有烟囱的火炉上方不得有可燃物,必要时须架设铁板等非燃材料隔热,其隔热板应比炉顶外围的每一边多出15cm以上。在木地板上安装火炉,必须设置炉盘,有脚的火炉炉盘厚度不得小于12cm,无脚的火炉炉盘厚度不得小于18cm;炉盘应伸出炉门前50cm,伸出炉后、左、右各15cm。各种火炉应根据需要设置高出炉身的火挡。

金属烟囱一节插入另一节的尺寸不得小于烟囱的半径,衔接地方要牢固。各种金属烟囱与板壁、支柱、模板等可燃物的距离不得小于30cm,距已做保护层的可燃物不得小于15cm。各种小型加热火炉的金属烟囱穿过板壁、窗户、挡风墙、暖棚等必须设铁板,从烟囱周边到铁板的尺寸不得小于5cm。此外,各种火炉的炉身、烟囱和烟囱出口等部分与电源线和电气设备应保持50cm以上的距离。

火炉使用和管理的防火要求是:火炉必须有受过消防安全常识教育的专人看守,每人看管火炉的数量不应过多;移动各种加热火炉时,必须先将火熄灭后方准移动;掏出的炉灰必须用水浇灭后倒在指定地点;禁止用易燃、可燃液体点火;加煤不应过多,以不超出炉口上沿为宜,防止热煤掉出引起可燃物起火;不准在火炉上熬炼油料、烘烤易燃物品等。

(7)易燃、可燃材料的使用及管理

① 使用易燃、可燃材料进行保温的工程必须设专人进行监护、巡逻检查。人员的数量应根据使用易燃、可燃材料的数量、保温面积来确定。合理安排施工工序,一般是将用火作业安排在前,保温作业安排在后。保温材料定位以后,禁止一切用火、用电作业,特别要禁止下层进行保温作业,上层进行用火、用电作业。

② 照明线路、照明灯具应远离可燃的保温材料。保温材料使用完以后,要随时进行清理,集中存放保管。

(8)冬期消防器材的保温防冻

① 冬期施工现场应尽量安装地下消火栓,在入冬前应进行一次试水,加少量润滑油,消火栓用草帘、锯末等覆盖,做好保温工作,以防冻结。冬天下雪时,应及时扫除消火栓上的积雪,以免雪化后将消火栓井盖冻住。高层临时消防水管应进行保温或将水放空,消防水泵内应考虑采暖措施,以免冻结。

② 消防水池,入冬前应做好保温防冻工作,随时进行检查,发现冻结时及时进行处理,一般在水池上加盖木板,木板上再盖不小于40cm厚的稻草、锯末等。入冬前应将泡沫灭火器、清水灭火器等放在有采暖的地方,并套上保温套。

7.9 施工现场灭火

火灾一旦发生,现场灭火的组织工作十分重要。有时往往由于组织不力和灭火方法不当,而蔓延成重大火灾。因此,必须认真做好灭火现场的组织工作。发现起火时,首先判明起火的部位和燃烧的物质,组织迅速扑救。如火势较大,应立即用电话等快速方法向消防队报警。报警时应详细说明起火的确切地点、部位和燃烧的物质。在消防队没有到达前,现场人员应根据不同的起火物质,采用正确有效的灭火方法,如切开电源,撤离周围的易燃易爆物质,根据现场情况,正确选择灭火用具。灭火现场必须指定专人统一指挥,并保持高度的组织性、纪律性,行动必须统一、协调、一致,防止现场混乱。灭火时应注意防止发生触电、中毒、窒息、倒塌、坠落伤人等事故。为了便于查明起火原因,认真吸取教训,在灭火过程中,要尽可能地注意观察起火的部位、物质、蔓延方向等特点。在灭火后,要特别注意保护好现场的痕迹和遗留的物品,以利查找失火原因。

起火必须具备3个条件:①存在能燃烧的物质,不论固体、液体、气体,凡能与空气中的氧或其他氧化剂起剧烈反应的物质，一般都称为可燃物质，如木材、汽油、酒精等；②要有助燃物，凡能帮助和支持燃烧的物质都叫助燃物，如空气、氧气等；③有能使可燃物燃烧的着火源，如明火焰、火星、电火花等。只有这3个条件同时具备，并相互作用才能起火。

7.9.1　主要的灭火方法

1. 窒息灭火法

可燃物的燃烧必须在其最低氧气浓度以上进行，否则燃烧不能持续进行。窒息灭火法就是阻止空气流入燃烧区，或用不燃物质（气体）冲淡空气，降低燃烧物周围的氧气浓度，使燃烧物质断绝氧气的助燃作用而使火熄灭。

这种灭火方法仅适用于扑救比较密闭的房间、地下室和生产设备等部位发生的火灾。在现场运用窒息法扑灭火灾时，可采用石棉布和浸湿的棉被、帆布、海草席等不燃或难燃材料来覆盖燃烧物或封闭孔洞；可采用水蒸气、惰性气体或二氧化碳、氮气充入燃烧区域内；可利用建筑物原有的门、窗以及生产设备上的部件封闭燃烧区，阻止新鲜空气流入，以降低燃烧区内氧气的含量，从而达到窒息灭火的目的。此外，在不得已且条件允许的情况下，也可采用水淹没（灌注）的方法来扑灭火灾。

2. 冷却灭火法

对一般可燃物来说，能够持续燃烧的条件之一就是它们在火焰或热的作用下达到了各自的着火温度。冷却灭火法是扑救火灾常用的方法，即将灭火剂直接喷洒在燃烧物体上，使可燃物质的温度降低到燃点以下，从而终止燃烧。

在火场上，除了用冷却灭火法扑灭火灾外，在必要的情况下，可采用冷却剂冷却建筑构件、生产装置、设备容器等方法，防止建筑结构变形而造成更大的损失。

3. 隔离灭火法

隔离灭火法是将燃烧物体和附近的可燃物质与火源隔离或疏散开，使燃烧失去可燃物质而停止。这种方法适用于扑救各种固体、液体或气体火灾。

隔离灭火法的具体措施有：①将燃烧区附近的可燃、易燃、易爆和助燃物质转移到安全地点；②关闭阀门，阻止气体、液体流入燃烧区；③设法阻拦流散的易燃、可燃气体或扩散的可燃气体；④拆除与燃烧区相毗邻的可燃建筑物，形成防止火势蔓延的间距等。

4. 抑制灭火法

抑制灭火法与前三种灭火方法不同，它使灭火剂参与燃烧反应过程，并使燃烧过程中产生的游离基消失，从而形成稳定分子或低活性的游离基，这样燃烧反应就将停止。目前，抑制法灭火常用的灭火剂有1211、1202、1301灭火剂。

上述四种灭火方法所采用的具体灭火措施是多种多样的。在实际灭火中，应根据可燃物质的性质、燃烧特点、火场具体条件以及消防技术装备性能等，选择不同的灭火方法。

7.9.2　灭火器的性能、用途和使用方法

主要灭火器的性能、用途和使用方法见表7-9-1所示。

表 7-9-1 几种灭火器的性能、用途和使用方法

灭火器种类	二氧化碳灭火器	四氯化碳灭火器	干粉灭火器	1211 灭火器
规格	2kg 以下 2～3kg 5～7kg	2kg 以下 2～3kg 5～8kg	8kg 50kg	1kg 2kg 3kg
药剂	液态二氧化碳	四氯化碳液体，并有一定压力	钾盐或钠盐干粉，并有盛装压缩气体的小钢瓶	二氟一氯一溴甲烷，并充填压缩氮
用途	不导电 扑救电气精密仪器、油类和酸类火灾；不能扑救钾、钠、镁、铝引起的火灾	不导电 扑救电气设备火灾；不能扑救钾、钠、镁、铝、乙炔、二硫化碳引起的火灾	不导电 扑救电气设备火灾，石油产品、油漆、有机溶剂、天然气火灾；不宜扑救电机火灾	不导电 扑救电气设备、油类、化工化纤原料的初起火灾
效能	射程 3m	3kg，喷射时间 30s，射程 7m	8kg，喷射时间 4～6s，射程 4.5m	1kg，喷射时间 6～8s，射程 2～3m
使用方法	一手拿喇叭筒对着火源，另一手打开开关	只要打开开关液体就可喷出，使用时应特别注意防毒	提起圈环，干粉就可喷出	拔下铅封或横销，用力压下压把
检查方法	每 3 个月测量一次，当重量减少 10% 时，应充气	每 3 个月试喷少许，压力不够时应充气	每年抽查一次干粉是否受潮结块；小钢瓶的气压每半年检查一次，如重量减少 10% 应换气	每 3 个月要检查一次氮气压力，每半年要检查一次药剂重量、压力，药剂重量若减少 10% 时，应重新充气、灌药

水的灭火范围较广，但不得用于：非水溶性可燃、易燃物体火灾；与水反应产生可燃气体，可引起爆炸的物质起火；直流水不得用于带电设备和可燃粉尘处的火灾，贮存大量浓硫酸、硝酸场所的火灾。

7.9.3 电气、焊接设备火灾的扑灭

1. 电气火灾的扑灭

扑灭电气火灾时，首先应切断电源，及时用适合的灭火器材灭火。充油的电气设备灭火时，应采用干燥的黄沙覆盖住火焰，使火熄灭。

扑灭电气火灾时，应使用绝缘性能良好的灭火剂，如干粉灭火器、二氧化碳灭火器、1211 灭火器等，严禁采用直接导电的灭火剂进行喷射，如使用喷射水流、泡沫灭火器等。

2. 焊接设备火灾的扑灭

电石桶、电石库房着火时，只能用干沙：干粉灭火器和二氧化碳灭火器进行扑灭，不能用水或含有水分的灭火器（如泡沫灭火器）灭火，也不能用四氯化碳灭火器灭火。

乙炔发生器着火时，首先要关闭出气管阀门，停止供气，使电石与水脱离接触，再用二氧化碳灭火器或干粉灭火器扑灭，不能用水、泡沫灭火器和四氯化碳灭火器灭火。

电焊机着火时，首先要切断电源，然后再扑灭。在未切断电源前，不能用水或泡沫灭火器灭火，只能用干粉灭火器、二氧化碳灭火器、四氯化碳灭火器或 1211 灭火器进行扑灭，用水或泡沫灭火器扑灭时容易触电伤人。

第 8 章　施工现场的安全隐患及响应预案

8.1　施工现场的安全隐患

8.1.1　脚手架工程的安全隐患

(1)脚手架无搭设方案及计算书,尤其是落地式脚手架,架子工有的按操作规程搭设,有的凭经验搭设,根本未编制脚手架施工方案;

(2)脚手架与建筑物的拉结不够牢固;

(3)杆件间距与剪刀撑的设置不符合规定;

(4)脚手板、立杆、大横杆、小横杆材质不符合要求;

(5)施工层脚手板未铺满,脚手板搭头固定不牢固;

(6)脚手架搭设前未进行交底,项目经理部负责人未组织脚手架分段及搭设完毕的检查验收,即使组织验收,也无量化验收内容;

(7)脚手架上材料堆放不均匀,荷载超过规定;

(8)通道及卸料堆平台的防护栏杆不符合规范规定;

(9)落地式脚手架基础不平、不牢,扫地杆不符合要求;

(10)脚手架的连墙点随意破坏剪断;

(11)脚手架搭设及操作人员,经过专业培训的未上岗,未经专业培训的却上岗。

由于脚手架存在上述问题,必然造成架体不稳定、架体倒塌、高处坠落及物体打击的安全隐患。

8.1.2　基础工程安全隐患(基坑支护、模板工程)

1. 基坑支护

基坑施工存在的安全隐患有:

(1)基础施工无支护方案,有支护方案的,方案无针对性,不能指导施工。基坑深度超过5m的,无专项设计;

(2)基坑临边防护措施不符合要求;

(3)坑槽开挖设置的安全边坡不符合安全坡度要求;

(4)基坑施工未设置有效的排水措施;深基础施工采用坑外排水,无防止邻近建筑物沉降的措施;

(5)基坑周边弃土堆料距坑边的距离小于设计和规范的规定;

(6)基坑内作业人员上下通道的搭设不符合规定，或陡、或窄、或无扶手、无防滑条。人员上下极不安全；

(7)土方开挖时，挖“神仙土”，即从坑槽壁中、下部往内挖凹进去，让中、上部土体自然垮塌；

(8)机械挖土，挖土机作业位置不牢固。

2. 模板工程

模板工程施工存在的安全隐患有：

(1)无模板工程施工方案；

(2)现浇混凝土模板支撑系统无设计计算书，支撑系统不符合规范要求；

(3)支撑模板的立柱材质及间距不符合要求；

(4)立柱长度不一致，或采用接短柱加长，交接处不牢固，或在立柱下垫几皮砖加高；

(5)未按规范要求设置纵横身支撑；

(6)木立柱下端未锯平，下端无垫板，加长没有三面夹板；

(7)混凝土浇灌运输道不平稳、不牢固；

(8)作业无孔洞及临边无防护措施；

(9)2m 以上高处作业无可靠立足点。

8.1.3 “三宝”及“四口”防护安全隐患

“三宝”及“四口”防护的安全隐患有：

(1)部分工人自我防护意识不强，进入施工现场不戴安全帽，尤其在夏季施工嫌戴安全帽头部热燥；即使戴安全帽，使用方法也不符合规定；

(2)安全网的规格和材质不符合要求，未按规定设置平网和立网；

(3)悬空作业、高空作业未系安全带，系挂安全带的，安全带系挂不符合要求；

(4)楼梯口、楼梯踏步，悬挑端无防护措施；

(5)预留洞口无防护措施，坑井无防护措施；

(6)通道口未设防护棚，设置防护棚的不牢固，高度超过 24m 没有双层防护。

(7)未安装栏杆的阳台周边、无脚手架的屋面周边、井架通道的两侧边，卸料台的外侧边、建筑的楼层周边等五临边无防护措施，有防护措施的不符合要求。

8.1.4 施工临时用电安全隐患

(1)在建工程外侧与高压线路的距离小于规范规定的安全距离，又无防护措施；

(2)接地与接零系统不符合规范规定；

(3)未采用 TN－S 系统；

(4)保护零线与工作零线混接；

(5)开关箱无漏电保护工作；

(6)照明专用线路无漏电保护装置；

(7)配电箱和开关箱违反“一机一闸、一漏一箱”的原则；

(8)电箱下引出线混乱；

(9)电箱无门、无锁、无防雨措施;
(10)现场照明潮湿作业未使用36V以下安全电压。
(11)电线破皮及电线接头未用绝缘布包扎;
(12)用其他金属代替熔丝。

8.1.5 物料提升机(龙门架与井字架)安全隐患

(1)吊篮无停靠装置;
(2)吊篮无超高限位装置;
(3)未设置缆风绳;
(4)缆风绳不使用钢丝绳,缆风绳的组数、角度、地锚设置不符合要求;
(5)架体与建筑结构连墙杆的设置不符合要求;
(6)钢丝绳磨损超过报废标准;
(7)楼层卸料平台的防护不符合要求;
(8)地面进料口无防护棚;
(9)吊篮无安全门,违章乘坐吊篮上下;
(10)架体垂直度偏差超过规定;
(11)卷筒上无防止钢丝绳滑脱保险装置;
(12)无联络信号;
(13)在相邻建筑物防雷保护范围以外,无避雷装置。

8.1.6 塔吊的安全隐患

(1)无力矩限制器,或力矩限制器不灵敏;
(2)无超高、变幅、行走限位器,或限位器不灵敏;
(3)吊钩无保险装置;
(4)卷扬机滚筒无保险装置;
(5)上下爬梯无护圈,或护圈不符合要求;
(6)塔吊高度超过规定不安装附墙装置;
(7)附墙装置不符合说明书规定;
(8)无安装及拆卸施工方案;
(9)司机或指挥人员无证上岗;
(10)路基不坚实、不平整、无排水措施;
(11)轨道无限位量阻挡器;
(12)塔吊与架空线路小于安全距离又无防护措施。

8.1.7 起重吊装安全隐患

(1)起重吊装作业无方案,有作业方案但未经上级审批,方案针对性不强;
(2)起重机无超高和力矩限制器;
(3)起重机吊钩无保险装置;

(4)起重爬杆组装不符合设计要求;
(5)钢丝绳磨损断丝超标;
(6)缆风绳安全系数小于3.5倍;
(7)吊点不符合设计规定位置;
(8)司机或指挥无证上岗,非本机型司机操作;
(9)起重机作业路面地耐力不符合说明要求;
(10)被吊物体重量不明就吊装,超载作业;
(11)结构吊装未设置防坠落措施;
(12)作业人员不系安全带,或安全带无牢靠挂点;
(13)人员上下无专用爬梯、斜道;
(14)作业平台临边防护不符合要求,作业平台脚手板不满铺;
(15)起重吊装作业人员无可靠立足点;
(16)物件堆放超高、超载。

8.1.8 施工机具安全隐患

(1)平刨、圆盘踞、钢筋机械、手持电动工具、搅拌机的共同隐患是未作保护接零和无漏电保护器,传动部位无防护罩,护手、手柄等无安全装置,安装后均无验收合格手续;
(2)平刨和圆盘锯合用一台电机;
(3)使用Ⅰ类手持电动工具不按规定穿戴绝缘用品;
(4)电焊机无二次空载降压保护器或无触电保护器,一次线长度超过规定或不穿管保护,电源不使用自动开关,焊把线接头超过3处或绝缘老化,无防雨罩;
(5)搅拌机作业台不平整、不安全,无防雨棚,料斗无保险挂钩或挂钩不使用。
(6)气瓶存放不符合要求,气瓶相互间距和气瓶与明火间距不符合规定,无防震圈和防护帽;
(7)翻斗车自动装置不灵敏,司机无证驾车或违章驾车;
(8)潜水泵保护装置不灵敏、使用不合理。

8.2 施工现场事故的应急准备与响应预案

8.2.1 坍塌事故应急准备与响应预案

1. 应急准备
(1)组织机构及职责
① 坍塌事故应急准备和响应领导小组
组长:项目经理
组员:生产负责人、安全员、各专业工长、技术员、质检员、值勤人员。
② 坍塌事故应急处置领导小组负责对项目突发坍塌事故的应急处理。
(2)应急物资的准备、维护、保养

① 应急物资的准备:简易担架、跌打损伤药品、包扎纱布。

② 各种应急物资要配备齐全并加强日常管理。

(3)预防措施

① 任何建筑物或构筑物的基础工程在施工前都必须进行勘察,摸清地下情况,制定施工方案,按照土质的情况设置安全边坡或者固壁支撑。对于土质疏松或较深的沟坑,必须按照特定的设计进行支护。对于基坑、井坑的边坡和固壁支架应随时检查(特别是雨后和解冻时期),发现边破有裂痕、疏松或支撑有折断、走动等危险征兆,应立即采取措施,消除隐患。对于挖出的泥土,要按照规定放置,不得随意沿围墙或临时建筑堆放。

② 材料准备:开挖前准备足够优质木桩和脚手板、装土袋,以备护坡(打桩护坡法)。为防止基础出水,准备2台抽水泵,随时应急。

③ 对于人工挖孔桩工程,必须根据地质情况制定施工方案,制定包括止坍塌、打击、坠落、触电、火灾、流沙、中毒等内容的安全技术措施,并须配备气体检测仪后,方能施工。

④ 深基础开挖前先采取井点降水,将水位降至开挖最深度以下,防止开挖时出水塌方。另一种措施是准备整体喷浆护坡,开挖时现场设专人负责按比例放坡,分层开挖,开挖到底后,由专业队作喷浆护坡,确保边坡整体稳固。

⑤ 施工中必须严格控制建筑材料、模板、施工机械、机具或其他物料在楼层或层面的堆放数量和重量,以避免产生过大的集中载荷,造成楼板或屋面断裂坍塌。确因施工需要必须放置时,必须进行结构载荷验算。采取有效支撑、加固措施,并经上级技术负责人批准后方能置放。

2. 应急响应

(1)坍塌事故发生,项目部成立义务小组,由项目经理担任组长,生产负责人及安全员、各专业工长为组员,主要负责紧急事故发生时有条有理地进行抢救或处理,外包队管理人员及后勤人员,协助副项目经理做相关辅助工作。

(2)发生坍塌事故后,由项目经理负责现场总指挥,发现事故发生人员首先高声呼喊,通知现场安全员,由安全员打事故抢救电话"120",向上级有关部门或医院打电话抢救,同时通知副项目经理组织紧急应变小组进行现场抢救。土建工长组织有关人员进行清理土方或杂物,如有人员被埋,应首先按部位进行抢救人员,其他组员采取有效措施,防止事故发展扩大,让外包队负责人士随时监护边坡状况,及时清理边坡上堆放的材料,防止造成再次事故的发生。在向有关部门通知抢救电话的同时,对轻伤人员在现场采取可行的应急抢救,如现场包扎止血等措施。防止受伤人员流血过多造成死亡事故发生。预先成立的应急小组人员分工,各负其责,重伤人员由水、电工协助送外抢救,工作门卫在大门口迎接来救护的车辆,有程序地处理事故、事件,最大限度地减少人员和财产损失。

(3)如果发生脚手架坍塌事故,按预先分工进行抢救,架子工组织所有架子工进行倒塌架子的拆除和拉牢工作,防止其他架子再次倒塌,现场清理由外包队管理者组织有关职工协助清理材料,如有人员被砸应首先清理被砸人员身上的材料,集中人力先抢救受伤人员,最大限度地减小事故损失。

(4)事故后处理工作

① 查明事故原因及责任人。

② 以书面形式向上级写出报告，包括发生事故时间、地点、受伤（死亡）人员姓名、性别、年龄、工种、伤害程度、受伤部位。

③ 制定有效的预防措施，防止此类事故再次发生。

④ 组织所有人员进行事故教育。

⑤ 向所有人员宣读事故结果，及对责任人的处理意见。

8.2.2 倾覆事故应急准备与响应预案

1. 应急准备

（1）组织机构及职责

① 倾覆事故应急准备和响应领导小组

组长：项目经理

组员：生产负责人、安全员、土建工长、水暖工长、电气工长、技术员、质检员、架子工长、外包队管理人员、后勤人员。

② 倾覆事故应急处置领导小组负责对项目突发倾覆事故的应急处理。

（2）应急物资的准备、维护、保养

① 应急物资的准备：简易担架、跌打损伤药品、包扎纱布。

② 各种应急物资要配备齐全并加强日常管理。

（3）预防措施

① 为防止事故发生，塔吊必须由具备资质的专业队伍安装，司机必须持证上岗，安装完毕后经技术监督局验收合格后方可投入使用。

② 机手操作时，必须严格按操作规程操作，不准违章作业，严格执行“十不吊”，操作前必须有安全技术交底记录，并履行签字手续。

③ 脚手架支搭必须先编好搭设方案，经有关技术人员审批后遵照执行。

④ 所有架子工必须持证上岗，工作时佩带好个人防护用品，支搭脚手架严格按方案施工，做好脚手架拉接点拉牢工作，防止架体倒塌。

⑤ 所有架体平台架设好后，必须在各方专业技术人员验收签字后投入使用。

2. 应急响应

（1）如果有塔吊倾覆事故发生，首先让旁观者在现场高呼，提醒现场有关人员立即通知现场负责人，由安全员负责拨打应急救护电话“120”，通知有关部门和附近医院，到现场救护，现场总指挥由项目经理担当，负责全面组织协调工作，生产负责人亲自带领有关工长及外包队负责人，分别对事故现场进行抢救，如有重伤人员由土建工长负责送外救护，电气工长先切断相关电源，防止发生触电事故，门卫值勤人员在大门口迎接救护车辆及人员。

（2）水暖工长等人员协助生产负责人对现场清理，抬运物品，及时抢救被砸人员或被压人员，最大限度地减少重伤程度，如有轻伤人员可采取简易现场救护工作，如包扎、止血等措施，以免造成重大伤亡事故。

（3）如有脚手架倾覆事故发生，按小组预先分工，各负其责，但是架子工长应组织所有架子工，立即拆除相关脚手架，外包队人员应协助清理有关材料，保证现场道路畅通，方便救护车辆出入，以最快的速度抢救伤员，将伤亡事故降到最低。

(4)事故后处理工作

① 查明事故原因事故责任人。

② 写出书面报告,包括事故发生时间、地点、受伤害人姓名、性别、年龄、工种、受伤部位、受伤程度。

③ 制订或修改有关措施,防止此类事故发生。

④ 组织所有人进行事故教育。

⑤ 向全体人员宣读事故结果及对责任人处理意见。

8.2.3　物体打击事故应急准备与响应预案

1. 应急准备

(1)组织机构及职责:

① 项目部物体打击事故应急准备和响应领导小组

组长:项目经理

组员:生产负责人、安全员、各专业工长、技术员、质检员、值勤人员。

② 物体打击事故应急处置领导小组负责对项目突发物体打击事故的应急处理。

(2)应急物资的准备、维护、保养

① 应急物资的准备:简易担架、跌打损伤药品、包扎纱布。

② 各种应急物资要配备齐全并加强日常管理。

(3)预防措施

① 不准从高处向下抛投工具、物料,高空作业应将手持工具和零星物料等放在工具袋内。

② 进入施工现场必须戴好安全帽。

③ 出入通道、建筑物的出入口都应搭设防护棚。

④ 起重吊装作业严格按照操作规程进行,被起吊的重物下面和起重机桅杆下面严禁站人。

2. 应急响应

(1)物体打击事故发生,项目部成立义务小组,由项目经理担任组长,生产负责人及安全员、各专业工长为组员,主要负责紧急事故发生时有条不紊地进行抢救或处理,外包队管理人员及后勤人员协助生产负责人做相关辅助工作。

(2)发生物体打击事故后,由项目经理负责现场总指挥,发现事故发生人员首先高声呼喊,通知现场安全员,由安全员打事故抢救电话“120”,向上级有关部门或医院打电话抢救,同时通知生产负责人组织紧急应变小组进行可行的应急抢救,如现场包扎、止血等措施。防止受伤人员流血过多造成死亡事故发生。预先成立的应急小组人员分工,各负其责,重伤人员由水、电工长协助送外抢救工作,门卫在大门口迎接来救护的车辆,有程序地处理事故、事件,最大限度地减少人员和财产损失。

(3)事故后处理工作

① 查明事故原因及责任人。

② 以书面形式向上级写出报告,包括发生事故时间、地点、受伤(死亡)人员姓名、性别、年龄、工种、伤害程度、受伤部位。

③ 制定有效的预防措施,防止此类事故再次发生。

④ 组织所有人员进行事故教育。

⑤ 向所有人员宣读事故结果,及对责任人的处理意见。

8.2.4 机械伤害应急准备与响应预案

1. 应急准备

(1)组织机构及职责

① 机械伤害事故应急准备和响应领导小组

组长:项目经理

组员:生产负责人、安全员、各专业工长、技术员、质检员、值勤人员。

② 机械伤害事故应急处置领导小组负责对项目突发机械伤害事故的应急处理。

(2)应急物资的准备、维护、保养

① 应急物资的准备:简易担架、跌打损伤药品、包扎纱布。

② 各种应急物资要配备齐全并加强日常管理。

(3)预防措施

① 机械工具所有外露的旋转部分(如传动带、转轴、传动链、联轴节、带轮、飞轮、链轮、电锯等)都必须设置防护装置(防护网或防护罩)。防护装置必须安装牢固,并且性能可靠。

② 为防止运行中的机械设备或零部件超过极限位置,应配置可靠的限位装置。

③ 机械设备应设置可靠的制动装置,以保证接近危险时有效的制动。

④ 机械设备的气液传动机构,应设有控制超压、防止泄露等装置。

⑤ 机械设备在高速运转中容易甩出的部件,应设置防松脱装置,并配置防护罩或防护网等安全装置。

⑥ 机械设备应采取防噪声措施,使机械设备的噪声低于国家规定的噪声标准。

⑦ 机械设备容易发生危险的部位,必须设有安全标志、安全色和标志应保护颜色鲜明、清晰、持久。

⑧ 机械设备中易发生高温、极低温、强辐射线等部位,应有屏护措施

⑨ 所有电器的机械设备都应有良好的接地(或接零),以防止触电,同时注意防静电。

⑩ 在安装机械设备的场地应设置必要的安全防护装置,如防护栏栅、安全操作台等。

⑪ 制定机械设备安全操作规程,坚持操作人员持证上岗制度。

⑫操作人员必须按规定佩带防护用品,如防护眼镜、女工防护帽等。

2. 应急响应

(1)防机械伤害事故事故发生,项目部成立义务小组,由项目经理担任组长生产负责人及安全员、各专业正长为组员,主要负责紧急事故发生时有条有理地进行抢救或处理,外包队管理人员及后勤人员,协助上任工程师做相关辅助工作。

(2)发生机械伤害事故后,由项目经理负责现场总指挥,发现事故发生人员首先高声呼喊,通知现场安全员,由安全员打事故抢救电话“120”,向上级有关部门或医院打电话抢救,同时通知生产负责人组织紧急应变小组进行可行的应急抢救,如现场包扎、止血等措施。防止受伤人员流血过多造成死亡事故发生。预先成立的应急小组人员分工,各负其责,重伤人员由水、电工长协助立外抢救工作,门卫在大门口迎接来救护的车辆,有程序地处理事故、事件最大

限度地减少人员和财产损失。

(3)事故后处理工作

① 查明事故原因及责任人。

② 以书面形式向上级写出报告,包括发生事故时间、地点、受伤(死亡)人员姓名、性别、年龄、工种、伤害程度、受伤部位。

③ 制定有效的预防措施,防止此类事故再次发生。

④ 组织所有人员进行事故教育。

⑤ 向所有人员宣读事故结果,及对责任人的处理意见。

8.2.5　触电事故应急准备与响应预案

1. 应急准备

(1)组织机构及职责

① 触电事故应急准备和响应领导小组

组长:项目经理

组员:生产负责人、安全员、各专业工长、技术员、质检员、值勤人员。

② 触电事故应急处置领导小组负责对项目突发触电事故的应急处理。

(2)应急物资的准备、维护、保养

① 应急物资的准备:简易担架。

② 应急物资要配备齐全并加强日常管理。

(3)预防措施

① 所有施工现场的临时用电工程。必须实行TN-S系统及两级保护。编制临时用电的施工组织设计。并按规定做好用电管理、外电线路防护和配电线路、照明、配电箱及开关箱等的配备工作。

② 按照《建筑施工临时用电安全技术规范》(JGJ46—2005)的要求,做好各类电动机械的手持电动工具的接地或接零保护,保证其安全使用。

2. 应急响应

(1)脱离电源对症抢救。当发生人身触电事故时,首先使触电者脱离电源,迅速急救,关键是要“快”。

(2)对于低压触电事故,可采用下列方法使触电者脱离电源:

① 如果触电地点附近有电源开关或插销,可立即拉开电源开关或拔下电源插头,以切断电源。

② 可用有绝缘手柄的电工钳、干燥木柄的斧头、干燥木把的铁锹等切断电源线。也可采用干燥木板等绝缘物插入触电者身下,以隔离电源。

③ 当电线搭在触电者身上或被压在身下时,也可用干燥的衣服、手套、绳索、木板、木棒等绝缘物为工具,拉开提高或挑开电线,使触电者脱离电源。切不可直接去拉触电者。

(3)对于高压触电事故,可采用下列方法使触电者脱离电源:

① 立即通知有关部门停电。

② 戴上绝缘手套,穿上绝缘鞋,用相应电压等级的绝缘工具按顺序拉开开关。

③ 用高压绝缘杆挑开触电者身上的电线。

(4)触电者如果在高空作业时触电,断开电源时,要防止触电者摔下来造成二次伤害。

① 如果触电者伤势不重,神志清醒,但有些心慌,四肢麻木,全身无力或者触电者曾一度昏迷,但已清醒过来,应使触电者安静休息、不要走动,严密观察并送医院。

② 如故触电者伤势较重,已失去知觉,但心脏跳动和呼吸还存在,应将触电者抬至空气畅通处,解开衣服,让触电者平直仰卧,并用软衣服垫在身下,使其头部比肩稍低,以免妨碍呼吸,如天气寒冷要注意保温,并迅速送往医院。如果发现触电者呼吸困难,发生痉挛,应立即准备对心脏停止跳动或者呼吸停止后的抢救。

③ 如果触电者伤势较重,呼吸停止或心脏跳动停止或二者都已停止,应立即进行口对口人工呼吸法及胸外心脏挤压法进行抢救,并送往医院。在送往医院的途中,不应停止抢救,许多触电者就是在送往医院途中死亡的。

④ 人触电后会出现神经麻痹、呼吸中断、心脏停止跳动、呈现昏迷不醒状态,通常都是假死,万万不可当作"死人"草率从事。

⑤ 对于触电者,特别高空坠落的触电者,要特别注意搬运问题,很多触电者,除电伤外还有摔伤,搬运不当,如折断的肋骨扎入心脏等,可造成死亡。

⑥ 对于假死的触电者,要迅速持久地进行抢救,有不少的触电者,是经过四个小时甚至更长时间的抢救而抢救过来的。有经过六个小时的口对口人工呼吸及胸外挤压法抢救而活过来的实例。只有经过医生诊断确定死亡,才停止抢救。

(5)人工呼吸:是在触电者停止呼吸后应用的急救方法。各种人工呼吸方法中以口对口呼吸法效果最好。

① 施行人工正呼吸前,应迅速将触电者身上妨碍呼吸的衣领、上衣等解开,取出口腔内妨碍呼吸的食物、脱落的断齿、血块,黏液等,以免堵塞呼吸道,使触电者仰卧,并使其头部充分后仰(可用一只手掩触电者颈后),鼻孔朝上以利呼吸道畅通。

② 救护人员用手使触电者鼻孔紧闭,深吸一口气后紧贴触电者的口向内吹气,历时约 2 秒钟。吹气大小,要根据不同的触电人有所区别,每次吹气要个触电者胸部微微鼓起为宜。

③ 吹气后,立即离开触电者的口,并放松触电者的鼻子,使空气呼出,历时约 3 秒钟。然后再重复吹气动作。吹气要均匀,每分钟吹气呼气约 12 次。触电者已开始恢复自由呼吸后,还应仔细观察呼吸是否会再度停止。如果再度停止,应再继续进行人工呼吸,这时人工呼吸要与触电者微弱的自由呼吸规律一致。

④ 如无法使触电者把口张开时,可改用口对鼻人工呼吸法。即捏紧嘴巴紧贴鼻孔吹气。

(6)胸外心脏挤压法:是触电者心脏停止跳动后的急救方法

① 做胸外挤压时使触电者仰卧在比较坚实的地方,姿势与口对口人工呼吸法相同,救护者跪在触电者一侧或跪在腰部两侧,两手相叠,手掌根部放在心窝上方、胸骨下三分之一至二分之一处。掌根用力向下(脊背的方向)挤压出心脏里面的血液。成人应挤压 3 ~5 厘米,以每秒钟挤压一次,太快了效果不好,每分钟挤压 60 次为宜。挤压后掌根迅速全部放松,让触电者胸廓自动恢复,血液充满心脏。放松时掌根不必完全离开胸部。

② 应当指出,心脏跳动和呼吸是无法联系的。心脏停止跳动了,呼吸很快会停止。呼吸停止了,心脏跳动也维持不了多久。一旦呼吸和心脏跳动都停止了,应当同时进行口对口人工

呼吸和胸外心脏挤压。如果现场只有一人抢救，两种方法交替进行。可以挤压 4 次后，吹气一次，而且吹气和挤压的速度都应提高一些，以不降低抢救效果。

③ 对于儿童触电者，可以用一只手挤压，用力要轻一些，以免损伤胸骨，而且每分钟宜挤压 100 次左右。

(7) 事故后处理工作

① 查明事故原因及责任人。

② 以书面形式向上级写出报告，包括发生事故时间、地点、受伤（死亡）人员姓名、性别、年龄、工种、伤害程度、受伤部位。

③ 制定有效的预防措施，防止此类事故再次发生。

④ 组织所有人员进行事故教育。

⑤ 向所有人员宣读事故结果，及对责任人的处理意见。

8.2.6　环境污染事件应急准备与响应预案

1. 应急准备

(1) 组织机构及职责

① 项目部环境污染事件应急准备和响应领导小组

组长：项目经理

组员：生产负责人、安全员、各专业工长、技术员、质检员、值勤人员。

② 环境污染事件应急处置领导小组负责对项目环境污染事件的应急处理。

(2) 培训和演练

① 项目部安全员负责主持、组织全机关每年进行一次按环境污染事件“应急响应”的要求进行模拟演练。各组员按其职责分工，协调配合完成演练。演练结束后由组长组织对“应急响应”的有效性进行评价，必要时对“应急响应”的要求进行调整或更新。演练、评价和更新的记录应予以保持。

② 施工管理部负责对相关人员每年进行一次培训。

2. 应急响应

(1) 应急负责人接到报告后，立即指挥对污染源及其行为进行控制，以防事态进一步蔓延或扩散，项目安全员封锁事件现场。同时，通报公司应急小组副组长及公司。

(2) 公司应急小组副组长到达事件现场后，立即责令项目部立即停止生产，组织事件调查，并将事件的初步调查通报公司应急小组组长。

(3) 公司应急小组组长接到事件通报后，上报当地主管部门，等候调查处理。

8.2.7　高空坠落事故应急准备和响应预案

1. 应急准备

(1) 组织机构及职责

① 高处坠落事故应急准备和响应领导小组

组长：项目经理

组员：生产负责人、安全员、各专业工长、技术员、质检员、值勤人员。

② 高处坠落事故应急处置领导小组负责对项目突发高处坠落事故的应急处理。

(2)应急物资的准备、维护、保养

① 应急物资的准备:简易担架、跌打损伤药品、包扎纱布。

② 各种应急物资要配备齐全并加强日常管理。

(3)预防措施

①“三宝”防护措施。安全帽、安全带、安全网在建筑安装工程施工中,挽救了无数职工的生命,已被建筑企业广大职工公认为安全“三宝”。

a 进入施工现场的职工必须戴安全帽:进入施工现场的职工必须戴好符合标准的安全帽,帽衬与帽壳之间必须 4cm ~ 5cm 的间隙,并要系好帽带,防止脱落,或者坠落物件把帽子打掉致伤头部。

b 悬空作业人员须系安全带:凡在 2m 以上悬空作业,必须系好符合要求的安全带,有的悬空作业点没有挂安全带的条件时(如:行车梁的上部、吊装屋架上弦等),施工负责人应为工人设置挂安全带的安全绳、安全栏杆等。

c 高处作业点的下方必须设安全网:凡无外架防护施工,必须在高度 4m ~ 5m 处设一层固定全网,每隔四层楼再设一道固定安全网,并同时设一层随墙体逐层上升的安全网。凡外架、桥式架、插口架的操作层外侧,必须设置小孔安全网,防止人、物坠落造成事故。

②“四口”防护措施

a. 凡楼梯口、预留洞口(包括管井口),必须设围栏或盖板、架网。

b. 正在建的建筑物所有出入口,必须搭设防护棚。棚的宽度应大于出入口,棚的长度应根据建筑物的高度,分别为 5m ~ 10m 为宜。

③“五临边”防护措施。在施工过程中,尚未安装栏杆的阳台周边、无外架防护的屋面周边、工程楼层周边、跑道、(斜道)两侧边、卸料台的外侧边等,必须设置 1m 高的双层围栏或搭设安全网。

④“架子把住十道关”。脚手架在建筑安装工程施工中,是一项不可缺少的重要工具,万一脚手架发生故障,往往会造成多人重大伤亡事故。因此,对脚手架必须严格掌握,认真把好十道关口。

a. 材质关:严格按规定的质量,规格选择材料。

b. 尺寸关:必须按规定的间距尺寸搭设立杆、横杆、剪刀撑、栏杆等。

c. 铺板关;架板必须满铺,不得有空隙和探头板、飞跳板,并经常清除板上杂物。保持清洁、平整。本跳板厚必须达 5cm。

d. 栏护关:脚手架外侧和斜道两侧必须设 1m 高的栏杆和立网。

e. 连接关:必须按规定设剪刀撑和支撑,高于 7m 的架子,必须与建筑物连接牢固,不得摇晃。

f. 承重关:脚手架均布载荷,不超过 $2.8kN/m^2$。在脚手架上堆砖,只允许单行侧摆三层。用于装饰工程架子的载荷为 $2kN/m^2$。如超载,应采取加固措施以保证安全。

g. 上下关:必须为工人上下架子搭设马道(斜道、路道)或阶梯。严禁施工人员从架子爬上爬下,造成坠落事故。

h. 雷电关:凡金属脚手架与一万伏以上高压输电线路,水平距离必须保持 5m 以上,或者搭设隔离防护措施；一般电线不得直接捆在金属架杆上。必须捆扎时应加垫木隔离；凡金属脚手架高于周围避雷设施者，架间每隔 24m 设一个避雷针，针端要高出最高架杆 3.5m。

i. 挑梁关：悬吊式吊篮脚手架，除吊篮按规定加工、设篮护和立网外，挑梁架搭投要平坦和牢固。

j. 检验关：各种架子搭好后，工长必须组织架工和使用工种共同检查验收，验收合格后，方准上架操作。使用时，特别是大风、雨后，要检查架子是否稳固，发现问题及时加固，确保使用安全。10m 以上的脚手架，在操作层下留一层架板，以保证安全。如因材料不足不能留设安全层时，可在操作层下张设安全网，以防万一。

⑤"梯子必须牢又坚"。由于梯子不牢发生的高处坠落事故是较多的，因此要求：

a. 梯子要牢；

b. 踏步 30cm ~ 40cm；

c. 与地面夹角 60 度 ~ 70 度；

d. 底脚要有防滑措施；

e. 顶端捆扎牢固或设专人扶梯；

2. 应急响应

(1) 一旦发生高空坠落事故由安全员组织抢救伤员，项目经理打电话"120"给急救中心，由土建工长保护好现场防止事态扩大。其他义务小组人员协助安全员做好现场救护工作，水、电工长协助送伤员外部救护工作，如有轻伤或休克人员，现场山安全员组织临时抢救、包扎止血或做人工呼吸或胸外心脏挤压，尽最大努力抢救伤员，将伤亡事故控制到最小程序，损失降到最小

(2) 处理程序

① 查明事故原因及责任人。

② 制定有效的防范措施，防止类似事故发生。

③ 对所有员工进行事故教育。

④ 宣布事故处理结果。

⑤ 以书面形式向上级报告。

8.2.8　火灾事故应急准备和响应预案

1. 应急准备

(1) 组织机构及职责

① 火灾事故应急准备和响应领导小组

组长：项目经理

组员：生产负责人、安全员、各专业工长、技术员、质检员、值勤人员。

② 火灾事故应急处置领导小组负责对机关突发火灾事故的应急处理。

(2) 应急物资的维护、保养及测试

① 加强对各种消防器材消防设施的日常管理，机关要配齐、配全灭火器。消防栓确定专人负责，定期检查、测试，随时保持良好状态。

② 保卫人员每月检查一次灭火器及消防设施。

③ 每季度进行一次消防栓检查和测试,使其保持良好状态。

2. 应急响应

(1)为了防止各种火灾事故的发生,各项目部的施工:现场,应设置明显的安全出入口标志牌,按总人员组建义务防火小组。组长由项目经理承担,组员:生产负责人、安全员、各专业工长、技术员、质检员、值勤人员,项目经理为现场总负责人,生产负责人负责现场扑救工作,各专业各负其责。

安全员负责组织有关人员联系就近医院,将伤员外送或就地护理。重点防火部位:油漆仓库应设在有充足水源、消防车能驶到的地方,仓库四周应有不小于 3.5 米的平坦空地作为消防通道。通道上禁止堆放障碍物。在施工过程中,如电线起火,应用干粉灭火器或防火砂,禁止使用水灭火,以免发生触电事故。使伤害减少到最低程度。

(2)项目部火灾处理程序。发生火情,第一发现人应高声呼喊,使附近人员能够听到或协助扑救,同时通知施工管理部或其他相关部门,安排某人负责拨打火警电话。电话描述如下内容:单位名称、所在区域、周围显著标志性建筑物、主要路线、候车人姓名、主要特征、等候地址、火源、着火部位、火势情况及程度。随后到路口引导消防车辆。

① 发生火情后,安排一人负责断电,一人负责水源,一人组织各部门人员用灭火器材等进行灭火。如果是由于电路失火,必须先切断电源,严禁使用水或液体灭火器灭火以防触电事故发生。

② 火灾发生时,为防止有人被困,发生窒息伤害,由一人准备部分毛巾,湿润后蒙在口、鼻上,抢救被困人员时,为其准备同样毛巾,以备应急时使用,防止有毒有害气体吸入肺中,造成窒息伤害。被烧人员救出后应采取简单的救护方法急救,如用净水冲洗一下被烧部位,将污物冲净。再用干净纱布简单包扎,同时联系急救车抢救。

③ 火灾事故后,保护现场,组织抢救人员和财产,防止事故扩大,必须以最快的方式逐级上报,如实汇报,不得隐瞒。

④ 写出书面报告,内容包括:

a. 发生的时间、地点、企业名称。

b. 事故发生简要经过、伤亡人数和经济损失的初步估计。

c. 事故的原因判断。

d. 事故发生后采取的措施及控制情况。

e. 找出负责人,制定防止火灾发生的预防措施。

8.2.9 施工中挖断水、电、通信光缆、煤气管道时的应急准备和响应预案

1. 应急准备

(1)组织机构及职责

① 火灾事故应急准备和响应领导小组

组长:项目经理

组员:生产负责人、安全员、各专业工长、技术员、质检员、值勤人员。

② 应急处置领导小组负责对此突发事故的应急处理。

(2)急需物资的维护、保养及测试

加强对各种防护设施的日常管理，定期检查，随时保持良好状态。

2. 应急响应

(1)最先发现挖断水、电、通信光缆、煤气管道的，要立即报告单位应急负责人。

(2)应急负责人现场总指挥，即刻组织迅速封锁(事故)事件现场，将事故点 20 米范围内进行维护隔离，采取临时措施将(事故)事件的损失及影响降至最低点。

(3)安全员立即拨打本市自来水保修中心电话，拨打本市供电急修电话，拨打本市通信光缆急修电话。电话描述清如下内容：单位名称、所在区域、周围显著标志性建筑物、主要路线、候车人姓名、主要特征、等候地址、所发生(事故)事件的情况及程度。随后到路口引导救援车辆。

(4)公司应急小组副组长到达事件现场后，立即组织事件调查，并将事件的初步调查通报公司应急小组组长。

(5)公司应急小组组长接到事件通报后，上报当地主管部门，等候调查处理。

8.2.10　食物中毒、传染疾病的应急准备和响应预案

1. 应急准备

(1)组织机构及职责

① 中毒、传染病事故应急准备和响应领导小组

组长：项目经理

组员：生产负责人、安全员、各专业工长、技术员、质检员、值勤人员。

②中毒、传染病事故应急处置领导小组负责对项目突发中毒、传染病事故的应急处理。

(2)应急物资的维护、保养及测试

各种应急器材要配备齐全并加强日常管理。

2. 应急响应

(1)当发生了中毒、传染病事故时，第一发现人应及时大喊高呼并以最快速度与事故应急小组联系。

(2)接到消息后，应立即赶到出事地点，确认其是否为食物中毒和中毒程度，并查出中毒来源或是否患传染病，并确认其来源。拨打“120”紧急事故报警电话，安排一人负责在大门口接应。专人负责指挥，并在事故过后出具事故经过报告上报施工管理部。

(3)立即采取抢救措施，如：令其将胃里的东西呕吐出来，当发现其中毒较深昏迷时，立即将抬到大门口，等救护车的到来，或直接送往就近医院，传染病患者直接送往医院。

(4)安排专人负责配合急救人员的后勤工作、指挥及联络工作。

(5)公司应急小组副组长到达事件现场后，立即责令项目部即刻停止生产，组织事件调查，并将事件的初步调查通报公司应急小组组长。

(6)公司应急小组组长接到事件通报后，上报当地主管部门，等候调查处理。

第9章 安全文明施工

文明施工主要是指工程建设实施阶段中,有序、规范、标准、整洁、科学的工程建设施工生产活动。即采取相应措施,保持施工现场良好的作业环境、卫生环境和工作秩序,避免作业人员身心健康及周围环境产生不良影响的活动过程。

为了规范建设工程施工现场的文明施工,改善作业人员的工作环境和生活条件,减少和防止安全事故的发生,防止施工过程对环境造成污染和各类疾病的发生,保障建设工程的顺利进行,现行法律法规要求建筑施工企业,必须建立健全文明施工管理及监督检查制度,确实抓好文明施工的各项工作。

9.1 文明施工管理的要求

9.1.1 文明施工的重要意义

文明施工管理能改善人的劳动条件,适应新的环境,提高施工效益,消除城市环境污染,确保节能措施落实到位,不断提高人的文明程度和自身素质,确保安全生产,提高工程质量。文明施工管理是促进创建和谐工地的有效途径。文明施工对施工现场贯彻"安全第一、预防为主、综合治理"的指导方针,坚持"管生产必须管安全"的原则起到保证作用,它对企业增加效益,提高在社会的知名度,促进施工生产发展,增强市场竞争能力起到积极的推动作用,文明施工已经成为企业的一个有效的无形资产,已被广大建设者认可,对建筑业的发展发挥其应有的作用。

9.1.2 文明施工在建设工程施工中的重要地位

实践证明,文明施工在建设工程施工中的重要地位,得到了建设系统各级领导机关的充分肯定。《建筑施工安全检查标准》(JGJ 59—2011)中增加了文明施工检查评分这一内容。它对文明施工检查的标准、规范提出了要求,施工现场文明施工必须做好现场围挡、封闭管理、施工场地、材料堆放、现场宿舍、现场防火、治安综合治理、施工现场标牌、生活设施、保健急救、社区服务等十一项内容,把文明施工作为考核安全目标的重要内容之一。这是对文明施工经验的总结归纳,按照167号国际劳工公约《施工安全与卫生公约》的要求,新制定的文明施工标准,施工现场不但应该做到安全生产不发生事故,同时还应做到文明施工、整齐有序,改变过去建筑施工以"脏、乱、差"等主要特征的工地形象。针对我们建筑工地存在的管理问题,诸如工地围挡不规范,现场布局不执行总平面布置,垃圾乱堆乱倒,污水横流,施工人员住宿在施工的建筑物内,既混乱又不安全以及高层建筑施工中的消防问题等。为此,文明施工检查评分表将现场围挡、封闭管理、施工场地、材料堆放、现场宿舍、现场防水列为保证项目作为检查重点。对必要的生活卫生设施如食堂、厕所、饮水、保健急救和施工现场标牌、治安综合治理、社区服务等项也是文明施工的重要工作,作为检查表的一般项目。因此,国家对建设单位的文明施工非常重视,在建设工程施工现场中占据重要的地位。

自改革开放以来,建设工程在文明施工过程中积累了不少经验,为了更好地推动这项工作,以科学发展观为指导,从创建和谐社会为出发点提升文明施工的质量水平。各建设施工企业不断完善创建文明工地的实施细则,使文明施工更加规范化、标准化、科学化管理。从组织管理机构、职责申报与推荐程序检查与评选,检查评选的条件和标准、表彰与奖励,附则等详尽地表达了创文明工地中的有关文明施工情况,对文明施工提出了高标准、严要求,把建设施工企业的文明施工推向更高的层次,为整个建设系统构建和谐社会作出新的贡献。

自改革开放以来,建设工程文明施工有了突破性的进展。各建设施工企业做了大量行之有效的工作,对文明施工提出了许多切合实际的要求和措施,使整个建设系统的文明施工上了一个新台阶。各地建设系统对建设工程文明施工出台了不少文件。这些文件,使建设系统在文明施工上针对性强、容易操作、效果明显,更加规范化、标准化、科学化。

各施工企业把文明施工放到工作的议事日程上,作为企业施工的一项重要工作来抓,企业内部对文明施工管理有组织、有制度、有目标、有具体计划和措施,责任明确,职责清楚,党、政、工形成合力,齐抓共管,主管部门牵头,各职能部门都有考核目标,上下一致,形成了企业文明施工总体的网络系统,使施工现场的文明施工落到实处。

9.1.3　文明施工管理的组织领导

文明施工管理的组织领导一般来说应成立建设工程文明施工管理领导小组负责该地区的文明工地评选领导工作,这项工作的具体实施是由建设工程文明施工管理领导小组办公室,下面可按实际情况分块开展评选文明工地的检查和推荐工作:比如重大工程文明施工管理块,土建装饰安装专业文明施工管理块,市政工程文明施工管理块,道路工程文明施工管理块,后方场、站基地文明生产管理块。

各施工企业都有文明施工管理领导小组,具体负责本企业工程建设项目工地的文明施工具体事项,抓好各工程项目(场、站)的施工现场文明施工。

从组织体系来看,文明施工在建设系统从上到下都有行政主要负责人或主管领导挂帅,党、政、工齐抓共管,各职能部门按照各自在文明施工中的职责,分工负责,各守其职,并有具体的考核工作实绩的要求以及直至贯彻到每个施工现场的项目班子,使施工班组的操作人员在各工种、各岗位上得到落实。从整个建筑市场来看,不管是总承包、分包,还是专业承包,对文明施工基本上做到组织落实。建设工程的文明施工得到社会各界的关心和支持,其约束机制向社会公布,接受社会各界和新闻媒体的监督。

由于文明施工管理的组织领导实行社会公开化、透明度比较高,使建设系统条块结合抓文明施工,上下一致注重建设系统的“窗口”建设。并且发挥各级建设系统安监站和相关协会的主观能动性,使这项工作逐步深入,更好地适应城市建设发展的需要,也是确保建设交通系统构建和谐社会的有效途径。

9.1.4 文明施工已纳入对企业考评内容之一

各地建设行政主管部门把文明施工纳入对施工企业的综合业绩考评、安全资质考核、文明单位评选内容之一。从而测试出该施工企业的综合能力、管理水准，员工的总体素质。建设系统各级主管部门，基本上形成了文明施工管理的网络体系，逐步完善了组织保证机制，各建设工程安全质量监督总站，重大工程办公室、市政协会、道管办、建设安全协会等，组织一批有一定工作经验、专业技术强、业务管理水准高、办事公道、为人正派的人员为文明施工检查小组成员，检查施工现场的文明施工状况，进行打分考评。凡文明施工达到标准的工地（场、站），由各施工企业申报，各专业文明施工管理块检查、推荐，省市建设工程文明施工管理领导小组办公室审核，省市建设工程文明施工管理领导小组讨论批准，授予省市文明工地（场、站）荣誉称号。凡取得文明工地（场、站）荣誉称号的工地，在施工企业综合考评，安全资质考核中加分奖励。同时，各施工企业也评选出自己单位的文明工地。在评选各文明单位时，施工现场必须达到文明施工标准，必须有文明工地的工程项目。从而推动建设系统文明施工管理工作，使创建文明工地活动健康持续地发展。

9.2 文明施工专项方案的内容

工程开工前，施工单位必须将文明施工纳入施工组织设计，编制文明施工专项方案，制定相应的文明施工措施，并确保文明施工措施经费的投入。文明施工专项方案应由工程项目技术负责人组织人员编制，送施工单位技术部门的专业技术人员审核，报施工单位技术负责人审批，经项目总监理工程师（建设单位项目负责人）审查同意后执行。

文明施工专项方案的内容，包括以下方面：

（1）施工现场平面布置图，包括临时设施、现场交通、现场作业区、施工设备机具、安全通道、消防设施及通道的布置、成品、半成品、原材料的堆放等。大型工程平面布置因施工中变动较大，可按基础、主体和装修三阶段进行施工平面图设计。

（2）施工现场围挡的设计。

（3）临时建筑物、构筑物、道路场地硬化等单体的设计。

（4）现场污水排放、现场给水（含消防用水）系统设计。

（5）粉尘、噪声控制措施。

（6）现场卫生及安全保卫措施。

（7）施工区域内及周边地上建筑物、构造物及地下管网的保护措施。

（8）制定并实施防高处坠落、物体打击、机械伤害、坍塌、触电、中毒、防台风、防雷、防汛、防火灾等应急求援预案（包括应急网络）。

9.3 文明施工的基本要求

（1）施工现场必须设置明显的标牌，标明工程项目名称、建设单位、施工单位、项目经理和施工现场总代表人的姓名、开竣工日期、施工许可证批准文号等。施工单位负责施工现场标牌的保护工作。标牌要求规格适当,字迹端正,位置明显,张挂牢固。

(2)施工现场人员在施工现场应当佩戴证明其身份的胸卡。

(3)应当按照施工总平面图布置各项临时设施。现场堆放的大宗材料、成品、半成品和机具设备不得侵占场内道路及安全防护设施。

(4)施工现场的用电线路、用电设施的安装和使用必须符合安装规范和安全操作规程,并按照施工组织设计进行架设,严禁任意拉线接电。

(5)施工机械应当按照施工总平面布置图规定的位置和线路设置,不得任意侵占场内道路。施工机械进场要经过安全检查,经检查合格的才能使用。

(6)应保证施工现场道路畅通,排水系统处于良好的使用状态,保持场容场貌整洁,随时清理建筑垃圾。

(7)施工现场的各种安全设施和劳动保护器具,必须定期进行检查和维护,及时消除隐患,保证其安全有效。

(8)施工现场应当设置各类必要的职工生活设施,并符合卫生、通风、照明等要求。职工的膳食、饮水供应等应当符合卫生要求。

(9)应当做好施工现场安全围护工作,采取必要的防盗措施,在现场周边设立围护设施。

(10)应当严格依照《中华人民共和国消防条例》的规定,在施工现场建立和执行防火管理制度,设置符合消防要求的消防设施,并保持完好的备用状态。

(11)施工现场发生工程建设重大事故的处理,依照《工程建设重大事故报告和调查程序规定》执行。

9.4　文明施工的管理内容

文明施工是安全生产的重要组成部分,也是现代化施工的重要标志。文明施工面广、范围大。它对加强现场管理,确保安全生产,提高企业效益,增强企业社会知名度起到积极的推动作用。

9.4.1　现场围挡

工地四周应连续、密闭的围挡,应满足如下要求。

(1)施工现场必须设置封闭围挡,围挡高度不得低于1.8m,其中各地级市区主要路段和市容景观道路及机场、码头、车站广场的工地围挡的高度不得低于2.5m。

(2)围挡须沿施工现场四周边连续设置,不得留有缺口,做到坚固、稳定、整洁、美观。

(3)围挡应采用砌体、金属板材等硬质材料,禁止使用彩条布、竹笆、石棉瓦、安全网等易变形材料。

(4)围挡应根据施工场地地质、周围环境、气象、材料等进行设计,确保围挡的稳定性、安全性,禁止用于挡土、承重,禁止依靠围挡堆放物料、器具等。

(5)砌筑围墙厚度不得小于180mm,应砌筑基础大放脚和墙柱,基础大放脚埋地深度不小于500mm(在水泥路或沥青路上有坚实基础的除外),墙柱间距不大于4m,墙顶应做压顶,墙面应采用砂浆批光抹平、涂料刷白。

(6)板材围挡底里侧应砌筑300mm高、不小于180mm厚砖墙护脚,外立压型钢板或镀锌钢板通过钢立柱与地面可靠固定,并刷上与周围环境协调的油漆和图案,围挡应横不留隙、竖不留缝,底部用直角扣牢。

(7)施工现场设置的防护栏杆应牢固、整齐、美观,并应涂上红白或黄黑相间的警戒油漆。

(8)雨后、大风后及春融季节应当检查围挡的稳定性,发现问题及时处理。

9.4.2 封闭管理

施工现场实施封闭式管理,应满足如下要求。

(1)施工现场进出口应设置大门,门头要设置企业标志,场内悬挂企业标志旗。企业标志是标明集团、企业的规范简称;并应设置车辆冲洗设施。

(2)设门卫值班室,制定值班制度,值班人员要佩戴执勤标志;设警卫人员,制定警卫管理制度,切实起到门卫作用;为加强对出入现场人员的管理,规定进入施工现场的人员都必须佩戴工作卡,且工作卡应佩戴整齐;门卫认真执行本项目门卫管理制度,并实行凭胸卡出入制度,非施工人员不得随便进入施工现场,确需进入施工现场的,警卫必须先验明证件,登记后方可进入工地;进入工地的材料,门卫必须进行登记,注明材料规格、品种、数量、车的种类和车牌号;外运材料必须有单位工程负责人签字,方可放行;加强对劳务队的管理,掌握人员底数,签订治安协议;非施工人员不得住在更衣室、财会室及职工宿舍等易发案位置,由专人管理,制定防范措施,防止发生盗窃案件;严禁赌博、酗酒、传播淫秽物品和打架斗殴,贵重、剧毒、易燃易爆等物品设专库专管,执行存放、保管、领用、回收制度,做到账物相符;职工携物出现场,要开出门证,做好成品保卫工作,制定具体措施,严防被盗、破坏和治安灾害事故的发生。

(3)未经有关部门批准,施工范围外不准堆放任何材料、机械,以免影响秩序,污染市容,损坏行道树和绿化设施。夜间施工要经有关部门批准,并将噪音控制到最低限度。

(4)工地、生活区应有卫生包干平面图,根据要求落实专人负责,做到定岗、定人,做好公共场所、厕所、宿舍卫生打扫、茶水供应等生活服务工作。

(5)宣传企业材料的标语应字迹端正、内容健康、颜色规范,工地周围不随意堆放建筑材料。围挡周围整洁卫生、不非法占地,建设工程施工应当在批准的施工场地内组织进行,需要临时征用施工场地或者临时占用道路的,应当依法办理有关批准手续。

(6)建设工程施工需要架设临时电网、移动电缆等,施工单位应当向有关主管部门报批,并事先通告受影响的单位和居民。

(7)施工单位进行地下工程或者基础工程施工时发现文物、古化石、爆炸物、电缆等应当暂停施工,保护好现场,并及时向有关部门报告,按有关规定处理后,方可继续施工。

(8)施工场地道路平整畅通,材料机具分类并按平面布置图堆放整齐、标志清晰。

(9)工地四周不乱倒垃圾、淤泥,不乱扔废弃物;排水设施流畅,工地无积水;及时清理淤泥;运送建筑材料、淤泥、垃圾,沿途不漏洒;沾有泥沙及浆状物的车辆不驶出工地,工地门前无场地内带出的淤泥与垃圾;搭设的临时厕所、浴室有措施保证粪便、污水不外流。

(10)工地、生活区内道路平整,无积水,要有水源、水斗、灭害措施、存放生活垃圾的设施,要做到勤清运,确保场地整洁。

(11)单项工程竣工验收合格后,施工单位可以将该单项工程移交建设单位管理。全部工程验收合格后，施工单位方可解除施工现场的全部管理责任。

9.4.3　施工场地

施工场地应满足如下要求。

（1）遵守国家有关环境保护的法律规定，应有效控制现场各种粉尘、废水、固体废弃物以及噪声、振动对环境的污染和危害。

（2）工地地面要做硬化处理，做到平整、不积水、无散落物。道路要畅通，并设排水系统、汽车冲洗台、三级沉淀池，有防泥浆、污水、废水措施。建筑材料、垃圾和泥土、泵车等运输车辆在驶出现场之前，必须冲洗干净。工地应严格按防汛要求，设置连续、通畅的排水设施，防止泥浆、污水、废水外流或堵塞下水道和排水河道。

（3）工地道路要平坦、畅通、整洁、不乱堆乱放；建筑物四周浇捣散水坡施工场地应有循环干道且保持畅通，不堆放构件、材料；道路应平整坚实；施工场地应有良好的排水设施，保证畅通排水。项目部应按照施工现场平面图设置各项临时设施，并随施工不同阶段进行调整，合理布置。

（4）现场要有安全生产宣传栏、读报栏、黑板报。主要施工部位作业点和危险区域以及主要道路口都要设有醒目的安全宣传标语或合适的安全警告牌。主要道路两侧用钢管做扶栏，高度为1.2m，两道横杆间距0.6m，立杆间距不超过2m，40cm间隔刷黄黑漆做色标。

（5）工程施工的废水、泥浆应经流水槽或管道流到工地集水池，统一沉淀处理，不得随意排放和污染施工区域以外的河道、路面。施工现场的管道不得有跑、冒、滴、漏或大面积积水现象。施工现场禁止吸烟，按照工程情况设置固定的吸烟室或吸烟处，吸烟室应远离危险区并设必要的灭火器材。工地应尽量做到绿化，尤其是在市区主要路段的工地更应该做到这点。

（6）保持场容场貌的整洁，随时清理建筑垃圾。在施工作业时，应有防止尘土飞扬、泥浆洒漏、污水外流、车辆带泥土运行等措施。进出工地的运输车辆应采取措施，以防止建筑材料、垃圾和工程渣土飞扬洒落或流溢。施工中泥浆、污水、废水禁止随地排放，选合理位置设沉淀池，经沉淀后方可排入市政污水管道或河道。作业区严禁吸烟，施工现场道路要硬化畅通，并设专人定期打扫道路。

9.4.4　材料管理

1. 材料堆放

（1）施工现场场容规范化。需要在现场堆放的材料、半成品、成品、器具和设备，必须按已审批过的总平面图指定的位置进行堆放。应当贯彻文明施工的要求，推行现代管理方法，科学组织施工，做好施工现场的各项管理工作。施工应当按照施工总平面布置图规定的位置和线路设置，建设工程实行总包和分包的，分包单位确需改变施工总平面布置图的，应当先向总包单位提出申请。不得任意侵占场内道路，并应当按照施工总平面布置图设置各项临时设施现场。

（2）各种物料堆放必须整齐，高度不能超过1.6m，砖成垛，砂、石等材料成方，钢管、钢筋、构件、钢模板应堆放整齐，用木方垫起，作业区及建筑物楼层内，应做到工完料清。除去现浇筑混凝土的施工层外，下部各楼层凡达到强度的拆模要及时清理运走。不能马上运走的必须码放整齐。各楼层内清理的垃圾不得长期堆放在楼层内，应及时运走，施工现场的垃圾应分类集中堆放。

(3)所有建筑材料、预制构件、施工工具、构件等均应按施工平面布置图规定的地点分类堆放,并整齐稳固。必须按品种、分规格堆放,并设置明显标志牌(签),标明产地、规格等,各类材料堆放不得超过规定高度,严禁靠近场地围护栅栏及其他建筑物墙壁堆置,且其间距应在50cm以上,两头空间应予封闭,防止有人入内,发生意外伤害事故。油漆及其稀释剂和其他对职工健康有害的物质,应该存放在通风良好、严禁烟火的仓库。

(4)库房搭设要符合要求,有防盗、防火措施,有收、发、存管理制度,有专人管理,账、物、卡三相符,各类物品堆放整齐,分类插挂标牌,安全物资必须有厂家的资质证明、安全生产许可证、产品合格证以及原始发票复印件,保管员和安全员共同验收、签字。

(5)易燃易爆物品不能混放,必须设置危险品仓库,分类存放,专人保管,班组使用的零散的各种易燃易爆物品,必须按有关规定存放。

(6)工地水泥库搭设应符合要求,库内不进水、不渗水、有门有锁。各品种水泥按规定标号分别堆放整齐,专人管理,账、牌、物三相符,遵守先进先用、后进后用的原则。工具间整洁,各类物品堆放整齐,有专人管理,有收、发、存管理制度。

2. 库房的安全管理

库房的安全管理应包括以下内容。

(1)严格遵守物资入库验收制度,对入库的物资要按名称、规格、数量、质量认真检查。加强对库存物资的防火、防盗、防汛、防潮、防腐烂、防变质等管理工作,使库存物资布局合理,存放整齐。

(2)严格执行物资保管制度,对库存物资做到布局合理,存放整齐,并做到标记明确、对号入座、摆设分层码跺、整洁美观,对易燃、易爆、易潮、易腐烂及剧毒危险物品应存放专用仓库或隔离存放,定期检查,做到勤检查、勤整理、勤清点、勤保养。

(3)存放爆炸物品的仓库不得同时存放性质相抵触的爆炸物品和其他物品,并不得超过规定的储存数量。存放爆炸物品的仓库必须建立严格的安全管理制度,禁止使用油灯、蜡烛和其他明火照明,不准把火种、易燃物品等容易引起爆炸的物品和铁器带入仓库,严禁在仓库内住宿、开会或加工火药,并禁止无关人员进入仓库。收存和发放爆炸物品必须建立严格的收发登记制度。

(4)在仓库内存放危险化学品应遵守以下规定:仓库与四周建筑物必须保持相应的安全距离,不准堆放任何可燃材料;仓库内严禁烟火,并禁止携带火种和引起火花的行为;明显的地点应有警告标志;加强货物入库验收和平时的检查制度,卸载、搬运易燃易爆化学物品时应轻拿轻放,防止剧烈震动、撞击和重压,确保危险化学品的储存安全。

9.4.5 生活临时设施搭设与使用管理

施工现场必须将施工作业区与生活区、办公区严格分开,不能混用,应有明显的划分,有隔离和安全防护措施,防止发生事故。现场住宿应满足以下要求:

1. 现场办公室

施工现场应设置办公室,办公室内布局应合理,文件、图纸、用品、图表等应归类存放,并应建立卫生值日制度,以便保持室内清洁卫生。

2. 现场住宿

(1)不得在尚未竣工的建筑物内设置员工集体宿舍。因为在施工区住宿会带来各种危险,如落物伤人、触电或洞口和临边防护不严而造成事故,又如两班作业时,施工噪声影响工人的休息。

(2)宿舍应当选择在通风、干燥的位置,防止雨水、污水流入。

(3)宿舍在炎热季节应有防暑降温和防蚊虫叮咬措施,设有盖垃圾桶,不乱泼乱倒,保持卫生清洁。房屋周围道路平整,排水沟涵畅通。

(4)宿舍必须设置可开启式窗户,设置外开门。

(5)宿舍内应保证有必要的生活空间,室内净高不得小于2.4m,通道宽度不得小于0.9m,每间宿舍居住人员不应超过16人。

(6)宿舍内的单人铺不得超过2层,严禁使用通铺,床铺应高于地面0.3m。人均床铺面积不得小于1.9m×0.9m,床铺间距不得小于0.3m。

(7)宿舍内应设置生活用品专柜,有条件的宿舍宜设置生活用品储藏室;宿舍内严禁存放施工材料、施工机具和其他杂物。

(8)宿舍周围应当搞好环境卫生,应设置垃圾桶、鞋柜或鞋架,生活区内应为作业人员提供晾晒衣物的场地,房屋外应道路平整,晚间有充足的照明。

(9)寒冷地区冬季宿舍应有保暖措施、防煤气中毒措施,火炉应当统一设置、管理;炎热季节应有消暑和防蚊虫叮咬措施。保证施工人员有充分的睡眠。

(10)应当制定宿舍管理责任制度,轮流负责卫生和使用管理或安排专人管理。

(11)宿舍区内严禁私拉乱接电线,严禁使用电炉、电饭锅、“热得快”等大功率设备和使用明火。

(12)家属及子女不得随意寄住和往返施工现场,如任意游留施工现场,发生意外,一切后果由本人自负,项目部概不负责。家属宿舍内严禁使用煤炉、电炉、电炒锅、电饭煲加工饭菜,一律到伙房,违者按规章严加处罚。家属宿舍除本人居住外,不得任意留宿他人或转让他人使用,居住到期将钥匙交项目部,由项目部另作安排,如有违者按规定处罚。

3. 工地食堂

(1)工地食堂应当有卫生许可、食堂员工的健康证,应当保持环境卫生,远离厕所、垃圾站、有毒有害场所等污染源的地方,装修材料必须符合环保、消防要求。

(2)应设置独立的制作间、储藏间。

(3)食堂应配备必要的排风设置和冷藏设施,安装纱门纱窗,室内不得有蚊蝇,门下方应设不低于0.2m的防鼠挡板。

(4)食堂的燃气罐应单独设置存放间,存放间应通风良好并严禁存放其他物品。

(5)食堂制作间灶台及其周边应贴瓷砖,瓷砖的高度不宜少于1.5m。

(6)地面应作硬化和防滑处理,按规定设置污水排放设施。

(7)食堂制作间的刀、盆、案板等炊具必须生熟分开,食品必须有遮盖并有留样菜,遮盖物品应有正反面标识,炊具宜存放在封闭的橱柜内。

(8)食堂内应有各种佐料和副食的密闭器皿,并应有标识,粮食存放台距墙和地面应大于0.2m。

(9)食堂外应设置密闭式泔水桶，并应及时清运，保持清洁。

(10)应当制定并在食堂张挂食堂卫生责任制，责任落实到人，加强管理。

4. 工地厕所和浴室

(1)厕所

① 厕所大小应根据施工现场作业人员的数量设置。

② 高层建筑施工超过8层以后，每隔4层宜设置临时厕所。

③ 施工现场应设置水冲式厕所或移动式厕所，厕所地面应硬化，门窗齐全。蹲坑间宜设置隔板，隔板高度不宜低于0.9m。

④ 厕所应设置三级化粪池，化粪池必须进行抗渗处理，污水通过化粪池后方可接入市政污水管线。

⑤ 施工现场应保持卫生，不准随地大小便。

⑥ 厕所应有专人负责清扫、消毒，化粪池应及时清掏。

⑦ 厕所应设置洗手盆，厕所的进出口处应设有明显标志。

(2)淋浴间

① 施工现场应设置男女淋浴间与更衣间，淋浴间地面应作防滑处理，淋浴喷头数量应按不少于住宿人员数量的5%设置，排水、通风良好，寒冷季节应供应热水。更衣间应与淋浴间隔离，设置挂衣架、橱柜等。

② 淋浴间照明器具应采用防水灯头、防水开关，并设置漏电保护装置。

③ 淋浴室应专人管理，经常清理，保持清洁。

5. 仓库和其他临时设施

(1)工地仓库　仓库的面积应通过计算确定，根据各个施工阶段的需要的先后进行布置。水泥(干粉商品砂浆)仓库应当选择地势较高、排水方便、靠近搅拌机的地方；易燃易爆品仓库的布置应当符合防火、防爆安全距离要求；仓库内各种工具器件物品应分类集中放置，设置标牌，标明规格型号；易燃易爆和剧毒物品不得与其他物品混放，并建立严格的进出库制度，由专人管理。

(2)防护棚　施工现场的防护棚较多，如钢筋加工防护棚、机械操作棚、通道防护棚等。大型的防护棚可用砖混、砖木结构，应当进行结构计算，保证结构安全。小型防护棚一般钢管扣件脚手架搭设，应当严格按照《建筑施工扣件式钢管脚手架安全技术规范》(JGJ 130—2011)要求搭设。防护棚顶应当满足承重、防雨要求，在施工坠落半径之内的，棚顶应当具有抗砸能力。可采用多层结构。最上面的材料强度应能承受10kPa的均布静荷载，也可采用50mm厚木板架设或采用两层竹笆，上下竹笆间距应不小于600mm。

(3)工地搅拌机　搅拌机场地四周应当设置沉淀池、排水沟。避免清洗机械时，造成场地积水；沉淀后循环使用，节约用水；避免未沉淀的污水直接排入城市管道和河流；搅拌站应当搭设防护棚和隔离措施，挂设搅拌安全操作规程和相应的警示标志、混凝土配合比牌，采取防止扬尘措施，冬期施工还应考虑保温等。

9.4.6 现场防火

1. 火灾的定义及分类

(1)定义　火灾是指在时间和空间上失去控制的燃烧所造成的灾害。

(2)分类　火灾分为A、B、C、D、E五类。

① A类火灾:固体物质火灾。如木材、棉、毛、麻、纸等燃烧引起的火灾。

② B类火灾:液体火灾和可熔化的固体物质火灾。液体和可熔化的固体物质如汽油、煤油、原油、甲醇、乙醇、沥青、石蜡等。

③ C类火灾:气体火灾。如煤气、天然气、甲烷、乙烷、丙烷、氢等引起的火灾。

④ D类火灾:金属火灾。如钾、钠、镁、钛、锆、锂、铝、镁合金等引起的火灾。

⑤ E类火灾:带电燃烧而导致的火灾。

2. 燃烧中的几个常用概念

(1)闪燃　在液体(固体)表面上能产生足够的可燃蒸气,遇火产生一闪即灭的火焰的燃烧现象称为闪燃。

(2)阴燃　没有火焰的缓慢燃烧现象称为阴燃。

(3)爆燃　以亚音速传播的爆炸称为爆燃。

(4)自燃　可燃物质在没有外部明火等火源的作用下,因受热或自身发热并蓄热所产生的自行燃烧现象称为自燃。亦即物质在无外界引火源条件下,由于其本身内部所进行的生物、物理、化学过程而产生热量,使温度上升,最后自行燃烧起来的现象。

(5)燃烧的必要条件　可燃物、氧化剂和温度(引火源)。只有这三个条件同时具备,才可能发生燃烧现象,无论缺少哪一个条件,燃烧都不能发生。但是,并不是上述三个条件同时存在,就一定会发生燃烧现象,还必须这三个因素相互作用才能发生燃烧。

(6)燃烧的充分条件　一定的可燃物浓度,一定的氧气含量,一定的点火能量。

3. 灭火器的类型选择

根据不同类别的火灾场所有不同的选择。

(1)A类火灾场所应选择水型灭火器、磷酸铵盐干粉灭火器、泡沫灭火器或卤代烷灭火器。

(2)B类火灾场所应选择泡沫灭火器、碳酸氢钠干粉灭火器、磷酸铵盐干粉灭火器、二氧化碳灭火器、灭B类火灾的水型灭火器或卤代烷灭火器。极性溶剂的B类火灾场所应选择灭B类火灾的抗溶性灭火器。

(3)C类火灾场所应选择磷酸铵盐干粉灭火器、碳酸氢钠干粉灭火器、二氧化碳灭火器或卤代烷灭火器。

(4)D类火灾场所应选择扑灭金属火灾的专用灭火器。

(5)E类火灾场所应选择磷酸铵盐干粉灭火器、碳酸氢钠干粉灭火器、卤代烷灭火器或二氧化碳灭火器,但不得选用装有金属喇叭喷筒的二氧化碳灭火器。

(6)非必要场所不应配置卤代烷灭火器。必要场所可配置卤代烷灭火器。

4. 灭火的基本原理

通过冷却、窒息、隔离和化学抑制的灭火原理分别如下。

(1)窒息灭火法　使燃烧物质断绝氧气的助燃而熄灭。

(2)冷却灭火法　使可燃烧物质的温度降低到燃点以下而终止燃烧。

(3)隔离灭火法　将燃烧物体附近的可燃烧物质隔离或疏散,使燃烧停止。

(4)抑制灭火法　使灭火剂参与到燃烧反应过程中,使燃烧中产生的游离基消失。

5. 火灾、火源的分类

火灾火源可分为直接火源和间接火源两大类。

(1)直接火源　主要有明火、电火花和雷电火三种。

① 明火。如生产和生活用的炉火、灯火、焊接火、火柴、打火机的火焰,香烟头火,烟囱火星,撞击、摩擦产生的火星,烧红的电热丝、铁块,以及各种家用电热器、燃气的取暖器等产生的火。

② 电火花。如电器开关、电动机、变压器等电器设备产生的电火花,还有静电火花,这些火花能使易燃气体和质地疏松、纤细的可燃物起火。

③ 雷电火。瞬时间的高压放电,能引起任何可燃物质的燃烧。

(2)间接火源　主要有加热自燃起火和本身自燃起火两种。

6. 火灾报警

(1)一般情况下,发生火灾后应一边组织灭火一边及时报警。

(2)当现场只有一个人时,应一边呼救,一边处理,必须尽快报警,边跑边呼叫,以便取得他人的帮助。

(3)报警时应注意　发现火灾迅速拨打火警电话"119"。报警时沉着冷静,要讲清详细地址、起火部位、着火物质、火势大小、报警人姓名及电话号码,并派人到路口迎候消防车。

(4)灭火时应注意　①首先要弄清起火的物质,再决定采用何种灭火器材;②运用一切能灭火的工具,就地取材灭火;③灭火器应对着火焰的根部喷射;④人员应站在上风口;⑤应注意周围的环境,防止塌陷和爆炸。

7. 火灾救人

发生火灾时有以下七种救人的方法。

(1)缓和救人法　在被火围困的人员较多时,可先将人员疏散到本楼相对较安全的地方,再设法转移到地面。

(2)转移救人法　引导被困人员从屋顶到另一单元的楼梯,再转移到地面。

(3)架梯救人法　利用各种架梯和登高工具抢救被困人员。

(4)绳管救人法　利用建筑物室外的各种管道或室内可利用的绳索实施滑降。

(5)控制救人法　用消防水枪控制防火楼梯的火势,将人员从防火楼梯疏散下来。

(6)缓降救人法　利用专用的缓降器将被困人员抢救至地面。

(7)拉网救人法　发生有人欲纵身跳楼时,可用大衣、被褥、帆布等拉成一个"救生网"抢救人员。

8. 火灾逃生

(1)当处于烟火中时,首先要想办法逃走。如烟不浓可俯身行走;如烟太浓,须俯地爬行,并用湿毛巾蒙着口鼻,以减少烟毒危害。

(2)不要朝下风方向跑,最好是迂回绕过燃烧区,并向上风方向跑。

(3)当楼房发生火灾时,如火势不大,可用湿棉被、毯子等披在身上,从火中冲过去;如楼梯已被火封堵,应立即通过屋顶由另一单元的楼梯脱险;如其他方法无效,可将绳子或撕开的被单连接起来,顺着往下滑;如时间来不及应先往地上抛一些棉被、沙发垫等物,以增加缓冲(适用于低层建筑)。

9. 火警时的人员疏散

(1)开启火灾应急广播,说明起火部位、疏散路线。

(2)组织处于着火层等受火灾威胁的楼层人员,沿火灾蔓延的相反方向,向疏散走道、安全出口部位有序疏散。

(3)疏散过程中,应开启自然排烟窗,启动防排烟设施,保护疏散人员的安全;若没有排烟设施,则要提醒被疏散人员用湿毛巾捂住口鼻,靠近地面有秩序地往安全出口前行。

(4)情况危急时,可利用逃生器材疏散人员。

10. 火场防爆

(1)应首先查明燃烧区内有无发生爆炸的可能性。

(2)扑救密闭室内火灾时,应先用手摸门的金属把手,如把手很热,绝不能贸然开门或站在门的正面灭火,以防爆炸。

(3)扑救储存有易燃易爆物质的容器时,应及时关闭阀门或用水冷却容器。

(4)装有油品的油桶如膨胀至椭圆形时,可能很快就会爆燃,救火人员不能站在油桶接口处和正面,且应加强对油桶的冷却保护。

(5)竖立的液化气石油气瓶发生泄漏燃烧时,如火焰从橘红变成银白,声音从"吼"声变为"嗞"声。那就会很快爆炸,应及时采取有力的应急措施并撤离在场人员。

11. 常见初起火灾的扑救方法

(1)油锅起火　这时千万不能用水浇,因为水遇到热油会形成"炸锅",使油火到处飞溅。扑救的一种方法是迅速将切好的冷菜沿边倒入锅内,火就会自动熄灭。另一种方法是用锅盖或能遮住油锅的大块湿布遮盖到起火的油锅上,使燃烧的油火接触不到空气,从而缺氧窒息。

(2)电器起火　电器发生火灾时,首先要切断电源。在无法断电的情况下千万不能用水和泡沫灭火器扑救,因为水和泡沫都能导电,应选用二氧化碳灭火器、1211灭火器、干粉灭火器或者干沙土进行扑救,而且要与电器设备和电线保持2m以上的距离,高压设备还应防止跨步电压伤人。

(3)燃气罐着火　这时要用浸湿的被褥、衣物等捂盖火,并迅速关闭阀门。

12. 干粉灭火器的适用火灾和使用方法

磷酸铵盐(ABC)干粉灭火器适用于固体类物质、易燃、可燃液体、气体及带电设备的初起火灾,但它不能扑救金属燃烧火灾。

灭火时,手提灭火器快速奔赴火场,操作者边跑边将开启把上的保险销拔下,然后一手握住喷射软管前端喷嘴部,站在上风方向,另一只手将开启压把压下,打开灭火器对准火焰根部左右扫射进行灭火,应始终压下压把,不能放开,否则会中断喷射。

13. 电器火灾发生的原因

电器火灾发生的常见原因有电路老化、超负荷、潮湿、环境欠佳(主要指粉尘太大)等引起的电路短路、过载而发热起火。常见起火地方有电制开关、导线的接驳位置、保险、照明灯具、电热器具。

14. 施工现场防火措施

(1)施工单位应当严格依照《中华人民共和国消防条例》的规定,在施工现场建立和执行防火管理制度,设置符合消防要求的消防设施,并保持完好的备用状态,在容易发生火灾的地防火管理制度，设置符合消防要求的消防设施，并保持完好的备用状态，在容易发生火灾的地区施工或者储存、使用易燃易爆器材时，施工单位应当采取特殊的消防安全措施。施工现场要有明显的防火宣传标志，每月对施工人员进行一次防火教育，定期组织防火检查，建立防火工作档案。现场设置消防车道，其宽度不得小于3.5m，消防车道不能环行的，应在适当地点修建车辆回转场地。

（2）现场要配备足够的消防器材，并做到布局合理，经常维护、保养。采取足够的防冻保温措施，保证消防器材灵敏有效。现场进水干管直径不小于100mm，消火栓处要设有明显的标志，配备足够的水龙带，消火栓周围3m内，不准存放任何物品。高层建筑（指30m米以上的建筑物）要随层做消防水源管道，用2寸立管，设加压泵，每层留有消防水源接口。

（3）电工、焊工从事电气设备安装和电、气焊切割作业，要有操作证和动火证。动火前要清除附近易燃物，配备看火人员和灭火用具；动火地点变换，要重新办理动火证手续。

（4）因施工需要搭设临时建筑，应符合防火要求，不得使用易燃材料。施工材料的存放、保管，应符合防火安全要求，库房应用非燃材料支搭。库管员要熟悉库存材料的性质。易燃易爆物品，应专库储存，分类单独存放，保持通风。用电应符合防火规定，不准在建筑物内、库房内调配油漆、稀料。

（5）建筑物内不准作为仓库使用，不准存放易燃、可燃材料。因施工需要进入工程内的可燃材料，要根据工程计划限量进入并应采取可靠的防火措施。建筑物内不准住人，施工现场严禁吸烟，现场应设有防火措施的吸烟室。施工现场和生活区，未经保卫部门批准不得使用电热器具。冬季用火炉取暖时，要办动火证，有专人负责用火安全。坚持防火安全交底制度，特别在进行电气焊、油漆粉刷或从事防火等危险作业时，要有具体的防火要求。

9.4.7 治安综合治理

（1）建立健全治安保卫制度，责任分解到人。

（2）生活区应按精神文明建设的要求设置学习和娱乐场所，配备电视机、报刊、杂志和文体活动用品、阅报栏、黑板报等设施，及时反映工地内外各类动态。按文明施工的要求，宣传教育用字须规范，不使用繁体字和不规范的词语。施工人员应遵守职业道德和社会公德。

（3）落实治安防范措施，杜绝失窃、偷盗、斗殴、赌博等违法乱纪事件。

（4）要加强治安综合治理，做到目标管理、制度落实、责任到人。施工现场治安防范措施要有力，重点要害部位防范设施要到位。与施工现场的外包队伍须签订治安综合治理协议书，加强法制教育。

9.4.8 施工标牌与安全标志

1. 施工标牌

（1）施工现场应在入口醒目位置公示“五牌一图”（五牌是指工程概况牌、管理人员名单及监督电话牌、消防保卫牌、安全生产牌、文明施工牌；一图是指施工现场总平面图）。工程概况牌要标明工程规模、性质、用途、发包人、设计人、承包人、监理单位名称和开工日期、竣工日期、施工许可证批准文号。

（2）施工现场应该设置“两栏一报”，即读报栏、宣传栏和黑板报，丰富学习内容，表扬好人好事。

(3)各地区也可根据情况再增加其他牌图,如工程效果图。五牌的具体内容没有作具体规定,可结合本地区、本企业及本工程特点设置。工程概况牌内容一般应写明工程名称、面积、层数、建设单位、设计单位、施工单位、监理单位、开竣工日期、项目经理以及联系电话。

(4)为进一步对职工做好安全宣传工作,要求施工现场在明显处应有必要的安全内容的标语。

(5)标牌是施工现场重要标志的一项内容,所以不但内容应有针对性,同时标牌制作、挂设也应规范、整齐、美观,字体工整。进行夜间施工的,应有安民告示牌。

2. 安全警示标志及其设置与悬挂

(1)安全警示标志　安全警示标志是指提醒人们注意的各种标牌、文字、符号及灯光等。一般来说,安全警示标志包括安全色和安全标志:安全色分为红、黄、蓝和绿4种颜色,分别表示禁止、警告、指令和提示;安全标志分禁止标志、警告标志、指令标志和提示标志。安全警示标志的图形、尺寸、颜色、文字说明和制作材料等,均应符合国家标准规定。

(2)安全警示标志的设置与悬挂　根据国家有关规定,施工现场入口处、施工起重机械、临时用电设施、脚手架、安全通道、楼梯口、电梯井口、孔洞口、桥梁口、隧道口、基坑边沿、爆破物及有害危险气体和液体存放处等属于危险部位,应当设置明显的安全警示标志,并根据危险部位的性质不同,设置不同的安全警示标志。安全警示标志设置后应当进行统计记录,并填写施工现场安全警示标志登记表。

9.4.9　保健急救

1. 高热(体温39℃以上)急救

(1)物理降温　用冰袋敷头部。酒精加冷水擦拭病人颈部、腋下、腹股沟。多喝冷开水或冷饮。用井水浸浴。

(2)立即送医院诊治。

2. 中暑的现场急救及预防

(1)中暑的临床表现

中暑的临床表现主要有全身疲乏无力,大量出汗,口渴、头晕、头痛、眼花、耳鸣、胸闷、恶心、呕吐、面色潮红、体温升高,甚至全身抽搐痉挛。

(2)中暑的现场急救方法

① 迅速转移。将中暑者迅速移至阴凉通风的地方,解开衣服、脱掉鞋子,让其平卧,头部不要垫高。

② 降温。用凉水或50%酒精擦其全身,直到皮肤发红,血管扩张以促进散热。

③ 补充水分和无机盐类。能饮水的患者应鼓励其喝足凉盐开水或其他饮料,不能饮水者,应予静脉补液。

④ 及时处理呼吸、循环衰竭。呼吸衰竭时,可注射尼可刹米或山梗茶碱;循环衰竭时,可注射鲁明那钠等镇静药。

⑤ 转院。医疗条件不完善时,应对患者严密观察,精心护理,送往就近医院进行抢救。

(3)中暑的预防措施

① 卫生人员应做好宣传教育，使广大职工了解中暑的预防和急救知识。

② 在炎热的条件下尽量避免在烈日下施工，可增加中午休息时间。

③ 在施工中应敞开衣服，卷起衣袖，头部盖上湿毛巾，以降温散热。

④ 施工现场要保证开水供应。

⑤ 炎热季节工地食堂要定期给职工喝绿豆汤。

⑥ 卫生部门可根据情况提供、发放防暑降温饮料。

3. 中毒的现场急救

施工现场发生的中毒主要有食物中毒、燃气中毒及毒气中毒。

（1）食物中毒的救护

① 发现饭后多人有呕吐、腹泻等不正常症状时，尽量让病人大量饮水，刺激喉部使其呕吐。

② 立即将病人送往就近医院或拨打“120”急救电话。

③ 及时报告工地负责人和当地卫生防疫部门，并保留剩余食品以备检验。

（2）燃气中毒的救护

① 发现有人煤气中毒时，要迅速打开门窗，使空气流通。

② 将中毒者转移到室外实行现场急救。

③ 立即拨打“120”急救电话或将中毒者送往就近医院。

④ 及时报告有关负责人。

（3）毒气中毒的救护

① 在井（地）下施工中有人发生毒气中毒时，井（地）上人员绝对不要盲目下去救助，必须先向出事点送风，救助人员装备齐全安全保护用具，才能下去救人。

② 立即报告工地负责人及有关部门，现场不具备抢救条件时，应及时拨打“110”或“120”电话求救。

4. 触电的现场急救

触电者的生命能否获救，在绝大多数情况下取决于能否迅速脱离电源和正确地实行人工呼吸和心脏按压，拖延时间、动作迟缓或救护不当，都可能造成死亡。

（1）脱离电源　发现有人触电时，应立即断开电源开关或拔出插头，若一时无法找到并断开电源开关时，可用绝缘物（如干燥的木棒、竹竿、手套）将电线移开，使触电者脱离电源。必要时可用绝缘工具切断电源。如果触电者在高处，要采取防摔措施，防止触电者脱离电源后摔伤。

（2）紧急救护　根据触电者的情况，进行简单的诊断，并按不同情况分别处理：

① 病人神志清醒，但感乏力、头昏、心悸、出冷汗，甚至有恶心或呕吐。此类病人应使其就地安静休息，减轻心脏负担，加快恢复；情况严重时，应立即小心送往医疗部门检查治疗。

② 病人呼吸、心跳尚存在，但神志昏迷。此时，应将病人仰卧，周围空气要流通，并注意保暖。除了要严密观察外，还要做好人工呼吸和心脏按压的准备工作。

③ 如经检查发现，病人处于“假死”状态，则应立即针对不同类型的“假死”进行对症处理：如呼吸停止，应用口对口的人工呼吸法来维持气体交换；如心脏停止跳动，应用体外人工心脏按压法来维持血液循环。

④ 有时病人心跳、呼吸停止，应急救但只有一人时，必须同时进行口对口人工呼吸和体外心脏按压，此时，可先吹两次气，立即进行挤压15次，然后再吹气两次，再挤压，反复交替进行。

5. 挤压伤急救

挤压伤多见于建筑物和堆积物的倒塌、塌方等，受伤处可为某一肢体，也可见于躯干大部分，常引起组织出血或坏死，严重可危及生命。现场急救措施如下。

(1)迅速解除压迫物，动作要轻。先解除头部压迫物，去除口鼻内泥沙，然后解除其他部位压迫物。

(2)尽量减少伤肢活动，不能抬高伤肢或按摩肢体，用夹板作临时固定，然后搬运伤员。

(3)受伤肢体应暴露在凉爽的空气中或用冷水降低伤肢温度，以减慢新陈代谢，延迟感染时间。

(4)争取时间送医院救治。

6. 擦伤急救

擦伤是表皮被粗糙的东西擦破引起，对较浅的干净伤口，涂上红汞药水即可。如果伤口表面较脏，应用凉开水充分冲洗，防止污物嵌入组织，尤其面部擦伤更应注意。伤口冲洗干净后，涂红汞药水，再用干净的纱布包扎。如无感染，2～3天结痂自愈。如有轻微感染，要每天清洗患处，涂龙胆紫药水。

7. 挫伤急救

挫伤是因碰撞跌倒造成的皮下组织损伤，局部出现青紫淤血，局部胀痛，可用冷湿毛巾敷局部12分钟左右，使血管收缩，减少出血，一般5～7天淤血块被吸收而自愈。

8. 扭伤急救

扭伤是由于关节部位的猛烈扭转而撕裂拉伤了关节囊、韧带或肌腱。如肢体扭伤，应抬高患肢，局部敷红花油、五虎丹或七厘散(用酒或水将药调成糊状)涂于患处，待药略干后用布带稍用力把扭伤部位缠裹，每天敷药1～2次，一般2～3天可恢复活动。腰部扭伤病人应在硬板床上躺卧休息，如未见好转应送医院检查治疗。

9. 刺伤急救

刺伤多由于铁钉、木刺等刺破人体而发生，伤口一般小而深。如刺入物较干净而且刺入不深，可立即拔出使伤口自然流血，起到冲洗伤口的作用。若小刺不易拔除时可用碘酒、酒精或白酒等擦拭伤口周围，用缝针在开水中烫后或用酒精棉球擦后进行拔除，涂碘酒后用干纱布包扎，2～3天不沾水可自愈。若刺入物脏而不易拔除，应送医院注射破伤风抗毒素以预防感染破伤风。

10. 遇突发事件或意外事故的急救

遇突发事件或意外事故急救需拨打“120”进行电话呼救时，须知以下事项。

(1)呼救时牢记依次报告下列内容：①伤病员出事所在地的详细地址；②简述病人主要情况，如昏迷、抽搐、出血、骨折等，以便救护人员有所准备，及时投入抢救；③报告呼救者姓名、呼救地的电话号码，以防万一找不到，可与呼救者及时取得联系；④讲清已进行了哪些处理；⑤待对方答复后再挂断电话。

(2)呼救后应派人等候救护车到来，以便及时引导救护车出入；清除杂物，使道路畅通，以便运送病人；携带物品，继续必要的抢救处理。

9.4.10 社区服务

加强施工现场环保工作的组织领导，成立以项目经理为首，由技术、生产、物资、机械等部门组成的环保工作领导小组，设立专职环保员一名。建立环境管理体系，明确职责、权限。建立环保信息网络，加强与当地环保局的联系。不定期组织工地的业务人员学习国家、环境法律法规和本公司环境手册、程序文件、方针、目标、指标知识等内部标准，使每个人都了解ISO14001环保标准要求和内容。认真做好施工现场环境保护的监督检查工作，包括每月3次噪声监测记录及环保管理工作自检记录等，做到数据准确，记录真实。施工现场要经常采取多种形式的环保宣传教育活动，施工队进场要集体进行环保教育，不断提高职工的环保意识和法制观念，未通过环保考核者不得上岗。在普及环保知识的同时，不定期地进行环保知识的考核检查，鼓励环保革新发明活动。要制定出防止大气污染、水污染和施工噪声污染的具体制度。

积极全面地开展环保工作，建立项目部环境管理体系，成立环保领导小组，定期或不定期进行环境监测监控。加强环保宣传工作，提高全员环保意识。现场采取图片、表扬、评优、奖励等多种形式进行环保宣传，将环保知识的普及工作落实到每位施工人员身上。对上岗的施工人员实行环保达标上岗考试制度，做到凡是上岗人员均须通过环保考试。现场建立环保义务监督岗制度，保证及时反馈信息，对环保做得不周之处及时提出整改方案，积极改进并完善环保措施。每月进行一次环保噪声检查，发现问题及时解决。严格按照施工组织设计中环保措施开展环保工作，其针对性和可操作性要强。

施工单位应当遵守国家有关环境保护的法律规定，采取措施控制施工现场的各种粉尘、废气、废水、固体废物以及噪声、振动对环境的污染和危害。

应当采取下列防止环境污染的措施。

(1)妥善处理泥浆水，未经处理不得直接排入城市排水设施和河流。

(2)除附设有符合规定的装置外，不得在施工现场熔融沥青或焚烧油毡、油漆以及其他会产生有毒有害烟尘和恶臭气体的物质。

(3)使用密封式的圈筒或者采取其他措施处理高空废弃物。

(4)采取有效措施控制施工过程中的扬尘。

(5)禁止将有毒有害废弃物用作土方回填。

(6)对产生噪声、振动的施工机械，应采取有效控制措施，减轻噪声扰民。

施工由于受技术、经济条件限制，对环境的污染不能控制在规定范围内的，建设单位应当会同施工单位事先报请当地人民政府建设行政主管部门和环境行政主管部门批准。必须进行夜间施工时，要进行审批，批准后按批复意见施工，并注意影响。尽量做到不扰民；与当地派出所、居委会取得联系，做好治安保卫工作，严格执行门卫制度，防止工地出现偷盗、打架、职工外出惹事等意外事情发生，防止出现扰民现象(特别是高考期间)。认真学习和贯彻国家、环境法律法规和遵守本公司环境方针、目标、指标及相关文件要求。

按当地规定，在允许的施工时间之外必须施工时，应有主管部门批准手续(夜间施工许可证)，并做好周围群众工作。夜间22点至早晨6点时段，没有夜间施工许可证的，不允许施工。现场不得焚烧有毒、有害物质，有毒、有害物质应该按照有关规定进行处理。现场应制订不扰民措施，有责任人管理和检查，并与居民定期联系听取其意见，对合理意见应处理及时，工作应有记载。制订施工现场防粉尘、防噪音措施，使附近的居民不受干扰。严格按规定的早6点、晚22点时间作业。严格控制扬尘，不许从楼上往下扔建筑垃圾，堆放粉状材料要遮挡严密，运输粉状材料要用高密目网或彩条布遮挡严密，保证粉尘不飞扬。

严格控制废水、污水排放，不许将废水、污水排到居民区或街道。防止粉尘污染环境，施工现场设明排水沟及暗沟，直接接通污水道，防止施工用水、雨水、生活用水排出工地。混凝土搅拌车、货车等车辆出工地时，轮胎要进行清扫，防止轮胎污物被带出工地。施工现场设垃圾箱，禁止乱丢乱放。

施工建筑物采用密目网封闭施工，防止靠近居民区出现其他安全隐患及不可预见性事故，确保安全可靠。采用商品混凝土，防止现场搅拌噪音扰民及水泥飞起的粉尘污染。用木屑除尘器除尘时，在每台加工机械尘源上方或侧向安装吸尘罩，通过风机作用，将粉尘吸入输送管道，送到普料仓。使用机械如电锯、砂轮、混凝土振捣器等噪音较大的设备时，应尽量避开人们休息时间，禁止夜间使用，防止噪音扰民。

9.5　文明施工措施的落实

9.5.1　文明施工的责任制

建设工程文明施工实行建设单位监督检查下的总承包单位负责制。总承包单位在贯彻文明施工的各项要求时，定期向地市建设行政主管部门报告有关实施情况。

文明施工对建设单位的要求，在施工方案确定前，它应会同设计、施工单位和市政、防汛、公用、房管、邮电、电力以及其他有关部门，对可能造成周围建筑物、构筑物、防汛设施、地下管线损坏或堵塞的建设工程工地，进行现场检查，并制订相应的技术措施，在施工组织设计中必须要有文明施工的内容，保证施工的安全进行。

文明施工对施工单位的要求，它应该将文明施工、环境卫生和安全措施纳入施工组织设计中，制定出切合实际的工地文明施工制度，并由项目经理（负责人）组织实施。施工单位必须采取积极的措施，降低施工中产生的噪声。要加强对建筑材料、土方、混凝土、石灰膏、砂浆等在施工生产和运输中造成扬尘、滴漏的管理，对施工中产生的泥浆、污水等必须经过沉淀后达到要求、符合标准才能排放。施工单位对在岗的操作人员明确任务，抓施工进度、质量、安全生产的同时，必须向操作人员明确文明施工的要求，严禁野蛮施工。对施工区域或危险区域，施工单位必须设立醒目的警示标志，并采取警戒措施；它还要引用各种其他有效方式，减少施工对市容、绿化和环境的不良影响。

文明施工对施工人员提出了应按照工地文明施工的要求进行作业，对施工中产生的泥浆和其他浑浊废弃物，未经沉淀不得排放，对施工中产生的各类垃圾堆放在规定的地点，不得倒入河道和居民生活垃圾容器，不得随意抛掷建筑材料、残土、废料和其他杂物。

文明施工对集团总公司一级的大型施工企业的要求，一是要有本企业文明施工的具体实施方案；二是负责督促、检查本单位所属施工企业在建项目的工地，贯彻执行省、市文明施工的规定，做好文明施工的各项工作；三是负责管理分包单位文明施工实施情况；四是指导各施工企业均应接受所在地区建设行政主管部门的文明施工监督检查。

9.5.2 文明施工的费用

建设部在2005年6月7日颁发的《建筑工程安全防护、文明施工措施费用及使用管理规定》[建办(2005)89号]文件，把文明施工的费用作了详细明确的规定下来。该文共有十九条。根据有关法律、规章和建设部文件，结合当地实际制定建设工程安全防护、文明施工、措施费用。该规定适用于当地行政区域内的各类新建、扩建、改建的土木建筑工程、管线工程及其相关的设备安装工程、装饰装修工程。

安全防护、文明施工措施费用，是指按照国家现行的建筑施工安全、施工现场与卫生标准和有关规定，用于购置和更新施工安全防护用具及实施、改善安全生产条件和作业环境所需的费用。对安全防护和文明施工有特殊措施要求，未列入安全防护、文明施工措施项目清单内容的，可结合工程实际情况，依照批准的施工组织设计方案另行立项，一并计入安全防护，文明施工措施费用。对危险性较大工程，根据经专家认证审核通过的安全专项施工方案来确定安全防护、文明施工措施项目内容。

建设单位在编制工程概预算时，应当依照安全防护、文明施工暂行规定所确定的费率，以及安全防护，文明施工措施项目清单内容，合理确定工程安全防护、文明措施费。

安全防护、文明措施费在招投标中，也作了明确规定报价不应低于招标文件规定最低费用的90%，否则按废标处理。建设单位与施工单位应当在施工合同中明确安全防护、文明措施项目总费用，以及费用预付、支付计划、使用要求、调整方式等条款。

工程总承包单位对建设工程安全防护、文明施工措施费用的使用负总责，总承包单位按规定及合同约定及时向分包单位支付安全防护、文明施工措施费用，总承包单位不按规定和合同约定支付费用，造成分包单位不能及时落实安全防护措施导致发生事故的，由总承包单位负主要责任。

建设单位未提交安全防护、文明施工措施费用支付计划作为工程安全的具体措施的，建设行政主管部门不予核发施工许可证。工程监理单位应当对施工单位落实安全防护、文明施工措施情况进行现场监理。省、市、县建设行政主管部门按照职责分工，以安全防护、文明施工措施项目清单内容为依据，对施工现场安全防护、文明施工措施落实情况进行监督检查。

创建文明工地的，可以在原约定的安全防护、文明施工措施费用基础上适当提高，由施工单位与建设单位在建设工程承包合同中约定。

关于房屋建筑、市政、民防工程安全防护、文明施工措施项目内容：①文明施工与环境保护，即：安全警示标志牌、现场围挡、各类图版、企业标志、场容场貌、材料堆放、现场防火、垃圾清运等。②临时设施，即：现场办公生活设施、施工现场临时用电等。③安全施工，即：临边洞口、交叉高处作业防护，如楼板、层面、阳台等临边防护，通道口、预留洞口、电梯井的防护、楼梯平台交叉作业等。另外作业人员具备必要的安全帽、安全带等安全防护用品。

9.5.3 文明施工的范围与区域

凡建设系统的所有建设工程都必须实施文明施工，其中包括建筑施工企业的后方场、站、厂、车间、混凝土搅拌站，设备实施租赁站和仓库等。

按照文明工地(场、站)管理有关规定,当地重大工程办公室负责重大工程文明施工管理;当地安全质量监督总站负责土建装饰安装专业文明施工管理;当地市政安全质量监督总站负责市政工程文明施工管理;当地道路管线办公室负责道路管线工程文明施工管理;当地建设安全协会负责场站文明生产管理。在建设工程文明施工总体上讲是条块结合,有分有合。建设工程文明施工逐渐延伸到全系统,力争做到全覆盖。调动一切积极因素,全员投入、全方位展开,全面推进,使建设系统构建和谐社会的工作落实到最基层实体。

建设工程文明施工在当地建设行政主管部门的直接领导下,经过广大建设施工企业的共同努力工作,不断总结经验、适应新形势的发展需要,基本上形成了比较完整系统的文明施工体系。从市区的建设工程延伸到郊县的建设工程,从一线的施工现场延伸到后方场、站,从总承包管理延伸到分包,专业承包等管理文明施工的区域和内容有了拓展和完善。现在建设工程文明施工基本上做到网络化管理,既简便了手续,又提高了工作效率。从总体上来看,上了一个台阶,取得了明显的成效。符合建设系统提出的文明施工要做到建设系统全覆盖,全面、全员参加的要求。

9.5.4　文明施工的检查与改进

对建设工程文明施工的检查实行目标管理和全过程管理,一般情况文明施工检查是以项目部自查,上级公司随机抽查,各级安全监督站以及相关部门等组织采取不定期暗查等相结合的方式进行。

对评选当地文明工地的工程项目工地,根据评选文明工地五大管理块各自的特点和要求,对建设工程工地进行文明施工专业检查,重大工程文明施工管理专业块,土建、装饰、安装等文明施工管理专业块的评选。省、市级文明工地检查,由当地建设工程安全质量监督总站组织检查小组,每两个月对所申报评选的文明工地项目工地进行一次专项的文明施工检查,按照文明工地的标准检查评分,凡达到省、市级文明工地标准要求的工地,向上推荐评选为市文明工地等。市政工程文明施工管理块的评选的文明工地检查,由市政安监站组织检查小组,分上、下半年对新申报的文明工地的项目工地进行一次专项的文明施工检查,同样,经过检查、评分,凡达到省、市级文明工地标准的工地,向上推荐评选文明工地等。市道路管线工程文明施工管理块评选的文明工地检查,由当地道管办组织检查小组,根据工程具体情况和特点进行检查,一般为平时检查和年底抽查相结合。对申报的省、市级文明工地进行文明施工的检查。凡达到省、市级文明工地标准的工地,向上推荐评选文明工地。场、站文明生产管理块评选文明工地(场、站)检查,由当地建设安全协会组织检查小组,根据后方场、站等特点,把平时日常检查和年底专项文明施工生产检查相结合,对申报的评选文明工地(场、站)进行文明施工生产的检查,凡达到省、市级文明工地(场、站)标准的,向上推荐文明工地(场、站)。评选文明工地的五大块都实行了网上申报公布受理情况,检查要求,出示检查结果,凡达到标准的工地(场、站),向评选领导小组推荐,进行省、市级文明工地的评审。

在评选省、市级文明工地的过程中,各管理块对文明施工的检查都有具体内容和实施办法,按照各自的特点和规模制定了文明施工的检查要求,既符合工地文明施工的实际情况,又考虑到更好地服务建筑施工企业,达到进一步全面提高建设系统文明施工的综合水准。同时,日常的文明施工检查和评选文明工地结合起来,基本上形成条块相结合的格局,推进建设系统文明施工进一步发展和提高。

建设工程工地的文明施工随着形势的发展和当地建设工程的特点，不断地改进、充实、提高、完善。一是建设工程工地的文明施工增加了创建文明工地为构建和谐社会方面的内容；二是补充了“八荣八耻”教育的内容；三是规范施工现场增加科技创新和攻关的内容；四是创建标准融入了近年来发布的新的法律、法规、标准和文件的相关要求，细化了评分内容，突出重点，将重点内容设立保证项，提高了可操作性；五是进一步明确文明施工措施费用管理的内容，更好地贯彻落实建设部关于《建筑工程安全防护、文明施工措施费用及使用管理落实暂行规定》的通知；六是加强了维护民工权利的相关内容；七是增加了节约与环保型工地的内容，更好地贯彻落实建设部的《绿色施工导则》（建质［2007］223号）的文件精神。使建设工程的文明施工更加有利于各建设施工企业增强整体意识，树立全局观念，提高综合性创造能力，创造范围不断扩大，形成总承包企业、主承包企业，专业承包企业，分包企业、劳务企业等共同创建文明工地的新格局，调动了各方面的积极性，增强了创建工作的凝聚力，提高了建设工程文明施工的自身潜力和质量，更加有利于当地的城市建设。

9.6 文明施工基础管理工作

文明施工是一项系统工程，包含的内容很广，涉及到很多方面，它是一项综合性的管理工作，是施工企业在生产过程中一项重要工作。因此，抓好文明施工基础管理工作尤为重要。

9.6.1 文明施工管理台账

文明施工管理的台账从大类来分，主要有基础管理、质量管理、安全管理、环境形象、宣传教育、卫生防疫、综合治理、节能管理等多个方面。从内容上来讲有文明施工管理领导小组和管理网络，文明施工各项管理制度，规划措施做到层层分解、责任到人；有日常的检查、考核记录。在质量方面必须建立质量保证体系，实施质量的目标管理，各项质量资料齐全，有日常的检查和验收记录，以及科技创新攻关方案和实施记录。在安全生产管理方面有完善的安全生产管理制度和各项责任制，安全生产领导小组和分级管理网络，按规定要求配置安全生产管理人员，建立必备的安全生产管理台账，记录清晰、及时、准确。在环境形象方面必须有施工过程中的利民、便民、爱民的具体措施，有施工的告示书和承诺书，有与有关单位或居民共建文明协议和活动记录等。在宣传教育方面，有宣传教育的制度和管理网络名单，管理人员学习计划和实施记录，职工教育培训计划和实施记录，二报一栏宣传记录档案，以及家访、谈心和文娱活动记录，为施工现场构筑和谐社会的具体实施意见。在卫生防疫方面，有这项工作的管理制度和管理网络名单，每周检查记录、食堂采购记录齐全，熟食留样记录，灭四害措施和投药记录，以及医疗急救预案等在综合治理方面有综合治理组织机构和管理制度，签订治安管理责任书，综合治理活动记录，建立防火档案，各类记录及时、齐全。动火审批符合规定要求，外来人员按规定办理各类证。节能方面有节能型工地的具体措施和实施办法，实际执行时的记录等。总之，文明施工的管理台账应按照市文明施工的有关标准、规定、具体内容来设置。管理台账应设总目录、分目录。管理台账应简便、从实，即有针对性、科学性、可操作性。

9.6.2　建立文明施工奖励和处罚机制

各施工单位必须有文明施工的奖励和处罚制度，对创建文明工地并取得经济指标的考核挂钩，对这项工作作出显著成绩和贡献的人员要重奖，进一步推进文明施工向纵深发展，使文明施工在新的形势下注入新的内容，创出新的思路，取得新的成就。对在文明施工过程中受到各类批评、通报、整改指令书等的工地，必须给予一定的处罚，使其明确文明施工的主要意义，对建设交通系统的整体形象在社会上的反映之重要性。所以，文明施工的奖励和处罚的制度、内容要实、措施要有力，责任要到人，总体和阶段性要明确，必须与施工企业相关的规章制度结合起来，进一步健全和完善文明施工奖励和处罚机制。

9.6.3　员工的素质教育

要使文明施工落到实处，提高员工的素质教育是一个重要的环节，要做到以下几个方面：

(1)员工的素质教育须与教育培训计划实施意见的一致性。

(2)教育的内容按照市有关文明施工的标准、规定来确定。在教育时间上按企业的实际情况加以保证。

(3)文明施工对员工的培训教育可分层次，对不同对象，进行有针对性的教育。

(4)每年有一至两次的文明施工培训教育考核记录。

(5)文明施工培训教育按有关规定实行，由总承包施工单位负责制。

(6)文明施工培训教育是提高员工整体素质，必须同形势教育、爱国主义教育结合起来，为建筑企业构建和谐社会打下坚实的基础。

9.6.4　文明施工的监督机制

文明施工的监督机制主要有三个方面组成：①由市建设交通系统组织的文明施工管理社会督察员和专业技术人员进行日常监督检查，进行打分考评。②接受新闻媒体对市建设交通系统施工现场文明施工的报道，其中有文明施工中的好经验总结和做法，也有对工程项目工地文明施工过程中存在的问题进行媒体曝光，接受新闻媒体的社会监督。③由施工企业单位建立监督机制，负责对本企业范围内的所有工地，实行检查监督工作。

从原则上来说，文明施工的监督机制由社会、行业、企业三个方面组成。文明施工要强调自我约束机制，在不断健全和完善的过程中，有所发展，有所提高。强调建设交通系统的窗口建设、树立文明施工的整体形象。

9.7　环境卫生与环境保护

9.7.1　施工现场的卫生与防疫

1. 卫生保健

(1)施工现场应设置保健卫生室，配备保健药箱、常用药及绷带、止血带、颈托、担架等急救器材，小型工程可以用办公用房兼做保健卫生室。

(2)施工现场应当配备兼职或专职急救人员,处理伤员和职工保健,对生活卫生进行监督和定期检查食堂、饮食等卫生情况。

(3)要利用板报等形式向职工介绍防疫知识和方法,针对季节性流行病、传染病等,做好对职工卫生防疫的宣传教育工作。

(4)当施工现场作业人员发生法定传染病、食物中毒、急性职业中毒时,必须在2小时内向事故发生所在地建设行政主管部门和卫生防疫部门报告,并应积极配合调查处理。

(5)现场施工人员患有法定传染病或有病原携带者时,应及时进行隔离,并由卫生防疫部门进行处置。

2. 保洁

办公区和生活区应设专职或兼职保洁员,负责卫生清扫和保洁,应有灭杀鼠、蚊、蝇、蟑螂等措施,并应定期投放和喷洒药物。

3. 食堂卫生

(1)食堂必须有卫生许可证。

(2)炊事人员必须持有身体健康证,上岗应穿戴洁净的工作服、工作帽和口罩,并应保持个人卫生。

(3)炊具、餐具和饮水器具必须及时清洗消毒。

(4)必须加强食品、原料的进货管理,做好进货登记,严禁购买无照、无证商贩经营的食品和原料,施工现场的食堂严禁出售变质食品。

4. 社区服务

施工现场应当建立不扰民措施,由责任人管理和检查。应当与周围社区定期联系,听取意见,对合理意见应当及时采纳处理。工作应当有记录。

9.7.2 环境保护

1. 环境保护

环境保护是我国的一项基本国策。环境是指影响人类生存和发展的各种天然的和经过人工改造过的自然因素的总体。目前,防治环境污染、保护环境已成为世界各国普遍关注的问题。为了保护和改善生产环境与生态环境,防治污染和其他公害,保障人体健康,促进社会主义现代化建设的发展,我国于1989年颁布了《环境保护法》,正式把环境保护纳入法治轨道。

在建筑工程施工过程中,由于使用的设备大型化、复杂化,往往会给环境造成一定的影响和破坏,特别是大中城市,由于施工对环境造成影响而产生的矛盾尤其突出。为了保护环境,防止环境污染,有关法规规定,建设单位与施工单位在施工过程中要保护施工现场周围的环境,防止对自然环境造成不应有的破坏;防止和减轻粉尘、噪声、振动对周围居住区的污染和危害。建筑业企业应当遵守有关环境保护和安全生产方面的法律、法规的规定,采取控制施工现场的各种粉尘、废气、废水、固体废弃物及噪声、振动对环境的污染和危害的措施。这里要求采取的措施,根据原建设部1991年发布的《建筑工程施工现场管理规定》,包括以下6个方面:①妥善处理泥浆水,未经处理不得直接排入城市排水设施和河流;②除设有符合规定的装置外,不得在施工现场熔融沥青或者焚烧油毡、油漆及其他会产生有毒有害烟尘和恶臭气体的物质;③使用密封式的圈筒或者采取其他措施处理高空作业废弃物;④采取有效措施控制施工过程中的扬尘；⑤禁止将有毒有害废弃物用作土方回填；⑥对产生噪声、振动的施工机械，应采取有效控制措施，减轻噪声扰民。

2. 防治大气污染

（1）施工现场宜采取措施硬化，其中主要道路、料场、生活办公区域必须进行硬化处理，土方应集中堆放。裸露的场地和集中堆放的土方应采取覆盖、固化或绿化等措施。

（2）使用密目式安全网对在建建筑物、构筑物进行封闭，防止施工过程扬尘；拆除旧有建筑物时，应采用隔离、洒水等措施防止扬尘，并应在规定期限内将废弃物清理完毕；不得在施工现场熔融沥青，严禁在施工现场焚烧含有有毒、有害化学成分的装饰废料、油毡、油漆、垃圾等各类废弃物。

（3）从事土方、渣土和施工垃圾运输应采用密闭式运输车辆或采取覆盖措施。

（4）施工现场出入口处应采取保证车辆清洁的措施。

（5）施工现场应根据风力和大气湿度的具体情况，进行土方回填、转运作业。

（6）水泥和其他易飞扬的细颗粒建筑材料应密闭存放，沙石等散料应采取覆盖措施。

（7）施工现场混凝土搅拌场所应采取封闭、降尘措施。

（8）建筑物内施工垃圾的清运，应采用专用封闭式容器吊运或传送，严禁凌空抛撒。

（9）施工现场应设置密闭式垃圾站，施工垃圾、生活垃圾应分类存放，并及时清运出场。

（10）城区、旅游景点、疗养区、重点文物保护地及人口密集区的施工现场应使用清洁能源。

（11）施工现场的机械设备、车辆的尾气排放应符合国家环保排放标准要求。

3. 防治水污染

（1）施工现场应设置排水沟及沉淀池，现场废水不得直接排入市政污水管网和河流。

（2）现场存放的油料、化学溶剂等应设有专门的库房，地面应进行防渗漏处理。

（3）食堂应设置隔油池，并应及时清理。

（4）厕所的化粪池应进行抗渗处理。

（5）食堂、盥洗室、淋浴间的下水管线应设置隔离网，并应与市政污水管线连接，保证排水通畅。

4. 防治施工噪声污染

（1）施工现场应按照国家标准《建筑施工场界环境噪声排放标准》（GB 12523—2011）及《建筑施工场界噪声测量方法》（GB 12524—1990）制定降噪措施，并应对施工现场的噪声值进行监测和记录。

（2）施工现场的强噪声设备宜设置在远离居民区的一侧。

（3）控制强噪声作业的时间：凡在人口稠密区进行强噪声作业时，须严格控制作业时间，一般晚22点到次日早6点之间停止强噪声作业。确系特殊情况必须昼夜施工时，尽量采取降低噪声措施，并会同建设单位找当地居委会、村委会或当地居民协调，张贴安民告示，求得群众谅解。

（4）夜间运输材料的车辆进入施工现场，严禁鸣笛，装卸材料应做到轻拿轻放。

（5）对产生噪声和振动的施工机械、机具的使用，应当采取消声、吸声、隔声等有效控制和降低噪声。

5. 防治施工照明污染

(1)根据施工现场情况照明强度要求选用合理的灯具,“越亮越好”并不科学,也减少不必要的浪费。

(2)建筑工程尽量多采用高品质、遮光性能好的荧光灯。其工作频率在20kHz以上,使荧光灯的闪烁度大幅度下降,改善了视觉环境,有利于人体健康。少采用黑光灯、激光灯、探照灯、空中玫瑰灯等不利光源。

(3)施工现场应采取遮蔽措施,限制电焊眩光、夜间施工照明光、具有强反光性建筑材料的反射光等污染光源外泄,使夜间照明只照射施工区域而不影响周围居民休息。

(4)施工现场大型照明灯应采用俯视角度,不应将直射光线射入空中。利用挡光、遮光板或利用减光方法将投光灯产生的溢散光和干扰光降到最低的限度。

(5)加强个人防护措施,对紫外线和红外线等看不见的辐射源,必须采取必要的防护措施,如电焊工要佩戴防护镜和防护面罩。防护镜有反射型防护镜、吸收型防护镜、反射—吸收型防护镜、光电型防护镜、变色微晶玻璃型防护镜等,可依据防护对象选择相应的防护镜。例如,可佩戴黄绿色镜片的防护眼镜来预防雪盲和防护电焊发出的紫外光;绿色玻璃既可防护UV(气体放电),又可防护可见光和红外线,而蓝色玻璃对UV的防护效果较差,所以在紫外线的防护中要考虑到防护镜的颜色对防护效果的影响。

(6)对有红外线和紫外线污染及应用激光的场所制定相应的卫生标准并采取必要的安全防护措施,注意张贴警告标志,禁止无关人员进入禁区内。

6. 防治施工固体废弃物污染

施工车辆运输沙石、土方、渣土和建筑垃圾,采取密封、覆盖措施,避免泄漏、遗撒,并在指定地点倾卸,防止固体废物污染环境。

9.8 文明工地的创建

文明工地的创建有利于树立企业的良好形象,为企业积累良好的业绩。实行文明施工管理,员工的精神面貌和工作环境必将大大改观。另外,文明建设必须在项目的人力、物力、财力上要加大投入,这将会促进施工生产更加高速、安全、优质,使企业在社会上树立起良好的信誉和形象。

9.8.1 文明工地的管理目标

工地建设项目部创建文明工地,管理目标一般应包括:

(1)安全管理目标　包括:①负伤事故频率、死亡事故控制指标;②火灾、设备、管线以及传染病传播、食物中毒等重大事故控制指标;③标准化管理达标情况。

(2)环境管理目标　包括:①文明工地达标情况;②重大环境污染事件控制指标;③扬尘污染物控制指标;④废水排放控制指标;⑤噪声控制指标;⑥固体废弃物处置情况;⑦社会相关方投诉的处理情况。

(3)项目部在制订文明工地管理目标时,应综合考虑的因素包括:①项目自身的危险源与不利环境因素的识别、评价和结果;②适用法律法规、标准规范和其他要求的识别结果;③可供选择的技术方案;④经营和管理上的要求;⑤社会相关方(社区、居民、毗邻单位等)的要求和意见。

9.8.2　建立创建文明工地的组织机构

工程项目的施工企业、项目部要建立健全以单位主要负责人和项目经理为第一责任人的创建文明工地责任体系，建立健全文明工地管理组织机构。

(1)施工企业文明工地领导小组，由公司主管经理以及技术、安全、质量、设备、财务等主要负责人组成。

(2)工程项目部文明工地领导小组，由项目经理、副经理、工程师以及安全、技术、施工等主要部门(岗位)负责人组成。

(3)文明工地工作小组，主要有：①综合管理工作小组；②安全管理工作小组；③质量管理工作小组；④环境保护工作小组；⑤卫生防疫工作小组；⑥防台防汛工作小组等。各地可根据当地气候、环境等因素建立相关工作小组。

9.8.3　规划措施及实施要求

1. 规划措施

建设项目部应加强施工组织设计管理，要把文明施工规划措施作为文明工地创建的重要内容，在施工组织设计同时按规定进行审批。文明施工规划措施内容应包括：①施工现场平面布置与划分；②环境保护方案；③交通组织方案；④卫生防疫措施；⑤现场防火措施；⑥综合管理；⑦社区服务；⑧应急预案。

2. 实施要求

工程项目部在开工后，应严格按照文明施工方案(措施)进行施工，并对施工现场管理实施控制。

工程项目部应将有关文明施工的承诺张榜公示，向社会作出遵守文明施工规定的承诺，公布并告知开、竣工日期，投诉和监督电话，自觉接受社会各界的监督。

工程项目部要强化农民工教育，提高农民工安全生产和文明施工的素质。利用横幅、标语、黑板报等形式，加强有关文明施工的法律、法规、规程、标准的宣传工作，使得文明施工深入人心。

工程项目部在对施工人员进行安全技术交底时，必须将文明施工的有关要求同时进行交底，并在施工作业时督促其遵守相关规定，高标准、严要求地做好文明工地创建工作。

工程项目部创建文明工地，在施工时必须做到：①封闭施工；②满足交通组织的需要；③清洁运输；④环境影响要最小化；⑤减少对市民生活和出行的影响。

9.8.4　检查与评选

1. 文明工地的检查

对参加创建文明工地的工程项目部的检查，要严格执行日常巡查和定期检查制度，检查工作要从工程开工做起，直到竣工交验为止。

施工企业对工程项目部的检查每月应不少于一次。对开出的隐患整改通知书要建立跟踪管理措施，督促项目部及时整改，并对工程项目部的文明施工进行动态监控。

工程项目部每月检查应不少于四次。检查按照行业标准《建筑施工安全检查标准》(JGJ

59—2011)、地方和企业有关规定，对施工现场的安全防护措施、环境保护措施、文明施工责任制以及各项管理制度、现场防火措施等落实情况进行重点检查。

在检查中发现的一般安全隐患和违反文明施工的现象，要按“三定”（定人、定期限、定措施）原则予以整改；对各类重大安全隐患和严重违反文明施工的问题，项目部必须认真地进行原因分析，制订纠正和预防措施，并付诸实施。

2. 文明工地的评选

施工企业内部的文明工地评选，应参照有关文明工地检查评分标准以及本企业有关文明工地评选的规定进行。

参加省、市级文明工地的评选，应按照建设行政主管部门的有关规定，实行预申报与推荐相结合、定期评查与不定期抽查相结合的方式进行评选。

申报文明工地的工程的书面推荐资料应包括：

（1）工程中标通知书。

（2）施工现场安全生产保证体系审核认证通过证书。

（3）安全标准化管理工地结构阶段复验合格审批单。

（4）文明工地推荐表。参加文明工地评选的工地注意：①不得在工作时间内停工待检。②不得违反有关廉洁自律的规定。

附　　录

附录1　建筑工程安全生产的相关法律、法规

安全生产法律法规，是指国家为改善劳动条件，实现安全生产，保护劳动者在生产过程中的安全和健康而制定的各种法律、法规、规章和规范性文件的总和。在建筑活动中，施工单位管理者必须遵循相关的法律、法规及标准，同时应当了解法律、法规及标准各自的地位及相互关系。

附录1.1　建筑法律

建筑法律是由全国人民代表大会及其常务委员会制定，经国家主席签署主席令予以公布，由国家政权保证执行的规范性文件。它是对建筑管理活动的宏观规定，侧重于对政府机关、社会团体、企事业单位的组织、职能、权力、义务等，以及建筑产品生产组织管理和生产基本程序进行规定，是建筑法律体系最高层次，具有最高法律效力，其地位和效力仅次于宪法。

典型的建筑法律有《中华人民共和国建筑法》、《中华人民共和国安全生产法》和《中华人民共和国消防法》。

1.《中华人民共和国建筑法》

《中华人民共和国建筑法》经1997年11月1日第八届全国人大常委会第28次会议通过；根据2011年4月22日第十一届全国人大常委会第20次会议《关于修改〈中华人民共和国建筑法〉的决定》修正。《中华人民共和国建筑法》分总则、建筑许可、建筑工程发包与承包、建筑工程监理、建筑安全生产管理、建筑工程质量管理、法律责任、附则8章85条，自1998年3月1日起施行。

《中华人民共和国建筑法》是我国第一部规范建筑活动的部门法律，它的颁布施行强化了建筑工程质量和安全的法律保障。《建筑法》总共八十五条，通篇贯穿了建筑质量与建筑安全问题，对影响建筑工程质量和安全的各方面因素作了较为全面的规范，具有很强的针对性。

《建筑法》主要规定了建筑许可、建筑工程发包承包、建筑工程监理、建筑安全生产管理、建筑工程质量管理及相应法律责任等方面的内容。

(1)《建筑法》颁布的意义

① 规范了我国各类房屋建筑及其附属设施建造和安装活动。

② 它的基本精神是保证建筑工程质量与安全，规范和保障建筑各方主体的权益。

③ 对建筑施工许可、建筑工程发包与承包、建筑安全生产管理、建筑工程质量管理等主要方面作出原则规定，对加强建筑质量管理发挥了积极的作用。

④ 为加强建筑工程活动的监督管理，维护建筑市场秩序，保证建设工程质量和安全，促进建筑业的健康发展，提供了法律保障。

⑤ 实现了“三个规范”，即规范市场主体行为、规范市场主体的基本关系和规范市场竞争秩序。

(2)《建筑法》针对安全生产管理制度制定的相关措施

第三十六条 建筑工程安全生产管理必须坚持安全第一、预防为主的方针，建立健全安全生产的责任制度和群防群治制度。

第三十七条 建筑工程设计应当符合按照国家规定制定的建筑安全规程和技术规范，保证工程的安全性能。

第三十八条 建筑施工企业在编制施工组织设计时，应当根据建筑工程的特点制定相应的安全技术措施；对专业性较强的工程项目，应当编制专项安全施工组织设计，并采取安全技术措施。

第三十九条 建筑施工企业应当在施工现场采取维护安全、防范危险、预防火灾等措施；有条件的，应当对施工现场实行封闭管理。

施工现场对毗邻的建筑物、构筑物和特殊作业环境可能造成损害的，建筑施工企业应当采取安全防护措施。

第四十条 建设单位应当向建筑施工企业提供与施工现场相关的地下管线资料，建筑施工企业应当采取措施加以保护。

第四十一条 建筑施工企业应当遵守有关环境保护和安全生产的法律、法规的规定，采取控制和处理施工现场的各种粉尘、废气、废水、固体废物以及噪声、振动对环境的污染和危害的措施。

第四十二条 有下列情形之一的，建设单位应当按照国家有关规定办理申请批准手续：

(一)需要临时占用规划批准范围以外场地的；

(二)可能损坏道路、管线、电力、邮电通讯等公共设施的；

(三)需要临时停水、停电、中断道路交通的；

(四)需要进行爆破作业的；

(五)法律、法规规定需要办理报批手续的其他情形。

第四十三条 建设行政主管部门负责建筑安全生产的管理，并依法接受劳动行政主管部门对建筑安全生产的指导和监督。

第四十四条 建筑施工企业必须依法加强对建筑安全生产的管理，执行安全生产责任制度，采取有效措施，防止伤亡和其他安全生产事故的发生。

建筑施工企业的法定代表人对本企业的安全生产负责。

第四十五条 施工现场安全由建筑施工企业负责。实行施工总承包的，由总承包单位负责。分包单位向总承包单位负责，服从总承包单位对施工现场的安全生产管理。

第四十六条 建筑施工企业应当建立健全劳动安全生产教育培训制度，加强对职工安全生产的教育培训；未经安全生产教育培训的人员，不得上岗作业。

第四十七条 建筑施工企业和作业人员在施工过程中，应当遵守有关安全生产的法律、法规和建筑行业安全规章、规程，不得违章指挥或者违章作业。作业人员有权对影响人身健康的作业程序和作业条件提出改进意见,有权获得安全生产所需的防护用品。作业人员对危及生命安全和人身健康的行为有权提出批评、检举和控告。

第四十八条　建筑施工企业应当依法为职工参加工伤保险缴纳工伤保险费。鼓励企业为从事危险作业的职工办理意外伤害保险,支付保险费。

第四十九条　涉及建筑主体和承重结构变动的装修工程,建设单位应当在施工前委托原设计单位或者具有相应资质条件的设计单位提出设计方案;没有设计方案的,不得施工。

第五十条　房屋拆除应当由具备保证安全条件的建筑施工单位承担,由建筑施工单位负责人对安全负责。

第五十一条　施工中发生事故时,建筑施工企业应当采取紧急措施减少人员伤亡和事故损失,并按照国家有关规定及时向有关部门报告。

2.《中华人民共和国安全生产法》

《中华人民共和国安全生产法》由中华人民共和国第九届全国人民代表大会常务委员会第二十八次会议于2002年6月29日通过,自2002年11月1日起施行。

《安全生产法》是安全生产领域的综合性基本法,是我国第一部全面规范安全生产的专门法律,是我国安全生产法律体系的主体法,是各类生产经营单位及其从业人员实现安全生产所必须遵循的行为准则,是各级人民政府及其有关部门进行监督管理和行政执法的法律依据,是制裁各种安全生产违法犯罪的有力武器。

(1)《安全生产法》颁布的意义

① 明确了生产经营单位必须做好安全生产的保证工作,既要在安全生产条件上、技术上符合生产经营的要求,也要在组织管理上建立健全安全生产责任并进行有效落实。

② 明确了从业人员为保证安全生产所应尽的义务,也明确了从业人员进行安全生产所享有的权利。

③ 明确规定了生产经营单位负责人的安全生产责任。

④ 明确了对违法单位和个人的法律责任追究制度。

⑤ 规定了要建立事故应急救援制度,制定应急救援预案,形成应急救援预案体系。

(2)《安全生产法》

第一章　总　　则

第一条　为了加强安全生产监督管理,防止和减少生产安全事故,保障人民群众生命和财产安全,促进经济发展,制定本法。

第二条　在中华人民共和国领域内从事生产经营活动的单位(以下统称生产经营单位)的安全生产,适用本法;有关法律、行政法规对消防安全和道路交通安全、铁路交通安全、水上交通安全、民用航空安全另有规定的,适用其规定。

第三条　安全生产管理,坚持安全第一、预防为主的方针。

第四条　生产经营单位必须遵守本法和其他有关安全生产的法律、法规,加强安全生产管理,建立、健全安全生产责任制度,完善安全生产条件,确保安全生产。

第五条　生产经营单位的主要负责人对本单位的安全生产工作全面负责。

第六条　生产经营单位的从业人员有依法获得安全生产保障的权利,并应当依法履行安全生产方面的义务。

第七条 工会依法组织职工参加本单位安全生产工作的民主管理和民主监督，维护职工在安全生产方面的合法权益。

第八条 国务院和地方各级人民政府应当加强对安全生产工作的领导，支持、督促各有关部门依法履行安全生产监督管理职责。

县级以上人民政府对安全生产监督管理中存在的重大问题应当及时予以协调、解决。

第九条 国务院负责安全生产监督管理的部门依照本法，对全国安全生产工作实施综合监督管理；县级以上地方各级人民政府负责安全生产监督管理的部门依照本法，对本行政区域内安全生产工作实施综合监督管理。

国务院有关部门依照本法和其他有关法律、行政法规的规定，在各自的职责范围内对有关的安全生产工作实施监督管理；县级以上地方各级人民政府有关部门依照本法和其他有关法律、法规的规定，在各自的职责范围内对有关的安全生产工作实施监督管理。

第十条 国务院有关部门应当按照保障安全生产的要求，依法及时制定有关的国家标准或者行业标准，并根据科技进步和经济发展适时修订。

生产经营单位必须执行依法制定的保障安全生产的国家标准或者行业标准。

第十一条 各级人民政府及其有关部门应当采取多种形式，加强对有关安全生产的法律、法规和安全生产知识的宣传，提高职工的安全生产意识。

第十二条 依法设立的为安全生产提供技术服务的中介机构，依照法律、行政法规和执业准则，接受生产经营单位的委托为其安全生产工作提供技术服务。

第十三条 国家实行生产安全事故责任追究制度，依照本法和有关法律、法规的规定，追究生产安全事故责任人员的法律责任。

第十四条 国家鼓励和支持安全生产科学技术研究和安全生产先进技术的推广应用，提高安全生产水平。

第十五条 国家对在改善安全生产条件、防止生产安全事故、参加抢险救护等方面取得显著成绩的单位和个人，给予奖励。

第二章 生产经营单位的安全生产保障

第十六条 生产经营单位应当具备本法和有关法律、行政法规和国家标准或者行业标准规定的安全生产条件；不具备安全生产条件的，不得从事生产经营活动。

第十七条 生产经营单位的主要负责人对本单位安全生产工作负有下列职责：

（一）建立、健全本单位安全生产责任制；

（二）组织制定本单位安全生产规章制度和操作规程；

（三）保证本单位安全生产投入的有效实施；

（四）督促、检查本单位的安全生产工作，及时消除生产安全事故隐患；

（五）组织制定并实施本单位的生产安全事故应急救援预案；

（六）及时、如实报告生产安全事故。

第十八条 生产经营单位应当具备的安全生产条件所必需的资金投入，由生产经营单位的决策机构、主要负责人或者个人经营的投资人予以保证，并对由于安全生产所必需的资金投人不足导致的后果承担责任。

第十九条　矿山、建筑施工单位和危险物品的生产、经营、储存单位，应当设置安全生产管理机构或者配备专职安全生产管理人员。

前款规定以外的其他生产经营单位，从业人员超过三百人的，应当设置安全生产管理机构或者配备专职安全生产管理人员；从业人员在三百人以下的，应当配备专职或者兼职的安全生产管理人员，或者委托具有国家规定的相关专业技术资格的工程技术人员提供安全生产管理服务。

生产经营单位依照前款规定委托工程技术人员提供安全生产管理服务的，保证安全生产的责任仍由本单位负责。

第二十条　生产经营单位的主要负责人和安全生产管理人员必须具备与本单位所从事的生产经营活动相应的安全生产知识和管理能力。

危险物品的生产、经营、储存单位以及矿山、建筑施工单位的主要负责人和安全生产管理人员，应当由有关主管部门对其安全生产知识和管理能力考核合格后方可任职。考核不得收费。

第二十一条　生产经营单位应当对从业人员进行安全生产教育和培训，保证从业人员具备必要的安全生产知识，熟悉有关的安全生产规章制度和安全操作规程，掌握本岗位的安全操作技能。未经安全生产教育和培训合格的从业人员，不得上岗作业。

第二十二条　生产经营单位采用新工艺、新技术、新材料或者使用新设备，必须了解、掌握其安全技术特性，采取有效的安全防护措施，并对从业人员进行专门的安全生产教育和培训。

第二十三条　生产经营单位的特种作业人员必须按照国家有关规定经专门的安全作业培训，取得特种作业操作资格证书，方可上岗作业。

特种作业人员的范围由国务院负责安全生产监督管理的部门会同国务院有关部门确定。

第二十四条　生产经营单位新建、改建、扩建工程项目（以下统称建设项目）的安全设施，必须与主体工程同时设计、同时施工、同时投入生产和使用。安全设施投资应当纳入建设项目概算。

第二十五条　矿山建设项目和用于生产、储存危险物品的建设项目，应当分别按照国家有关规定进行安全条件论证和安全评价。

第二十六条　建设项目安全设施的设计人、设计单位应当对安全设施设计负责。

矿山建设项目和用于生产、储存危险物品的建设项目的安全设施设计应当按照国家有关规定报经有关部门审查，审查部门及其负责审查的人员对审查结果负责。

第二十七条　矿山建设项目和用于生产、储存危险物品的建设项目的施工单位必须按照批准的安全设施设计施工，并对安全设施的工程质量负责。

矿山建设项目和用于生产、储存危险物品的建设项目竣工投入生产或者使用前，必须依照有关法律、行政法规的规定对安全设施进行验收；验收合格后，方可投入生产和使用。验收部门及其验收人员对验收结果负责。

第二十八条　生产经营单位应当在有较大危险因素的生产经营场所和有关设施、设备上，设置明显的安全警示标志。

第二十九条　安全设备的设计、制造、安装、使用、检测、维修、改造和报废，应当符合国家标准或者行业标准。

生产经营单位必须对安全设备进行经常性维护、保养，并定期检测，保证正常运转。维护、保养、检测应当做好记录，并由有关人员签字。

第三十条 生产经营单位使用的涉及生命安全、危险性较大的特种设备，以及危险物品的容器、运输工具，必须按照国家有关规定，由专业生产单位生产，并经取得专业资质的检测、检验机构检测、检验合格，取得安全使用证或者安全标志，方可投入使用。检测、检验机构对检测、检验结果负责。

涉及生命安全、危险性较大的特种设备的目录由国务院负责特种设备安全监督管理的部门制定，报国务院批准后执行。

第三十一条 国家对严重危及生产安全的工艺、设备实行淘汰制度。

生产经营单位不得使用国家明令淘汰、禁止使用的危及生产安全的工艺、设备。

第三十二条 生产、经营、运输、储存、使用危险物品或者处置废弃危险物品的，由有关主管部门依照有关法律、法规的规定和国家标准或者行业标准审批并实施监督管理。

生产经营单位生产、经营、运输、储存、使用危险物品或者处置废弃危险物品，必须执行有关法律、法规和国家标准或者行业标准，建立专门的安全管理制度，采取可靠的安全措施，接受有关主管部门依法实施的监督管理。

第三十三条 生产经营单位对重大危险源应当登记建档，进行定期检测、评估、监控，并制订应急预案，告知从业人员和相关人员在紧急情况下应当采取的应急措施。

生产经营单位应当按照国家有关规定将本单位重大危险源及有关安全措施、应急措施报有关地方人民政府负责安全生产监督管理的部门和有关部门备案。

第三十四条 生产、经营、储存、使用危险物品的车间、商店、仓库不得与员工宿舍在同一座建筑物内，并应当与员工宿舍保持安全距离。

生产经营场所和员工宿舍应当设有符合紧急疏散要求、标志明显、保持畅通的出口。禁止封闭、堵塞生产经营场所或者员工宿舍的出口。

第三十五条 生产经营单位进行爆破、吊装等危险作业，应当安排专门人员进行现场安全管理，确保操作规程的遵守和安全措施的落实。

第三十六条 生产经营单位应当教育和督促从业人员严格执行本单位的安全生产规章制度和安全操作规程；并向从业人员如实告知作业场所和工作岗位存在的危险因素、防范措施以及事故应急措施。

第三十七条 生产经营单位必须为从业人员提供符合国家标准或者行业标准的劳动防护用品，并监督、教育从业人员按照使用规则佩戴、使用。

第三十八条 生产经营单位的安全生产管理人员应当根据本单位的生产经营特点，对安全生产状况进行经常性检查；对检查中发现的安全问题，应当立即处理；不能处理的，应当及时报告本单位有关负责人。检查及处理情况应当记录在案。

第三十九条 生产经营单位应当安排用于配备劳动防护用品、进行安全生产培训的经费。

第四十条 两个以上生产经营单位在同一作业区域内进行生产经营活动，可能危及对方生产安全的，应当签订安全生产管理协议，明确各自的安全生产管理职责和应当采取的安全措施，并指定专职安全生产管理人员进行安全检查与协调。

第四十一条　生产经营单位不得将生产经营项目、场所、设备发包或者出租给不具备安全生产条件或者相应资质的单位或者个人。

生产经营项目、场所有多个承包单位、承租单位的，生产经营单位应当与承包单位、承租单位签订专门的安全生产管理协议，或者在承包合同、租赁合同中约定各自的安全生产管理职责；生产经营单位对承包单位、承租单位的安全生产工作统一协调、管理。

第四十二条　生产经营单位发生重大生产安全事故时，单位的主要负责人应当立即组织抢救，并不得在事故调查处理期间擅离职守。

第四十三条　生产经营单位必须依法参加工伤社会保险，为从业人员缴纳保险费。

第三章　从业人员的权利和义务

第四十四条　生产经营单位与从业人员订立的劳动合同，应当载明有关保障从业人员劳动安全、防止职业危害的事项，以及依法为从业人员办理工伤社会保险的事项。

生产经营单位不得以任何形式与从业人员订立协议，免除或者减轻其对从业人员因生产安全事故伤亡依法应承担的责任。

第四十五条　生产经营单位的从业人员有权了解其作业场所和工作岗位存在的危险因素、防范措施及事故应急措施，有权对本单位的安全生产工作提出建议。

第四十六条　从业人员有权对本单位安全生产工作中存在的问题提出批评、检举、控告；有权拒绝违章指挥和强令冒险作业。

生产经营单位不得因从业人员对本单位安全生产工作提出批评、检举、控告或者拒绝违章指挥、强令冒险作业而降低其工资、福利等待遇或者解除与其订立的劳动合同。

第四十七条　从业人员发现直接危及人身安全的紧急情况时，有权停止作业或者在采取可能的应急措施后撤离作业场所。

生产经营单位不得因从业人员在前款紧急情况下停止作业或者采取紧急撤离措施而降低其工资、福利等待遇或者解除与其订立的劳动合同。

第四十八条　因生产安全事故受到损害的从业人员，除依法享有工伤社会保险外，依照有关民事法律尚有获得赔偿的权利的，有权向本单位提出赔偿要求。

第四十九条　从业人员在作业过程中，应当严格遵守本单位的安全生产规章制度和操作规程，服从管理，正确佩戴和使用劳动防护用品。

第五十条　从业人员应当接受安全生产教育和培训，掌握本职工作所需的安全生产知识，提高安全生产技能，增强事故预防和应急处理能力。

第五十一条　从业人员发现事故隐患或者其他不安全因素，应当立即向现场安全生产管理人员或者本单位负责人报告；接到报告的人员应当及时予以处理。

第五十二条　工会有权对建设项目的安全设施与主体工程同时设计、同时施工、同时投入生产和使用进行监督，提出意见。

工会对生产经营单位违反安全生产法律、法规，侵犯从业人员合法权益的行为，有权要求纠正；发现生产经营单位违章指挥、强令冒险作业或者发现事故隐患时，有权提出解决的建议，生产经营单位应当及时研究答复；发现危及从业人员生命安全的情况时，有权向生产经营单位建议组织从业人员撤离危险场所，生产经营单位必须立即作出处理。

工会有权依法参加事故调查，向有关部门提出处理意见，并要求追究有关人员的责任。

第四章　安全生产的监督管理

第五十三条　县级以上地方各级人民政府应当根据本行政区域内的安全生产状况，组织有关部门按照职责分工，对本行政区域内容易发生重大生产安全事故的生产经营单位进行严格检查；发现事故隐患，应当及时处理。

第五十四条　依照本法第九条规定对安全生产负有监督管理职责的部门（以下统称负有安全生产监督管理职责的部门）依照有关法律、法规的规定，对涉及安全生产的事项需要审查批准（包括批准、核准、许可、注册、认证、颁发证照等，下同）或者验收的，必须严格依照有关法律、法规和国家标准或者行业标准规定的安全生产条件和程序进行审查；不符合有关法律、法规和国家标准或者行业标准规定的安全生产条件的，不得批准或者验收通过。对未依法取得批准或者验收合格的单位擅自从事有关活动的，负责行政审批的部门发现或者接到举报后应当立即予以取缔，并依法予以处理。对已经依法取得批准的单位，负责行政审批的部门发现其不再具备安全生产条件的，应当撤销原批准。

第五十五条　负有安全生产监督管理职责的部门对涉及安全生产的事项进行审查、验收，不得收取费用；不得要求接受审查、验收的单位购买其指定品牌或者指定生产、销售单位的安全设备、器材或者其他产品。

第五十六条　负有安全生产监督管理职责的部门依法对生产经营单位执行有关安全生产的法律、法规和国家标准或者行业标准的情况进行监督检查，行使以下职权：

（一）进入生产经营单位进行检查，调阅有关资料，向有关单位和人员了解情况。

（二）对检查中发现的安全生产违法行为，当场予以纠正或者要求限期改正；对依法应当给予行政处罚的行为，依照本法和其他有关法律、行政法规的规定作出行政处罚决定。

（三）对检查中发现的事故隐患，应当责令立即排除；重大事故隐患排除前或者排除过程中无法保证安全的，应当责令从危险区域内撤出作业人员，责令暂时停产停业或者停止使用；重大事故隐患排除后，经审查同意，方可恢复生产经营和使用。

（四）对有根据认为不符合保障安全生产的国家标准或者行业标准的设施、设备、器材予以查封或者扣押，并应当在十五日内依法作出处理决定。

监督检查不得影响被检查单位的正常生产经营活动。

第五十七条　生产经营单位对负有安全生产监督管理职责的部门的监督检查人员（以下统称安全生产监督检查人员）依法履行监督检查职责，应当予以配合，不得拒绝、阻挠。

第五十八条　安全生产监督检查人员应当忠于职守，坚持原则，秉公执法。

安全生产监督检查人员执行监督检查任务时，必须出示有效的监督执法证件；对涉及被检查单位的技术秘密和业务秘密，应当为其保密。

第五十九条　安全生产监督检查人员应当将检查的时间、地点、内容、发现的问题及其处理情况，作出书面记录，并由检查人员和被检查单位的负责人签字；被检查单位的负责人拒绝签字的，检查人员应当将情况记录在案，并向负有安全生产监督管理职责的部门报告。

第六十条　负有安全生产监督管理职责的部门在监督检查中，应当互相配合，实行联合检查；确需分别进行检查的，应当互通情况，发现存在的安全问题应当由其他有关部门进行处理的，应当及时移送其他有关部门并形成记录备查，接受移送的部门应当及时进行处理。

第六十一条　监察机关依照行政监察法的规定，对负有安全生产监督管理职责的部门及其工作人员履行安全生产监督管理职责实施监察。

第六十二条　承担安全评价、认证、检测、检验的机构应当具备国家规定的资质条件，并对其作出的安全评价、认证、检测、检验的结果负责。

第六十三条　负有安全生产监督管理职责的部门应当建立举报制度，公开举报电话、信箱或者电子邮件地址，受理有关安全生产的举报；受理的举报事项经调查核实后，应当形成书面材料；需要落实整改措施的，报经有关负责人签字并督促落实。

第六十四条　任何单位或者个人对事故隐患或者安全生产违法行为，均有权向负有安全生产监督管理职责的部门报告或者举报。

第六十五条　居民委员会、村民委员会发现其所在区域内的生产经营单位存在事故隐患或者安全生产违法行为时，应当向当地人民政府或者有关部门报告。

第六十六条　县级以上各级人民政府及其有关部门对报告重大事故隐患或者举报安全生产违法行为的有功人员，给予奖励。具体奖励办法由国务院负责安全生产监督管理的部门会同国务院财政部门制定。

第六十七条　新闻、出版、广播、电影、电视等单位有进行安全生产宣传教育的义务，有对违反安全生产法律、法规的行为进行舆论监督的权利。

第五章　生产安全事故的应急救援与调查处理

第六十八条　县级以上地方各级人民政府应当组织有关部门制定本行政区域内特大生产安全事故应急救援预案，建立应急救援体系。

第六十九条　危险物品的生产、经营、储存单位以及矿山、建筑施工单位应当建立应急救援组织；生产经营规模较小，可以不建立应急救援组织的，应当指定兼职的应急救援人员。

危险物品的生产、经营、储存单位以及矿山、建筑施工单位应当配备必要的应急救援器材、设备，并进行经常性维护、保养，保证正常运转。

第七十条　生产经营单位发生生产安全事故后，事故现场有关人员应当立即报告本单位负责人。

单位负责人接到事故报告后，应当迅速采取有效措施，组织抢救，防止事故扩大，减少人员伤亡和财产损失，并按照国家有关规定立即如实报告当地负有安全生产监督管理职责的部门，不得隐瞒不报、谎报或者拖延不报，不得故意破坏事故现场、毁灭有关证据。

第七十一条　负有安全生产监督管理职责的部门接到事故报告后，应当立即按照国家有关规定上报事故情况。负有安全生产监督管理职责的部门和有关地方人民政府对事故情况不得隐瞒不报、谎报或者拖延不报。

第七十二条　有关地方人民政府和负有安全生产监督管理职责的部门的负责人接到重大生产安全事故报告后，应当立即赶到事故现场，组织事故抢救。

任何单位和个人都应当支持、配合事故抢救，并提供一切便利条件。

第七十三条　事故调查处理应当按照实事求是、尊重科学的原则，及时、准确地查清事故原因，查明事故性质和责任，总结事故教训，提出整改措施，并对事故责任者提出处理意见。事故调查和处理的具体办法由国务院制定。

第七十四条 生产经营单位发生生产安全事故，经调查确定为责任事故的，除了应当查明事故单位的责任并依法予以追究外，还应当查明对安全生产的有关事项负有审查批准和监督职责的行政部门的责任，对有失职、渎职行为的，依照本法第七十七条的规定追究法律责任。

第七十五条 任何单位和个人不得阻挠和干涉对事故的依法调查处理。

第七十六条 县级以上地方各级人民政府负责安全生产监督管理的部门应当定期统计分析本行政区域内发生生产安全事故的情况，并定期向社会公布。

第六章 法律责任

第七十七条 负有安全生产监督管理职责的部门的工作人员，有下列行为之一的，给予降级或者撤职的行政处分；构成犯罪的，依照刑法有关规定追究刑事责任：

（一）对不符合法定安全生产条件的涉及安全生产的事项予以批准或者验收通过的；

（二）发现未依法取得批准、验收的单位擅自从事有关活动或者接到举报后不予取缔或者不依法予以处理的；

（三）对已经依法取得批准的单位不履行监督管理职责，发现其不再具备安全生产条件而不撤销原批准或者发现安全生产违法行为不予查处的。

第七十八条 负有安全生产监督管理职责的部门，要求被审查、验收的单位购买其指定的安全设备、器材或者其他产品的，在对安全生产事项的审查、验收中收取费用的，由其上级机关或者监察机关责令改正，责令退还收取的费用；情节严重的，对直接负责的主管人员和其他直接责任人员依法给予行政处分。

第七十九条 承担安全评价、认证、检测、检验工作的机构，出具虚假证明，构成犯罪的，依照刑法有关规定追究刑事责任；尚不够刑事处罚的，没收违法所得，违法所得在五千元以上的，并处违法所得二倍以上五倍以下的罚款，没有违法所得或者违法所得不足五千元的，单处或者并处五千元以上二万元以下的罚款，对其直接负责的主管人员和其他直接责任人员处五千元以上五万元以下的罚款；给他人造成损害的，与生产经营单位承担连带赔偿责任。

对有前款违法行为的机构，撤销其相应资格。

第八十条 生产经营单位的决策机构、主要负责人、个人经营的投资人不依照本法规定保证安全生产所必需的资金投入，致使生产经营单位不具备安全生产条件的，责令限期改正，提供必需的资金；逾期未改正的，责令生产经营单位停产停业整顿。

有前款违法行为，导致发生生产安全事故，构成犯罪的，依照刑法有关规定追究刑事责任；尚不够刑事处罚的，对生产经营单位的主要负责人给予撤职处分，对个人经营的投资人处二万元以上二十万元以下的罚款。

第八十一条 生产经营单位的主要负责人未履行本法规定的安全生产管理职责的，责令限期改正；逾期未改正的，责令生产经营单位停产停业整顿。

生产经营单位的主要负责人有前款违法行为，导致发生生产安全事故，构成犯罪的，依照刑法有关规定追究刑事责任；尚不够刑事处罚的，给予撤职处分或者处二万元以上二十万元以下的罚款。

生产经营单位的主要负责人依照前款规定受刑事处罚或者撤职处分的，自刑罚执行完毕或者受处分之日起，五年内不得担任任何生产经营单位的主要负责人。

第八十二条　生产经营单位有下列行为之一的，责令限期改正；逾期未改正的，责令停产停业整顿，可以并处二万元以下的罚款：

（一）未按照规定设立安全生产管理机构或者配备安全生产管理人员的；

（二）危险物品的生产、经营、储存单位以及矿山、建筑施工单位的主要负责人和安全生产管理人员未按照规定经考核合格的；

（三）未按照本法第二十一条、第二十二条的规定对从业人员进行安全生产教育和培训，或者未按照本法第三十六条的规定如实告知从业人员有关的安全生产事项的；

（四）特种作业人员未按照规定经专门的安全作业培训并取得特种作业操作资格证书，上岗作业的。

第八十三条　生产经营单位有下列行为之一的，责令限期改正；逾期未改正的，责令停止建设或者停产停业整顿，可以并处五万元以下的罚款；造成严重后果，构成犯罪的，依照刑法有关规定追究刑事责任：

（一）矿山建设项目或者用于生产、储存危险物品的建设项目没有安全设施设计或者安全设施设计未按照规定报经有关部门审查同意的；

（二）矿山建设项目或者用于生产、储存危险物品的建设项目的施工单位未按照批准的安全设施设计施工的；

（三）矿山建设项目或者用于生产、储存危险物品的建设项目竣工投入生产或者使用前，安全设施未经验收合格的；

（四）未在有较大危险因素的生产经营场所和有关设施、设备上设置明显的安全警示标志的；

（五）安全设备的安装、使用、检测、改造和报废不符合国家标准或者行业标准的；

（六）未对安全设备进行经常性维护、保养和定期检测的；

（七）未为从业人员提供符合国家标准或者行业标准的劳动防护用品的；

（八）特种设备以及危险物品的容器、运输工具未经取得专业资质的机构检测、检验合格，取得安全使用证或者安全标志，投入使用的；

（九）使用国家明令淘汰、禁止使用的危及生产安全的工艺、设备的。

第八十四条　未经依法批准，擅自生产、经营、储存危险物品的，责令停止违法行为或者予以关闭，没收违法所得，违法所得十万元以上的，并处违法所得一倍以上五倍以下的罚款，没有违法所得或者违法所得不足十万元的，单处或者并处二万元以上十万元以下的罚款；造成严重后果，构成犯罪的，依照刑法有关规定追究刑事责任。

第八十五条　生产经营单位有下列行为之一的，责令限期改正；逾期未改正的，责令停产停业整顿，可以并处二万元以上十万元以下的罚款；造成严重后果，构成犯罪的，依照刑法有关规定追究刑事责任：

（一）生产、经营、储存、使用危险物品，未建立专门安全管理制度、未采取可靠的安全措施或者不接受有关主管部门依法实施的监督管理的；

（二）对重大危险源未登记建档，或者未进行评估、监控，或者未制订应急预案的；

（三）进行爆破、吊装等危险作业，未安排专门管理人员进行现场安全管理的。

第八十六条 生产经营单位将生产经营项目、场所、设备发包或者出租给不具备安全生产条件或者相应资质的单位或者个人的，责令限期改正，没收违法所得；违法所得五万元以上的，并处违法所得一倍以上五倍以下的罚款；没有违法所得或者违法所得不足五万元的，单处或者并处一万元以上五万元以下的罚款；导致发生生产安全事故给他人造成损害的，与承包方、承租方承担连带赔偿责任。

生产经营单位未与承包单位、承租单位签订专门的安全生产管理协议或者未在承包合同、租赁合同中明确各自的安全生产管理职责，或者未对承包单位、承租单位的安全生产统一协调、管理的，责令限期改正；逾期未改正的，责令停产停业整顿。

第八十七条 两个以上生产经营单位在同一作业区域内进行可能危及对方安全生产的生产经营活动，未签订安全生产管理协议或者未指定专职安全生产管理人员进行安全检查与协调的，责令限期改正；逾期未改正的，责令停产停业。

第八十八条 生产经营单位有下列行为之一的，责令限期改正；逾期未改正的，责令停产停业整顿；造成严重后果，构成犯罪的，依照刑法有关规定追究刑事责任：

（一）生产、经营、储存、使用危险物品的车间、商店、仓库与员工宿舍在同一座建筑内，或者与员工宿舍的距离不符合安全要求的；

（二）生产经营场所和员工宿舍未设有符合紧急疏散需要、标志明显、保持畅通的出口，或者封闭、堵塞生产经营场所或者员工宿舍出口的。

第八十九条 生产经营单位与从业人员订立协议，免除或者减轻其对从业人员因生产安全事故伤亡依法应承担的责任的，该协议无效；对生产经营单位的主要负责人、个人经营的投资人处二万元以上十万元以下的罚款。

第九十条 生产经营单位的从业人员不服从管理，违反安全生产规章制度或者操作规程的，由生产经营单位给予批评教育，依照有关规章制度给予处分；造成重大事故，构成犯罪的，依照刑法有关规定追究刑事责任。

第九十一条 生产经营单位主要负责人在本单位发生重大生产安全事故时，不立即组织抢救或者在事故调查处理期间擅离职守或者逃匿的，给予降职、撤职的处分，对逃匿的处十五日以下拘留；构成犯罪的，依照刑法有关规定追究刑事责任。

生产经营单位主要负责人对生产安全事故隐瞒不报、谎报或者拖延不报的，依照前款规定处罚。

第九十二条 有关地方人民政府、负有安全生产监督管理职责的部门，对生产安全事故隐瞒不报、谎报或者拖延不报的，对直接负责的主管人员和其他直接责任人员依法给予行政处分；构成犯罪的，依照刑法有关规定追究刑事责任。

第九十三条 生产经营单位不具备本法和其他有关法律、行政法规和国家标准或者行业标准规定的安全生产条件，经停产停业整顿仍不具备安全生产条件的，予以关闭；有关部门应当依法吊销其有关证照。

第九十四条 本法规定的行政处罚，由负责安全生产监督管理的部门决定；予以关闭的行政处罚由负责安全生产监督管理的部门报请县级以上人民政府按照国务院规定的权限决定；给予拘留的行政处罚由公安机关依照治安管理处罚条例的规定决定。有关法律、行政法规对行政处罚的决定机关另有规定的，依照其规定。

第九十五条　生产经营单位发生生产安全事故造成人员伤亡、他人财产损失的，应当依法承担赔偿责任；拒不承担或者其负责人逃匿的，由人民法院依法强制执行。

生产安全事故的责任人未依法承担赔偿责任，经人民法院依法采取执行措施后，仍不能对受害人给予足额赔偿的，应当继续履行赔偿义务；受害人发现责任人有其他财产的，可以随时请求人民法院执行。

第七章　附　　则

第九十六条　本法下列用语的含义：

危险物品，是指易燃易爆物品、危险化学品、放射性物品等能够危及人身安全和财产安全的物品。

重大危险源，是指长期地或者临时地生产、搬运、使用或者储存危险物品，且危险物品的数量等于或者超过临界量的单元（包括场所和设施）。

第九十七条　本法自2002年11月1日起施行

3.《中华人民共和国消防法》

《中华人民共和国消防法》经1998年4月29日第九届全国人民代表大会常务委员会第二次会议通过；经2008年10月28日第十一届全国人民代表大会常务委员会第五次会议修订。修订后的《中华人民共和国消防法》自2009年5月1日起施行。《中华人民共和国消防法》分总则、火灾预防、火灾预防、灭火救援、监督检查、法律责任和附则共7章74条内容。

《中华人民共和国消防法》针对建筑安全管理的相关内容有：

第三条　国务院领导全国的消防工作。地方各级人民政府负责本行政区域内的消防工作。各级人民政府应当将消防工作纳入国民经济和社会发展计划，保障消防工作与经济社会发展相适应。

第四条　国务院公安部门对全国的消防工作实施监督管理。县级以上地方人民政府公安机关对本行政区域内的消防工作实施监督管理，并由本级人民政府公安机关消防机构负责实施。军事设施的消防工作，由其主管单位监督管理，公安机关消防机构协助；矿井地下部分、核电厂、海上石油天然气设施的消防工作，由其主管单位监督管理。

县级以上人民政府其他有关部门在各自的职责范围内，依照本法和其他相关法律、法规的规定做好消防工作。

第十一条　国务院公安部门规定的大型的人员密集场所和其他特殊建设工程，建设单位应当将消防设计文件报送公安机关消防机构审核。公安机关消防机构依法对审核的结果负责。

第十二条　依法应当经公安机关消防机构进行消防设计审核的建设工程，未经依法审核或者审核不合格的，负责审批该工程施工许可的部门不得给予施工许可，建设单位、施工单位不得施工；其他建设工程取得施工许可后经依法抽查不合格的，应当停止施工。

第十三条　按照国家工程建设消防技术标准需要进行消防设计的建设工程竣工，依照下列规定进行消防验收、备案：

（一）本法第十一条规定的建设工程，建设单位应当向公安机关消防机构申请消防验收；

（二）其他建设工程，建设单位在验收后应当报公安机关消防机构备案，公安机关消防机构应当进行抽查。

依法应当进行消防验收的建设工程，未经消防验收或者消防验收不合格的，禁止投入使用；其他建设工程经依法抽查不合格的，应当停止使用。

第十六条 机关、团体、企业、事业等单位应当履行下列消防安全职责：

（一）落实消防安全责任制，制定本单位的消防安全制度、消防安全操作规程，制定灭火和应急疏散预案；

（二）按照国家标准、行业标准配置消防设施、器材，设置消防安全标志，并定期组织检验、维修，确保完好有效；

（三）对建筑消防设施每年至少进行一次全面检测，确保完好有效，检测记录应当完整准确，存档备查；

（四）保障疏散通道、安全出口、消防车通道畅通，保证防火防烟分区、防火间距符合消防技术标准；

（五）组织防火检查，及时消除火灾隐患；

（六）组织进行有针对性的消防演练；

（七）法律、法规规定的其他消防安全职责。

单位的主要负责人是本单位的消防安全责任人。

第二十一条 禁止在具有火灾、爆炸危险的场所吸烟、使用明火。因施工等特殊情况需要使用明火作业的，应当按照规定事先办理审批手续，采取相应的消防安全措施；作业人员应当遵守消防安全规定。

进行电焊、气焊等具有火灾危险作业的人员和自动消防系统的操作人员，必须持证上岗，并遵守消防安全操作规程。

第二十二条 生产、储存、装卸易燃易爆危险品的工厂、仓库和专用车站、码头的设置，应当符合消防技术标准。易燃易爆气体和液体的充装站、供应站、调压站，应当设置在符合消防安全要求的位置，并符合防火防爆要求。

已经设置的生产、储存、装卸易燃易爆危险品的工厂、仓库和专用车站、码头，易燃易爆气体和液体的充装站、供应站、调压站，不再符合前款规定的，地方人民政府应当组织、协调有关部门、单位限期解决，消除安全隐患。

第二十七条 电器产品、燃气用具的产品标准，应当符合消防安全的要求。

电器产品、燃气用具的安装、使用及其线路、管路的设计、敷设、维护保养、检测，必须符合消防技术标准和管理规定。

第二十八条 任何单位、个人不得损坏、挪用或者擅自拆除、停用消防设施、器材，不得埋压、圈占、遮挡消火栓或者占用防火间距，不得占用、堵塞、封闭疏散通道、安全出口、消防车通道。人员密集场所的门窗不得设置影响逃生和灭火救援的障碍物。

第二十九条 负责公共消防设施维护管理的单位，应当保持消防供水、消防通信、消防车通道等公共消防设施的完好有效。在修建道路以及停电、停水、截断通信线路时有可能影响消防队灭火救援的，有关单位必须事先通知当地公安机关消防机构。

第五十二条 地方各级人民政府应当落实消防工作责任制，对本级人民政府有关部门履行消防安全职责的情况进行监督检查。

县级以上地方人民政府有关部门应当根据本系统的特点，有针对性地开展消防安全检查，及时督促整改火灾隐患。

第五十三条　公安机关消防机构应当对机关、团体、企业、事业等单位遵守消防法律、法规的情况依法进行监督检查。公安派出所可以负责日常消防监督检查、开展消防宣传教育，具体办法由国务院公安部门规定。

公安机关消防机构、公安派出所的工作人员进行消防监督检查，应当出示证件。

第五十四条　公安机关消防机构在消防监督检查中发现火灾隐患的，应当通知有关单位或者个人立即采取措施消除隐患；不及时消除隐患可能严重威胁公共安全的，公安机关消防机构应当依照规定对危险部位或者场所采取临时查封措施。

第五十五条　公安机关消防机构在消防监督检查中发现城乡消防安全布局、公共消防设施不符合消防安全要求，或者发现本地区存在影响公共安全的重大火灾隐患的，应当由公安机关书面报告本级人民政府。

接到报告的人民政府应当及时核实情况，组织或者责成有关部门、单位采取措施，予以整改。

第五十六条　公安机关消防机构及其工作人员应当按照法定的职权和程序进行消防设计审核、消防验收和消防安全检查，做到公正、严格、文明、高效。

公安机关消防机构及其工作人员进行消防设计审核、消防验收和消防安全检查等，不得收取费用，不得利用消防设计审核、消防验收和消防安全检查谋取利益。公安机关消防机构及其工作人员不得利用职务为用户、建设单位指定或者变相指定消防产品的品牌、销售单位或者消防技术服务机构、消防设施施工单位。

第五十七条　公安机关消防机构及其工作人员执行职务，应当自觉接受社会和公民的监督。任何单位和个人都有权对公安机关消防机构及其工作人员在执法中的违法行为进行检举、控告。收到检举、控告的机关，应当按照职责及时查处。

附录 1.2　建筑行政法规

建筑行政法规是对法律的进一步细化，是国务院根据有关法律中的授权条款和管理全国建筑行政工作的需要制定的，是建筑法律体系的第二层次，以国务院令形式公布。

在建筑行政法规层面上，《安全生产许可证条例》和《建设工程安全生产管理条例》是建筑工程安全生产法规体系中主要的行政法规。在《安全生产许可证条例》中，我国第一次以法律形式确立了企业安全生产的准入制度，是强化安全生产源头管理，全面落实“安全第一、预防为主”的安全生产方针的重大举措。《建设工程安全生产管理条例》是根据《建筑法》和《安全生产法》制定的一部关于建筑工程安全生产的专项法规。

1.《建设工程安全生产管理条例》的相关内容

第一章　总　　则

第一条　为了加强建设工程安全生产监督管理，保障人民群众生命和财产安全，根据《中华人民共和国建筑法》、《中华人民共和国安全生产法》，制定本条例。

第二条　在中华人民共和国境内从事建设工程的新建、扩建、改建和拆除等有关活动及实施对建设工程安全生产的监督管理，必须遵守本条例。

本条例所称建设工程，是指土木工程、建筑工程、线路管道和设备安装工程及装修工程。

第三条 建设工程安全生产管理，坚持安全第一、预防为主的方针。

第四条 建设单位、勘察单位、设计单位、施工单位、工程监理单位及其他与建设工程安全生产有关的单位，必须遵守安全生产法律、法规的规定，保证建设工程安全生产，依法承担建设工程安全生产责任。

第五条 国家鼓励建设工程安全生产的科学技术研究和先进技术的推广应用，推进建设工程安全生产的科学管理。

第二章 建设单位的安全责任

第六条 建设单位应当向施工单位提供施工现场及毗邻区域内供水、排水、供电、供气、供热、通信、广播电视等地下管线资料，气象和水文观测资料，相邻建筑物和构筑物、地下工程的有关资料，并保证资料的真实、准确、完整。

建设单位因建设工程需要，向有关部门或者单位查询前款规定的资料时，有关部门或者单位应当及时提供。

第七条 建设单位不得对勘察、设计、施工、工程监理等单位提出不符合建设工程安全生产法律、法规和强制性标准规定的要求，不得压缩合同约定的工期。

第八条 建设单位在编制工程概算时，应当确定建设工程安全作业环境及安全施工措施所需费用。

第九条 建设单位不得明示或者暗示施工单位购买、租赁、使用不符合安全施工要求的安全防护用具、机械设备、施工机具及配件、消防设施和器材。

第十条 建设单位在申请领取施工许可证时，应当提供建设工程有关安全施工措施的资料。

依法批准开工报告的建设工程，建设单位应当自开工报告批准之日起 15 日内，将保证安全施工的措施报送建设工程所在地的县级以上地方人民政府建设行政主管部门或者其他有关部门备案。

第十一条 建设单位应当将拆除工程发包给具有相应资质等级的施工单位。

建设单位应当在拆除工程施工 15 日前，将下列资料报送建设工程所在地的县级以上地方人民政府建设行政主管部门或者其他有关部门备案：

（一）施工单位资质等级证明；

（二）拟拆除建筑物、构筑物及可能危及毗邻建筑的说明；

（三）拆除施工组织方案；

（四）堆放、清除废弃物的措施。

实施爆破作业的，应当遵守国家有关民用爆炸物品管理的规定。

第三章 勘察、设计、工程监理及其他有关单位的安全责任

第十二条 勘察单位应当按照法律、法规和工程建设强制性标准进行勘察，提供的勘察文件应当真实、准确，满足建设工程安全生产的需要。

勘察单位在勘察作业时，应当严格执行操作规程，采取措施保证各类管线、设施和周边建筑物、构筑物的安全。

第十三条　设计单位应当按照法律、法规和工程建设强制性标准进行设计，防止因设计不合理导致生产安全事故的发生。

设计单位应当考虑施工安全操作和防护的需要，对涉及施工安全的重点部位和环节在设计文件中注明，并对防范生产安全事故提出指导意见。

采用新结构、新材料、新工艺的建设工程和特殊结构的建设工程，设计单位应当在设计中提出保障施工作业人员安全和预防生产安全事故的措施建议。

设计单位和注册建筑师等注册执业人员应当对其设计负责。

第十四条　工程监理单位应当审查施工组织设计中的安全技术措施或者专项施工方案是否符合工程建设强制性标准。

工程监理单位在实施监理过程中，发现存在安全事故隐患的，应当要求施工单位整改；情况严重的，应当要求施工单位暂时停止施工，并及时报告建设单位。施工单位拒不整改或者不停止施工的，工程监理单位应当及时向有关主管部门报告。

工程监理单位和监理工程师应当按照法律、法规和工程建设强制性标准实施监理，并对建设工程安全生产承担监理责任。

第十五条　为建设工程提供机械设备和配件的单位，应当按照安全施工的要求配备齐全有效的保险、限位等安全设施和装置。

第十六条　出租的机械设备和施工机具及配件，应当具有生产（制造）许可证、产品合格证。

出租单位应当对出租的机械设备和施工机具及配件的安全性能进行检测，在签订租赁协议时，应当出具检测合格证明。

禁止出租检测不合格的机械设备和施工机具及配件。

第十七条　在施工现场安装、拆卸施工起重机械和整体提升脚手架、模板等自升式架设设施，必须由具有相应资质的单位承担。

安装、拆卸施工起重机械和整体提升脚手架、模板等自升式架设设施，应当编制拆装方案、制定安全施工措施，并由专业技术人员现场监督。

施工起重机械和整体提升脚手架、模板等自升式架设设施安装完毕后，安装单位应当自检，出具自检合格证明，并向施工单位进行安全使用说明，办理验收手续并签字。

第十八条　施工起重机械和整体提升脚手架、模板等自升式架设设施的使用达到国家规定的检验检测期限的，必须经具有专业资质的检验检测机构检测。经检测不合格的，不得继续使用。

第十九条　检验检测机构对检测合格的施工起重机械和整体提升脚手架、模板等自升式架设设施，应当出具安全合格证明文件，并对检测结果负责。

第四章　施工单位的安全责任

第二十条　施工单位从事建设工程的新建、扩建、改建和拆除等活动，应当具备国家规定的注册资本、专业技术人员、技术装备和安全生产等条件，依法取得相应等级的资质证书，并在其资质等级许可的范围内承揽工程。

第二十一条 施工单位主要负责人依法对本单位的安全生产工作全面负责。施工单位应当建立健全安全生产责任制度和安全生产教育培训制度，制定安全生产规章制度和操作规程，保证本单位安全生产条件所需资金的投入，对所承担的建设工程进行定期和专项安全检查，并做好安全检查记录。

施工单位的项目负责人应当由取得相应执业资格的人员担任，对建设工程项目的安全施工负责，落实安全生产责任制度、安全生产规章制度和操作规程，确保安全生产费用的有效使用，并根据工程的特点组织制定安全施工措施，消除安全事故隐患，及时、如实报告生产安全事故。

第二十二条 施工单位对列入建设工程概算的安全作业环境及安全施工措施所需费用，应当用于施工安全防护用具及设施的采购和更新、安全施工措施的落实、安全生产条件的改善，不得挪作他用。

第二十三条 施工单位应当设立安全生产管理机构，配备专职安全生产管理人员。

专职安全生产管理人员负责对安全生产进行现场监督检查。发现安全事故隐患，应当及时向项目负责人和安全生产管理机构报告；对违章指挥、违章操作的，应当立即制止。

专职安全生产管理人员的配备办法由国务院建设行政主管部门会同国务院其他有关部门制定。

第二十四条 建设工程实行施工总承包的，由总承包单位对施工现场的安全生产负总责。

总承包单位应当自行完成建设工程主体结构的施工。

总承包单位依法将建设工程分包给其他单位的，分包合同中应当明确各自的安全生产方面的权利、义务。总承包单位和分包单位对分包工程的安全生产承担连带责任。

分包单位应当服从总承包单位的安全生产管理，分包单位不服从管理导致生产安全事故的，由分包单位承担主要责任。

第二十五条 垂直运输机械作业人员、安装拆卸工、爆破作业人员、起重信号工、登高架设作业人员等特种作业人员，必须按照国家有关规定经过专门的安全作业培训，并取得特种作业操作资格证书后，方可上岗作业。

第二十六条 施工单位应当在施工组织设计中编制安全技术措施和施工现场临时用电方案，对下列达到一定规模的危险性较大的分部分项工程编制专项施工方案，并附具安全验算结果，经施工单位技术负责人、总监理工程师签字后实施，由专职安全生产管理人员进行现场监督：

（一）基坑支护与降水工程；

（二）土方开挖工程；

（三）模板工程；

（四）起重吊装工程；

（五）脚手架工程；

（六）拆除、爆破工程；

（七）国务院建设行政主管部门或者其他有关部门规定的其他危险性较大的工程。

对前款所列工程中涉及深基坑、地下暗挖工程、高大模板工程的专项施工方案，施工单位还应当组织专家进行论证、审查。

本条第一款规定的达到一定规模的危险性较大工程的标准，由国务院建设行政主管部门会同国务院其他有关部门制定。

第二十七条　建设工程施工前，施工单位负责项目管理的技术人员应当对有关安全施工的技术要求向施工作业班组、作业人员作出详细说明，并由双方签字确认。

第二十八条　施工单位应当在施工现场入口处、施工起重机械、临时用电设施、脚手架、出入通道口、楼梯口、电梯井口、孔洞口、桥梁口、隧道口、基坑边沿、爆破物及有害危险气体和液体存放处等危险部位，设置明显的安全警示标志。安全警示标志必须符合国家标准。

施工单位应当根据不同施工阶段和周围环境及季节、气候的变化，在施工现场采取相应的安全施工措施。施工现场暂时停止施工的，施工单位应当做好现场防护，所需费用由责任方承担，或者按照合同约定执行。

第二十九条　施工单位应当将施工现场的办公、生活区与作业区分开设置，并保持安全距离；办公、生活区的选址应当符合安全性要求。职工的膳食、饮水、休息场所等应当符合卫生标准。施工单位不得在尚未竣工的建筑物内设置员工集体宿舍。

施工现场临时搭建的建筑物应当符合安全使用要求。施工现场使用的装配式活动房屋应当具有产品合格证。

第三十条　施工单位对因建设工程施工可能造成损害的毗邻建筑物、构筑物和地下管线等，应当采取专项防护措施。

施工单位应当遵守有关环境保护法律、法规的规定，在施工现场采取措施，防止或者减少粉尘、废气、废水、固体废物、噪声、振动和施工照明对人和环境的危害和污染。

在城市市区内的建设工程，施工单位应当对施工现场实行封闭围挡。

第三十一条　施工单位应当在施工现场建立消防安全责任制度，确定消防安全责任人，制定用火、用电、使用易燃易爆材料等各项消防安全管理制度和操作规程，设置消防通道、消防水源，配备消防设施和灭火器材，并在施工现场入口处设置明显标志。

第三十二条　施工单位应当向作业人员提供安全防护用具和安全防护服装，并书面告知危险岗位的操作规程和违章操作的危害。

作业人员有权对施工现场的作业条件、作业程序和作业方式中存在的安全问题提出批评、检举和控告，有权拒绝违章指挥和强令冒险作业。

在施工中发生危及人身安全的紧急情况时，作业人员有权立即停止作业或者在采取必要的应急措施后撤离危险区域。

第三十三条　作业人员应当遵守安全施工的强制性标准、规章制度和操作规程，正确使用安全防护用具、机械设备等。

第三十四条　施工单位采购、租赁的安全防护用具、机械设备、施工机具及配件，应当具有生产（制造）许可证、产品合格证，并在进入施工现场前进行查验。

施工现场的安全防护用具、机械设备、施工机具及配件必须由专人管理，定期进行检查、维修和保养，建立相应的资料档案，并按照国家有关规定及时报废。

第三十五条　施工单位在使用施工起重机械和整体提升脚手架、模板等自升式架设设施前，应当组织有关单位进行验收，也可以委托具有相应资质的检验检测机构进行验收；使用承租的机械设备和施工机具及配件的,由施工总承包单位、分包单位、出租单位和安装单位共同进行验收。验收合格的方可使用。

《特种设备安全监察条例》规定的施工起重机械,在验收前应当经有相应资质的检验检测机构监督检验合格。

施工单位应当自施工起重机械和整体提升脚手架、模板等自升式架设设施验收合格之日起30日内,向建设行政主管部门或者其他有关部门登记。登记标志应当置于或者附着于该设备的显著位置。

第三十六条 施工单位的主要负责人、项目负责人、专职安全生产管理人员应当经建设行政主管部门或者其他有关部门考核合格后方可任职。

施工单位应当对管理人员和作业人员每年至少进行一次安全生产教育培训,其教育培训情况记入个人工作档案。安全生产教育培训考核不合格的人员,不得上岗。

第三十七条 作业人员进入新的岗位或者新的施工现场前,应当接受安全生产教育培训。未经教育培训或者教育培训考核不合格的人员,不得上岗作业。

施工单位在采用新技术、新工艺、新设备、新材料时,应当对作业人员进行相应的安全生产教育培训。

第三十八条 施工单位应当为施工现场从事危险作业的人员办理意外伤害保险。

意外伤害保险费由施工单位支付。实行施工总承包的,由总承包单位支付意外伤害保险费。意外伤害保险期限自建设工程开工之日起至竣工验收合格止。

第五章 监督管理

第三十九条 国务院负责安全生产监督管理的部门依照《中华人民共和国安全生产法》的规定,对全国建设工程安全生产工作实施综合监督管理。

县级以上地方人民政府负责安全生产监督管理的部门依照《中华人民共和国安全生产法》的规定,对本行政区域内建设工程安全生产工作实施综合监督管理。

第四十条 国务院建设行政主管部门对全国的建设工程安全生产实施监督管理。国务院铁路、交通、水利等有关部门按照国务院规定的职责分工,负责有关专业建设工程安全生产的监督管理。

县级以上地方人民政府建设行政主管部门对本行政区域内的建设工程安全生产实施监督管理。县级以上地方人民政府交通、水利等有关部门在各自的职责范围内,负责本行政区域内的专业建设工程安全生产的监督管理。

第四十一条 建设行政主管部门和其他有关部门应当将本条例第十条、第十一条规定的有关资料的主要内容抄送同级负责安全生产监督管理的部门。

第四十二条 建设行政主管部门在审核发放施工许可证时,应当对建设工程是否有安全施工措施进行审查,对没有安全施工措施的,不得颁发施工许可证。

建设行政主管部门或者其他有关部门对建设工程是否有安全施工措施进行审查时,不得收取费用。

第四十三条 县级以上人民政府负有建设工程安全生产监督管理职责的部门在各自的职责范围内履行安全监督检查职责时,有权采取下列措施:

（一）要求被检查单位提供有关建设工程安全生产的文件和资料；

（二）进入被检查单位施工现场进行检查；

（三）纠正施工中违反安全生产要求的行为；

（四）对检查中发现的安全事故隐患，责令立即排除；重大安全事故隐患排除前或者排除过程中无法保证安全的，责令从危险区域内撤出作业人员或者暂时停止施工。

第四十四条　建设行政主管部门或者其他有关部门可以将施工现场的监督检查委托给建设工程安全监督机构具体实施。

第四十五条　国家对严重危及施工安全的工艺、设备、材料实行淘汰制度。具体目录由国务院建设行政主管部门会同国务院其他有关部门制定并公布。

第四十六条　县级以上人民政府建设行政主管部门和其他有关部门应当及时受理对建设工程生产安全事故及安全事故隐患的检举、控告和投诉。

第六章　生产安全事故的应急救援和调查处理

第四十七条　县级以上地方人民政府建设行政主管部门应当根据本级人民政府的要求，制定本行政区域内建设工程特大生产安全事故应急救援预案。

第四十八条　施工单位应当制定本单位生产安全事故应急救援预案，建立应急救援组织或者配备应急救援人员，配备必要的应急救援器材、设备，并定期组织演练。

第四十九条　施工单位应当根据建设工程施工的特点、范围，对施工现场易发生重大事故的部位、环节进行监控，制定施工现场生产安全事故应急救援预案。实行施工总承包的，由总承包单位统一组织编制建设工程生产安全事故应急救援预案，工程总承包单位和分包单位按照应急救援预案，各自建立应急救援组织或者配备应急救援人员，配备救援器材、设备，并定期组织演练。

第五十条　施工单位发生生产安全事故，应当按照国家有关伤亡事故报告和调查处理的规定，及时、如实地向负责安全生产监督管理的部门、建设行政主管部门或者其他有关部门报告；特种设备发生事故的，还应当同时向特种设备安全监督管理部门报告。接到报告的部门应当按照国家有关规定，如实上报。

实行施工总承包的建设工程，由总承包单位负责上报事故。

第五十一条　发生生产安全事故后，施工单位应当采取措施防止事故扩大，保护事故现场。需要移动现场物品时，应当做出标记和书面记录，妥善保管有关证物。

第五十二条　建设工程生产安全事故的调查、对事故责任单位和责任人的处罚与处理，按照有关法律、法规的规定执行。

第七章　法 律 责 任

第五十三条　违反本条例的规定，县级以上人民政府建设行政主管部门或者其他有关行政管理部门的工作人员，有下列行为之一的，给予降级或者撤职的行政处分；构成犯罪的，依照刑法有关规定追究刑事责任：

（一）对不具备安全生产条件的施工单位颁发资质证书的；

（二）对没有安全施工措施的建设工程颁发施工许可证的；

（三）发现违法行为不予查处的；

（四）不依法履行监督管理职责的其他行为。

第五十四条 违反本条例的规定，建设单位未提供建设工程安全生产作业环境及安全施工措施所需费用的，责令限期改正；逾期未改正的，责令该建设工程停止施工。

建设单位未将保证安全施工的措施或者拆除工程的有关资料报送有关部门备案的，责令限期改正，给予警告。

第五十五条 违反本条例的规定，建设单位有下列行为之一的，责令限期改正，处20万元以上50万元以下的罚款；造成重大安全事故，构成犯罪的，对直接责任人员，依照刑法有关规定追究刑事责任；造成损失的，依法承担赔偿责任：

（一）对勘察、设计、施工、工程监理等单位提出不符合安全生产法律、法规和强制性标准规定的要求的；

（二）要求施工单位压缩合同约定的工期的；

（三）将拆除工程发包给不具有相应资质等级的施工单位的。

第五十六条 违反本条例的规定，勘察单位、设计单位有下列行为之一的，责令限期改正，处10万元以上30万元以下的罚款；情节严重的，责令停业整顿，降低资质等级，直至吊销资质证书；造成重大安全事故，构成犯罪的，对直接责任人员，依照刑法有关规定追究刑事责任；造成损失的，依法承担赔偿责任：

（一）未按照法律、法规和工程建设强制性标准进行勘察、设计的；

（二）采用新结构、新材料、新工艺的建设工程和特殊结构的建设工程，设计单位未在设计中提出保障施工作业人员安全和预防生产安全事故的措施建议的。

第五十七条 违反本条例的规定，工程监理单位有下列行为之一的，责令限期改正；逾期未改正的，责令停业整顿，并处10万元以上30万元以下的罚款；情节严重的，降低资质等级，直至吊销资质证书；造成重大安全事故，构成犯罪的，对直接责任人员，依照刑法有关规定追究刑事责任；造成损失的，依法承担赔偿责任：

（一）未对施工组织设计中的安全技术措施或者专项施工方案进行审查的；

（二）发现安全事故隐患未及时要求施工单位整改或者暂时停止施工的；

（三）施工单位拒不整改或者不停止施工，未及时向有关主管部门报告的；

（四）未依照法律、法规和工程建设强制性标准实施监理的。

第五十八条 注册执业人员未执行法律、法规和工程建设强制性标准的，责令停止执业3个月以上1年以下；情节严重的，吊销执业资格证书，5年内不予注册；造成重大安全事故的，终身不予注册；构成犯罪的，依照刑法有关规定追究刑事责任。

第五十九条 违反本条例的规定，为建设工程提供机械设备和配件的单位，未按照安全施工的要求配备齐全有效的保险、限位等安全设施和装置的，责令限期改正，处合同价款1倍以上3倍以下的罚款；造成损失的，依法承担赔偿责任。

第六十条 违反本条例的规定，出租单位出租未经安全性能检测或者经检测不合格的机械设备和施工机具及配件的，责令停业整顿，并处5万元以上10万元以下的罚款；造成损失的，依法承担赔偿责任。

第六十一条 违反本条例的规定，施工起重机械和整体提升脚手架、模板等自升式架设设施安装、拆卸单位有下列行为之一的，责令限期改正，处5万元以上10万元以下的罚款；情节严重的，责令停业整顿，降低资质等级，直至吊销资质证书；造成损失的，依法承担赔偿责任：

（一）未编制拆装方案、制定安全施工措施的；

（二）未由专业技术人员现场监督的；

（三）未出具自检合格证明或者出具虚假证明的；

（四）未向施工单位进行安全使用说明，办理移交手续的。

施工起重机械和整体提升脚手架、模板等自升式架设设施安装、拆卸单位有前款规定的第（一）项、第（三）项行为，经有关部门或者单位职工提出后，对事故隐患仍不采取措施，因而发生重大伤亡事故或者造成其他严重后果，构成犯罪的，对直接责任人员，依照刑法有关规定追究刑事责任。

第六十二条　违反本条例的规定，施工单位有下列行为之一的，责令限期改正；逾期未改正的，责令停业整顿，依照《中华人民共和国安全生产法》的有关规定处以罚款；造成重大安全事故，构成犯罪的，对直接责任人员，依照刑法有关规定追究刑事责任：

（一）未设立安全生产管理机构、配备专职安全生产管理人员或者分部分项工程施工时无专职安全生产管理人员现场监督的；

（二）施工单位的主要负责人、项目负责人、专职安全生产管理人员、作业人员或者特种作业人员，未经安全教育培训或者经考核不合格即从事相关工作的；

（三）未在施工现场的危险部位设置明显的安全警示标志，或者未按照国家有关规定在施工现场设置消防通道、消防水源、配备消防设施和灭火器材的；

（四）未向作业人员提供安全防护用具和安全防护服装的；

（五）未按照规定在施工起重机械和整体提升脚手架、模板等自升式架设设施验收合格后登记的；

（六）使用国家明令淘汰、禁止使用的危及施工安全的工艺、设备、材料的。

第六十三条　违反本条例的规定，施工单位挪用列入建设工程概算的安全生产作业环境及安全施工措施所需费用的，责令限期改正，处挪用费用20%以上50%以下的罚款；造成损失的，依法承担赔偿责任。

第六十四条　违反本条例的规定，施工单位有下列行为之一的，责令限期改正；逾期未改正的，责令停业整顿，并处5万元以上10万元以下的罚款；造成重大安全事故，构成犯罪的，对直接责任人员，依照刑法有关规定追究刑事责任：

（一）施工前未对有关安全施工的技术要求作出详细说明的；

（二）未根据不同施工阶段和周围环境及季节、气候的变化，在施工现场采取相应的安全施工措施，或者在城市市区内的建设工程的施工现场未实行封闭围挡的；

（三）在尚未竣工的建筑物内设置员工集体宿舍的；

（四）施工现场临时搭建的建筑物不符合安全使用要求的；

（五）未对因建设工程施工可能造成损害的毗邻建筑物、构筑物和地下管线等采取专项防护措施的。

施工单位有前款规定第（四）项、第（五）项行为，造成损失的，依法承担赔偿责任。

第六十五条　违反本条例的规定，施工单位有下列行为之一的，责令限期改正；逾期未改正的，责令停业整顿，并处10万元以上30万元以下的罚款；情节严重的，降低资质等级，直至吊销资质证书；造成重大安全事故，构成犯罪的，对直接责任人员，依照刑法有关规定追究刑事责任；造成损失的，依法承担赔偿责任：

（一）安全防护用具、机械设备、施工机具及配件在进入施工现场前未经查验或者查验不合格即投入使用的；

（二）使用未经验收或者验收不合格的施工起重机械和整体提升脚手架、模板等自升式架设设施的；

（三）委托不具有相应资质的单位承担施工现场安装、拆卸施工起重机械和整体提升脚手架、模板等自升式架设设施的；

（四）在施工组织设计中未编制安全技术措施、施工现场临时用电方案或者专项施工方案的。

第六十六条 违反本条例的规定，施工单位的主要负责人、项目负责人未履行安全生产管理职责的，责令限期改正；逾期未改正的，责令施工单位停业整顿；造成重大安全事故、重大伤亡事故或者其他严重后果，构成犯罪的，依照刑法有关规定追究刑事责任。

作业人员不服管理、违反规章制度和操作规程冒险作业造成重大伤亡事故或者其他严重后果，构成犯罪的，依照刑法有关规定追究刑事责任。

施工单位的主要负责人、项目负责人有前款违法行为，尚不够刑事处罚的，处2万元以上20万元以下的罚款或者按照管理权限给予撤职处分；自刑罚执行完毕或者受处分之日起，5年内不得担任任何施工单位的主要负责人、项目负责人。

第六十七条 施工单位取得资质证书后，降低安全生产条件的，责令限期改正；经整改仍未达到与其资质等级相适应的安全生产条件的，责令停业整顿，降低其资质等级直至吊销资质证书。

第六十八条 本条例规定的行政处罚，由建设行政主管部门或者其他有关部门依照法定职权决定。

违反消防安全管理规定的行为，由公安消防机构依法处罚。

有关法律、行政法规对建设工程安全生产违法行为的行政处罚决定机关另有规定的，从其规定。

2.《建筑安全生产监督管理规定》的相关内容

第二条 本规定所称建筑安全生产监督管理，是指各级人民政府建设行政主管部门及其授权的建筑安全生产监督机构，对于建筑安全生产所实施的行业监督管理。

第三条 凡从事房屋建筑、土木工程、设备安装、管线敷设等施工和构配件生产活动的单位及个人，都必须接受建设行政主管部门及其授权的建筑安全生产监督机构的行业监督管理，并依法接受国家安全监察。

第四条 建筑安全生产监督管理，应当根据“管生产必须管安全”的原则，贯彻“预防为主”的方针，依靠科学管理和技术进步，推动建筑安全生产工作的开展，控制人身伤亡事故的发生。

第五条 国务院建设行政主管部门主管全国建筑安全生产的行业监督管理工作。其主要职责是：

（一）贯彻执行国家有关安全生产的法规和方针、政策，起草或者制定建筑安全生产管理的法规、标准；

（二）统一监督管理全国工程建设方面的安全生产工作，完善建筑安全生产的组织保证体系；

（三）制定建筑安全生产管理的中、长期规划和近期目标，组织建筑安全生产技术的开发与推广应用；

（四）指导和监督检查省、自治区、直辖市人民政府建设行政主管部门开展建筑安全生产的行业监督管理工作，

（五）统计全国建筑职工因工伤亡人数，掌握并发布全国建筑安全生产动态；

（六）负责对申报资质等级一级企业和国家一、二级企业以及国家和部级先进建筑企业进行安全资格审查或者审批，行使安全生产否决权；

（七）组织全国建筑安全生产检查，总结交流建筑安全生产管理经验，并表彰先进；

（八）检查和督促工程建设重大事故的调查处理，组织或者参与工程建设特别重大事故的调查。

第六条　国务院各有关主管部门负责所属建筑企业的建筑安全生产管理工作，其职责由国务院各有关主管部门自行确定。

第七条　县级以上地方人民政府建设行政主管部门负责本行政区域建筑安全生产的行业监督管理工作。其主要职责是：

（一）贯彻执行国家和地方有关安全生产的法规、标准和方针、政策，起草或者制定本行政区域建筑安全生产管理的实施细则或者实施办法；

（二）制定本行政区域建筑安全生产管理的中、长期规划和近期目标，组织建筑安全生产技术的开发与推广应用；

（三）建立建筑安全生产的监督管理体系，制定本行政区域建筑安全生产监督管理工作制度，组织落实各级领导分工负责的建筑安全生产责任制；

（四）负责本行政区域建筑职工因工伤亡的统计和上报工作，掌握和发布本行政区域建筑安全生产动态；

（五）负责对申报晋升企业资质等级、企业升级和报评先进企业的安全资格进行审查或者审批，行使安全生产否决权；

（六）组织或者参与本行政区域工程建设中人身伤亡事故的调查处理工作，并依照有关规定上报重大伤亡事故；

（七）组织开展本行政区域建筑安全生产检查，总结交流建筑安全生产管理经验，并表彰先进；

（八）监督检查施工现场、构配件生产车间等安全管理和防护措施，纠正违章指挥和违章作业；

（九）组织开展本行政区域建筑企业的生产管理人员、作业人员的安全生产教育、培训、考核及发证工作，监督检查建筑企业对安全技术措施费的提取和使用；

（十）领导和管理建筑安全生产监督机构的工作。

第八条　建筑安全生产监督机构根据同级人民政府建设行政主管部门的授权，依据有关

的法规、标准，对本行政区域内建筑安全生产实施监督管理。

第九条 建筑企业必须贯彻执行国家和地方有关安全生产的法规、标准，建立健全安全生产责任制和安全生产组织保证体系，按照安全技术规范的要求组织施工或者构配件生产，并按照国务院关于加强厂矿企业防尘防毒工作的规定提取和使用安全技术措施费，保证职工在施工或者生产过程中的安全和健康。

第十条 县级以上人民政府建设行政主管部门对于在下列方面做出成绩或者贡献的，应当给予表彰和奖励：

（一）在建筑安全生产中取得显著成绩的；

（二）在建筑安全科学研究、劳动保护、安全技术等方面有发明、技术改造或者提出合理化建议，并在生产或者工作中取得明显实效的；

（三）防止重大事故发生或者在重大事故抢救中有功的。

第十一条 县级以上人民政府建设行政主管部门对于有下列行为之一的，应当依据本规定和其他有关规定，分别给予警告、通报批评、责令限期改正、限期不准承包工程或者停产整顿、降低企业资质等级的处罚；构成犯罪的，由司法机关依法追究刑事责任：

（一）安全生产规章制度不落实或者违章指挥、违章作业的；

（二）不按照建筑安全生产技术标准施工或者构配件生产，存在着严重事故隐患或者发生伤亡事故的；

（三）不按照规定提取和使用安全技术措施费，安全技术措施不落实，连续发生伤亡事故的；

（四）连续发生同类伤亡事故或者伤亡事故连年超标，或者发生重大死亡事故的；

（五）对发生重大伤亡事故抢救不力，致使伤亡人数增多的：

（六）对于伤亡事故隐匿不报或者故意拖延不报的。

第十二条 当事人对行政处罚决定不服的，可以依照《中华人民共和国行政诉讼法》和《行政复议条例》的有关规定，申请行政复议或者向人民法院起诉。逾期不申请复议或者不向人民法院起诉，又不履行处罚决定的，由作出处罚决定的机关申请人民法院强制执行。

第十三条 省、自治区、直辖市人民政府建设行政主管部门可以根据本规定制定实施细则，并报国务院建设行政主管部门备案。

3.《安全生产许可证条例》的相关内容

第二条 国家对矿山企业、建筑施工企业和危险化学品、烟花爆竹、民用爆破器材生产企业（以下统称“企业”）实行安全生产许可制度。

企业未取得安全生产许可证的，不得从事生产活动。

第三条 国务院安全生产监督管理部门负责中央管理的非煤矿矿山企业和危险化学品、烟花爆竹生产企业安全生产许可证的颁发和管理。

省、自治区、直辖市人民政府安全生产监督管理部门负责前款规定以外的非煤矿矿山企业和危险化学品、烟花爆竹生产企业安全生产许可证的颁发和管理，并接受国务院安全生产监督管理部门的指导和监督。

国家煤矿安全监察机构负责中央管理的煤矿企业安全生产许可证的颁发和管理。

在省、自治区、直辖市设立的煤矿安全监察机构负责前款规定以外的其他煤矿企业安全生产许可证的颁发和管理,并接受国家煤矿安全监察机构的指导和监督。

第四条 国务院建设主管部门负责中央管理的建筑施工企业安全生产许可证的颁发和管理。

省、自治区、直辖市人民政府建设主管部门负责前款规定以外的建筑施工企业安全生产许可证的颁发和管理,并接受国务院建设主管部门的指导和监督。

第五条 国务院国防科技工业主管部门负责民用爆破器材生产企业安全生产许可证的颁发和管理。

第六条 企业取得安全生产许可证,应当具备下列安全生产条件:

(一)建立、健全安全生产责任制,制定完备的安全生产规章制度和操作规程;

(二)安全投入符合安全生产要求;

(三)设置安全生产管理机构,配备专职安全生产管理人员;

(四)主要负责人和安全生产管理人员经考核合格;

(五)特种作业人员经有关业务主管部门考核合格,取得特种作业操作资格证书;

(六)从业人员经安全生产教育和培训合格;

(七)依法参加工伤保险,为从业人员缴纳保险费;

(八)厂房、作业场所和安全设施、设备、工艺符合有关安全生产法律、法规、标准和规程的要求;

(九)有职业危害防治措施,并为从业人员配备符合国家标准或者行业标准的劳动防护用品;

(十)依法进行安全评价;

(十一)有重大危险源检测、评估、监控措施和应急预案;

(十二)有生产安全事故应急救援预案、应急救援组织或者应急救援人员,配备必要的应急救援器材、设备;

(十三)法律、法规规定的其他条件。

第七条 企业进行生产前,应当依照本条例的规定向安全生产许可证颁发管理机关申请领取安全生产许可证,并提供本条例第六条规定的相关文件、资料。安全生产许可证颁发管理机关应当自收到申请之日起45日内审查完毕,经审查符合本条例规定的安全生产条件的,颁发安全生产许可证;不符合本条例规定的安全生产条件的,不予颁发安全生产许可证,书面通知企业并说明理由。

第九条 安全生产许可证的有效期为3年。安全生产许可证有效期满需要延期的,企业应当于期满前3个月向原安全生产许可证颁发管理机关办理延期手续。

企业在安全生产许可证有效期内,严格遵守有关安全生产的法律法规,未发生死亡事故的,安全生产许可证有效期届满时,经原安全生产许可证颁发管理机关同意,不再审查,安全生产许可证有效期延期3年。

第十条 安全生产许可证颁发管理机关应当建立、健全安全生产许可证档案管理制度,并定期向社会公布企业取得安全生产许可证的情况。

第十二条 国务院安全生产监督管理部门和省、自治区、直辖市人民政府安全生产监督管理部门对建筑施工企业、民用爆破器材生产企业、煤矿企业取得安全生产许可证的情况进行监督。

第十三条 企业不得转让、冒用安全生产许可证或者使用伪造的安全生产许可证。

第十四条 企业取得安全生产许可证后，不得降低安全生产条件，并应当加强日常安全生产管理，接受安全生产许可证颁发管理机关的监督检查。

安全生产许可证颁发管理机关应当加强对取得安全生产许可证的企业的监督检查，发现其不再具备本条例规定的安全生产条件的，应当暂扣或者吊销安全生产许可证。

第十五条 安全生产许可证颁发管理机关工作人员在安全生产许可证颁发、管理和监督检查工作中，不得索取或者接受企业的财物，不得谋取其他利益。

第十六条 监察机关依照《中华人民共和国行政监察法》的规定，对安全生产许可证颁发管理机关及其工作人员履行本条例规定的职责实施监察。

第十七条 任何单位或者个人对违反本条例规定的行为，有权向安全生产许可证颁发管理机关或者监察机关等有关部门举报。

第十八条 安全生产许可证颁发管理机关工作人员有下列行为之一的，给予降级或者撤职的行政处分；构成犯罪的，依法追究刑事责任：

（一）向不符合本条例规定的安全生产条件的企业颁发安全生产许可证的；

（二）发现企业未依法取得安全生产许可证擅自从事生产活动，不依法处理的；

（三）发现取得安全生产许可证的企业不再具备本条例规定的安全生产条件，不依法处理的；

（四）接到对违反本条例规定行为的举报后，不及时处理的；

（五）在安全生产许可证颁发、管理和监督检查工作中，索取或者接受企业的财物，或者谋取其他利益的。

4.《建设工程施工现场管理规定》的相关内容

第二章　一 般 规 定

第五条 建设工程开工实行施工许可证制度。建设单位应当按计划批准的开工项目向工程所在地县级以上地方人民政府建设行政主管部门办理施工许可证手续。申请施工许可证应当具备下列条件：

（一）设计图纸供应已落实；

（二）征地拆迁手续已完成；

（三）施工单位已确定；

（四）资金、物资和为施工服务的市政公用设施等已落实；

（五）其他应当具备的条件已落实。

未取得施工许可证的建设单位不得擅自组织开工。

第六条 建设单位经批准取得施工许可证后，应当自批准之日起两个月内组织开工；因故不能按期开工的，建设单位应当在期满前向发证部门说明理由，申请延期。不按期开工又不按期申请延期的，已批准的施工许可证失效。

第七条 建设工程开工前，建设单位或者发包单位应当指定施工现场总代表人，施工单位应当指定项目经理，并分别将总代表人和项目经理的姓名及授权事项书面通知对方，同时报第五条规定的发证部门备案。

在施工过程中，总代表人或者项目经理发生变更的，应当按照前款规定重新通知对方和备案。

第八条　项目经理全面负责施工过程中的现场管理，并根据工程规模、技术复杂程度和施工现场的具体情况，建立施工现场管理责任制，并组织实施。

第九条　建设工程实行总包和分包的，由总包单位负责施工现场的统一管理，监督检查分包单位的施工现场活动。分包单位应当在总包单位的统一管理下，在其分包范围内建立施工现场管理责任制，并组织实施。

总包单位可以受建设单位的委托，负责协调该施工现场内由建设单位直接发包的其他单位的施工现场活动。

第十条　施工单位必须编制建设工程施工组织设计。建设工程实行总包和分包的，由总包单位负责编制施工组织设计或者分阶段施工组织设计。分包单位在总包单位的总体部署下，负责编制分包工程的施工组织设计。

施工组织设计按照施工单位隶属关系及工程的性质、规模、技术繁简程度实行分级审批。具体审批权限由国务院各有关部门和省、自治区、直辖市人民政府建设行政主管部门规定。

第十一条　施工组织设计应当包括下列主要内容：

（一）工程任务情况；

（二）施工总方案、主要施工方法、工程施工进度计划、主要单位工程综合进度计划和施工力量、机具及部署；

（三）施工组织技术措施，包括工程质量、安全防护以及环境污染防护等各种措施；

（四）施工总平面布置图；

（五）总包和分包的分工范围及交叉施工部署等。

第十二条　建设工程施工必须按照批准的施工组织设计进行。在施工过程中确需对施工组织设计进行重大修改的，必须报经批准部门同意。

第十三条　建设工程施工应当在批准的施工场地内组织进行。需要临时征用施工场地或者临时占用道路的，应当依法办理有关批准手续。

第十四条　由于特殊原因，建设工程需要停止施工两个月以上的，建设单位或施工单位应当将停工原因及停工时间向当地人民政府建设行政主管部门报告。

第十五条　建设工程施工中需要进行爆破作业的，必须经上级主管部门审查同意，并持说明使用爆破器材的地点、品名、数量、用途、四邻距离的文件和安全操作规程，向所在地县、市公安局申请《爆破物品使用许可证》，方可使用。进行爆破作业时，必须遵守爆破安全规程。

第十六条　建设工程施工中需要架设临时电网、移动电缆等，施工单位应当向有关主管部门提出申请，经批准后在有关专业技术人员指导下进行。

施工中需要停水、停电、封路而影响到施工现场周围地区的单位和居民时，必须经有关主管部门批准，并事先通告受影响的单位和居民。

第十七条　施工单位进行地下工程或者基础工程施工时，发现文物、古化石、爆炸物、电缆等应当暂停施工，保护好现场，并及时向有关部门报告，在按照有关规定处理后，方可继续施工。

第十八条 建设工程竣工后,建设单位应当组织设计、施工单位共同编制工程竣工图,进行工程质量评议,整理各种技术资料,及时完成工程初验,并向有关主管部门提交竣工验收报告。

单项工程竣工验收合格的,施工单位可以将该单项工程移交建设单位管理。全部工程验收合格后,施工单位方可解除施工现场的全部管理责任。

第三章 文明施工管理

第十九条 施工单位应当贯彻文明施工的要求,推行现代管理方法,科学组织施工,做好施工现场的各项管理工作。

第二十条 施工单位应当按照施工总平面布置图设置各项临时设施。堆放大宗材料、成品、半成品和机具设备,不得侵占场内道路及安全防护等设施。

建设工程实行总包和分包的,分包单位确需进行改变施工总平面布置图活动的,应当先向总包单位提出申请,经总包单位同意后方可实施。

第二十一条 施工现场必须设置明显的标牌,标明工程项目名称、建设单位、设计单位、施工单位、项目经理和施工现场总代表人的姓名、开、竣工日期、施工许可证批准文号等。施工单位负责施工现场标牌的保护工作。

施工现场的主要管理人员在施工现场应当佩戴证明其身份的证卡。

第二十二条 施工现场的用电线路、用电设施的安装和使用必须符合安装规范和安全操作规程,并按照施工组织设计进行架设,严禁任意拉线接电。施工现场必须设有保证施工安全要求的夜间照明;危险潮湿场所的照明以及手持照明灯具,必须采用符合安全要求的电压。

第二十三条 施工机械应当按照施工总平面布置图规定的位置和线路设置,不得任意侵占场内道路。施工机械进场的须经过安全检查,经检查合格的方能使用。施工机械操作人员必须建立机组责任制,并依照有关规定持证上岗,禁止无证人员操作。

第二十四条 施工单位应该保证施工现场道路畅通,排水系统处于良好的使用状态;保持场容场貌的整洁,随时清理建筑垃圾。在车辆、行人通行的地方施工,应当设置沟井坎穴覆盖物和施工标志。

第二十五条 施工单位必须执行国家有关安全生产和劳动保护的法规,建立安全生产责任制,加强规范化管理,进行安全交底、安全教育和安全宣传,严格执行安全技术方案。施工现场的各种安全设施和劳动保护器具,必须定期进行检查和维护,及时消除隐患,保证其安全有效。

第二十六条 施工现场应当设置各类必要的职工生活设施,并符合卫生、通风、照明等要求。职工的膳食、饮水供应等应当符合卫生要求。

第二十七条 建设单位或者施工单位应当做好施工现场安全保卫工作,采取必要的防盗措施,在现场周边设立围护设施。施工现场在市区的,周围应当设置遮挡围栏,临街的脚手架也应当设置相应的围护设施。非施工人员不得擅自进入施工现场。

第二十八条 非建设行政主管部门对建设工程施工现场实施监督检查时,应当通过或者会同当地人民政府建设行政主管部门进行。

第二十九条 施工单位应当严格依照《中华人民共和国消防条例》的规定,在施工现场建立和执行防火管理制度，设置符合消防要求的消防设施，并保持完好的备用状态。在容易发生火灾的地区施工或者储存、使用易燃易爆器材时，施工单位应当采取特殊的消防安全措施。

第三十条　施工现场发生的工程建设重大事故的处理，依照《工程建设重大事故报告和调查程序规定》执行。

第四章　环 境 管 理

第三十一条　施工单位应当遵守国家有关环境保护的法律规定，采取措施控制施工现场的各种粉尘、废气、废水、固体废弃物以及噪声、振动对环境的污染和危害。

第三十二条　施工单位应当采取下列防止环境污染的措施：

（一）妥善处理泥浆水，未经处理不得直接排入城市排水设施和河流；

（二）除设有符合规定的装置外，不得在施工现场熔融沥青或者焚烧油毡、油漆以及其他会产生有毒有害烟尘和恶臭气体的物质；

（三）使用密封式的圈筒或者采取其他措施处理高空废弃物；

（四）采取有效措施控制施工过程中的扬尘；

（五）禁止将有毒有害废弃物用作土方回填；

（六）对产生噪声、振动的施工机械，应采取有效控制措施，减轻噪声扰民。

第三十三条　建设工程施工由于受技术、经济条件限制，对环境的污染不能控制在规定范围内的，建设单位应当会同施工单位事先报请当地人民政府建设行政主管部门和环境行政主管部门批准。

5.《特种设备安全监察条例》的相关内容

第二条　本条例所称特种设备是指涉及生命安全、危险性较大的锅炉、压力容器（含气瓶，下同）、压力管道、电梯、起重机械、客运索道、大型游乐设施和场（厂）内专用机动车辆。

前款特种设备的目录由国务院负责特种设备安全监督管理的部门（以下简称国务院特种设备安全监督管理部门）制订，报国务院批准后执行。

第三条　特种设备的生产（含设计、制造、安装、改造、维修，下同）、使用、检验检测及其监督检查，应当遵守本条例，但本条例另有规定的除外。

军事装备、核设施、航空航天器、铁路机车、海上设施和船舶以及矿山井下使用的特种设备、民用机场专用设备的安全监察不适用本条例。

房屋建筑工地和市政工程工地用起重机械、场（厂）内专用机动车辆的安装、使用的监督管理，由建设行政主管部门依照有关法律、法规的规定执行。

第四条　国务院特种设备安全监督管理部门负责全国特种设备的安全监察工作，县以上地方负责特种设备安全监督管理的部门对本行政区域内特种设备实施安全监察（以下统称特种设备安全监督管理部门）。

第五条　特种设备生产、使用单位应当建立健全特种设备安全、节能管理制度和岗位安全、节能责任制度。

特种设备生产、使用单位的主要负责人应当对本单位特种设备的安全和节能全面负责。

特种设备生产、使用单位和特种设备检验检测机构，应当接受特种设备安全监督管理部门依法进行的特种设备安全监察。

第六条 特种设备检验检测机构,应当依照本条例规定,进行检验检测工作,对其检验检测结果、鉴定结论承担法律责任。

第七条 县级以上地方人民政府应当督促、支持特种设备安全监督管理部门依法履行安全监察职责,对特种设备安全监察中存在的重大问题及时予以协调、解决。

第八条 国家鼓励推行科学的管理方法,采用先进技术,提高特种设备安全性能和管理水平,增强特种设备生产、使用单位防范事故的能力,对取得显著成绩的单位和个人,给予奖励。

国家鼓励特种设备节能技术的研究、开发、示范和推广,促进特种设备节能技术创新和应用。

特种设备生产、使用单位和特种设备检验检测机构,应当保证必要的安全和节能投入。

国家鼓励实行特种设备责任保险制度,提高事故赔付能力。

第九条 任何单位和个人对违反本条例规定的行为,有权向特种设备安全监督管理部门和行政监察等有关部门举报。

特种设备安全监督管理部门应当建立特种设备安全监察举报制度,公布举报电话、信箱或者电子邮件地址,受理对特种设备生产、使用和检验检测违法行为的举报,并及时予以处理。

特种设备安全监督管理部门和行政监察等有关部门应当为举报人保密,并按照国家有关规定给予奖励。

第十条 特种设备生产单位,应当依照本条例规定以及国务院特种设备安全监督管理部门制订并公布的安全技术规范(以下简称安全技术规范)的要求,进行生产活动。

特种设备生产单位对其生产的特种设备的安全性能和能效指标负责,不得生产不符合安全性能要求和能效指标的特种设备,不得生产国家产业政策明令淘汰的特种设备。

第十一条 压力容器的设计单位应当经国务院特种设备安全监督管理部门许可,方可从事压力容器的设计活动。

第十二条 锅炉、压力容器中的气瓶(以下简称气瓶)、氧舱和客运索道、大型游乐设施以及高耗能特种设备的设计文件,应当经国务院特种设备安全监督管理部门核准的检验检测机构鉴定,方可用于制造。

第十四条 锅炉、压力容器、电梯、起重机械、客运索道、大型游乐设施及其安全附件、安全保护装置的制造、安装、改造单位,以及压力管道用管子、管件、阀门、法兰、补偿器、安全保护装置等(以下简称压力管道元件)的制造单位和场(厂)内专用机动车辆的制造、改造单位,应当经国务院特种设备安全监督管理部门许可,方可从事相应的活动。

第十五条 特种设备出厂时,应当附有安全技术规范要求的设计文件、产品质量合格证明、安装及使用维修说明、监督检验证明等文件。

第十六条 锅炉、压力容器、电梯、起重机械、客运索道、大型游乐设施、场(厂)内专用机动车辆的维修单位,应当有与特种设备维修相适应的专业技术人员和技术工人以及必要的检测手段,并经省、自治区、直辖市特种设备安全监督管理部门许可,方可从事相应的维修活动。

第十八条 电梯井道的土建工程必须符合建筑工程质量要求。电梯安装施工过程中,电梯安装单位应当遵守施工现场的安全生产要求,落实现场安全防护措施。电梯安装施工过程中,施工现场的安全生产监督,由有关部门依照有关法律、行政法规的规定执行。

电梯安装施工过程中,电梯安装单位应当服从建筑施工总承包单位对施工现场的安全生产管理，并订立合同，明确各自的安全责任。

第二十二条　移动式压力容器、气瓶充装单位应当经省、自治区、直辖市的特种设备安全监督管理部门许可，方可从事充装活动。

第二十五条　特种设备在投入使用前或者投入使用后30日内，特种设备使用单位应当向直辖市或者设区的市的特种设备安全监督管理部门登记。登记标志应当置于或者附着于该特种设备的显著位置。

第二十六条　特种设备使用单位应当建立特种设备安全技术档案。

第二十七条　特种设备使用单位应当对在用特种设备进行经常性日常维护保养，并定期自行检查。特种设备使用单位对在用特种设备应当至少每月进行一次自行检查，并作出记录。特种设备使用单位在对在用特种设备进行自行检查和日常维护保养时发现异常情况的，应当及时处理。

第四十一条　从事本条例规定的监督检验、定期检验、型式试验以及专门为特种设备生产、使用、检验检测提供无损检测服务的特种设备检验检测机构，应当经国务院特种设备安全监督管理部门核准。

特种设备使用单位设立的特种设备检验检测机构，经国务院特种设备安全监督管理部门核准，负责本单位核准范围内的特种设备定期检验工作。

第四十三条　特种设备的监督检验、定期检验、型式试验和无损检测应当由依照本条例经核准的特种设备检验检测机构进行。

特种设备检验检测工作应当符合安全技术规范的要求。

第四十四条　从事本条例规定的监督检验、定期检验、型式试验和无损检测的特种设备检验检测人员应当经国务院特种设备安全监督管理部门组织考核合格，取得检验检测人员证书，方可从事检验检测工作。

检验检测人员从事检验检测工作，必须在特种设备检验检测机构执业，但不得同时在两个以上检验检测机构中执业。

第四十五条　特种设备检验检测机构和检验检测人员进行特种设备检验检测，应当遵循诚信原则和方便企业的原则，为特种设备生产、使用单位提供可靠、便捷的检验检测服务。

特种设备检验检测机构和检验检测人员对涉及的被检验检测单位的商业秘密，负有保密义务。

第五十条　特种设备安全监督管理部门依照本条例规定，对特种设备生产、使用单位和检验检测机构实施安全监察。

对学校、幼儿园以及车站、客运码头、商场、体育场馆、展览馆、公园等公众聚集场所的特种设备，特种设备安全监督管理部门应当实施重点安全监察。

第五十一条　特种设备安全监督管理部门根据举报或者取得的涉嫌违法证据，对涉嫌违反本条例规定的行为进行查处时，可以行使下列职权：

（一）向特种设备生产、使用单位和检验检测机构的法定代表人、主要负责人和其他有关人员调查、了解与涉嫌从事违反本条例的生产、使用、检验检测有关的情况；

（二）查阅、复制特种设备生产、使用单位和检验检测机构的有关合同、发票、账簿以及其他有关资料；

（三）对有证据表明不符合安全技术规范要求的或者有其他严重事故隐患、能耗严重超标的特种设备，予以查封或者扣押。

6.《国务院关于进一步加强安全生产工作的决定》的相关内容

一、提高认识，明确指导思想和奋斗目标

1. 充分认识安全生产工作的重要性。搞好安全生产工作，切实保障人民群众的生命财产安全，体现了最广大人民群众的根本利益，反映了先进生产力的发展要求和先进文化的前进方向。做好安全生产工作是全面建设小康社会、统筹经济社会全面发展的重要内容，是实施可持续发展战略的组成部分，是政府履行社会管理和市场监管职能的基本任务，是企业生存发展的基本要求。我国目前尚处于社会主义初级阶段，要实现安全生产状况的根本好转，必须付出持续不懈的努力。各地区、各部门要把安全生产作为一项长期艰巨的任务，警钟长鸣，常抓不懈，从全面贯彻落实“三个代表”重要思想，维护人民群众生命财产安全的高度，充分认识加强安全生产工作的重要意义和现实紧迫性，动员全社会力量，齐抓共管，全力推进。

2. 指导思想。认真贯彻“三个代表”重要思想，适应全面建设小康社会的要求和完善社会主义市场经济体制的新形势，坚持“安全第一、预防为主”的基本方针，进一步强化政府对安全生产工作的领导，大力推进安全生产各项工作，落实生产经营单位安全生产主体责任，加强安全生产监督管理；大力推进安全生产监管体制、安全生产法制和执法队伍“三项建设”，建立安全生产长效机制，实施科技兴安战略，积极采用先进的安全管理方法和安全生产技术，努力实现全国安全生产状况的根本好转。

3. 奋斗目标。到 2007 年，建立起较为完善的安全生产监管体系，全国安全生产状况稳定好转，矿山、危险化学品、建筑等重点行业和领域事故多发状况得到扭转，工矿企业事故死亡人数、煤矿百万吨死亡率、道路交通运输万车死亡率等指标均有一定幅度的下降。到 2010 年，初步形成规范完善的安全生产法治秩序，全国安全生产状况明显好转，重特大事故得到有效遏制，各类生产安全事故和死亡人数有较大幅度的下降。力争到 2020 年，我国安全生产状况实现根本性好转，亿元国内生产总值死亡率、十万人死亡率等指标达到或者接近世界中等发达国家水平。

二、完善政策，大力推进安全生产各项工作

4. 加强产业政策的引导。制定和完善产业政策，调整和优化产业结构。逐步淘汰技术落后、浪费资源和环境污染严重的工艺技术、装备及不具备安全生产条件的企业。通过兼并、联合、重组等措施，积极发展跨区域、跨行业经营的大公司、大集团和大型生产供应基地，提高有安全生产保障企业的生产能力。

5. 加大政府对安全生产的投入。加强安全生产基础设施建设和支撑体系建设，加大对企业安全生产技术改造的支持力度。运用长期建设国债和预算内基本建设投资，支持大中型国有煤炭企业的安全生产技术改造。各级地方人民政府要重视安全生产基础设施建设资金的投入，并积极支持企业安全技术改造，对国家安排的安全生产专项资金，地方政府要加强监督管理，确保专款专用，并安排配套资金予以保障。

6. 深化安全生产专项整治。坚持把矿山、道路和水上交通运输、危险化学品、民用爆破器材和烟花爆竹、人员密集场所消防安全等方面的安全生产专项整治，作为整顿和规范社会主义市场经济秩序的一项重要任务，持续不懈地抓下去。继续关闭取缔非法和不具备安全生产条件的小矿小厂、经营网点，遏制低水平重复建设。开展公路货车超限超载治理，保障道路交通运输安全。把安全生产专项整治与依法落实生产经营单位安全生产保障制度、加强日常监督管理以及建立安全生产长效机制结合起来，确保整治工作取得实效。

7. 健全完善安全生产法制。对《安全生产法》确立的各项法律制度，要抓紧制定配套法规规章。认真做好各项安全生产技术规范、标准的制定修订工作。各地区要结合本地实际，制定和完善《安全生产法》配套实施办法和措施。加大安全生产法律法规的学习宣传和贯彻力度，普及安全生产法律知识，增强全民安全生产法制观念。

8. 建立生产安全应急救援体系。加快全国生产安全应急救援体系建设，尽快建立国家生产安全应急救援指挥中心，充分利用现有的应急救援资源，建设具有快速反应能力的专业化救援队伍，提高救援装备水平，增强生产安全事故的抢险救援能力。加强区域性生产安全应急救援基地建设。搞好重大危险源的普查登记，加强国家、省（区、市）、市（地）、县（市）四级重大危险源监控工作，建立应急救援预案和生产安全预警机制。

9. 加强安全生产科研和技术开发。加强安全生产科学学科建设，积极发展安全生产普通高等教育，培养和造就更多的安全生产科技和管理人才。加大科技投入力度，充分利用高等院校、科研机构、社会团体等安全生产科研资源，加强安全生产基础研究和应用研究。建立国家安全生产信息管理系统，提高安全生产信息统计的准确性、科学性和权威性。积极开展安全生产领域的国际交流与合作，加快先进的生产安全技术引进、消化、吸收和自主创新步伐。

三、强化管理，落实生产经营单位安全生产主体责任

10. 依法加强和改进生产经营单位安全管理。强化生产经营单位安全生产主体地位，进一步明确安全生产责任，全面落实安全保障的各项法律法规。生产经营单位要根据《安全生产法》等有关法律规定，设置安全生产管理机构或者配备专职（或兼职）安全生产管理人员。保证安全生产的必要投入，积极采用安全性能可靠的新技术、新工艺、新设备和新材料，不断改善安全生产条件。改进生产经营单位安全管理，积极采用职业安全健康管理体系认证、风险评估、安全评价等方法，落实各项安全防范措施，提高安全生产管理水平。

11. 开展安全质量标准化活动。制定和颁布重点行业、领域安全生产技术规范和安全生产质量工作标准，在全国所有工矿、商贸、交通运输、建筑施工等企业普遍开展安全质量标准化活动。企业生产流程的各环节、各岗位要建立严格的安全生产质量责任制。生产经营活动和行为，必须符合安全生产有关法律法规和安全生产技术规范的要求，做到规范化和标准化。

12. 搞好安全生产技术培训。加强安全生产培训工作，整合培训资源，完善培训网络，加大培训力度，提高培训质量。生产经营单位必须对所有从业人员进行必要的安全生产技术培训，其主要负责人及有关经营管理人员、重要工种人员必须按照有关法律、法规的规定，接受规范的安全生产培训，经考试合格，持证上岗。完善注册安全工程师考试、任职、考核制度。

13. 建立企业提取安全费用制度。为保证安全生产所需资金投入，形成企业安全生产投入的长效机制，借鉴煤矿提取安全费用的经验，在条件成熟后，逐步建立对高危行业生产企业提取安全费用制度。企业安全费用的提取，要根据地区和行业的特点，分别确定提取标准，由企业自行提取，专户储存，专项用于安全生产。

14. 依法加大生产经营单位对伤亡事故的经济赔偿。生产经营单位必须认真执行工伤保险制度,依法参加工伤保险,及时为从业人员缴纳保险费。同时,依据《安全生产法》等有关法律法规,向受到生产安全事故伤害的员工或家属支付赔偿金。进一步提高企业生产安全事故伤亡赔偿标准,建立企业负责人自觉保障安全投入,努力减少事故的机制。

四、完善制度,加强安全生产监督管理

15. 加强地方各级安全生产监管机构和执法队伍建设。县级以上各级地方人民政府要依照《安全生产法》的规定,建立健全安全生产监管机构,充实必要的人员,加强安全生产监管队伍建设,提高安全生产监管工作的权威,切实履行安全生产监管职能。完善煤矿安全生产监察体制,进一步加强煤矿安全生产监察队伍建设和监察执法工作。

16. 建立安全生产控制指标体系。要制订全国安全生产中长期发展规划,明确年度安全生产控制指标,建立全国和分省(区、市)的控制指标体系,对安全生产情况实行定量控制和考核。从2004年起,国家向各省(区、市)人民政府下达年度安全生产各项控制指标,并进行跟踪检查和监督考核。对各省(区、市)安全生产控制指标完成情况,国家安全生产监督管理部门将通过新闻发布会、政府公告、简报等形式,每季度公布一次。

17. 建立安全生产行政许可制度。把安全生产纳入国家行政许可的范围,在各行业的行政许可制度中,把安全生产作为一项重要内容,从源头上制止不具备安全生产条件的企业进入市场。开办企业必须具备法律规定的安全生产条件,依法向政府有关部门申请、办理安全生产许可证,持证生产经营。新建、改建、扩建项目的安全设施必须与主体工程同时设计、同时施工、同时投入生产和使用(简称"三同时"),对未通过"三同时"审查的建设项目,有关部门不予办理行政许可手续,企业不准开工投产。

18. 建立企业安全生产风险抵押金制度。为强化生产经营单位的安全生产责任,各地区可结合实际,依法对矿山、道路交通运输、建筑施工、危险化学品、烟花爆竹等领域从事生产经营活动的企业,收取一定数额的安全生产风险抵押金,企业生产经营期间发生生产安全事故的,转作事故抢险救灾和善后处理所需资金。具体办法由国家安全生产监督管理部门会同财政部研究制定。

19. 强化安全生产监管监察行政执法。各级安全生产监管监察机构要增强执法意识,做到严格、公正、文明执法。依法对生产经营单位安全生产情况进行监督检查,指导督促生产经营单位建立健全安全生产责任制,落实各项防范措施。组织开展好企业安全评估,搞好分类指导和重点监管。对严重忽视安全生产的企业及其负责人或业主,要依法加大行政执法和经济处罚的力度。认真查处各类事故,坚持事故原因未查清不放过、责任人员未处理不放过、整改措施未落实不放过、有关人员未受到教育不放过的"四不放过"原则,不仅要追究事故直接责任人的责任,同时要追究有关负责人的领导责任。

20. 加强对小企业的安全生产监管。小企业是安全生产管理的薄弱环节,各地要高度重视小企业的安全生产工作,切实加强监督管理。从组织领导、工作机制和安全投入等方面入手,逐步探索出一套行之有效的监管办法。坚持寓监督管理于服务之中,积极为小企业提供安全技术、人才、政策咨询等方面的服务,加强检查指导,督促帮助小企业搞好安全生产。要重视解决小煤矿安全生产投入问题,对乡镇及个体煤矿,要严格监督其按照有关规定提取安全费用。

五、加强领导，形成齐抓共管的合力

21. 认真落实各级领导安全生产责任。地方各级人民政府要建立健全领导干部安全生产责任制，把安全生产作为干部政绩考核的重要内容，逐级抓好落实。特别要加强县乡两级领导干部安全生产责任制的落实。加强对地方领导干部的安全知识培训和安全生产监管人员的执法业务培训。国家组织对市（地）、县（市）两级政府分管安全生产工作的领导干部进行培训；各省（区、市）要对县级以上安全生产监管部门负责人，分期分批进行执法能力培训。依法严肃查处事故责任，对存在失职、渎职行为，或对事故发生负有领导责任的地方政府、企业领导人，要依照有关法律法规严格追究责任。严厉惩治安全生产领域的腐败现象和黑恶势力。

22. 构建全社会齐抓共管的安全生产工作格局。地方各级人民政府每季度至少召开一次安全生产例会，分析、部署、督促和检查本地区的安全生产工作；大力支持并帮助解决安全生产监管部门在行政执法中遇到的困难和问题。各级安全生产委员会及其办公室要积极发挥综合协调作用。安全生产综合监管及其他负有安全生产监督管理职责的部门要在政府的统一领导下，依照有关法律法规的规定，各负其责，密切配合，切实履行安全监管职能。各级工会、共青团组织要围绕安全生产，发挥各自优势，开展群众性安全生产活动。充分发挥各类协会、学会、中心等中介机构和社团组织的作用，构建信息、法律、技术装备、宣传教育、培训和应急救援等安全生产支撑体系。强化社会监督、群众监督和新闻媒体监督，丰富全国“安全生产月”、“安全生产万里行”等活动内容，努力构建“政府统一领导、部门依法监管、企业全面负责、群众参与监督、全社会广泛支持”的安全生产工作格局。

23. 做好宣传教育和舆论引导工作。把安全生产宣传教育纳入宣传思想工作的总体布局，坚持正确的舆论导向，大力宣传党和国家安全生产方针政策、法律法规和加强安全生产工作的重大举措，宣传安全生产工作的先进典型和经验；对严重忽视安全生产、导致重特大事故发生的典型事例要予以曝光。在大中专院校和中小学开设安全知识课程，提高青少年在道路交通、消防、城市燃气等方面的识灾和防灾能力。通过广泛深入的宣传教育，不断增强群众依法自我安全保护的意识。

各地区、各部门和各单位要加强调查研究，注意发现安全生产工作中出现的新情况，研究新问题，推进安全生产理论、监管体制和机制、监管方式和手段、安全科技、安全文化等方面的创新，不断增强安全生产工作的针对性和实效性，努力开创我国安全生产工作的新局面，为完善社会主义市场经济体制，实现党的十六大提出的全面建设小康社会的宏伟目标创造安全稳定的环境。

7.《生产安全事故报告和调查处理条例》的相关内容

第二条　生产经营活动中发生的造成人身伤亡或者直接经济损失的生产安全事故的报告和调查处理，适用本条例；环境污染事故、核设施事故、国防科研生产事故的报告和调查处理不适用本条例。

第五条　县级以上人民政府应当依照本条例的规定，严格履行职责，及时、准确地完成事故调查处理工作。

事故发生地有关地方人民政府应当支持、配合上级人民政府或者有关部门的事故调查处理工作，并提供必要的便利条件。

参加事故调查处理的部门和单位应当互相配合，提高事故调查处理工作的效率。

第二章 事故报告

第九条 事故发生后,事故现场有关人员应当立即向本单位负责人报告;单位负责人接到报告后,应当于1小时内向事故发生地县级以上人民政府安全生产监督管理部门和负有安全生产监督管理职责的有关部门报告。

情况紧急时,事故现场有关人员可以直接向事故发生地县级以上人民政府安全生产监督管理部门和负有安全生产监督管理职责的有关部门报告。

第十条 安全生产监督管理部门和负有安全生产监督管理职责的有关部门接到事故报告后,应当依照下列规定上报事故情况,并通知公安机关、劳动保障行政部门、工会和人民检察院:

(一)特别重大事故、重大事故逐级上报至国务院安全生产监督管理部门和负有安全生产监督管理职责的有关部门;

(二)较大事故逐级上报至省、自治区、直辖市人民政府安全生产监督管理部门和负有安全生产监督管理职责的有关部门;

(三)一般事故上报至设区的市级人民政府安全生产监督管理部门和负有安全生产监督管理职责的有关部门。

安全生产监督管理部门和负有安全生产监督管理职责的有关部门依照前款规定上报事故情况,应当同时报告本级人民政府。国务院安全生产监督管理部门和负有安全生产监督管理职责的有关部门以及省级人民政府接到发生特别重大事故、重大事故的报告后,应当立即报告国务院。

必要时,安全生产监督管理部门和负有安全生产监督管理职责的有关部门可以越级上报事故情况。

第十一条 安全生产监督管理部门和负有安全生产监督管理职责的有关部门逐级上报事故情况,每级上报的时间不得超过2小时。

第十二条 报告事故应当包括下列内容:

(一)事故发生单位概况;

(二)事故发生的时间、地点以及事故现场情况;

(三)事故的简要经过;

(四)事故已经造成或者可能造成的伤亡人数(包括下落不明的人数)和初步估计的直接经济损失;

(五)已经采取的措施;

(六)其他应当报告的情况。

第十三条 事故报告后出现新情况的,应当及时补报。

自事故发生之日起30日内,事故造成的伤亡人数发生变化的,应当及时补报。道路交通事故、火灾事故自发生之日起7日内,事故造成的伤亡人数发生变化的,应当及时补报。

第十四条 事故发生单位负责人接到事故报告后,应当立即启动事故相应应急预案,或者采取有效措施,组织抢救,防止事故扩大,减少人员伤亡和财产损失。

第十五条 事故发生地有关地方人民政府、安全生产监督管理部门和负有安全生产监督管理职责的有关部门接到事故报告后，其负责人应当立即赶赴事故现场，组织事故救援。

第十六条　事故发生后，有关单位和人员应当妥善保护事故现场以及相关证据，任何单位和个人不得破坏事故现场、毁灭相关证据。

因抢救人员、防止事故扩大以及疏通交通等原因，需要移动事故现场物件的，应当做出标志，绘制现场简图并做出书面记录，妥善保存现场重要痕迹、物证。

第十七条　事故发生地公安机关根据事故的情况，对涉嫌犯罪的，应当依法立案侦查，采取强制措施和侦查措施。犯罪嫌疑人逃匿的，公安机关应当迅速追捕归案。

第十八条　安全生产监督管理部门和负有安全生产监督管理职责的有关部门应当建立值班制度，并向社会公布值班电话，受理事故报告和举报。

第三章　事故调查

第十九条　特别重大事故由国务院或者国务院授权有关部门组织事故调查组进行调查。

重大事故、较大事故、一般事故分别由事故发生地省级人民政府、设区的市级人民政府、县级人民政府负责调查。省级人民政府、设区的市级人民政府、县级人民政府可以直接组织事故调查组进行调查，也可以授权或者委托有关部门组织事故调查组进行调查。

未造成人员伤亡的一般事故，县级人民政府也可以委托事故发生单位组织事故调查组进行调查。

第二十条　上级人民政府认为必要时，可以调查由下级人民政府负责调查的事故。

自事故发生之日起 30 日内（道路交通事故、火灾事故自发生之日起 7 日内），因事故伤亡人数变化导致事故等级发生变化，依照本条例规定应当由上级人民政府负责调查的，上级人民政府可以另行组织事故调查组进行调查。

第二十一条　特别重大事故以下等级事故，事故发生地与事故发生单位不在同一个县级以上行政区域的，由事故发生地人民政府负责调查，事故发生单位所在地人民政府应当派人参加。

第二十二条　事故调查组的组成应当遵循精简、效能的原则。

根据事故的具体情况，事故调查组由有关人民政府、安全生产监督管理部门、负有安全生产监督管理职责的有关部门、监察机关、公安机关以及工会派人组成，并应当邀请人民检察院派人参加。

事故调查组可以聘请有关专家参与调查。

第二十三条　事故调查组成员应当具有事故调查所需要的知识和专长，并与所调查的事故没有直接利害关系。

第二十四条　事故调查组组长由负责事故调查的人民政府指定。事故调查组组长主持事故调查组的工作。

第二十五条　事故调查组履行下列职责：

（一）查明事故发生的经过、原因、人员伤亡情况及直接经济损失；

（二）认定事故的性质和事故责任；

（三）提出对事故责任者的处理建议；

（四）总结事故教训，提出防范和整改措施；

（五）提交事故调查报告。

第二十六条 事故调查组有权向有关单位和个人了解与事故有关的情况，并要求其提供相关文件、资料，有关单位和个人不得拒绝。

事故发生单位的负责人和有关人员在事故调查期间不得擅离职守，并应当随时接受事故调查组的询问，如实提供有关情况。

事故调查中发现涉嫌犯罪的，事故调查组应当及时将有关材料或者其复印件移交司法机关处理。

第二十七条 事故调查中需要进行技术鉴定的，事故调查组应当委托具有国家规定资质的单位进行技术鉴定。必要时，事故调查组可以直接组织专家进行技术鉴定。技术鉴定所需时间不计入事故调查期限。

第二十八条 事故调查组成员在事故调查工作中应当诚信公正、恪尽职守，遵守事故调查组的纪律，保守事故调查的秘密。

未经事故调查组组长允许，事故调查组成员不得擅自发布有关事故的信息。

第二十九条 事故调查组应当自事故发生之日起60日内提交事故调查报告；特殊情况下，经负责事故调查的人民政府批准，提交事故调查报告的期限可以适当延长，但延长的期限最长不超过60日。

第三十条 事故调查报告应当包括下列内容：

（一）事故发生单位概况；

（二）事故发生经过和事故救援情况；

（三）事故造成的人员伤亡和直接经济损失；

（四）事故发生的原因和事故性质；

（五）事故责任的认定以及对事故责任者的处理建议；

（六）事故防范和整改措施。

事故调查报告应当附具有关证据材料。事故调查组成员应当在事故调查报告上签名。

第三十一条 事故调查报告报送负责事故调查的人民政府后，事故调查工作即告结束。事故调查的有关资料应当归档保存。

第四章 事故处理

第三十二条 重大事故、较大事故、一般事故，负责事故调查的人民政府应当自收到事故调查报告之日起15日内做出批复；特别重大事故，30日内做出批复，特殊情况下，批复时间可以适当延长，但延长的时间最长不超过30日。

有关机关应当按照人民政府的批复，依照法律、行政法规规定的权限和程序，对事故发生单位和有关人员进行行政处罚，对负有事故责任的国家工作人员进行处分。

事故发生单位应当按照负责事故调查的人民政府的批复，对本单位负有事故责任的人员进行处理。

负有事故责任的人员涉嫌犯罪的，依法追究刑事责任。

第三十三条 事故发生单位应当认真吸取事故教训，落实防范和整改措施，防止事故再次发生。防范和整改措施的落实情况应当接受工会和职工的监督。

安全生产监督管理部门和负有安全生产监督管理职责的有关部门应当对事故发生单位落实防范和整改措施的情况进行监督检查。

第三十四条　事故处理的情况由负责事故调查的人民政府或者其授权的有关部门、机构向社会公布，依法应当保密的除外。

第五章　法律责任

第三十五条　事故发生单位主要负责人有下列行为之一的，处上一年年收入40%至80%的罚款；属于国家工作人员的，并依法给予处分；构成犯罪的，依法追究刑事责任：

（一）不立即组织事故抢救的；

（二）迟报或者漏报事故的；

（三）在事故调查处理期间擅离职守的。

第三十六条　事故发生单位及其有关人员有下列行为之一的，对事故发生单位处100万元以上500万元以下的罚款；对主要负责人、直接负责的主管人员和其他直接责任人员处上一年年收入60%至100%的罚款；属于国家工作人员的，并依法给予处分；构成违反治安管理行为的，由公安机关依法给予治安管理处罚；构成犯罪的，依法追究刑事责任：

（一）谎报或者瞒报事故的；

（二）伪造或者故意破坏事故现场的；

（三）转移、隐匿资金、财产，或者销毁有关证据、资料的；

（四）拒绝接受调查或者拒绝提供有关情况和资料的；

（五）在事故调查中作伪证或者指使他人作伪证的；

（六）事故发生后逃匿的。

第三十七条　事故发生单位对事故发生负有责任的，依照下列规定处以罚款：

（一）发生一般事故的，处10万元以上20万元以下的罚款；

（二）发生较大事故的，处20万元以上50万元以下的罚款；

（三）发生重大事故的，处50万元以上200万元以下的罚款；

（四）发生特别重大事故的，处200万元以上500万元以下的罚款。

第三十八条　事故发生单位主要负责人未依法履行安全生产管理职责，导致事故发生的，依照下列规定处以罚款；属于国家工作人员的，并依法给予处分；构成犯罪的，依法追究刑事责任：

（一）发生一般事故的，处上一年年收入30%的罚款；

（二）发生较大事故的，处上一年年收入40%的罚款；

（三）发生重大事故的，处上一年年收入60%的罚款；

（四）发生特别重大事故的，处上一年年收入80%的罚款。

第三十九条　有关地方人民政府、安全生产监督管理部门和负有安全生产监督管理职责的有关部门有下列行为之一的，对直接负责的主管人员和其他直接责任人员依法给予处分；构成犯罪的，依法追究刑事责任：

（一）不立即组织事故抢救的；

（二）迟报、漏报、谎报或者瞒报事故的；

（三）阻碍、干涉事故调查工作的；

（四）在事故调查中作伪证或者指使他人作伪证的。

第四十条 事故发生单位对事故发生负有责任的，由有关部门依法暂扣或者吊销其有关证照；对事故发生单位负有事故责任的有关人员，依法暂停或者撤销其与安全生产有关的执业资格、岗位证书；事故发生单位主要负责人受到刑事处罚或者撤职处分的，自刑罚执行完毕或者受处分之日起，5年内不得担任任何生产经营单位的主要负责人。

为发生事故的单位提供虚假证明的中介机构，由有关部门依法暂扣或者吊销其有关证照及其相关人员的执业资格；构成犯罪的，依法追究刑事责任。

第四十一条 参与事故调查的人员在事故调查中有下列行为之一的，依法给予处分；构成犯罪的，依法追究刑事责任：

（一）对事故调查工作不负责任，致使事故调查工作有重大疏漏的；

（二）包庇、袒护负有事故责任的人员或者借机打击报复的。

第四十二条 违反本条例规定，有关地方人民政府或者有关部门故意拖延或者拒绝落实经批复的对事故责任人的处理意见的，由监察机关对有关责任人员依法给予处分。

第四十三条 本条例规定的罚款的行政处罚，由安全生产监督管理部门决定。

法律、行政法规对行政处罚的种类、幅度和决定机关另有规定的，依照其规定。

8.《国务院关于特大安全事故行政责任追究的规定》的相关内容

第二条 地方人民政府主要领导人和政府有关部门正职负责人对下列特大安全事故的防范、发生，依照法律、行政法规和本规定的规定有失职、渎职情形或者负有领导责任的，依照本规定给予行政处分；构成玩忽职守罪或者其他罪的，依法追究刑事责任：

（一）特大火灾事故；

（二）特大交通安全事故；

（三）特大建筑质量安全事故；

（四）民用爆炸物品和化学危险品特大安全事故；

（五）煤矿和其他矿山特大安全事故；

（六）锅炉、压力容器、压力管道和特种设备特大安全事故；

（七）其他特大安全事故。

地方人民政府和政府有关部门对特大安全事故的防范、发生直接负责的主管人员和其他直接责任人员，比照本规定给予行政处分；构成玩忽职守罪或者其他罪的，依法追究刑事责任。

特大安全事故肇事单位和个人的刑事处罚、行政处罚和民事责任，依照有关法律、法规和规章的规定执行。

第四条 地方各级人民政府及政府有关部门应当依照有关法律、法规和规章的规定，采取行政措施，对本地区实施安全监督管理，保障本地区人民群众生命、财产安全，对本地区或者职责范围内防范特大安全事故的发生、特大安全事故发生后的迅速和妥善处理负责。

第五条 地方各级人民政府应当每个季度至少召开一次防范特大安全事故工作会议，由政府主要领导人或者政府主要领导人委托政府分管领导人召集有关部门正职负责人参加，分析、布置、督促、检查本地区防范特大安全事故的工作。会议应当作出决定并形成纪要，会议确定的各项防范措施必须严格实施。

第六条　市(地、州)、县(市、区)人民政府应当组织有关部门按照职责分工对本地区容易发生特大安全事故的单位、设施和场所安全事故的防范明确责任、采取措施,并组织有关部门对上述单位、设施和场所进行严格检查。

第七条　市(地、州)、县(市、区)人民政府必须制定本地区特大安全事故应急处理预案。本地区特大安全事故应急处理预案经政府主要领导人签署后,报上一级人民政府备案。

第八条　市(地、州)、县(市、区)人民政府应当组织有关部门对本规定第二条所列各类特大安全事故的隐患进行查处;发现特大安全事故隐患的,责令立即排除;特大安全事故隐患排除前或者排除过程中,无法保证安全的,责令暂时停产、停业或者停止使用。法律、行政法规对查处机关另有规定的,依照其规定。

第九条　市(地、州)、县(市、区)人民政府及其有关部门对本地区存在的特大安全事故隐患,超出其管辖或者职责范围的,应当立即向有管辖权或者负有职责的上级人民政府或者政府有关部门报告;情况紧急的,可以立即采取包括责令暂时停产、停业在内的紧急措施,同时报告;有关上级人民政府或者政府有关部门接到报告后,应当立即组织查处。

第十一条　依法对涉及安全生产事项负责行政审批(包括批准、核准、许可、注册、认证、颁发证照、竣工验收等,下同)的政府部门或者机构,必须严格依照法律、法规和规章规定的安全条件和程序进行审查;不符合法律、法规和规章规定的安全条件的,不得批准;不符合法律、法规和规章规定的安全条件,弄虚作假,骗取批准或者勾结串通行政审批工作人员取得批准的,负责行政审批的政府部门或者机构除必须立即撤销原批准外,应当对弄虚作假骗取批准或者勾结串通行政审批工作人员的当事人依法给予行政处罚;构成行贿罪或者其他罪的,依法追究刑事责任。

负责行政审批的政府部门或者机构违反前款规定,对不符合法律、法规和规章规定的安全条件予以批准的,对部门或者机构的正职负责人,根据情节轻重,给予降级、撤职直至开除公职的行政处分;与当事人勾结串通的,应当开除公职;构成受贿罪、玩忽职守罪或者其他罪的,依法追究刑事责任。

第十四条　市(地、州)、县(市、区)人民政府依照本规定应当履行职责而未履行,或者未按照规定的职责和程序履行,本地区发生特大安全事故的,对政府主要领导人,根据情节轻重,给予降级或者撤职的行政处分;构成玩忽职守罪的,依法追究刑事责任。

负责行政审批的政府部门或者机构、负责安全监督管理的政府有关部门,未依照本规定履行职责,发生特大安全事故的,对部门或者机构的正职负责人,根据情节轻重,给予撤职或者开除公职的行政处分;构成玩忽职守罪或者其他罪的,依法追究刑事责任。

第十五条　发生特大安全事故,社会影响特别恶劣或者性质特别严重的,由国务院对负有领导责任的省长、自治区主席、直辖市市长和国务院有关部门正职负责人给予行政处分。

第十七条　特大安全事故发生后,有关地方人民政府应当迅速组织救助,有关部门应当服从指挥、调度,参加或者配合救助,将事故损失降到最低限度。

第十八条　特大安全事故发生后,省、自治区、直辖市人民政府应当按照国家有关规定迅速、如实发布事故消息。

第十九条　特大安全事故发生后,按照国家有关规定组织调查组对事故进行调查。事故调查工作应当自事故发生之日起60日内完成,并由调查组提出调查报告;遇有特殊情况的,经调查组提出并报国家安全生产监督管理机构批准后,可以适当延长时间。调查报告应当包括依照本规定对有关责任人员追究行政责任或者其他法律责任的意见。

省、自治区、直辖市人民政府应当自调查报告提交之日起30日内,对有关责任人员作出处理决定;必要时,国务院可以对特大安全事故的有关责任人员作出处理决定。

第二十条 地方人民政府或者政府部门阻挠、干涉对特大安全事故有关责任人员追究行政责任的,对该地方人民政府主要领导人或者政府部门正职负责人,根据情节轻重,给予降级或者撤职的行政处分。

第二十一条 任何单位和个人均有权向有关地方人民政府或者政府部门报告特大安全事故隐患,有权向上级人民政府或者政府部门举报地方人民政府或者政府部门不履行安全监督管理职责或者不按照规定履行职责的情况。接到报告或者举报的有关人民政府或者政府部门,应当立即组织对事故隐患进行查处,或者对举报的不履行、不按照规定履行安全监督管理职责的情况进行调查处理。

附录1.3 工程建设标准

工程建设标准,是做好安全生产工作的重要技术依据,对规范建筑工程活动各方责任主体的行为、保障安全生产具有重要意义。根据《中华人民共和国标准化法》的规定,标准包括国家标准、行业标准、地方标准和企业标准。

国家标准是指由国务院标准化行政主管部门或者其他有关主管部门对需要在全国范围内统一的技术要求制定的技术规范。

行业标准是指国务院有关主管部门对没有国家标准而又需要在全国某个行业范围内统一的技术要求所制定的技术规范。

1.《建筑施工安全检查标准》(JGJ 59—2011)的相关内容

1.0.2 本标准适用于房屋建筑工程施工现场安全生产的检查评定。

3.1.2 安全管理检查评定保证项目应包括:安全生产责任制、施工组织设计及专项施工方案、安全技术交底、安全检查、安全教育、应急救援。一般项目应包括:分包单位安全管理、持证上岗、生产安全事故处理、安全标志。

3.2.2 文明施工检查评定保证项目应包括:现场围挡、封闭管理、施工场地、材料管理、现场办公与住宿、现场防火。一般项目应包括:综合治理、公示标牌、生活设施、社区服务。

4.0.1 建筑施工安全检查评定中,保证项目应全数检查。

4.0.2 建筑施工安全检查评定应符合本标准第3章中各检查评定项目的有关规定,并应按本标准附录A、B的评分表进行评分。检查评分表应分为安全管理、文明施工、脚手架、基坑工程、模板支架、高处作业、施工用电、物料提升机与施工升降机、塔式起重机与起重吊装、施工机具分项检查评分表和检查评分汇总表。

4.0.3 各评分表的评分应符合下列规定:

(1)分项检查评分表和检查评分汇总表的满分分值均应为100分,评分表的实得分值应为各检查项目所得分值之和;

(2)评分应采用扣减分值的方法,扣减分值总和不得超过该检查项目的应得分值;

(3)当按分项检查评分表评分时,保证项目中有一项未得分或保证项目小计得分不足40分,此分项检查评分表不应得分;

(4)检查评分汇总表中各分项项目实得分值应按下式计算:

$$A_1 = \frac{B \times C}{100}$$

式中:A_1——汇总表各分项项目实得分值;

B——汇总表中该项应得满分值;

C——该项检查评分表实得分值。

(5)当评分遇有缺项时,分项检查评分表或检查评分汇总表的总得分值应按下式计算:

$$A_2 = \frac{D}{E} \times 100$$

式中:A_2——遇有缺项时总得分值;

D——实查项目在该表的实得分值之和;

E——实查项目在该表的应得满分值之和。

(6)脚手架、物料提升机与施工升降机、塔式起重机与起重吊装项目的实得分值,应为所对应专业的分项检查评分表实得分值的算术平均值。

5.0.1　应按汇总表的总得分和分项检查评分表的得分,对建筑施工安全检查评定划分为优良、合格、不合格三个等级。

5.0.2　建筑施工安全检查评定的等级划分应符合下列规定:

(1)优良:分项检查评分表无零分,汇总表得分值应在80分及以上。

(2)合格:分项检查评分表无零分,汇总表得分值应在80分以下,70分及以上。

(3)不合格:①当汇总表得分值不足70分时;②当有一分项检查评分表得零分时。

5.0.3　当建筑施工安全检查评定的等级为不合格时,必须限期整改达到合格。

2.《施工企业安全生产评价标准》(JGJ/T 77—2010)的相关内容

3.1　安全生产管理评价

3.1.1　施工企业安全生产条件应按安全生产管理、安全技术管理、设备和设施管理、企业市场行为和施工现场安全管理等5项内容进行考核,并应按本标准附录A中的内容具体实施考核评价。

3.1.2　每项考核内容应以评分表的形式和量化的方式,根据其评定项目的量化评分标准及其重要程度进行评定。

3.1.3 安全生产管理评价应为对企业安全管理制度建立和落实情况的考核,其内容应包括安全生产责任制度、安全文明资金保障制度、安全教育培训制度、安全检查及隐患排查制度、生产安全事故报告处理制度、安全生产应急救援制度等6个评定项目。

3.1.4 施工企业安全生产责任制度的考核评价应符合下列要求:

(1)未建立以企业法人为核心分级负责的各部门及各类人员的安全生产责任制,则该评定项目不应得分;

(2)未建立各部门、各级人员安全生产责任落实情况考核的制度及未对落实情况进行检查的,则该评定项目不应得分;

(3)未实行安全生产的目标管理、制定年度安全生产目标计划、落实责任和责任人及未落实考核的,则该评定项目不应得分;

(4)对责任制和目标管理等的内容和实施,应根据具体情况评定折减分数。

3.1.5　施工企业安全文明资金保障制度的考核评价应符合下列要求:

(1)制度未建立且每年未对与本企业施工规模相适应的资金进行预算和决算,未专款专用,则该评定项目不应得分;

(2)未明确安全生产、文明施工资金使用、监督及考核的责任部门或责任人,应根据具体情况评定折减分数。

3.1.6　施工企业安全教育培训制度的考核评价应符合下列要求:

(1)未建立制度且每年未组织对企业主要负责人、项目经理、安全专职人员及其他管理人员的继续教育的,则该评定项目不应得分;

(2)企业年度安全教育计划的编制,职工培训教育的档案管理,各类人员的安全教育,应根据具体情况评定折减分数。

3.1.7　施工企业安全检查及隐患排查制度的考核评价应符合下列要求:

(1)未建立制度且未对所属的施工现场、后方场站、基地等组织定期和不定期安全检查的,则该评定项目不应得分;

(2)隐患的整改、排查及治理,应根据具体情况评定折减分数。

3.1.8　施工企业生产安全事故报告处理制度的考核评价应符合下列要求:

(1)未建立制度且未及时、如实上报施工生产中发生伤亡事故的,则该评定项目不应得分;

(2)对已发生的和未遂事故,未按照"四不放过"原则进行处理的,则该评定项目不应得分;

(3)未建立生产安全事故发生及处理情况事故档案的,则该评定项目不应得分。

3.1.9　施工企业安全生产应急救援制度的考核评价应符合下列要求:

(1)未建立制度且未按照本企业经营范围,并结合本企业的施工特点,制定易发、多发事故部位、工序、分部、分项工程的应急救援预案,未对各项应急预案组织实施演练的,则该评定项目不应得分;

(2)应急救援预案的组织、机构、人员和物资的落实,应根据具体情况评定折减分数。

3.2　安全技术管理评价

3.2.1　安全技术管理评价应为对企业安全技术管理工作的考核,其内容应包括法规、标准和操作规程配置,施工组织设计,专项施工方案(措施),安全技术交底,危险源控制等5个评定项目。

3.2.2　施工企业法规、标准和操作规程配置及实施情况的考核评价应符合下列要求:

(1)未配置与企业生产经营内容相适应的、现行的有关安全生产方面的法规、标准,以及各工种安全技术操作规程,并未及时组织学习和贯彻的,则该评定项目不应得分;

(2)配置不齐全,应根据具体情况评定折减分数。

3.2.3　施工企业施工组织设计编制和实施情况的考核评价应符合下列要求:

(1)未建立施工组织设计编制、审核、批准制度的,则该评定项目不应得分;

(2)安全技术措施的针对性及审核、审批程序的实施情况等,应根据具体情况评定折减分数。

3.2.4　施工企业专项施工方案（措施）编制和实施情况的考核评价应符合下列要求：

（1）未建立对危险性较大的分部、分项工程专项施工方案编制、审核、批准制度的，则该评定项目不应得分；

（2）制度的执行，应根据具体情况评定折减分数。

3.2.5　施工企业安全技术交底制定和实施情况的考核评价应符合下列要求：

（1）未制定安全技术交底规定的，则该评定项目不应得分；

（2）安全技术交底资料的内容、编制方法及交底程序的执行，应根据具体情况评定折减分数。

3.2.6　施工企业危险源控制制度的建立和实施情况的考核评价应符合下列要求：

（1）未根据本企业的施工特点，建立危险源监管制度的，则该评定项目不应得分；

（2）危险源公示、告知及相应的应急预案编制和实施，应根据具体情况评定折减分数。

3.3　设备和设施管理评价

3.3.1　设备和设施管理评价应为对企业设备和设施安全管理工作的考核，其内容应包括设备安全管理、设施和防护用品、安全标志、安全检查测试工具等4个评定项目。

3.3.2　施工企业设备安全管理制度的建立和实施情况的考核评价应符合下列要求：

（1）未建立机械、设备（包括应急救援器材）采购、租赁、安装、拆除、验收、检测、使用、检查、保养、维修、改造和报废制度的，则该评定项目不应得分；

（2）设备的管理台账、技术档案、人员配备及制度落实，应根据具体情况评定折减分数。

3.3.3　施工企业设施和防护用品制度的建立及实施情况的考核评价应符合下列要求：

（1）未建立安全设施及个人劳保用品的发放、使用管理制度的，则该评定项目不应得分；

（2）安全设施及个人劳保用品管理的实施及监管，应根据具体情况评定折减分数。

3.3.4　施工企业安全标志管理规定的制定和实施情况的考核评价应符合下列要求：

（1）未制定施工现场安全警示、警告标识、标志使用管理规定的，则该评定项目不应得分；

（2）管理规定的实施、监督和指导，应根据具体情况评定折减分数。

3.3.5　施工企业安全检查测试工具配备制度的建立和实施情况的考核评价应符合下列要求：

（1）未建立安全检查检验仪器、仪表及工具配备制度的，则该评定项目不应得分；

（2）配备及使用，应根据具体情况评定折减分数。

3.4　企业市场行为评价

3.4.1　企业市场行为评价应为对企业安全管理市场行为的考核，其内容包括安全生产许可证、安全生产文明施工、安全质量标准化达标、资质机构与人员管理制度等4个评定项目。

3.4.2　施工企业安全生产许可证许可状况的考核评价应符合下列要求：

（1）未取得安全生产许可证而承接施工任务的、在安全生产许可证暂扣期间承接工程的、企业承发包工程项目的规模和施工范围与本企业资质不相符的，则该评定项目不应得分；

（2）企业主要负责人、项目负责人和专职安全管理人员的配备和考核，应根据具体情况评定折减分数。

3.4.3　施工企业安全生产文明施工动态管理行为的考核评价应符合下列要求：

（1）企业资质因安全生产、文明施工受到降级处罚的，则该评定项目不应得分；

(2)其他不良行为,视其影响程度、处理结果等,应根据具体情况评定折减分数。

3.4.4 施工企业安全质量标准化达标情况的考核评价应符合下列要求:

(1)本企业所属的施工现场安全质量标准化年度达标合格率低于国家或地方规定的,则该评定项目不应得分;

(2)安全质量标准化年度达标优良率低于国家或地方规定的,应根据具体情况评定折减分数。

3.4.5 施工企业资质、机构与人员管理制度的建立和人员配备情况的考核评价应符合下列要求:

(1)未建立安全生产管理组织体系、未制定人员资格管理制度、未按规定设置专职安全管理机构、未配备足够的安全生产专管人员的,则该评定项目不应得分;

(2)实行分包的,总承包单位未制定对分包单位资质和人员资格管理制度并监督落实的,则该评定项目不应得分。

3.5 施工现场安全管理评价

3.5.1 施工现场安全管理评价应为对企业所属施工现场安全状况的考核,其内容应包括施工现场安全达标、安全文明资金保障、资质和资格管理、生产安全事故控制、设备设施工艺选用、保险等6个评定项目。

3.5.2 施工现场安全达标考核,企业应对所属的施工现场按现行规范标准进行检查,有一个工地未达到合格标准的,则该评定项目不应得分。

3.5.3 施工现场安全文明资金保障,应对企业按规定落实其所属施工现场安全生产、文明施工资金的情况进行考核,有一个施工现场未将施工现场安全生产、文明施工所需资金编制计划并实施、未做到专款专用的,则该评定项目不应得分。

3.5.4 施工现场分包资质和资格管理规定的制定以及施工现场控制情况的考核评价应符合下列要求:

(1)未制定对分包单位安全生产许可证、资质、资格管理及施工现场控制的要求和规定,且在总包与分包合同中未明确参建各方的安全生产责任,分包单位承接的施工任务不符合其所具有的安全资质,作业人员不符合相应的安全资格,未按规定配备项目经理、专职或兼职安全生产管理人员的,则该评定项目不应得分;

(2)对分包单位的监督管理,应根据具体情况评定折减分数。

3.5.5 施工现场生产安全事故控制的隐患防治、应急预案的编制和实施情况的考核评价应符合下列要求:

(1)未针对施工现场实际情况制定事故应急救援预案的,则该评定项目不应得分;

(2)对现场常见、多发或重大隐患的排查及防治措施的实施,应急救援组织和救援物资的落实,应根据具体情况评定折减分数。

3.5.6 施工现场设备、设施、工艺管理的考核评价应符合下列要求:

(1)使用国家明令淘汰的设备或工艺,则该评定项目不应得分;

(2)使用不符合国家现行标准的且存在严重安全隐患的设施,则该评定项目不应得分;

(3)使用超过使用年限或存在严重隐患的机械、设备、设施、工艺的,则该评定项目不应得分;

(4)对其余机械、设备、设施以及安全标识的使用情况,应根据具体情况评定折减分数;

(5)对职业病的防治,应根据具体情况评定折减分数。

3.5.7　施工现场保险办理情况的考核评价应符合下列要求:

(1)未按规定办理意外伤害保险的,则该评定项目不应得分;

(2)意外伤害保险的办理实施,应根据具体情况评定折减分数。

3.《施工现场临时用电安全技术规范》(JGJ 46－2005)的相关内容

1.0.2　本规范适用于新建、改建和扩建的工业与民用建筑和市政基础设施施工现场临时用电工程中的电源中性点直接接地的220/380V三相四线制低压电力系统的设计、安装、使用、维修和拆除。

1.0.3　建筑施工现场临时用电工程专用的电源中性点直接接地的220/380V三相四线制低压电力系统,必须符合下列规定:

(1)采用三级配电系统;

(2)采用TN－S接零保护系统;

(3)采用二级漏电保护系统。

3.1.1　施工现场临时用电设备在5台及以上或设备总容量在50kW及以上者,应编制用电组织设计。

3.1.3　临时用电工程图纸应单独绘制,临时用电工程应按图施工。

3.1.4　临时用电组织设计及变更时,必须履行"编制、审核、批准"程序,由电气工程技术人员组织编制,经相关部门审核及具有法人资格企业的技术负责人批准后实施。变更用电组织设计时应补充有关图纸资料。

3.1.5　临时用电工程必须经编制、审核、批准部门和使用单位共同验收,合格后方可投入使用。

3.3.1　施工现场临时用电必须建立安全技术档案,并应包括下列内容:

(1)用电组织设计的安全资料;

(2)修改用电组织设计的资料;

(3)用电技术交底资料;

(4)用电工程检查验收表;

(5)电气设备的试、检验凭单和调试记录;

(6)接地电阻、绝缘电阻和漏电保护器漏电动作参数测定记录表;

(7)定期检(复)查表;

(8)电工安装、巡检、维修、拆除工作记录。

3.3.3　临时用电工程应定期检查。定期检查时,应复查接地电阻值和绝缘电阻值。

3.3.4　临时用电工程定期检查应按分部、分期工程进行,对安全隐患必须及时处理,并应履行复查验收手续。

4.1.1　在建工程不得在外电架空线路正下方施工、搭设作业棚、建造生活设施或堆放构件、架具、材料及其他杂物等。

4.2.1　电气设备现场周围不得存放易燃易爆物、污源和腐蚀介质,否则应予清除或作防护处置,其防护等级必须与环境条件相适应。

4.2.2 电气设备设置场所应能避免物体打击和机械损伤,否则应做防护处置。

5.1.1 在施工现场专用变压器的供电的 TN－S 接零保护系统中,电气设备的金属外壳必须与保护零线连接。保护零线应由工作接地线、配电室(总配电箱)电源侧零线或总漏电保护器电源侧零线处引出。

5.1.2 当施工现场与外电线路共用同一供电系统时,电气设备的接地、接零保护应与原系统保护一致。不得一部分设备作保护接零,另一部分设备作保护接地。

采用 TN 系统做保护接零时,工作零线(N 线)必须通过总漏电保护器,保护零线(PE 线)必须由电源进线零线重复接地处或总漏电保护器电源侧零线处,引出形成局部 TN－S 接零保护系统。

5.1.10 PE 线上严禁装设开关或熔断器,严禁通过工作电流,且严禁断线。

5.3.2 TN 系统中的保护零线除必须在配电室或总配电箱处作重复接地外,还必须在配电系统的中间处和末端处作重复接地。

在 TN 系统中,保护零线每一处重复接地装置的接地电阻值不应大于 10Ω。在工作接地电阻值允许达到 10Ω 的电力系统中,所有重复接地的等效电阻值不应大于 10Ω。

5.4.7 做防雷接地机械上的电气设备,所连接的 PE 线必须同时做重复接地,同一台机械电气设备的重复接地和机械的防雷接地可共用同一接地体,但接地电阻应符合重复接地电阻值的要求。

6.1.5 配电柜应装设电度表,并应装设电流、电压表。电流表与计费电度表不得共用一组电流互感器。

6.1.6 配电柜应装设电源隔离开关及短路、过载、漏电保护电器。电源隔离开关分断时应有明显可见分断点。

6.1.8 配电柜或配电线路停电维修时,应挂接地线,并应悬挂“禁止合闸、有人工作”停电标志牌。停送电必须由专人负责。

6.2.1 发电机组及其控制、配电、修理室等可分开设置;在保证电气安全距离和满足防火要求情况下可合并设置。

6.2.3 发电机组电源必须与外电线路电源连锁,严禁并列运行。

6.2.7 发电机组并列运行时,必须装设同期装置,并在机组同步运行后再向负载供电。

7.1.1 架空线必须采用绝缘导线。

7.1.2 架空线必须架设在专用电杆上,严禁架设在树木、脚手架及其他设施上。

7.1.17 架空线路必须有短路保护。采用熔断器作短路保护时,其熔体额定电流不应大于明敷绝缘导线长期连续负荷允许载流量的 1.5 倍。采用断路器作短路保护时,其瞬动过流脱扣器脱扣电流整定值应小于线路末端单相短路电流。

7.1.18 架空线路必须有过载保护。采用熔断器或断路器作过载保护时,绝缘导线长期连续负荷允许载流量不应小于熔断器熔体额定电流或断路器长延时过流脱扣器脱扣电流整定值的 1.25 倍。

7.2.1 电缆中必须包含全部工作芯线和用作保护零线或保护线的芯线。需要三相四线制配电的电缆线路必须采用五芯电缆。

五芯电缆必须包含淡蓝、绿/黄二种颜色绝缘芯线。淡蓝色芯线必须用作 N 线;绿/黄双色芯线必须用作 PE 线，严禁混用。

7.2.3　电缆线路应采用埋地或架空敷设，严禁沿地面明设，并应避免机械损伤和介质腐蚀。埋地电缆路径应设方位标志。

8.1.3　每台用电设备必须有各自专用的开关箱，严禁用同一个开关箱直接控制 2 台及 2 台以上用电设备（含插座）。

8.1.11　配电箱的电器安装板上必须分设 N 线端子板和 PE 线端子板。N 线端子板必须与金属电安装板绝缘；PE 线端子板必须与金属电器安装板作电气连接。

进出线中的 N 线必须通过 N 线端子板连接；PE 线必须通过 PE 线端子板连接。

8.2.10　开关箱中漏电保护器的额定漏电动作电流不应大于 30mA，额定漏电动作时间不应大于 0.1s。使用于潮湿或有腐蚀介质场所的漏电保护器应采用防溅型产品，其额定漏电动作电流不应大于 15mA，额定漏电动作时间不应大于 0.1s。

8.2.11　总配电箱中漏电保护器的额定漏电动作电流应大于 30mA，额定漏电动作时间应大于 0.1s，但其额定漏电动作电流与额定漏电动作时间的乘积不应大于 30mA · s。

8.2.15　配电箱、开关箱的电源进线端严禁采用插头和插座做活动连接。

8.3.4　对配电箱、开关箱进行定期维修、检查时，必须将其前一级相应的电源隔离开关分闸断电，并悬挂“禁止合闸、有人工作”停电标志牌，严禁带电作业。

9.7.3　对混凝土搅拌机、钢筋加工机械、木工机械、盾构机械等设备进行清理、检查、维修时，必须首先将其开关箱分闸断电，呈现可见电源分断点，并关门上锁。

10.1.1　在坑、洞、井内作业、夜间施工或厂房、道路、仓库、办公室、食堂、宿舍、料具堆放场及自然采光差等场所，应设一般照明、局部照明或混合照明。

在一个工作场所内，不得只设局部照明。

停电后，操作人员需及时撤离的施工现场，必须装设自备电源的应急照明。

10.1.2　现场照明应采用高光效、长寿命的照明光源。对需大面积照明的场所，应采用高压汞灯、高压钠灯或混光用的卤钨灯等。

10.2.1　一般场所宜适用额定电压为 220V 的照明器。

10.2.2　下列特殊场所应使用安全特低电压照明器：

（1）隧道、人防工程、高温、有导电灰尘、比较潮湿或灯具离地面高度低于 2.5m 等场所的照明，电源电压不应大于 36V；

（2）潮湿和易触及带电体场所的照明，电源电压不得大于 24V；

（3）特别潮湿场所、导电良好的地面、锅炉或金属容器内的照明，电源电压不得大于 12V。

10.2.5　照明变压器必须使用双绕组型安全隔离变压器，严禁使用自耦变压器。

10.3.11　对夜间影响飞机或车辆通行的在建工程及机械设备，必须设置醒目的红色信号灯，其电源应设在施工现场总电源开关的前侧，并应设置外电线路停止供电时的应急自备电源。

4.《建筑施工高处作业安全技术规范》（JGJ 80—1991）的相关内容

第 2.0.1 条　高处作业的安全技术措施及其所需料具，必须列入工程的施工组织设计。

第 2.0.2 条　单位工程施工负责人应对工程的高处作业安全技术负责并建立相应的责任

制。施工前,应逐级进行安全技术教育及交底,落实所有安全技术措施和人身防护用品,未经落实时不得进行施工。

第2.0.3条 高处作业中的安全标志、工具、仪表、电气设施和各种设备,必须在施工前加以检查,确认其完好,方能投入使用。

第2.0.4条 攀登和悬空高处作业人员及搭设高处作业安全设施的人员,必须经过专业技术培训及专业考试合格,持证上岗,并必须定期进行体格检查。

第2.0.5条 施工中对高处作业的安全技术设施,发现有缺陷和隐患时,必须及时解决;危及人身安全时,必须停止作业。

第2.0.6条 施工作业场所有坠落可能的物件,应一律先行撤除或加以固定。

高处作业中所用的物料,均应堆放平稳,不妨碍通行和装卸。工具应随手放入工具袋;作业中的走道、通道板和登高用具,应随时清扫干净;拆卸下的物件及余料和废料均应及时清理运走,不得任意乱置或向下丢弃。传递物件禁止抛掷。

第2.0.7条 雨天和雪天进行高处作业时,必须采取可靠的防滑、防寒和防冻措施。凡水、冰、霜、雪均应及时清除。

对进行高处作业的高耸建筑物,应事先设置避雷设施。遇有六级以下强风、浓雾等恶劣气候,不得进行露天攀登与悬空高处作业。暴风雪及台风暴雨后,应对高处作业安全设施逐一加以检查,发现有松动、变形、损坏或脱落等现象,应立即修理完善。

第2.0.8条 因作业必需,临时拆除或变动安全防护设施时,必须经施工负责人同意,并采取相应的可靠措施,作业后应立即恢复。

第2.0.9条 防护棚搭设与拆除时,应设警戒区,并应派专人监护。严禁上下同时拆除。

第2.0.10条 高处作业安全设施的主要受力杆件,力学计算按一般结构力学公式,强度及挠度计算按现行有关规范进行,但钢受弯构件的强度计算不考虑塑性影响,构造上应符合现行的相应规范的要求。

5.《龙门架及井架物料提升机安全技术规范》(JGJ 88—2010)的相关内容

1.0.2 本规范适用于建筑工程和市政工程所使用的以卷扬机或曳引机为动力、吊笼沿导轨垂直运行的物料提升机的设计、制作、安装、拆除和使用。不适用于电梯、矿井提升机及升降平台。

3.0.3 用于物料提升机的材料、钢丝绳及配套零部件产品应有出厂合格证。起重量限制器、防坠安全器应经型式检验合格。

3.0.4 传动系统应设常闭式制动器,其额定制动力矩不应低于作业时额定力矩的1.5倍。不得采用带式制动器。

4.1.7 井架式物料提升机的架体,在各停层通道相连接的开口处应采取加强措施。

5.1.2 卷扬机的牵引力应满足物料提升机设计要求。

5.1.5 钢丝绳在卷筒上应整齐排列,端部应与卷筒压紧装置连接牢固。当吊笼处于最低位置时,卷筒上的钢丝绳不应少于3圈。

5.1.6 卷扬机应设置防止钢丝绳脱出卷筒的保护装置。该装置与卷筒外缘的间隙不应大于3mm,并应有足够的强度。

5.1.7　物料提升机严禁使用摩擦式卷扬机。

5.3.3　滑轮与吊笼或导轨架，应采用刚性连接。严禁采用钢丝绳等柔性连接或使用开口拉板式滑轮。

6.1.1　当荷载达到额定起重量的90%时，起重量限制器应发出警示信号；当荷载达到额定起重量的110%时，起重量限制器应切断上升主电路电源。

6.1.2　当吊笼提升钢丝绳断绳时，防坠安全器应制停带有额定起重量的吊笼，且不应造成结构损坏。自升平台应采用渐进式防坠安全器。

6.1.3　安全停层装置应为刚性机构，吊笼停层时，安全停层装置应能可靠承担吊笼自重、额定荷载及运料人员等全部工作荷载。吊笼停层后底板与停层平台的垂直偏差不应大于50mm。

7.0.1　选用的电气设备及元件，应符合物料提升机工作性能、工作环境等条件的要求。

7.0.6　工作照明开关应与主电源开关相互独立。当主电源被切断时，工作照明不应断电，并应有明显标志。

7.0.7　动力设备的控制开关严禁采用倒顺开关。

8.1.1　物料提升机的基础应能承受最不利工作条件下的全部荷载。30m及以上物料提升机的基础应进行设计计算。

8.1.2　对30m以下物料提升机的基础，应设计无要求时，应符合下列规定：

(1)基础土层的承载力，不应小于80kPa；

(2)基础混凝土强度等级不应低于C20，厚度不应小于300mm；

(3)基础表面应平整，水平度不应大于10mm；

(4)基础周边应有排水设施。

8.3.2　当物料提升机安装高度大于或等于30m时，不得使用缆风绳。

9.1.1　安装、拆除物料提升机的单位应具备下列条件：

(1)安装、拆除单位应具有起重机械安拆资质及安全生产许可证；

(2)安装、拆除作业人员必须经专门培训，取得特种作业资格证。

9.1.9　拆除作业前，应对物料提升机的导轨架、附墙架等部位进行检查，确认无误后方能进行拆除作业。

9.1.10　拆除作业应先挂吊具、后拆除附墙架或缆风绳及地脚螺栓。拆除作业中，不得抛掷构件。

9.1.11　拆除作业宜在白天进行，夜间作业应有良好的照明。

10.1.2　物料提升机应逐台进行出厂检验，并应在检验合格后签发合格证。

11.0.2　物料提升机必须由取得特种作业操作证的人员操作。

11.0.3　物料提升机严禁载人。

11.0.4　物料应在吊笼内均匀分布，不应过度偏载。

11.0.8　当发生防坠安全器制停吊笼的情况时，应查明制停原因，排除故障，并应检查吊笼、导轨架及钢丝绳，应确认无误并重新调整防坠安全器后运行。

6.《建筑施工扣件式钢管脚手架安全技术规范》(JGJ 130—2011)的相关内容

1.0.2 本规范适用于房屋建筑工程和市政工程等施工用落地式单、双排扣件式钢管脚手架、满堂扣件式钢管脚手架、型钢悬挑扣件式钢管脚手架、满堂扣件式钢管支撑架的设计、施工及验收。

1.0.3 扣件式钢管脚手架施工前，应按本规范的规定对其结构构件与立杆地基承载力进行设计计算，并应编制专项施工方案。

3.1.1 脚手架钢管应采用现行国家标准《直缝电焊钢管》（GB/T13793—2008）或《低压流体输送用焊接钢管》（GB/T3091—2008）中规定的Q235普通钢管；钢管的钢材质量应符合现行国家标准《碳素结构钢》（GB/T700—2006）中Q235级钢的规定。

3.1.2 脚手架钢管宜采用Φ48.3×3.6钢管。每根钢管的最大质量不应大于25.8kg。

3.4.3 可调托撑抗压承载力设计值不应小于40kN，支托板厚不应小于5mm。

5.2.10 单、双排脚手架立杆稳定性计算部位的确定应符合下列规定：

（1）当脚手架采用相同的步距、立杆纵距、立杆横距和连墙件间距时，应计算底层立杆段；

（2）当脚手架的步距、立杆纵距、立杆横距和连墙件间距有变化时，除计算底层立杆段外，还必须对出现最大步距或最大立杆纵距、立杆横距、连墙件间距等部位的立杆段进行验算。

5.3.3 立杆稳定性计算部位的确定应符合下列规定：

（1）当满堂脚手架采用相同的步距、立杆纵距、立杆横距时，应计算底层立杆段；

（2）当架体的步距、立杆纵距、立杆横距有变化时，除计算底层立杆段外，还必须对出现最大步距、最大立杆纵距、立杆横距等部位的立杆段进行验算；

（3）当架体上有集中荷载作用时，尚应计算集中荷载作用范围内受力最大的立杆段。

5.6.1 当采用型钢悬挑梁作为脚手架的支承结构时，应进行下列设计计算：

（1）型钢悬挑梁的抗弯强度、整体稳定性和挠度；

（2）型钢悬挑梁锚固件及其锚固连接的强度；

（3）型钢悬挑梁下建筑结构的承载能力验算。

6.2.3 主节点处必须设置一根横向水平杆，用直角扣件扣接且严禁拆除。

6.3.3 脚手架立杆基础不在同一高度上时，必须将高处的纵向扫地杆向低处延长两跨与立杆固定，高低差不应大于1m。靠边坡上方的立杆轴线到边坡的距离不应小于500mm。

6.3.4 单、双排脚手架底层步距均不应大于2m。

6.3.5 单排、双排与满堂脚手架立杆接长除顶层顶步外，其余各层各步接头必须采用对接扣件连接。

6.4.4 开口型脚手架的两端必须设置连墙件，连墙件的垂直间距不应大于建筑物的层高，并且不应大于4m。

6.4.5 连墙件中的连墙杆应呈水平设置，当不能水平设置时，应向脚手架一端下斜连接。

6.4.6 连墙件必须采用可承受拉力和压力的构造。对高度24m以上的双排脚手架，应采用刚性连墙件与建筑物连接。

6.4.8 架高超过40m且有风涡流作用时，应采取抗上升翻流作用的连墙措施。设置剪刀撑与横向斜撑，单排脚手架应设置剪刀撑。

6.6.3 高度在24m及以上的双排脚手架应在外侧全立面连续设置剪刀撑；高度在24m以下的单、双排脚手架，均必须在外侧两端、转角及中间间隔不超过15m的立面上，各设置一道剪刀撑，并应由底至顶连续设置。

6.6.4　双排脚手架横向斜撑的设置应符合下列规定：

(1)横向斜撑应在同一节间，由底至顶层呈之字形连续布置，斜撑的固定应符合本规范第6.5.2条第2款的规定；

(2)高度在24m以下的封闭型双排脚手架可不设横向斜撑，高度在24m以上的封闭型脚手架，除拐角应设置横向斜撑外，中间应每隔6跨距设置一道。

6.6.5　开口型双排脚手架的两端均必须设置横向斜撑。

7.1.1　脚手架搭设前，应按专项施工方案向施工人员进行交底。

7.1.2　应按本规范的规定和脚手架专项施工方案要求对钢管、扣件、脚手板、可调托撑等进行检查验收，不合格产品不得使用。

7.1.3　经检验合格的构配件应按品种、规格分类，堆放整齐、平稳，堆放场地不得有积水。

7.1.5　应清除搭设场地杂物，平整搭设场地，并应使排水畅通。

7.2.3　立杆垫板或底座底面标高宜高于自然地坪50mm～100mm。

7.2.4　脚手架基础经验收合格后，应按施工组织设计或专项方案的要求放线定位。

7.3.1　单、双排脚手架必须配合施工进度搭设，一次搭设高度不应超过相邻连墙件以上两步；如果超过相邻连墙件以上两步，无法设置连墙件时，应采取撑拉固定等措施与建筑结构拉结。

7.4.1　脚手架拆除应按专项方案施工，拆除前应做好下列准备工作：

(1)应全面检查脚手架的扣件连接、连墙件、支撑体系等是否符合构造要求；

(2)应根据检查结果补充完善脚手架专项方案中的拆除顺序和措施，经审批后方可实施；

(3)拆除前应对施工人员进行交底；

(4)应清除脚手架上杂物及地面障碍物。

7.4.2　单、双排脚手架拆除作业必须由上而下逐层进行，严禁上下同时作业；连墙件必须随脚手架逐层拆除，严禁先将连墙件整层或数层拆除后再拆脚手架；分段拆除高差大于两步时，应增设连墙件加固。

7.4.4　架体拆除作业应设专人指挥，当有多人同时操作时，应明确分工、统一行动，且应具有足够的操作面。

7.4.5　卸料时各构配件严禁抛掷至地面。

8.1.4　扣件进入施工现场应检查产品合格证，并应进行抽样复试，技术性能应符合现行国家标准《钢管脚手架扣件》(GB 15831—2006)的规定。扣件在使用前应逐个挑选，有裂缝、变形、螺栓出现滑丝的严禁使用。

8.2.1　脚手架及其地基基础应在下列阶段进行检查与验收：

(1)基础完工后及脚手架搭设前；

(2)作业层上施加荷载前；

(3)每搭设完6m～8m高度后；

(4)达到设计高度后；

(5)遇有六级强风及以上风或大雨后，冻结地区解冻后；

(6)停用超过一个月。

8.2.3 脚手架使用中,应定期检查下列要求内容:

(1)杆件的设置和连接,连墙件、支撑、门洞桁架等的构造应符合本规范和专项施工方案的要求;

(2)地基应无积水,底座应无松动,立杆应无悬空;

(3)扣件螺栓应无松动;

(4)高度在24m以上的双排、满堂脚手架,其立杆的沉降与垂直度的偏差应符合本规范表8.2.4项次1、2;高度在20m以上的沉降与垂直度的偏差应符合本规范表8.2.4项次1、3的规定;

(5)安全防护措施应符合本规范要求;

(6)应无超载使用。

9.0.1 扣件式钢管脚手架安装与拆除人员必须是经考核合格的专业架子工。架子工应持证上岗。

9.0.4 钢管上严禁打孔。

9.0.5 作业层上的施工荷载应符合设计要求,不得超载。不得将模板支架、缆风绳、泵送混凝土和砂浆的输送管等固定在架体上;严禁悬挂起重设备,严禁拆除或移动架体上安全防护设施。

9.0.7 满堂支撑架顶部的实际荷载不得超过设计规定。

9.0.13 在脚手架使用期间,严禁拆除下列杆件:

(1)主节点处的纵、横向水平杆,纵、横向扫地杆;

(2)连墙件。

9.0.14 当在脚手架使用过程中开挖脚手架基础下的设备基础或管沟时,必须对脚手架采取加固措施。

7.《建筑机械使用安全技术规程》(JGJ 33—2001)的相关内容

1.0.2 本规程适用于建筑安装、工业生产及维修企业中各种类型建筑机械的使用。

2.0.1 操作人员应体检合格,无妨碍作业的疾病和生理缺陷。并应经过专业培训、考核合格取得建设行政主管部门颁发的操作证或公安部门颁发的机动车驾驶执照后,方可持证上岗。学员应在专人指导下进行工作。

2.0.5 在工作中操作人员和配合作业人员必须按规定穿戴劳动保护用品,长发应束紧不得外露,高处作业时必须系安全带。

2.0.6 现场施工负责人应为机械作业提供道路、水电、机棚或停机场地等必备的条件,并消除对机械作业有妨碍或不安全的因素。夜间作业应设置充足的照明。

2.0.8 机械必须按照出厂使用说明书规定的技术性能、承载能力和使用条件,正确操作,合理使用,严禁超载作业或任意扩大使用范围。

2.0.9 机械上的各种安全防护装置及监测、指示、仪表、报警等自动报答、信号装置应完好齐全,有缺损时应及时修复。安全防护装置不完整或已失效的机械不得使用。

2.0.14 机械集中停放的场所,应有专人看管,并应设置消防器材及工具;大型内燃机械应配备灭火器;机房、操作室及机械四周不得堆放易燃、易爆物品。

2.0.15 变配电所、乙炔站、氧气站、空气压缩机房、发电机房、锅炉房等易于发生危险的场所,应在危险区域界限处,设置围栅和警告标志,非工作人员未经批准不得入内。挖掘机、起重机、打桩机等重要作业区域,应设立警告标志及采取现场安全措施。

2.0.16　在机械产生对人体有害的气体、液体、尘埃、渣滓、放射性射线、振动、噪声等场所,必须配置相应的安全保护设备和三废处理装置;在隧道、沉井基础施工中,应采取措施,使有害物限制在规定的限度内。

2.0.20　当机械发生重大事故时,企业各级领导必须及时上报和组织抢救,保护现场,查明原因、分清责任、落实及完善安全措施,并按事故性质严肃处理。

3.1.1　固定式动力机械应安装在室内符合规定的基础上,移动式动力机械应处于水平状态,放置稳固。内燃机机房应有良好的通风,周围应有1m以上的通道,排气管必须引出室外,并不得与可燃物接触。室外使用动力机械应搭设机棚。

3.1.2　冷却系统的水质应保持洁净,硬水应经软化处理后使用。

3.1.4　电气设备的金属外壳应采用保护接地或保护接零,并应符合下列要求。

(1)保护接地:中性点不直接接地系统中的电气设备应采用保护接地。接地网接地电阻不宜大于4Ω(在高土壤电阻率地区,应遵照当地供电部门的规定);

(2)保护接零:中胜点直接接地系统中的电气设备应采用保护接零。

3.1.5　在同一供电系统中,不得将一部分电气设备作保护接地,而将另一部分电气设备作保护接零。

3.1.6　在保护接零的零线上不得装设开关或熔断器。

3.1.7　严禁利用大地做工作零线,不得借用机械本身金属结构做工作零线。

3.1.8　电气设备的每个保护接地或保护接零点必须用单独的接地(零)线与接地干线(或保护零线)相连接。严禁在一个接地(零)线中串接几个接地(零)点。

3.1.9　电气设备的额定工作电压必须与电源电压等级相符。

3.1.10　电气装置遇跳闸时,不得强行合闸。应查明原因,排除故障后方可再行合闸。

3.1.11　严禁带电作业或采用预约停送电时间的方式进行电气检修。检修前必须先切断电源并在电源开关上挂“禁止合闸,有人工作”的警告牌。警告牌的挂、取应有专人负责。

3.1.12　各种配电箱、开关箱应配备安全锁,箱内不得存放任何其他物件并应保持清洁。非本岗位作业人员不得擅自开箱合闸。每班工作完毕后,应切断电源,锁好箱门。

3.1.13　清洗机电设备时,不得将水冲到电气设备上。

3.1.14　发生人身触电时,应立即切断电源,然后方可对触电者作紧急救护。严禁在未切断电源之前与触电者直接接触。

3.1.15　电气设备或线路发生火警时,应首先切断电源,在未切断电源之前,不得使身体接触导线或电气设备。也不得用水或泡沫灭火机进行灭火。

3.6.15　施工现场的各种配电箱、开关箱必须有防雨设施,并应装设端正、牢固。固定式配电箱、开关箱的底部与地面的垂直距离应为1.3~1.5m;移动式配电箱、开关箱的底部与地面的垂直距离宜在0.6~1.5m。

3.6.16　每台电动建筑机械应有各自专用的开关箱,必须实行“一机一闸”制。开关箱应设在机械设备附近。

3.6.17　各种电源导线严禁直接绑扎在金属架上。

3.6.18 架空导线的截面应满足安全载流量的要求，且电压损失不应大于5%。同时，导线的截面应满足架空强度要求，绝缘铝线截面不得小于16mm²，绝缘铜线截面不得小于10mm²。施工现场导线与地面直接距离应大于4mm；导线与建筑物或脚手架的距离应大于4m。

3.6.19 配电箱电力容量在15kW以上的电源开关严禁采用瓷底胶木刀型开关。4.5kW以上电动机不得用刀型开关直接启动。各种刀型开关应采用静触头接电源，动触头接载荷，严禁倒接线。

4.1.5 起重吊装的指挥人员必须持证上岗，作业时应与操作人员密切配合，执行规定的指挥信号。操作人员应按照指挥人员的信号进行作业，当信号不清或错误时，操作人员可拒绝执行。

4.1.8 起重机的变幅指示器、力矩限制器、起重量限制器以及各种行程限位开关等安全保护装置，应完好齐全、灵敏可靠，不得随意调整或拆除。严禁利用限制器和限位装置代替操纵机构。

4.1.10 起重机作业时，起重臂和重物下方严禁有人停留、工作或通过。重物吊运时，严禁从人上方通过。严禁用起重视载运人员。

4.1.12 严禁使用起重机进行斜拉、斜吊和起吊地下埋没或凝固在地面上的重物以及其他不明重量的物体。现场浇注的混凝土构件或模板，必须全部松动后方可起吊。

4.1.16 严禁起吊重物长时间悬挂在空中，作业中遇突发故障。应采取措施将重物降落到安全地方，并关闭发动机或切断电源后进行检修。在突然停电时，应立即把所有控制器拨到零位，断开电源总开关，并采取措施使重物降到地面。

4.2.6 履带式起重机变帽应缓慢平稳，严禁在起重臂未停稳前查换挡位；起重机载荷达到额定起重量的90%及以上时，严禁下降起重臂。

4.2.10 当起重机如需带载行走时，载荷不得超过允许起重量的70%，行走道路应坚实平整，重物应在起重机正前方向，重物离地面不得大于500mm，并应拴好拉绳，缓慢行驶。严禁长距离带载行驶。

4.2.12 起重机上下坡道时应无载行走，上坡时应将起重臂仰角适当放小，下坡时应将起重臂仰角适当放大。严禁下坡空挡滑行。

4.4.6 塔式起重机的拆装必须由取得建设行政主管部门颁发的拆装资质证书的专业队进行，并应有技术和安全人员在场监护。

4.4.42 起重机载人专用电梯严禁超员，其断绳保护装置必须可靠。当起重机作业时，严禁开动电梯。电梯停用时，应降至塔身底部位置，不得长时间悬在空中。

4.4.47 动臂式和尚未附着的自升式塔式起重机，塔身上不得悬挂标语牌。

4.7.8 卷筒上的钢丝绳应排列整齐，当重叠或斜绕时，应停机重新排列。严禁在转动中用手拉脚踩钢丝绳。

5.1.2 机械进入现场前，应查明行驶路线上的桥梁、涵洞的上部净空和下部承载能力，保证机械安全通过。

5.1.3 作业前，应查明施工场地明、暗设置物（电线、地下电缆、管道、坑道等）的地点及走向，并采用明显记号表示。严禁在离电缆1m距离以内作业。

5.1.5　机械运行中，严禁接触转动部位和进行检修。在修理（焊、铆等）工作装置时，应使其降到最低位置，并应在悬空部位垫上垫木。

5.1.8　机械通过桥梁时，应采用低速挡慢行，在桥面上不得转向或制动。承载力不够的桥梁，事先应采取加固措施。

5.1.9　在施工中遇下列情况之一时应立即停工，待符合作业安全条件时，方可继续施工：

（1）填挖区土体不稳定，有发生坍塌危险时；

（2）气候突变，发生暴雨、水位暴涨或山洪暴发时；

（3）在爆破警戒区内发出爆破信号时；

（4）地面涌水冒泥，出现陷车或因雨发生坡道打滑时；

（5）工作面净空不足以保证安全作业时；

（6）施工标志、防护设施损毁失效时。

5.1.10　配合机械作业的清底、平地、修坡等人员，应在机械回转半径以外工作。当必须在回转半径以内工作时，应停止机械回转并制动好后，方可作业。

5.1.11　雨季施工，机械作业完毕后，应停放在较高的坚实地面上。

5.3.12　在行驶或作业中，除驾驶室外，挖掘装载机任何地方均严禁乘坐或站立人员。

5.4.8　推土机行驶前，严禁有人站在履带或刀片的支架上，机械四周应无障碍物，确认安全后，方可开动。

5.5.6　作业中，严禁任何人上下机械，传递物件，以及在铲斗内、拖把或机架上坐立。

5.5.17　非作业行驶时，铲斗必须用锁紧链条挂牢在运输行驶位置上，机上任何部位均不得载人或装载易燃、易爆物品。

5.10.21　装载机转向架未锁闭时，严禁站在前后车架之间进行检修保养。

5.11.4　夯实机作业时，应一人扶夯，一人传递电缆线，且必须戴绝缘手套和穿绝缘鞋。递线人员应跟随夯机后或两侧调顺电缆线，电缆线不得扭结或缠绕，且不得张拉过紧，应保持有3~4m的余量。

5.12.10　电动冲击夯应装有漏电保护装置，操作人员必须戴绝缘手套，穿绝缘鞋。作业时，电缆线不应拉得过紧，应经常检查线头安装，不得松动及引起漏电。严禁冒雨作业。

5.14.3　电缆线不得敷设在水中或在金属管道上通过。施工现场应设标志，严禁机械、车辆等在电缆上通过。

6.1.15　在坡道上停放时，下坡停放应挂上倒挡，上坡停放应挂上一挡，并应使用三角木楔等塞紧轮胎。

6.2.2　载重汽车不得人货混装。因工作需要搭人时，人不得在货物之间或货物与前车厢板间隙内。严禁攀爬或坐卧在货物上面。

6.2.4　运载易燃、有毒、强腐蚀等危险品时，其装载、包装、遮盖必须符合有关的安全规定，并应备有性能良好、有效期内的灭火器。途中停放应避开火源、火种、居民区、建筑群等，炎热季节成选择阴凉处停放。装卸时严禁火种。除必要的行车人员外，不得搭乘其他人员。严禁混装备用燃油。

6.3.3　配合挖装机械装料时，自卸汽车就位后应拉紧手制动器。在铲斗需越过驾驶室时，驾驶室内严禁有人。

6.3.6 卸料后,应及时使车厢复位,方可起步,不得在倾斜情况下行驶。严禁在车厢内载人。

6.5.4 油罐车工作人员不得穿有铁钉的鞋。严禁在油罐附近吸烟,并严禁火种。

6.5.6 在检修过程中,操作人员如需要进入油罐时,严禁携带火种,并必须有可靠的安全防护措施,罐外必须有专人监护。

6.5.7 车上所有电气装置,必须绝缘良好,严禁有火花产生。车用工作照明应为36V以下的安全灯。

6.5.8 油罐沉淀槽冻结时,严禁用火烤,可用热水、蒸汽融化,或将车开进暖房解冻。

6.9.9 以内燃机为动力的叉车,进入仓库作业时,应有良好的通风设施。严禁在易燃、易爆的仓库内作业。

6.12.1 施工升降机应为人货两用电梯,其安装和拆卸工作必须由取得建设行政主管部门颁发的拆装资质证书的专业队负责,并必须由经过专业培训、取得操作证的专业人员进行操作和维修。

6.12.9 升降机安装后,应经企业技术负责人会同有关部门对基础和附壁支架以及升降机架设安装的质量、精度等进行全面检查,并应按规定程序进行技术试验(包括坠落试验),经试验合格签证后,方可投入运行。

7.1.4 打桩机作业区内应无高压线路。作业区应有明显标志或围栏,非工作人员不得进入。桩锤在施打过程中,操作人员必须在距离桩锤中心5m以外监视。

7.1.8 严禁吊桩、吊锤、国转或行走等动作同时进行。打桩机在吊有桩和锤的情况下,操作人员不得离开岗位。

7.3.11 悬挂振动桩锤的起重机,其吊钩上必须有防松脱的保护装置。振动桩锤悬挂钢架的耳环上应加装保险钢丝绳。

7.6.7 夯锤下落后,在吊钩尚未降至夯锤吊环附近前,操作人员不得提前下坑挂钩。从坑中提锤时,严禁挂钩人员站在锤上随锤提升。

7.11.2 潜水泵放入水中或提出水面时,应先切断电源,严禁拉拽电缆或出水管。

8.2.13 搅拌机作业中,当料斗升起时,严禁任何人在料斗下停留或通过;当需要在料斗下检修或清理料坑时,应将料斗提升后用铁链或插入销锁住。

9.5.2 冷拉场地应在两端地锚外侧设置警戒区,并应安装防护栏及警告标志。无关人员不得在此停留。操作人员在作业时必须离开钢筋2m以外。

10.6.2 喷涂燃点在21℃以下的易燃涂料时,必须接好地线,地线的一端接电动机零线位置,另一端应接涂料桶或被喷的金属物体。喷涂机不得和被喷物放在同一房间里,周围严禁有明火。

12.1.9 对承压状态的压力容器及管道、带电设备、承载结构的受力部位和装有易燃、易爆物品的容器严禁进行焊接和切割。

12.1.10 焊接铜、铝、锌、锡等有色金属时,应通风良好,焊接人员应戴防毒面罩、呼吸滤清器或采取其他防毒措施。

12.1.11 当需施焊受压容器、密封容器、油桶、管道、沾有可燃气体和溶液的工作时,应先消除容器及管道内压力,消除可燃气体和溶液,然后冲洗有毒、有害、易燃物质;对存有残余油脂的容器，应先用蒸汽、碱水冲洗，并打开盖口，确认容器清洗干净后，再灌满清水方可进行焊接。在容器内焊接应采取防止触电、中毒和窒息的措施。焊、割密封容器应留出气孔，必要时在进、出气口处装设通风设备；容器内照明电压不得超过12V，焊工与焊件间应绝缘；容器外应设专人监护。严禁在已喷涂过油漆和塑料的容器内焊接。

12.1.13　高空焊接或切割时，必须系好安全带，焊接周围和下方应采取防火措施，并应有专人监护。

12.14.6　电石起火时必须用于砂或二氧化碳灭火器，严禁用泡沫、四氯化碳灭火器或水灭火。电石粒末应在露天销毁。

12.14.16　未安装减压器的氧气瓶严禁使用。

8.《工程建设标准强制性条文》的相关内容

《工程建设强制性条文》2009年版，补充了2002版强制性条文实施以来新发布的国家标准和行业标准（含修订项目，截止时间为2008年12月31日）的强制性条文，并经几上几下、数易其稿、适当调整，最终修订而成。其主要内容是现行房屋建筑工程国家标准和行业标准中直接涉及人民生命财产安全、人身健康、节能、节水、节材、环境保护和其他公众利益以及保护资源、节约投资、提高经济效益和社会效益等政策要求的条文。该条文以摘编的方式体现，是《建筑工程质量管理条例》的一个配套文件。

2009年版强制性条文共分10篇，引用工程建设标准226本，编录强制性条文2020条。篇目划分及引用标准如下表所示：

2009版房屋建筑强制性条文篇目一览表

项次	篇目	名称	引用标准数	编录强制性条文数
1	第一篇	建筑设计	38	208
2	第二篇	建筑设备	33	265
3	第三篇	建筑防火	33	446
4	第四篇	建筑节能	10	84
5	第五篇	勘察和地基基础	10	90
6	第六篇	结构设计	21	176
7	第七篇	抗震设计	12	89
8	第八篇	鉴定加固和维护	7	100
9	第九篇	施工质量	49	314
10	第十篇	施工安全	13	248
11	合计	共十篇	226本	2020条

9. 其他有关规范标准

其他工程建设标准包括《建筑施工土石方工程安全技术规范》、《施工现场机械设备检查技术规程》、《建设工程施工现场供电安全规范》、《液压滑动模板施工安全技术规程》、《建筑施工模板安全技术规范》、《建筑施工木脚手架安全技术规范》、《建筑施工碗扣式钢管脚手架安全技术规范》、《建筑拆除工程安全技术规范》和《建筑施工现场环境与卫生标准》等。

附录 2　建筑施工安全检查评分汇总表

附表 1　建筑施工安全检查评分汇总表

企业名称：　　　　资质等级：　　　　年　　月　　日

<table>
<tr><td rowspan="2">单位工程（施工现场）名称</td><td rowspan="2">建筑面积（m^2）</td><td rowspan="2">结构类型</td><td rowspan="2">总计得分（满分分值 100 分）</td><td colspan="10">项目名称及分值</td></tr>
<tr><td>安全管理（满分 10 分）</td><td>文明施工（满分 15 分）</td><td>脚手架（满分 10 分）</td><td>基坑工程（满分 10 分）</td><td>模板支架（满分 10 分）</td><td>高处作业（满分 10 分）</td><td>施工用电（满分 10 分）</td><td>物料提升机与施工升降机（满分 10 分）</td><td>塔式起重机与起重吊装（满分 10 分）</td><td>施工机具（满分 5 分）</td></tr>
<tr><td colspan="14">评语：</td></tr>
<tr><td>检查单位</td><td colspan="3"></td><td>负责人</td><td></td><td>受检项目</td><td colspan="3"></td><td>项目经理</td><td colspan="3"></td></tr>
</table>

附录3　建筑施工安全分项检查评分表

附表2　安全管理检查评分表

序号	检查项目		扣分标准	应得分数	扣减分数	实得分数
1	保证项目	安全生产责任制	未建立安全生产责任制扣10分 安全生产责任制未经责任人签字确认扣3分 未制定各工种安全技术操作规程扣10分 未按规定配备专职安全员扣10分 工程项目部承包合同中未明确安全生产考核指标扣8分 未制定安全资金保障制度扣5分 未编制安全资金使用计划及实施扣2～5分 未制定安全生产管理目标(伤亡控制、安全达标、文明施工)扣5分 未进行安全责任目标分解的扣5分 未建立安全生产责任制、责任目标考核制度扣5分 未按考核制度对管理人员定期考核扣2～5分	10		
2	保证项目	施工组织设计	施工组织设计中未制定安全措施扣10分 危险性较大的分部分项工程未编制安全专项施工方案,扣3～8分 未按规定对专项方案进行专家论证扣10分 施工组织设计、专项方案未经审批扣10分 安全措施、专项方案无针对性或缺少设计计算扣6～8分 未按方案组织实施扣5～10分	10		
3	保证项目	安全技术交底	未采取书面安全技术交底扣10分 交底未做到分部分项扣5分 交底内容针对性不强扣3～5分 交底内容不全面扣4分 交底未履行签字手续扣2～4分	10		
4	保证项目	安全检查	未建立安全检查(定期、季节性)制度扣5分 未留有定期、季节性安全检查记录扣5分 事故隐患的整改未做到定人、定时间、定措施扣2～6分 对重大事故隐患改通知书所列项目未按期整改和复查扣8分	10		
5	保证项目	安全教育	未建立安全培训、教育制度扣10分 新入场工人未进行三级安全教育和考核扣10分 未明确具体安全教育内容扣6～8分 变换工种时未进行安全教育扣10分 施工管理人员、专职安全员未按规定进行年度培训考核扣5分	10		
6	保证项目	应急预案	未制定安全生产应急预案扣10分 未建立应急救援组织、配备救援人员扣3～6分 未配置应急救援器材扣5分 未进行应急救援演练扣5分	10		
	保证项目	小　计		60		
7	一般项目	分包单位安全管理	分包单位资质、资格、分包手续不全或失效扣10分 未签订安全生产协议书扣5分 分包合同、安全协议书,签字盖章手续不全扣2～6分 分包单位未按规定建立安全组织、配备安全员扣3分	10		
8	一般项目	特种作业持证上岗	一人未经培训从事特种作业扣4分 一人特种作业人员资格证书未延期复核扣4分 一人未持操作证上岗扣2分	10		

续表

序号	检查项目		扣分标准	应得分数	扣减分数	实得分数
9		生产安全事故处理	生产安全事故未按规定报告扣3～5分 生产安全事故未按规定进行调查分析处理，制定防范措施扣10分 未办理工伤保险扣5分	10		
10		安全标志	主要施工区域、危险部位、设施未按规定悬挂安全标志扣5分 未绘制现场安全标志布置总平面图扣5分 未按部位和现场设施的改变调整安全标志设置扣5分	10		
		小　计		40		
检查项目合计				100		

附表3　文明施工检查评分表

序号	检查项目		扣分标准	应得分数	扣减分数	实得分数
1	保证项目	现场围挡	在市区主要路段的工地周围未设置高于2.5m的封闭围挡扣10分 一般路段的工地周围未设置高于1.8m的封闭围挡扣10分 围挡材料不坚固、不稳定、不整洁、不美观扣5～7分 围挡没有沿工地四周连续设置扣3～5分	10		
2		封闭管理	施工现场出入口未设置大门扣3分 未设置门卫室扣2分 未设门卫或未建立门卫制度扣3分 进入施工现场不佩戴工作卡扣3分 施工现场出入口未标有企业名称或标识，且未设置车辆冲洗设施扣3分	10		
3		施工场地	现场主要道路未进行硬化处理扣5分 现场道路不畅通、路面不平整坚实扣5分 现场作业、运输、存放材料等采取的防尘措施不齐全、不合理扣5分 排水设施不齐全或排水不通畅、有积水扣4分 未采取防止泥浆、污水、废水外流或堵塞下水道和排水河道措施扣3分 未设置吸烟处、随意吸烟扣2分 温暖季节未进行绿化布置扣3分	10		
4		现场材料	建筑材料、构件、料具不按总平面布局码放扣4分 材料布局不合理、堆放不整齐、未标明名称、规格扣2分 建筑物内施工垃圾的清运，未采用合理器具或随意凌空抛掷扣5分 未做到工完场地清扣3分 易燃易爆物品未采取防护措施或未进行分类存放扣4分	10		
5		现场住宿	在建工程、伙房、库房兼做住宿扣8分 施工作业区、材料存放区与办公区、生活区不能明显划分扣6分 宿舍未设置可开启式窗户扣4分 未设置床铺、床铺超过2层、使用通铺、未设置通道或人员超编扣6分 宿舍未采取保暖和防煤气中毒措施扣5分 宿舍未采取消暑和防蚊蝇措施扣5分 生活用品摆放混乱、环境不卫生扣3分	10		
6		现场防火	未制定消防措施、制度或未配备灭火器材扣10分 现场临时设施的材质和选址不符合环保、消防要求扣8分 易燃材料随意码放、灭火器材布局、配置不合理或灭火器材失效扣5分 未设置消防水源（高层建筑）或不能满足消防要求扣8分 未办理动火审批手续或无动火监护人员扣5分	10		
		小　计		60		

续表

序号	检查项目		扣　分　标　准	应得分数	扣减分数	实得分数
7	一般项目	治安综合治理	生活区未给作业人员设置学习和娱乐场所扣4分 未建立治安保卫制度、责任未分解到人扣3~5分 治安防范措施不利，常发生失盗事件扣3~5分	8		
8		施工现场标牌	大门口处设置的“五牌一图”内容不全、缺一项扣2分 标牌不规范、不整齐扣3分 未张挂安全标语扣5分 未设置宣传栏、读报栏、黑板报扣4分	8		
9		生活设施	食堂与厕所、垃圾站、有毒有害场所距离较近扣6分 食堂未办理卫生许可证或未办理炊事人员健康证扣5分 食堂使用的燃气罐未单独设置存放间或存放间通风条件不好扣4分 食堂的卫生环境差、未配备排风、冷藏、隔油池、防鼠等设施扣4分 厕所的数量或布局不满足现场人员需求扣6分 厕所不符合卫生要求扣4分 不能保证现场人员卫生饮水扣8分 未设置淋浴室或淋浴室不能满足现场人员需求扣4分 未建立卫生责任制度、生活垃圾未装容器或未及时清理扣3~5分	8		
10		保健急救	现场未制定相应的应急预案，或预案实际操作性差扣6分 未设置经培训的急救人员或未设置急救器材扣4分 未开展卫生防病宣传教育、或未提供必备防护用品扣4分 未设置保健医药箱扣5分	8		
11		社区服务	夜间未经许可施工扣8分 施工现场焚烧各类废弃物扣8分 未采取防粉尘、防噪音、防光污染措施扣5分 未建立施工不扰民措施扣5分	8		
		小　计		40		
检查项目合计				100		

附表4　扣件式钢管脚手架检查评分表

序号	检查项目		扣　分　标　准	应得分数	扣减分数	实得分数
1	保证项目	施工方案	架体搭设未编制施工方案或搭设高度超过24m未编制专项施工方案扣10分 架体搭设高度超过24m，未进行设计计算或未按规定审核、审批扣10分 架体搭设高度超过50m，专项施工方案未按规定组织专家论证或未按专家论证意见组织实施扣10分 施工方案不完整或不能指导施工作业扣5~8分	10		
2		立杆基础	立杆基础不平、不实、不符合方案设计要求扣10分 立杆底部底座、垫板或垫板的规格不符合规范要求每一处扣2分 未按规范要求设置纵、横向扫地杆扣5~10分 扫地杆的设置和固定不符合规范要求扣5分 未设置排水措施扣8分	10		

续表

序号	检查项目		扣 分 标 准	应得分数	扣减分数	实得分数
3	保证项目	架体与建筑结构拉结	架体与建筑结构拉结不符合规范要求每处扣2分 连墙件距主节点距离不符合规范要求每处扣4分 架体底层第一步纵向水平杆处未按规定设置连墙件或未采用其他可靠措施固定每处扣2分 搭设高度超过24m的双排脚手架，未采用刚性连墙件与建筑结构可靠连接扣10分	10		
4		杆件间距与剪刀撑	立杆、纵向水平杆、横向水平杆间距超过规范要求每处扣2分 未按规定设置纵向剪刀撑或横向斜撑每处扣5分 剪刀撑未沿脚手架高度连续设置或角度不符合要求扣5分 剪刀撑斜杆的接长或剪刀撑斜杆与架体杆件固定不符合要求每处扣2分	10		
5		脚手板与防护栏杆	脚手板未满铺或铺设不牢、不稳扣7~10分 脚手板规格或材质不符合要求扣7~10分 每有一处探头板扣2分 架体外侧未设置密目式安全网封闭或网间不严扣7~10分 作业层未在高度1.2m和0.6m处设置上、中两道防护栏杆扣5分 作业层未设置高度不小于180㎜的挡脚板扣5分	10		
6		交底与验收	架体搭设前未进行交底或交底未留有记录扣5分 架体分段搭设分段使用未办理分段验收扣5分 架体搭设完毕未办理验收手续扣10分 未记录量化的验收内容扣5分	10		
		小计		60		
7		横向水平杆设置	未在立杆与纵向水平杆交点处设置横向水平杆每处扣2分 未按脚手板铺设的需要增加设置横向水平杆每处扣2分 横向水平杆只固定端每处扣1分 单排脚手架横向水平杆插入墙内小于18㎝每处扣2分	10		
8		杆件搭接	纵向水平杆搭接长度小于1m或固定不符合要求每处扣2分 立杆除顶层顶步外采用搭接每处扣4分	10		
9		架体防护	作业层未用安全平网双层兜底，且以下每隔10m未用安全平网封闭扣10分 作业层与建筑物之间未进行封闭扣10分	10		
10		脚手架材质	钢管直径、壁厚、材质不符合要求扣5分 钢管弯曲、变形、锈蚀严重扣4~5分 扣件未进行复试或技术性能不符合标准扣5分	5		
11		通道	未设置人员上下专用通道扣5分 通道设置不符合要求扣1~3分	5		
		小计		40		
检查项目合计				100		

附表 5　悬挑式脚手架检查评分表

序号	检查项目		扣分标准	应得分数	扣减分数	实得分数
1	保证项目	施工方案	未编制专项施工方案或未进行设计计算扣 10 分 专项施工方案未经审核、审批或架体搭设高度超过 20m 未按规定组织进行专家论证扣 10 分	10		
2		悬挑钢梁	钢梁截面高度未按设计确定或截面高度小于 160mm 扣 10 分 钢梁固定段长度小于悬挑段长度的 1.25 倍扣 10 分 钢梁外端未设置钢丝绳或钢拉杆与上一层建筑结构拉结每处扣 2 分 钢梁与建筑结构锚固措施不符合规范要求每处扣 5 分 钢梁间距未按悬挑架体立杆纵距设置扣 6 分	10		
3		架体稳定	立杆底部与钢梁连接处未设置可靠固定措施每处扣 2 分 承插式立杆接长未采取螺栓或销钉固定每处扣 2 分 未在架体外侧设置连续式剪刀撑扣 10 分 未按规定在架体内侧设置横向斜撑扣 5 分 架体未按规定与建筑结构拉结每处扣 5 分	10		
4		脚手板	脚手板规格、材质不符合要求扣 7 ~ 10 分 脚手板未满铺或铺设不严、不牢、不稳扣 7 ~ 10 分 每处探头板扣 2 分	10		
5		荷　载	架体施工荷载超过设计规定扣 10 分 施工荷载堆放不均匀每处扣 5 分	10		
6		交底与验　收	架体搭设前未进行交底或交底未留有记录扣 5 分 架体分段搭设分段使用，未办理分段验收扣 7 ~ 10 分 架体搭设完毕未保留验收资料或未记录量化的验收内容扣 5 分	10		
		小　计		60		
7	一般项目	杆件间距	立杆间距超过规范要求，或立杆底部未固定在钢梁上每处扣 2 分 纵向水平杆步距超过规范要求扣 5 分 未在立杆与纵向水平杆交点处设置横向水平杆每处扣 1 分	10		
8		架体防护	作业层外侧未在高度 1.2m 和 0.6m 处设置上、中两道防护栏杆扣 5 分 作业层未设置高度不小于 180mm 的挡脚板扣 5 分 架体外侧未采用密目式安全网封闭或网间不严扣 7 ~ 10 分	10		
9		层间防护	作业层未用安全平网双层兜底，且以下每隔 10m 未用安全平网封闭扣 10 分 架体底层未进行封闭或封闭不严扣 10 分	10		
10		脚手架材质	型钢、钢管、构配件规格及材质不符合规范要求扣 7 ~ 10 分 型钢、钢管弯曲、变形、锈蚀严重扣 7 ~ 10 分	10		
		小　计		40		
检查项目合计				100		

附表6　门式钢管脚手架检查评分表

序号	检查项目		扣分标准	应得分数	扣减分数	实得分数
1	保证项目	施工方案	未编制专项施工方案或未进行设计计算扣10分 专项施工方案未按规定审核、审批或架体搭设高度超过50m未按规定组织专家论证扣10分	10		
2		架体基础	架体基础不平、不实、不符合专项施工方案要求扣10分 架体底部未设垫板或垫板底部的规格不符合要求扣10分 架体底部未按规范要求设置底座每处扣1分 架体底部未按规范要求设置扫地杆扣5分 未设置排水措施扣8分	10		
3		架体稳定	未按规定间距与结构拉结每处扣5分 未按规范要求设置剪刀撑扣10分 未按规范要求高度做整体加固扣5分 架体立杆垂直偏差超过规定扣5分	10		
4		杆件锁件	未按说明书规定组装，或漏装杆件、锁件扣6分 未按规范要求设置纵向水平加固杆扣10分 架体组装不牢或紧固不符合要求每处扣1分 使用的扣件与连接的杆件参数不匹配每处扣1分	10		
5		脚手板	脚手板未满铺或铺设不牢、不稳扣5分 脚手板规格或材质不符合要求的扣5分 采用钢脚手板时挂钩未挂扣在水平杆上或挂钩未处于锁住状态每处扣2分	10		
6		交底与验收	脚手架搭设前未进行交底或交底未留有记录扣6分 脚手架分段搭设分段使用未办理分段验收扣6分 脚手架搭设完毕未办理验收手续扣6分 未记录量化的验收内容扣5分	10		
		小计		60		
7	一般项目	架体防护	作业层脚手架外侧未在1.2m和0.6m高度设置上、中两道防护栏杆扣10分 作业层未设置高度不小于180㎜的挡脚板扣3分 脚手架外侧未设置密目式安全网封闭或网间不严扣7～10分 作业层未用安全平网双层兜底，且以下每隔10m未用安全平网封闭扣5分	10		
8		材质	杆件变形、锈蚀严重扣10分 门架局部开焊扣10分 构配件的规格、型号、材质或产品质量不符合规范要求扣10分	10		
9		荷载	施工荷载超过设计规定扣10分 荷载堆放不均匀每处扣5分	10		
10		通道	未设置人员上下专用通道扣10分 通道设置不符合要求扣5分	10		
		小计		40		
检查项目合计				100		

附表 7　碗扣式钢管脚手架检查评分表

序号	检查项目		扣分标准	应得分数	扣减分数	实得分数
1	保证项目	施工方案	未编制专项施工方案或未进行设计计算扣 10 分 专项施工方案未按规定审核、审批或架体高度超过 50m 未按规定组织专家论证扣 10 分	10		
2		架体基础	架体基础不平、不实,不符合专项施工方案要求扣 10 分 架体底部未设置垫板或垫板的规格不符合要求扣 10 分 架体底部未按规范要求设置底座每处扣 1 分 架体底部未按规范要求设置扫地杆扣 5 分 未设置排水措施扣 8 分	10		
3		架体稳定	架体与建筑结构未按规范要求拉结每处扣 2 分 架体底层第一步水平杆处未按规范要求设置连墙件或未采用其他可靠措施固定每处扣 2 分 连墙件未采用刚性杆件扣 10 分 未按规范要求设置竖向专用斜杆或八字形斜撑扣 5 分 竖向专用斜杆两端未固定在纵、横向水平杆与立杆汇交的碗扣结点处每处扣 2 分 竖向专用斜杆或八字形斜撑未沿脚手架高度连续设置或角度不符合要求扣 5 分	10		
4		杆件锁件	立杆间距、水平杆步距超过规范要求扣 10 分 未按专项施工方案设计的步距在立杆连接碗扣结点处设置纵、横向水平杆扣 10 分 架体搭设高度超过 24 m 时,顶部 24m 以下的连墙件层未按规定设置水平斜杆扣 10 分 架体组装不牢或上碗扣紧固不符合要求每处扣 1 分	10		
5		脚手板	脚手板未满铺或铺设不牢、不稳扣 7 ~ 10 分 脚手板规格或材质不符合要求扣 7 ~ 10 分 采用钢脚手板时挂钩未挂扣在横向水平杆上或挂钩未处于锁住状态每处扣 2 分	10		
6		交底与验收	架体搭设前未进行交底或交底未留有记录扣 6 分 架体分段搭设分段使用未办理分段验收扣 6 分 架体搭设完毕未办理验收手续扣 6 分 未记录量化的验收内容扣 5 分	10		
		小计		60		
7	一般项目	架体防护	架体外侧未设置密目式安全网封闭或网间不严扣 7 ~ 10 分 作业层未在外侧立杆的 1.2m 和 0.6m 的碗扣结点设置上、中两道防护栏杆扣 5 分 作业层外侧未设置高度不小于 180 mm的挡脚板扣 3 分 作业层未用安全平网双层兜底,且以下每隔 10m 未用安全平网封闭扣 5 分	10		
8		材质	杆件弯曲、变形、锈蚀严重扣 10 分 钢管、构配件的规格、型号、材质或产品质量不符合规范要求扣 10 分	10		
9		荷载	施工荷载超过设计规定扣 10 分 荷载堆放不均匀每处扣 5 分	10		
10		通道	未设置人员上下专用通道扣 10 分 通道设置不符合要求扣 5 分	10		
		小　计		40		
检查项目合计				100		

附表8　附着式升降脚手架检查评分表

序号	检查项目		扣分标准	应得分数	扣减分数	实得分数
1	保证项目	施工方案	未编制专项施工方案或未进行设计计算扣10分 专项施工方案未按规定审核、审批扣10分 脚手架提升高度超过150m,专项施工方案未按规定组织专家论证扣10分	10		
2		安全装置	未采用机械式的全自动防坠落装置或技术性能不符合规范要求扣10分 防坠落装置与升降设备未分别独立固定在建筑结构处扣10分 防坠落装置未设置在竖向主框架处与建筑结构附着扣10分 未安装防倾覆装置或防倾覆装置不符合规范要求扣10分 在升降或使用工况下,最上和最下两个防倾装置之间的最小间距不符合规范要求扣10分 未安装同步控制或荷载控制装置扣10分 同步控制或荷载控制误差不符合规范要求扣10分	10		
3		架体构造	架体高度大于5倍楼层高扣10分 架体宽度大于1.2m扣10分 直线布置的架体支承跨度大于7m,或折线、曲线布置的架体支撑跨度的架体外侧距离大于5.4m扣10分 架体的水平悬挑长度大于2m或水平悬挑长度未大于2m但大于跨度1/2扣10分 架体悬臂高度大于架体高度2/5或悬臂高度大于6m扣10分 架体全高与支撑跨度的乘积大于110㎡扣10分	10		
4		附着支座	未按竖向主框架所覆盖的每个楼层设置一道附着支座扣10分 在使用工况时,未将竖向主框架与附着支座固定扣10分 在升降工况时,未将防倾、导向的结构装置设置在附着支座处扣10分 附着支座与建筑结构连接固定方式不符合规范要求扣10分	10		
5		架体安装	主框架和水平支撑桁架的结点未采用焊接或螺栓连接或各杆件轴线未交汇于主节点扣10分 内外两片水平支承桁架的上弦和下弦之间设置的水平支撑杆件未采用焊接或螺栓连接扣5分 架体立杆底端未设置在水平支撑桁架上弦各杆件汇交结点处扣10分 与墙面垂直的定型竖向主框架组装高度低于架体高度扣5分 架体外立面设置的连续式剪刀撑未将竖向主框架、水平支撑桁架和架体构架连成一体扣8分	10		
6		架体升降	两跨以上架体同时整体升降采用手动升降设备扣10分 升降工况时附着支座在建筑结构连接处混凝土强度未达到设计要求或小于C10扣10分 升降工况时架体上有施工荷载或有人员停留扣10分	10		
		小计		60		
1	一般项目	检查验收	构配件进场未办理验收扣6分 分段安装、分段使用未办理分段验收扣8分 架体安装完毕未履行验收程序或验收表未经责任人签字扣10分 每次提升前未留有具体检查记录扣6分 每次提升后、使用前未履行验收手续或资料不全扣7分	10		

续表

序号	检查项目		扣 分 标 准	应得分数	扣减分数	实得分数
2	检查项目	脚手板	脚手板未满铺或铺设不严、不牢扣3～5分 作业层与建筑结构之间空隙封闭不严扣3～5分 脚手板规格、材质不符合要求扣5～8分	10		
3		防护	脚手架外侧未采用密目式安全网封闭或网间不严扣10分 作业层未在高度1.2m和0.6m处设置上、中两道防护栏杆扣5分 作业层未设置高度不小于180㎜的挡脚板扣5分	10		
4		操作	操作前未向有关技术人员和作业人员进行安全技术交底扣10分 作业人员未经培训或未定岗定责扣7～10分 安装拆除单位资质不符合要求或特种作业人员未持证上岗扣7～10分 安装、升降、拆除时未采取安全警戒扣10分 荷载不均匀或超载扣5～10分	10		
		小　计	40			
检查项目合计				100		

附表9　承插型盘扣式钢管支架检查评分表

序号	检查项目		扣 分 标 准	应得分数	扣减分数	实得分数
1	保证项目	施工方案	未编制专项施工方案或搭设高度超过24m未另行专门设计和计算扣10分 专项施工方案未按规定审核、审批扣10分	10		
2		架体基础	架体基础不平、不实、不符合方案设计要求扣10分 架体立杆底部缺少垫板或垫板的规格不符合规范要求每处扣2分 架体立杆底部未按要求设置底座每处扣1分 未按规范要求设置纵、横向扫地杆扣5～10分 未设置排水措施扣8分	10		
3		架体稳定	架体与建筑结构未按规范要求拉结每处扣2分 架体底层第一步水平杆处未按规范要求设置连墙件或未采用其他可靠措施固定每处扣2分 连墙件未采用刚性杆件扣10分 未按规范要求设置竖向斜杆或剪刀撑扣5分 竖向斜杆两端未固定在纵、横向水平杆与立杆汇交的盘扣结点处每处扣2分 斜杆或剪刀撑未沿脚手架高度连续设置或角度不符合要求扣5分	10		
4		杆件	架体立杆间距、水平杆步距超过规范要求扣2分 未按专项施工方案设计的步距在立杆连接盘处设置纵、横向水平杆扣10分 双排脚手架的每步水平杆层，当无挂扣钢脚手板时未按规范要求设置水平斜杆扣5～10分	10		
5		脚手板	脚手板不满铺或铺设不牢、不稳扣7～10分 脚手板规格或材质不符合要求扣7～10分 采用钢脚手板时挂钩未挂扣在水平杆上或挂钩未处于锁住状态每处扣2分	10		
6		交底与验收	脚手架搭设前未进行交底或未留有交底记录扣5分 脚手架分段搭设分段使用未办理分段验收扣10分 脚手架搭设完毕未办理验收手续扣10分 未记录量化的验收内容扣5分	10		

续表

序号	检查项目		扣 分 标 准	应得分数	扣减分数	实得分数
		小 计		60		
7	一般项目	架体防护	架体外侧未设置密目式安全网封闭或网间不严扣7～10分 作业层未在外侧立杆的1m和0.5m的盘扣节点处设置上、中两道水平防护栏杆扣5分 作业层外侧未设置高度不小于180㎜的挡脚板扣3分	10		
8		杆件接长	立杆竖向接长位置不符合要求扣5分 搭设悬挑脚手架时,立杆的承插接长部位未采用螺栓作为立杆连接件固定扣7～10分 剪刀撑的斜杆接长不符合要求扣5～8分	10		
9		架体内封闭	作业层未用安全平网双层兜底,且以下每隔10m未用安全平网封闭扣7～10分 作业层与主体结构间的空隙未封闭扣5～8分	10		
10		材质	钢管、构配件的规格、型号、材质或产品质量不符合规范要求扣5分 钢管弯曲、变形、锈蚀严重扣5分	5		
11		通道	未设置人员上下专用通道扣5分 通道设置不符合要求扣3分	5		
		小 计		40		
检查项目合计100						

附表10 高处作业吊篮检查评分表

序号	检查项目		扣 分 标 准	应得分数	扣减分数	实得分数
1	保证项目	施工方案	未编制专项施工方案或未对吊篮支架支撑处结构的承载力进行验算扣10分 专项施工方案未按规定审核、审批扣10分	10		
2		安全装置	未安装安全锁或安全锁失灵扣10分 安全锁超过标定期限仍在使用扣10分 未设置挂设安全带专用安全绳及安全锁扣,或安全绳未固定在建筑物可靠位置扣10分 吊篮未安装上限位装置或限位装置失灵扣10分	10		
3		悬挂机构	悬挂机构前支架支撑在建筑物女儿墙上或挑檐边缘扣10分 前梁外伸长度不符合产品说明书规定扣10分 前支架与支撑面不垂直或脚轮受力扣10分 前支架调节杆未固定在上支架与悬挑梁连接的结点处扣10分 使用破损的配重件或采用其他替代物扣10分 配重件的重量不符合设计规定扣10分	10		
4		钢丝绳	钢丝绳磨损、断丝、变形、锈蚀达到报废标准扣10分 安全绳规格、型号与工作钢丝绳不相同或未独立悬挂每处扣5分 安全绳不悬垂扣10分 利用吊篮进行电焊作业未对钢丝绳采取保护措施扣6～10分	10		
5		安装	使用未经检测或检测不合格的提升机扣10分 吊篮平台组装长度不符合规范要求扣10分 吊篮组装的构配件不是同一生产厂家的产品扣5～10分	10		

续表

序号	检查项目		扣 分 标 准	应得分数	扣减分数	实得分数
6	保证项目	升降操作	操作升降人员未经培训合格扣10分 吊篮内作业人员数量超过2人扣10分 吊篮内作业人员未将安全带使用安全锁扣正确挂置在独立设置的专用安全绳上扣10分 吊篮正常使用，人员未从地面进入篮内扣10分	10		
		小　计		60		
7	一般项目	交底与验收	未履行验收程序或验收表未经责任人签字扣10分 每天班前、班后未进行检查扣5～10分 吊篮安装、使用前未进行交底扣5～10分	10		
8		防护	吊篮平台周边的防护栏杆或挡脚板的设置不符合规范要求扣5～10分 多层作业未设置防护顶板扣7～10分	10		
9		吊篮稳定	吊篮作业未采取防摆动措施扣10分 吊篮钢丝绳不垂直或吊篮距建筑物空隙过大扣10分	10		
10		荷载	施工荷载超过设计规定扣5分 荷载堆放不均匀扣10分 利用吊篮作为垂直运输设备扣10分	10		
		小　计		40		
检查项目合计				100		

附表11　满堂式脚手架检查评分表

序号	检查项目		扣 分 标 准	应得分数	扣减分数	实得分数
1	保证项目	施工方案	未编制专项施工方案或未进行设计计算扣10分 专项施工方案未按规定审核、审批扣10分	10		
2		架体基础	架体基础不平、不实、不符合专项施工方案要求扣10分 架体底部未设置垫木或垫木的规格不符合要求扣10分 架体底部未按规范要求设置底座每处扣1分 架体底部未按规范要求设置扫地杆扣5分 未设置排水措施扣5分	10		
3		架体稳定	架体四周与中间未按规范要求设置竖向剪刀撑或专用斜杆扣10分 未按规范要求设置水平剪刀撑或专用水平斜杆扣10分 架体高宽比大于2时未按要求采取与结构刚性连接或扩大架体底脚等措施扣10分	10		
4		杆件锁件	架体搭设高度超过规范或设计要求扣10分 架体立杆间距水平杆步距超过规范要求扣10分 杆件接长不符合要求每处扣2分 架体搭设不牢或杆件结点紧固不符合要求每处扣1分	10		
5		脚手板	脚手板不满铺或铺设不牢、不稳扣5分 脚手板规格或材质不符合要求扣5分 采用钢脚手板时挂钩未挂扣在水平杆上或挂钩未处于锁住状态每处扣2分	10		

续表

序号	检查项目		扣分标准	应得分数	扣减分数	实得分数
6		交底与验收	架体搭设前未进行交底或交底未留有记录扣6分 架体分段搭设分段使用未办理分段验收扣6分 架体搭设完毕未办理验收手续扣6分 未记录量化的验收内容扣5分	10		
		小计		60		
7	一般项目	架体防护	作业层脚手架周边,未在高度1.2m和0.6m处设置上、中两道防护栏杆扣10分 作业层外侧未设置180mm高挡脚板扣5分 作业层未用安全平网双层兜底,且以下每隔10m未用安全平网封闭扣5分	10		
8		材质	钢管、构配件的规格、型号、材质或产品质量不符合规范要求扣10分 杆件弯曲、变形、锈蚀严重扣10分	10		
9		荷载	施工荷载超过设计规定扣10分 荷载堆放不均匀每处扣5分	10		
10		通道	未设置人员上下专用通道扣10分 通道设置不符合要求扣5分	10		
		小计		40		
检查项目合计100						

附表12　基坑支护、土方作业检查评分表

序号	检查项目		扣分标准	应得分数	扣减分数	实得分数
1	保证项目	施工方案	深基坑施工未编制支护方案扣20分 基坑深度超过5m未编制专项支护设计扣20分 开挖深度3m及以上未编制专项方案扣20分 开挖深度5m及以上专项方案未经过专家论证扣20分 支护设计及土方开挖方案未经审批扣15分 施工方案针对性差不能指导施工扣12~15分	20		
2		临边防护	深度超过2m的基坑施工未采取临边防护措施扣10分 临边及其他防护不符合要求扣5分	10		
3		基坑支护及支撑拆除	坑槽开挖设置安全边坡不符合安全要求扣10分 特殊支护的做法不符合设计方案扣5~8分 支护设施已产生局部变形又未采取措施调整扣6分 混凝土支护结构未达到设计强度提前开挖,超挖扣10分 支撑拆除没有拆除方案扣10分 未按拆除方案施工扣5~8分 用专业方法拆除支撑,施工队伍没有专业资质扣10分	10		
4		基坑降排水	高水位地区深基坑内未设置有效降水措施扣10分 深基坑边界周围地面未设置排水沟扣10分 基坑施工未设置有效排水措施扣10分 深基础施工采用坑外降水,未采取防止临近建筑和管线沉降措施扣10分	10		

续表

序号	检查项目		扣分标准	应得分数	扣减分数	实得分数
5		坑边荷载	积土、料具堆放距槽边距离小于设计规定扣10分 机械设备施工与槽边距离不符合要求且未采取措施扣10分	10		
		小　计		60		
6	一般项目	上下通道	人员上下未设置专用通道扣10分 设置的通道不符合要求扣6分	10		
7		土方开挖	施工机械进场未经验收扣5分 挖土机作业时,有人员进入挖土机作业半径内扣6分 挖土机作业位置不牢、不安全扣10分 司机无证作业扣10分 未按规定程序挖土或超挖扣10分	10		
8		基坑支护变形监测	未按规定进行基坑工程监测扣10分 未按规定对毗邻建筑物和重要管线和道路进行沉降观测扣10分	10		
9		作业环境	基坑内作业人员缺少安全作业面扣10分 垂直作业上下未采取隔离防护措施扣10分 光线不足,未设置足够照明扣5分	10		
		小　计		40		
	检查项目合计			100		

附表13　模板支架检查评分表

序号	检查项目		扣分标准	应得分数	扣减分数	实得分数
1	保证项目	施工方案	未按规定编制专项施工方案或结构设计未经设计计算扣15分 专项施工方案未经审核、审批扣15分 超过一定规模的模板支架,专项施工方案未按规定组织专家论证扣15分 专项施工方案未明确混凝土浇筑方式扣10分	15		
2		立杆基础	立杆基础承载力不符合设计要求扣10分 基础未设排水设施扣8分 立杆底部未设置底座、垫板或垫板规格不符合规范要求每处扣3分	10		
3		支架稳定	支架高宽比大于规定值时,未按规定要求设置连墙杆扣15分 连墙杆设置不符合规范要求每处扣5分 未按规定设置纵、横向及水平剪刀撑扣15分 纵、横向及水平剪刀撑设置不符合规范要求扣5~10分	15		
4		施工荷载	施工均布荷载超过规定值扣10分 施工荷载不均匀,集中荷载超过规定值扣10分	10		
5		交底与验收	支架搭设(拆除)前未进行交底或无交底记录扣10分 支架搭设完毕未办理验收手续扣10分 验收无量化内容扣5分	10		
		小　计		60		

续表

序号	检查项目		扣分标准	应得分数	扣减分数	实得分数
6	一般项目	立杆设置	立杆间距不符合设计要求扣10分 立杆未采用对接连接每处扣5分 立杆伸出顶层水平杆中心线至支撑点的长度大于规定值每处扣2分	10		
7		水平杆设置	未按规定设置纵、横向扫地杆或设置不符合规范要求每处扣5分 纵、横向水平杆间距不符合规范要求每处扣5分 纵、横向水平杆件连接不符合规范要求每处扣5分	10		
8		支架拆除	混凝土强度未达到规定值，拆除模板支架扣10分 未按规定设置警戒区或未设置专人监护扣8分	10		
9		支架材质	杆件弯曲、变形、锈蚀超标扣10分 构配件材质不符合规范要求扣10分 钢管壁厚不符合要求扣10分	10		
		小计		40		
检查项目合计100						

附表14 “三宝、四口”及临边防护检查评分表

序号	检查项目	扣分标准	应得分数	扣减分数	实得分数
1	安全帽	作业人员不戴安全帽每人扣2分 作业人员未按规定佩戴安全帽每人扣1分 安全帽不符合标准每顶扣1分	10		
2	安全网	在建工程外侧未采用密目式安全网封闭或网间不严扣10分 安全网规格、材质不符合要求扣10分	10		
3	安全带	作业人员未系挂安全带每人扣5分 作业人员未按规定系挂安全带每人扣3分 安全带不符合标准每条扣2分	10		
4	临边防护	工作面临边无防护每处扣5分 临边防护不严或不符合规范要求每处扣5分 防护设施未形成定型化、工具化扣5分	10		
5	洞口防护	在建工程的预留洞口、楼梯口、电梯井口，未采取防护措施每处扣3分 防护措施、设施不符合要求或不严密每处扣3分 防护设施未形成定型化、工具化扣5分 电梯井内每隔两层（不大于10m）未按设置安全平网每处扣5分	10		
6	通道口防护	未搭设防护棚或防护不严、不牢固可靠每处扣5分 防护棚两侧未进行防护每处扣6分 防护棚宽度不大于通道口宽度每处扣4分 防护棚长度不符合要求每处扣6分 建筑物高度超过30m，防护棚顶未采用双层防护每处扣5分 防护棚的材质不符合要求每处扣5分	10		
7	攀登作业	移动式梯子的梯脚底部垫高使用每处扣5分 折梯使用未有可靠拉撑装置每处扣5分 梯子的制作质量或材质不符合要求每处扣5分	5		

续表

序号	检查项目	扣分标准	应得分数	扣减分数	实得分数
8	悬空作业	悬空作业处未设置防护栏杆或其他可靠的安全设施每处扣5分 悬空作业所用的索具、吊具、料具等设备,未经过技术鉴定或验证、验收每处扣5分	5		
9	移动式操作平台	操作平台的面积超过10㎡或高度超过5m扣6分 移动式操作平台,轮子与平台的连接不牢固可靠或立柱底端距离地面超过80mm扣10分 操作平台的组装不符合要求扣10分 平台台面铺板不严扣10分 操作平台四周未按规定设置防护栏杆或未设置登高扶梯扣10分 操作平台的材质不符合要求扣10分	10		
10	物料平台	物料平台未编制专项施工方案或未经设计计算扣10分 物料平台搭设不符合专项方案要求扣10分 物料平台支撑架未与工程结构连接或连接不符合要求扣8分 平台台面铺板不严或台面层下方未按要求设置安全平网扣10分 材质不符合要求扣10分 物料平台未在明显处设置限定荷载标牌扣3分	10		
11	悬挑式钢平台	悬挑式钢平台未编制专项施工方案或未经设计计算扣10分 悬挑式钢平台的搁支点与上部拉结点,未设置在建筑物结构上扣10分 斜拉杆或钢丝绳,未按要求在平台两边各设置两道扣10分 钢平台未按要求设置固定的防护栏杆和挡脚板或栏板扣10分 钢平台台面铺板不严,或钢平台与建筑结构之间铺板不严扣10分 平台上未在明显处设置限定荷载标牌扣6分	10		
检查项目合计			100		

附表15 施工用电检查评分表

序号	检查项目		扣分标准	应得分数	扣减分数	实得分数
1	保证项目	外电防护	外电线路与在建工程(含脚手架)、高大施工设备、场内机动车道之间小于安全距离且未采取防护措施扣10分 防护设施和绝缘隔离措施不符合规范扣5~10分 在外电架空线路正下方施工、建造临时设施或堆放材料物品扣10分	10		
2		接地与接零保护系统	施工现场专用变压器配电系统未采用TN-S接零保护方式扣20分 配电系统未采用同一保护方式扣10~20分 保护零线引出位置不符合规范扣10~20分 保护零线装设开关、熔断器或与工作零线混接扣10~20分 保护零线材质、规格及颜色标记不符合规范每处扣3分 电气设备未接保护零线每处扣3分 工作接地与重复接地的设置和安装不符合规范扣10~20分 工作接地电阻大于4Ω,重复接地电阻大于10Ω扣10~20分 施工现场防雷措施不符合规范扣5~10分	20		

续表

序号	检查项目		扣分标准	应得分数	扣减分数	实得分数
3	一般项目	配电线路	线路老化破损，接头处理不当扣10分 线路未设短路、过载保护扣5~10分 线路截面不能满足负荷电流每处扣2分 线路架设或埋设不符合规范扣5~10分 电缆沿地面明敷扣10分 使用四芯电缆外加一根线替代五芯电缆扣10分 电杆、横担、支架不符合要求每处扣2分	10		
4		配电箱与开关箱	配电系统未按“三级配电、二级漏电保护”设置扣10~20分 用电设备违反“一机、一闸、一漏、一箱”每处扣5分 配电箱与开关箱结构设计、电器设置不符合规范扣10~20分 总配电箱与开关箱未安装漏电保护器每处扣5分 漏电保护器参数不匹配或失灵每处扣3分 配电箱与开关箱内闸具损坏每处扣3分 配电箱与开关箱进线和出线混乱每处扣3分 配电箱与开关箱内未绘制系统接线图和分路标记每处扣3分 配电箱与开关箱未设门锁、未采取防雨措施每处扣3分 配电箱与开关箱安装位置不当、周围杂物多等不便操作每处扣3分 分配电箱与开关箱的距离、开关箱与用电设备的距离不符合规范每处扣3分	20		
		小计		60		
5		配电室与配电装置	配电室建筑耐火等级低于3级扣15分 配电室未配备合格的消防器材扣3~5分 配电室、配电装置布设不符合规范扣5~10分 配电装置中的仪表、电器元件设置不符合规范或损坏、失效扣5~10分 备用发电机组未与外电线路进行连锁扣15分 配电室未采取防雨雪和小动物侵入的措施扣10分 配电室未设警示标志、工地供电平面图和系统图扣3~5分	15		
6		现场照明	照明用电与动力用电混用每处扣3分 特殊场所未使用36V及以下安全电压扣15分 手持照明灯未使用36V以下电源供电扣10分 照明变压器未使用双绕组安全隔离变压器扣15分 照明专用回路未安装漏电保护器每处扣3分 灯具金属外壳未接保护零线每处扣3分 灯具与地面、易燃物之间小于安全距离每处扣3分 照明线路接线混乱和安全电压线路接头处未使用绝缘布包扎扣10分	15		
7		用电档案	未制定专项用电施工组织设计或设计缺乏针对性扣5~10分 专项用电施工组织设计未履行审批程序，实施后未组织验收扣5~10分 接地电阻、绝缘电阻和漏电保护器检测记录未填写或填写不真实扣3分 安全技术交底、设备设施验收记录未填写或填写不真实扣3分 定期巡视检查、隐患整改记录未填写或填写不真实扣3分 档案资料不齐全、未设专人管理扣5分	10		
		小计		40		
检查项目合计				100		

附表 16　物料提升机检查评分表

序号	检查项目		扣分标准	应得分数	扣减分数	实得分数
1	保证项目	安全装置	未安装起重量限制器、防坠安全器扣 15 分 起重量限制器、防坠安全器不灵敏扣 15 分 安全停层装置不符合规范要求，未达到定型化扣 10 分 未安装上限位开关的扣 15 分 上限位开关不灵敏、安全越程不符合规范要求的扣 10 分 物料提升机安装高度超过 30m，未安装渐进式防坠安全器、自动停层、语音及影像信号装置每项扣 5 分	15		
2		防护设施	未设置防护围栏或设置不符合规范要求扣 5 分 未设置进料口防护棚或设置不符合规范要求扣 5～10 分 停层平台两侧未设置防护栏杆、挡脚板每处扣 5 分，设置不符合规范要求每处扣 2 分 停层平台脚手板铺设不严、不牢每处扣 2 分 未安装平台门或平台门不起作用每处扣 5 分，平台门安装不符合规范要求、未达到定型化每处扣 2 分 吊笼门不符合规范要求扣 10 分	15		
3		附墙架与缆风绳	附墙架结构、材质、间距不符合规范要求扣 10 分 附墙架未与建筑结构连接或附墙架与脚手架连接扣 10 分 缆风绳设置数量、位置不符合规范扣 5 分 缆风绳未使用钢丝绳或未与地锚连接每处扣 10 分 钢丝绳直径小于 8mm 扣 4 分，角度不符合 45°～60°要求每处扣 4 分 安装高度 30m 的物料提升机使用缆风绳扣 10 分 地锚设置不符合规范要求每处扣 5 分	10		
4		钢丝绳	钢丝绳磨损、变形、锈蚀达到报废标准扣 10 分 钢丝绳夹设置不符合规范要求每处扣 5 分 吊笼处于最低位置，卷筒上钢丝绳少于 3 圈扣 10 分 未设置钢丝绳过路保护或钢丝绳拖地扣 5 分	10		
5		安装与验收	安装单位未取得相应资质或特种作业人员未持证上岗扣 10 分 未制定安装（拆卸）安全专项方案扣 10 分，内容不符合规范要求扣 5 分 未履行验收程序或验收表未经责任人签字扣 5 分 验收表填写不符合规范要求每项扣 2 分	10		
		小计		60		
6	一般项目	导轨架	基础设置不符合规范扣 10 分 导轨架垂直度偏差大于 0.15% 扣 5 分 导轨结合面阶差大于 1.5mm 扣 2 分 井架停层平台通道处未进行结构加强的扣 5 分	10		
6		动力与传动	卷扬机、曳引机安装不牢固扣 10 分 卷筒与导轨架底部导向轮的距离小于 20 倍卷筒宽度，未设置排绳器扣 5 分 钢丝绳在卷筒上排列不整齐扣 5 分 滑轮与导轨架、吊笼未采用刚性连接扣 10 分 滑轮与钢丝绳不匹配扣 10 分 卷筒、滑轮未设置防止钢丝绳脱出装置扣 5 分 曳引钢丝绳为 2 根及以上时，未设置曳引力平衡装置扣 5 分	10		
8		通信装置	未按规范要求设置通信装置扣 5 分 通信装置未设置语音和影像显示扣 3 分	5		

续表

序号	检查项目		扣分标准	应得分数	扣减分数	实得分数
9		卷扬机操作棚	卷扬机未设置操作棚的扣10分 操作棚不符合规范要求的扣5～10分	10		
10		避雷装置	防雷保护范围以外未设置避雷装置的扣5分 避雷装置不符合规范要求的扣3分	5		
		小计		40		
检查项目合计				100		

附表17　施工升降机检查评分表

序号	检查项目		扣分标准	应得分数	扣减分数	实得分数
1	保证项目	安全装置	未安装起重量限制器或不灵敏扣10分 未安装渐进式防坠安全器或不灵敏扣10分 防坠安全器超过有效标定期限扣10分 对重钢丝绳未安装防松绳装置或不灵敏扣6分 未安装急停开关扣5分，急停开关不符合规范要求扣3～5分 未安装吊笼和对重用的缓冲器扣5分 未安装安全钩扣5分	10		
2		限位装置	未安装极限开关或极限开关不灵敏扣10分 未安装上限位开关或上限位开关不灵敏扣10分 未安装下限位开关或下限位开关不灵敏扣8分 极限开关与上限位开关安全越程不符合规范要求的扣5分 极限限位器与上、下限位开关共用一个触发元件扣4分 未安装吊笼门机电连锁装置或不灵敏扣8分 未安装吊笼顶窗电气安全开关或不灵敏扣4分	10		
3		防护设施	未设置防护围栏或设置不符合规范要求扣8～10分 未安装防护围栏门连锁保护装置或连锁保护装置不灵敏扣8分 未设置出入口防护棚或设置不符合规范要求扣6～10分 停层平台搭设不符合规范要求扣5～8分 未安装平台门或平台门不起作用每一处扣4分，平台门不符合规范要求、未达到定型化每一处扣2～4分	10		
4		附着	附墙架未采用配套标准产品扣8～10分 附墙架与建筑结构连接方式、角度不符合说明书要求扣6～10分 附墙架间距、最高附着点以上导轨架的自由高度超过说明书要求扣8～10分	10		
5		钢丝绳、滑轮与对重	对重钢丝绳绳数少于2根或未相对独立扣10分 钢丝绳磨损、变形、锈蚀达到报废标准扣6～10分 钢丝绳的规格、固定、缠绕不符合说明书及规范要求扣5～8分 滑轮未安装钢丝绳防脱装置或不符合规范要求扣4分 对重重量、固定、导轨不符合说明书及规范要求扣6～10分 对重未安装防脱轨保护装置扣5分	10		
6		安装、拆卸与验收	安装、拆卸单位无资质扣10分 未制定安装、拆卸专项方案扣10分，方案无审批或内容不符合规范要求扣5～8分 未履行验收程序或验收表无责任人签字扣5～8分 验收表填写不符合规范要求每一项扣2～4分 特种作业人员未持证上岗扣10分	10		

续表

序号	检查项目		扣 分 标 准	应得分数	扣减分数	实得分数
		小计		60		
7	一般项目	导轨架	导轨架垂直度不符合规范要求扣7~10分 标准节腐蚀、磨损、开焊、变形超过说明书及规范要求扣7~10分 标准节结合面偏差不符合规范要求扣4~6分 齿条结合面偏差不符合规范要求扣4~6分	10		
8		基础	基础制作、验收不符合说明书及规范要求扣8~10分 特殊基础未编制制作方案及验收扣8~10分 基础未设置排水设施扣4分	10		
9		电气安全	施工升降机与架空线路小于安全距离又未采取防护措施扣10分 防护措施不符合要求扣4~6分 电缆使用不符合规范要求扣4~6分 电缆导向架未按规定设置扣4分 防雷保护范围以外未设置避雷装置扣10分 避雷装置不符合规范要求扣5分	10		
10		通信装置	未安装楼层联络信号扣10分 楼层联络信号不灵敏扣4~6分	10		
		小计		40		
检查项目合计				100		

附表18　塔式起重机检查评分表

序号	检查项目		扣 分 标 准	应得分数	扣减分数	实得分数
1	保证项目	载荷限制装置	未安装起重量限制器或不灵敏扣10分 未安装力矩限制器或不灵敏扣10分	10		
2		行程限位装置	未安装起升高度限位器或不灵敏扣10分 未安装幅度限位器或不灵敏扣6分 回转不设集电器的塔式起重机未安装回转限位器或不灵敏扣6分 行走式塔式起重机未安装行走限位器或不灵敏扣8分	10		
3		保护装置	小车变幅的塔式起重机未安装断绳保护及断轴保护装置或不符合规范要求扣8~10分 行走及小车变幅的轨道行程末端未安装缓冲器及止挡装置或不符合规范要求扣6~10分 起重臂根部绞点高度大于50m的塔式起重机未安装风速仪或不灵敏扣4分 塔式起重机顶部高度大于30m且高于周围建筑物未安装障碍指示灯扣4分	10		
4		吊钩、滑轮、卷筒与钢丝绳	吊钩未安装钢丝绳防脱钩装置或不符合规范要求扣8分 吊钩磨损、变形、疲劳裂纹达到报废标准扣10分 滑轮、卷筒未安装钢丝绳防脱装置或不符合规范要求扣4分 滑轮及卷筒的裂纹、磨损达到报废标准扣6~8分 钢丝绳磨损、变形、锈蚀达到报废标准扣6~10分 钢丝绳的规格、固定、缠绕不符合说明书及规范要求扣5~8分	10		

续表

序号	检查项目		扣 分 标 准	应得分数	扣减分数	实得分数
5	一般项目	多塔作业	多塔作业未制定专项施工方案扣10分,施工方案未经审批或方案针对性不强扣6~10分 任意两台塔式起重机之间的最小架设距离不符合规范要求扣10分	10		
6		安装、拆卸与验收	安装、拆卸单位未取得相应资质扣10分 未制定安装、拆卸专项方案扣10分,方案未经审批或内容不符合规范要求扣5~8分 未履行验收程序或验收表未经责任人签字扣5~8分 验收表填写不符合规范要求每项扣2~4分 特种作业人员未持证上岗扣10分 未采取有效联络信号扣7~10分	10		
		小计		60		
7		附着	塔式起重机高度超过规定不安装附着装置扣10分 附着装置水平距离或间距不满足说明书要求而未进行设计计算和审批的扣6~8分 安装内爬式塔式起重机的建筑承载结构未进行受力计算扣8分 附着装置安装不符合说明书及规范要求扣6~10分 附着后塔身垂直度不符合规范要求扣8~10分	10		
8		基础与轨道	基础未按说明书及有关规定设计、检测、验收扣8~10分 基础未设置排水措施扣4分 路基箱或枕木铺设不符合说明书及规范要求扣4~8分 轨道铺设不符合说明书及规范要求扣4~8分	10		
9		结构设施	主要结构件的变形、开焊、裂纹、锈蚀超过规范要求扣8~10分 平台、走道、梯子、栏杆等不符合规范要求扣4~8分 主要受力构件高强螺栓使用不符合规范要求扣6分 销轴连接不符合规范要求扣2~6分	10		
10		电气安全	未采用TN-S接零保护系统供电扣10分 塔式起重机与架空线路小于安全距离又未采取防护措施扣10分 防护措施不符合要求扣4~6分 防雷保护范围以外未设置避雷装置的扣10分 避雷装置不符合规范要求扣5分 电缆使用不符合规范要求扣4~6分	10		
		小计		40		
检查项目合计				100		

附表19 起重吊装检查评分表

序号	检查项目			扣 分 标 准	应得分数	扣减分数	实得分数
1	保证项目	施工方案		为未编制专项施工方案或专项施工方案未经审核扣10分 采用起重拔杆或起吊重量超过100KN及以上专项方案未按规定组织专家论证扣10分	10		
2		起重机械	起重机	未安装荷载限制装置或不灵敏扣20分 未安装行程限位装置或不灵敏扣20分 吊钩未设置钢丝绳防脱钩装置或不符合规范要求扣8分	20		

续表

序号	检查项目		扣分标准	应得分数	扣减分数	实得分数
3		起重拔杆	未按规定安装荷载、行程限制装置每项扣10分 起重拔杆组装不符合设计要求扣10～20分 起重拔杆组装后未履行验收程序或验收表无责任人签字扣10分	3		
3		钢丝绳与地锚	钢丝绳磨损、断丝、变形、锈蚀达到报废标准扣10分 钢丝绳索具安全系数小于规定值扣10分 卷筒、滑轮磨损、裂纹达到报废标准扣10分 卷筒、滑轮未安装钢丝绳防脱装置扣5分 地锚设置不符合设计要求扣8分	10		
4		作业环境	起重机作业处地面承载能力不符合规定或未采用有效措施扣10分 起重机与架空线路安全距离不符合规范要求扣10分	10		
5		作业人员	起重吊装作业单位未取得相应资质或特种作业人员未持证上岗扣10分 未按规定进行技术交底或技术交底未留有记录扣5分	10		
		小计		60		
6		高处作业	未按规定设置高处作业平台扣10分 高处作业平台设置不符合规范要求扣10分 未按规定设置爬梯或爬梯的强度、构造不符合规定扣8分 未按规定设置安全带悬挂点扣10分	10		
7		构件码放	构件码放超过作业面承载能力扣10分 构件堆放高度超过规定要求扣4分 大型构件码放未采取稳定措施扣8分	10		
8		信号指挥	未设置信号指挥人员扣10分 信号传递不清晰、不准确扣10分	10		
9		警戒监护	未按规定设置作业警戒区扣10分 警戒区未设专人监护扣8分	10		
		小计		40		
检查项目合计				100		

附表20　施工机具检查评分表

序号	检查项目	扣分标准	应得分数	扣减分数	实得分数
1	平刨	平刨安装后未进行验收合格手续扣3分 未设置护手安全装置扣3分 传动部位未设置防护罩扣3分 未做保护接零、未设置漏电保护器每处扣3分 未设置安全防护棚扣3分 无人操作时未切断电源扣3分 使用平刨和圆盘锯合用一台电机的多功能木工机具，平刨和圆盘锯两项扣12分	12		

续表

序号	检查项目	扣分标准	应得分数	扣减分数	实得分数
2	圆盘锯	电锯安装后未留有验收合格手续扣3分 未设置锯盘护罩、分料器、防护挡板安全装置和传动部位未进行防护每缺一项扣3分 未作保护接零、未设置漏电保护器每处扣3分 未设置安全防护棚扣3分 无人操作时未切断电源扣3分	10		
3	手持电动工具	Ⅰ类手持电动工具未采取保护接零或漏电保护器扣8分 使用Ⅰ类手持电动工具不按规定穿戴绝缘用品扣4分 使用手持电动工具随意接长电源线或更换插头扣4分	8		
4	钢筋机械	机械安装后未留有验收合格手续扣5分 未作保护接零、未设置漏电保护器每处扣5分 钢筋加工区无防护棚，钢筋对焊作业区未采取防止火花飞溅措施，冷拉作业区未设置防护栏每处扣5分 传动部位未设置防护罩或限位失灵每处扣3分	10		
5	电焊机	电焊机安装后未留有验收合格手续扣3分 未作保护接零、未设置漏电保护器每处扣3分 未设置二次空载降压保护器或二次侧漏电保护器每处扣3分 一次线长度超过规定或不穿管保护扣3分 二次线长度超过规定或未采用防水橡皮护套铜芯软电缆扣3分 电源不使用自动开关扣2分 二次线接头超过3处或绝缘层老化每处扣3分 电焊机未设置防雨罩、接线柱未设置防护罩每处扣3分	8		
6	搅拌机	搅拌机安装后未留有验收合格手续扣4分 未作保护接零、未设置漏电保护器每处扣4分 离合器、制动器、钢丝绳达不到要求每项扣2分 操作手柄未设置保险装置扣3分 未设置安全防护棚和作业台不安全扣4分 上料斗未设置安全挂钩或挂钩不使用扣3分 传动部位未设置防护罩扣4分 限位不灵敏扣4分 作业平台不平稳扣3分	8		
7	气瓶	氧气瓶未安装减压器扣5分 各种气瓶未标明标准色标扣2分 气瓶间距小于5米、距明火小于10米又未采取隔离措施每处扣2分 乙炔瓶使用或存放时平放扣3分 气瓶存放不符合要求扣3分 气瓶未设置防震圈和防护帽每处扣2分	8		
8	翻斗车	翻斗车制动装置不灵敏扣5分 无证司机驾车扣5分 行车载人或违章行车扣5分	8		
9	潜水泵	未作保护接零、未设置漏电保护器每处扣3分 漏电动作电流大于15mA、负荷线未使用专用防水橡皮电缆每处扣3分	6		
10	振捣器具	未使用移动式配电箱扣4分 电缆长度超过30米扣4分 操作人员未穿戴好绝缘防护用品扣4分	8		

续表

序号	检查项目	扣分标准	应得分数	扣减分数	实得分数
11	桩工机械	机械安装后未留有验收合格手续扣3分 桩工机械未设置安全保护装置扣3分 机械行走路线地耐力不符合说明书要求扣3分 施工作业未编制方案扣3分 桩工机械作业违反操作规程扣3分	6		
12	泵送机械	机械安装后未留有验收合格手续扣4分 未作保护接零、未设置漏电保护器每处扣4分 固定式混凝土输送泵未制作良好的设备基础扣4分 移动式混凝土输送泵车未安装在平坦坚实的地坪上扣4分 机械周围排水不通畅的扣3分、积灰扣2分 机械产生的噪声超过《建筑施工场界噪声限值》扣3分 整机不清洁、漏油、漏水每发现一处扣2分	8		
检查项目合计			100		

参考文献

1. 沈阳建筑大学．建筑施工模板安全技术规范(JGJ 162-2008)[S]．北京:中国建筑工业出版社,2008.
2. 中国安全生产协会注册安全工程师工作委员会编．安全生产管理知识[M]．北京:中国大百科全书出版社,2011.
3. 王玉山主编．建设工程安全生产标准化管理手册(上、中、下)[M]．第1版．石家庄:河北人民出版社,2007.
4. 建设部人事教育司组织编写．架子工．第1版[M]．北京:中国建筑工业出版社,2007.
5. 周和荣．安全员专业管理实务[M]．北京:中国建筑工业出版社,2007.
6. 张晓艳．安全员岗位实务知识[M]．北京:中国建筑工业出版社,2007.
7. 宁仁岐．建筑施工技术[M]．北京:高等教育出版社,2007.
8. 李光．建筑工程资料管理实训[M]．北京:中国建筑工业出版社．2007.
9. 梁建国,陈爱莲,瞿义勇,等．建筑节能工程施工与质量验收[M]．北京:中国建筑工业出版社．2007.
10. 鲁辉,詹亚民．建筑工程施工质量检查与验收[M]．北京:人民交通出版社．2007.
11. 郭秋生,邓伟安,李欣编．建设工程安全管理[M]．北京:中国建筑工业出版社,2006.
12. 吕方泉．安全员一本通[M]．北京:中国建材工业出版社,2006.
13. 白锋．建筑工程质量检验与安全管理[M]．北京:机械工业出版社,2006.
14. 上海市建工设计研究院有限公司．悬挑式脚手架安全技术规程(DG/TJ08-2002-2006)[S]．北京:中国计划出版社,2006.
15. 中国建筑第八工程局．建设工程施工技术标准．1册[S]．北京:中国建筑工业出版社．2005.
16. 沈阳建筑大学．施工现场临时用电安全技术规范(JGJ 46-2005)[S]．北京:中国建筑工业出版社,2005.
17. 刘军．安全员必读[M]．2版．北京:中国建筑工业出版社,2005.
18. 任宏,兰定筠编著．建设工程施工安全管理[M]．北京:中国建筑工业出版社,2005.
19. 曾跃飞．建筑工程质量检验与安全管理[M]．北京:高等教育出版社,2005.
20. 建设部工程质量安全监督与行业发展司．建设工程安全生产技术[M]．北京:中国建筑工业出版社,2004.
21. 建设部工程质量安全监督与行业发展司．建设工程安全生产管理[M]．北京:中国建筑工业出版社,2004.
22. 建设部工程质量安全监督与行业发展司．建设工程安全生产法律法规[M]．北京:中国建筑工业出版社,2004.

23. “绿十字”安全生产教育丛书编写组．消防安全知识[M]．北京:中国劳动社会保障出版社,2004.
24. 冯小川,张颖主编．项目经理安全生产管理手册[M]．北京:中国建筑工业出版社,2004.
25. 邵国荣主编．架子工[M]．北京:机械工业出版社,2006.
26. 建设部人事教育司．架子工．第1版[M]．北京:中国建筑工业出版社,2005.